# 新型建筑工程材料应用技术

席培胜　郭　杨　编著

中国建筑工业出版社

**图书在版编目（CIP）数据**

新型建筑工程材料应用技术/席培胜，郭杨编著.
北京：中国建筑工业出版社，2013.12
　ISBN 978-7-112-16126-3

　Ⅰ.①新…　Ⅱ.①席…②郭…　Ⅲ.①建筑材料
Ⅳ.①TU5

中国版本图书馆 CIP 数据核字（2013）第 276252 号

### 新型建筑工程材料应用技术
席培胜　郭　杨　编著

\*

中国建筑工业出版社出版、发行（北京西郊百万庄）
各地新华书店、建筑书店经销
霸州市顺浩图文科技发展有限公司制版
廊坊市海涛印刷有限公司印刷

\*

开本：850×1168毫米　1/32　印张：14⅞　字数：400千字
2014 年 3 月第一版　　2014 年 3 月第一次印刷
定价：**43.00**元
ISBN 978-7-112-16126-3
（24862）

提高新型建筑工程材料应用技术水平关系到保证建筑工程质量、创造经济效益和提高建筑节能效果等多方面问题。总结应用经验、普及技术教育一直是提高应用技术水平的有力措施，特别是在新型材料不断推出、技术标准不断更新以及我国建筑施工行业的从业人员构成格局正在发生重大变化的今天，尤为重要。本书根据这些实际情况而专门介绍新型建筑工程材料应用技术。其内容包括材料的生产技术、产品质量指标、工程应用特点、工程设计要求、施工技术和工程质量验收以及在工程应用中可能出现的质量问题、防治措施和解决办法等。全书共 5 章，依次为：新型建筑砂浆应用技术、新型建筑防水材料应用技术、新型外墙外保温系统及材料应用技术、新型建筑涂料应用技术和新型石膏基建筑工程材料应用技术。

本书可供从事建筑工程材料施工、管理、监理和生产的工程技术人员阅读，也可供大专院校相关专业的教师、学生作为课外参考书阅读。

\* \* \*

责任编辑：唐炳文
责任设计：张 虹
责任校对：王雪竹 刘 钰

# 序

　　建筑材料是需要经过施工过程才具有使用价值的特殊商品。为了强调施工过程对于其终端产品质量的重要性，在施工行业中有"三分材料七分施工"之说。这当然是矫枉过正之词。其终端产品质量与施工、设计等的关系，在建筑防水行业中有"材料是基础，设计是前提，施工是关键，管理是保证"的说法，这是很正确的，也很适合建筑工程材料的情况。总之，应用技术对于其终端产品的质量是非常重要的。

　　一些新的建筑工程材料，例如本书中介绍的各种功能砂浆、保温隔热材料、新型建筑涂料、抹面材料，非承重的砌体材料和防水材料等，都伴随其产品的出现而产生了新的应用技术。这些新材料在发挥应用功能的同时，也因为应用技术的缺失或不当而出现了很多质量问题，影响其使用功能的发挥，造成了使用性能和经济上的损失，由此，提高其应用技术水平的重要性亦可略见一斑。

　　另一方面，新型建筑材料不断出现，我国建筑施工行业的从业人员构成格局也在发生重大变化，这也同样影响新型建筑工程材料的应用。在这种情况下，普及技术教育，总结经验教训，提高应用水平已成为提高建筑工程质量，获取良好效益的重要措施。但环顾左右，这类图书的出版迄今为止少之又少，实为提高新型建筑工程材料应用水平之缺憾。有鉴于此，作者根据自己的实践经验，参考相关技术资料和出版物，写成本书，愿能为弥补此不足而贡献一二。

　　本书主要介绍新型建筑砂浆、建筑防水材料、外墙外保温系统、建筑涂料和石膏基建材等几类材料的应用技术。这其中，有些材料早已有之，称之为新型可能很勉强。但在相同的名称下其内涵可能与传统概念大相径庭。例如，建筑砂浆是传统建材，但新型建筑功能砂浆从胶结材料来说，既有全新的聚合物树脂胶结料，又有聚合物改性水泥胶结料；而其品种和功能更是使人耳目一新，诸如保温隔热、装饰、地面耐磨、防滑、防水、防火、防腐、导电、修补、粘结、自流平等，不一而足。书中的其他材料亦有类似情况。这些材料的应用技术可能还处在应用－总结－完善的阶段。正因为如此，更需要进行掌握、实践、研究和总结。

在当代，虽然网络给人以无限方便，资料的获取也更加多而迅捷，但本书将涉及范围很广的一些新材料的应用技术集于一册却能够使人节省很多时间，给人以十分的方便。不过，由于我们的学识水平不高，实践有限，经验不足，书中难免存在诸多的缺憾和错误，恳请读者能够不吝提出并指教，作者不胜感激。

在本书编写过程中，得到刘兰、薛黎明、徐永进、张金钟等人的帮助，在本书出版发行之际，谨向他们表示衷心的感谢。

编著者
2012 年 6 月

# 目　　录

# 第一章　新型建筑砂浆应用技术

## 第一节　绪　　论

### 一、概述

砂浆是由胶结料、细骨料、掺加剂和水配制而成的建筑工程材料，在建筑工程中起粘结、衬垫、传递应力或者其他的功能作用。而对于新型建筑砂浆来说，功能目的在应用中往往更为突出。

早期的砂浆仅仅有以水泥为胶结材料的砌筑砂浆和抹灰砂浆等少数品种，但随着材料技术的进步和工程需求，不但在材料构成成分上出现了以聚合物改性水泥为胶结材料、以聚合物树脂为胶结材料的新品种砂浆，而且在功能上砂浆的应用也迅速增多。例如，保温隔热、装饰、耐磨地面、防水、防火、防腐等。因而，现在砂浆在人们的概念中已经是一个很宽的材料种类。仅从关于砂浆的标准或者规范就可以列举出保温砂浆、墙体饰面砂浆、地面自流平砂浆和防水砂浆等多种。

对于近几十年出现的有异于传统建筑工程中使用的砌筑砂浆和抹灰砂浆的很多建筑砂浆，人们常常称为功能型建筑砂浆或者新型建筑砂浆，其中包括地坪砂浆（如耐磨地坪砂浆、防腐地坪砂浆、导电地坪砂浆等）、保温隔热砂浆、界面砂浆、抗裂砂浆、面砖粘结砂浆和防水砂浆等。其中大多数属于聚合物水泥砂浆。

新型建筑砂浆的重要特点之一是其绝大多数是工业化生产的粉状产品或膏状产品，这相对于以前多以现场配制的传统砌筑、抹灰砂浆来说，显然其使用更为方便，产品质量更易保证，也更为稳定。

新型建筑砂浆的重要特点之二是这类砂浆由于在生产中添加了甲基纤维素醚之类增稠、保水类添加剂，因而往往具有很好的施工操作性能和较长的可操作时间，这对于方便施工和保证施工质量能够起到很大的促进作用。

新型建筑砂浆的应用，除了能够开辟新的应用领域，满足新的要求以外，有些产品还能够解决原来使用普通砂浆存在的问题。例如，聚合物水泥面砖粘结砂浆的应用，从根本上解决了长期以来使用普通水泥砂浆（或净浆）粘结面砖所产生的面砖空鼓、开裂、脱落和渗水的质量通病。

但是，由于新型建筑砂浆多属于新技术，应用人员对其性能特征、应用技术的了解与掌握往往不能像普通砂浆那样熟练和得心应手，导致应用中出现问题。因而，为了得到满意的应用效果，提高新型建筑砂浆的应用技术，包括设计、施工、验收和工程质量管理等就变得更为重要。对于这一点，本书将要介绍的其他几类材料亦如此。可见，重视新型建筑砂浆的应用技术，提高应用技术水平，对于保证其应用效果是非常重要的，而总结、普及是推进、提高应用技术水平的重要措施，这也是作者编写本书的目的。

提高新型建筑砂浆的应用技术水平，首先是掌握其性能特征和适用领域，其次是选择质量良好的材料，第三是做好工程设计，并按照设计要求进行严格施工，达到工程质量要求。其中，在施工前对施工作业人员进行技术交底和必要的实际操作培训以及在施工过程中做好质量管理，对于这类新材料来说往往成为保证工程质量的关键。

本章主要从提高应用技术水平和应用效果的角度，介绍加气混凝土用砌筑和抹灰砂浆、装饰砂浆、保温砂浆、防水砂浆等的应用技术，包括对产品质量指标的要求、设计要点、施工程序、施工技术、工程质量验收标准以及应用中容易出现的问题和解决措施等。

## 二、新型建筑砂浆的组成与作用

砂浆是由胶凝材料、细骨料、外加剂和水组成的。新型建筑砂浆也不例外，只是在其组分中材料品种已经有了很大的扩展。表1-1概述了新型建筑砂浆的组分、材料品种与作用。

**新型建筑砂浆的组分、材料品种与作用**　　表1-1

| 组分 | 材料类别 | 功能或作用 | 商品材料举例 |
|---|---|---|---|
| 粘结剂 | 无机胶凝材料 | 将各种松散材料胶结在一起，在砂浆凝结硬化前使拌合物具有一定的和易性，凝结硬化后产生所需要的强度和其他物理力学性能 | 通用水泥、铝酸盐水泥（高铝水泥）、硫铝酸盐水泥、煅烧石膏、脱硫石膏、石灰等 |
| | 聚合物树脂 | 减少无机胶凝材料凝结硬化后内部结构中的微观缺陷，降低水泥类无机胶凝材料的弹性模量，显著提高材料的抗弯强度、抗拉强度、抗折强度和粘结强度等 | 各种商品的可再分散的或者可迅速溶解的聚合物树脂粉末、聚合物乳液等 |
| 骨料 | 细骨料（砂） | 在砂浆中起骨架作用，增大砂浆的体积，减少砂浆在凝结硬化过程中的体积收缩，防止开裂 | 普通建筑用细砂、石英砂、白云石砂、碳酸钙破碎石屑等 |
| | 微细骨料 | 有利于细骨料的级配，使细骨料具有最小的堆积间隙，同时有些微细骨料颗粒呈球形，在砂浆拌合物施工过程中能够起到"滚珠轴承"的作用，能够改善砂浆拌合物的流动性 | 碳酸钙粉、硅酸钙粉和石英粉、硅灰石粉等 |
| | 功能骨料 | 因赋予砂浆所需要的功能而使用的一类骨料，例如能够赋予砂浆以保温隔热性能的轻骨料、赋予砂浆以耐磨性能的金刚砂、碳化硅砂、赋予砂浆以防滑性能的石英砂等 | 膨胀玻化微珠、金刚砂、碳化硅砂、石英砂等 |
| 矿物掺合料 | | 具有水化活性，参与水泥的水化，提高砂浆的强度，并起到微细填料的作用 | 粉煤灰、沸石粉、硅粉、高炉水淬矿渣粉 |

| 组分 | 材料类别 | 功能或作用 | 商品材料举例 |
|---|---|---|---|
| 外加剂 | 超塑化剂 | 也称高效减水剂,能够大幅度提高砂浆拌合物的流动性,减少调制时的用水量,提高浆体凝结硬化后的强度,减少体积收缩 | 萘系、蜜胺系、三聚氰胺系和聚羧酸盐类减水剂等 |
| | 缓凝剂 | 减缓的凝结,延长砂浆拌合物的凝结时间,提高流动性 | 糖蜜系缓凝剂、柠檬酸系缓凝剂等 |
| | 早强剂 | 提高砂浆的早期强度,但对后期强度无明显影响 | 三乙醇胺、甲酸钠、三异丙醇胺和硫酸钠等 |
| | 流平剂 | 提高砂浆拌合物的流动性,增强流平性,使之能够具有所需要的流动性能,或者产生所需要的流平效果 | 各种低黏度型号的甲基、羟乙基、羟乙基甲基和羟丙基甲基类纤维素醚 |
| | 消泡剂 | 消除砂浆拌合物中因表面活性剂的作用和机械搅拌、输送作用而引入的气泡,减少砂浆中的结构缺陷 | 磷酸三丁酯、有机硅消泡剂和各种粉状商品消泡剂等 |
| | 减缩剂 | 既能够减少干缩,又能够大幅度减少砂浆拌合物在凝结硬化过程中的早期自收缩和塑性收缩,防止开裂 | 烷基醚聚氧化乙烯、小分子量脂肪多元醇等(如己二醇) |
| | 膨胀剂 | 能够降低砂浆拌合物在凝结硬化过程中的体积收缩,减少内部的结构裂缝,增强致密性,提高防水、抗渗性能 | UEA 膨胀剂、明矾石膨胀剂、CEA 复合膨胀剂等 |
| | 塑化、保水剂 | 显著改善砂浆拌合物的施工操作性,延长可操作时间,减少砂浆拌合物的干缩开裂 | 各种高黏度型号的甲基、羟乙基、羟乙基甲基和羟丙基甲基类纤维素醚 |
| 颜料 | | 使砂浆具有所要求的颜色赋予砂浆以装饰性 | 氧化铁红、黄,炭黑,氧化铬绿等 |
| 功能添加剂 | | 因赋予砂浆所需要的功能而需要添加的一类材料,例如使砂浆具有导电性能而添加的导电纤维、导电填料等 | 导电纤维、导电石墨等 |

| 组分 | 材料类别 | 功能或作用 | 商品材料举例 |
|------|---------|-----------|-------------|
| | 抗裂纤维 | 提高砂浆的抗拉强度、断裂韧性和抗裂能力,控制开裂后裂纹的扩展,降低材料凝结硬化和体积收缩产生的应力 | 木质纤维、聚丙烯纤维、聚丙烯腈纤维等 |
| | 水 | 提供砂浆所需要的和易性、聚合物粉末再分散所需要的介质和参与水泥水化形成水泥石 | 自来水、可饮用水以及不含有害离子的水等 |

### 三、新型建筑砂浆的种类与应用

按照不同的分类方法对新型建筑砂浆进行分类,可以分类出不同的新型建筑砂浆。通常的分类方法有根据胶结料不同的分类、根据砂浆功能不同的分类以及根据应用场合的不同分类等。

1. 根据胶结料不同的分类

作为砂浆胶结料的材料主要有聚合物改性水泥和树脂两大类,以这两类胶结料配制的新型建筑砂浆的特性如表1-2所示。

**新型建筑砂浆的种类和特性** 表1-2

| 胶结料种类 | 组成材料 | 特 性 | 砂浆品种 |
|-----------|---------|-------|---------|
| 聚合物改性水泥(聚合物水泥) | 水泥、细骨料、外加剂、聚合物和水等 | 虽然也具有水泥砂浆的特性,但由于引入聚合物消除了水泥砂浆的某些性能缺陷。例如,具有较好的和易性、保水性、良好的物理力学性能和耐老化性等,既可用于各种传统用途,如砌筑、抹平、地坪和修补等,也可以用于一些新的用途,如防水抗渗、粘结、防腐、吸声和堵漏等 | 防水砂浆、装饰砂浆、瓷砖粘结砂浆和保温砂浆等 |
| 聚合物砂浆 | 聚合物树脂、细骨料、添加剂和溶剂等 | 是一类广义上的砂浆,具有良好的施工操作性、极高的强度、抗渗透性、防腐性和耐磨性等,有的聚合物树脂砂浆耐老化性差(如环氧树脂砂浆) | 防腐砂浆、耐磨地坪砂浆、结构修补砂浆等 |

2. 根据砂浆功能不同的分类

这是最常用的分类方法。根据砂浆功能的不同，新型建筑砂浆可以分为保温隔热砂浆、墙体饰面砂浆、自流平地坪砂浆、加气混凝土专用砌筑和抹灰砂浆以及瓷砖粘结砂浆、聚苯板胶粘砂浆、抗裂砂浆、防水砂浆、界面处理砂浆、道路修补砂浆、防火砂浆、防辐射砂浆、吸波砂浆和抗油渗砂浆等。其中几种主要砂浆的特性与用途如表1-3所示。

新型建筑砂浆的种类与特性　　　　　　　　　　表1-3

| 砂浆种类 | 基本特性 | 主要用途 |
|---|---|---|
| 建筑保温隔热砂浆 | 现在常用的保温隔热砂浆以膨胀玻化微珠为轻质骨料，具有导热系数低、热稳定性好、吸水率低、透气性强、耐久、施工方便等特性和优异的防火性能 | 建筑物外墙、内墙、分户墙、地板、屋面以及其他结构部位的保温隔热和地板采暖等 |
| 墙体饰面砂浆 | 使用聚合物改性的现代饰面砂浆施工方便（手工、机械喷涂均可）、装饰效果丰富（可模仿瓷砖或其他石材）以及具有良好的耐候、耐紫外线照射性、透气性和耐水性 | 内、外墙体表面和顶棚装饰的饰面 |
| 自流平地坪砂浆 | 自流平地坪砂浆具有极好的流动性，能够自动流平成光滑表面；可以泵送施工，施工效率高；地坪强度高，不空鼓，不开裂，质量稳定，并能根据需要制得各种具有特殊功能的地坪（如重负荷、耐磨、防水、放滑等） | 工业地坪、交通场所地坪、大面积体育场、馆和广场地坪以及各种功能性地坪（例如防静电；防水、耐磨等） |
| 加气混凝土专用砂浆 | 包括砌筑砂浆和抹灰砂浆。砌筑砂浆能改善砌块之间的粘结状态，提高砌体的抗剪强度；抹面砂浆能改善砌体和抹灰层之间的粘结状态，防止抹面层空鼓、开裂和脱落 | 砌筑砂浆用于蒸压加气混凝土砌块的砌筑；抹面砂浆用于蒸压加气混凝土砌块砌体的抹面 |
| 粘结砂浆 | 包括瓷砖粘结砂浆和聚苯板（或其他保温板）粘结砂浆。这类砂浆施工性好，粘结强度高，并具有一定的柔韧性，能够改善瓷砖或聚苯板与基层的粘结状态，防止瓷砖或聚苯板因粘结失效而可能出现的各种工程质量问题 | 分别用于瓷砖或聚苯板（或其他保温板）的粘贴 |

| 砂浆种类 | 基 本 特 性 | 主要用途 |
|---|---|---|
| 界面处理砂浆 | 用于各种光滑墙体表面或强度低的墙体表面的处理,能够增强墙体表面的粘结,改善粘结性能,以利于墙体表面的抹灰、粘贴等施工操作 | 用于加气混凝土砌体墙面的处理、各种保温材料施工前墙体的表面处理等 |
| 防水砂浆 | 具有良好的不透水性、抗渗性、耐久性和一定的柔性,是性能良好的防水材料 | 用于屋面、地下室和水池、水罐等各种储水设施的防水 |
| 抗裂砂浆 | 具有良好的施工操作性、一定的柔性、高的抗拉强度和耐久性,施工于外墙外保温和内保温系统的保温层表面能够产生良好的抗裂性和防护性 | 用于外墙外保温和内保温系统的保温层表面的抗裂防护层 |

3. 根据应用场合不同的分类

根据应用场合的不同,新型建筑砂浆可以分为墙体用新型砂浆、地坪砂浆、防水砂浆、道路修补砂浆和各种功能砂浆等。

**四、各种新型建筑砂浆的现行标准及规范**

1. 产品标准

国家标准《建筑保温砂浆》GB/T 20473—2006

国家标准《膨胀玻化微珠保温隔热砂浆》GB/T 26000—2010

建材行业标准《墙体饰面砂浆》JC/T 1024—2007

建材行业标准《蒸压加气混凝土用砌筑砂浆与抹面砂浆》JC 890—2001

建材行业标准《地面用水泥基自流平砂浆》JC/T 985—2005、《聚合物水泥防水砂浆》JC/T 984—2011

建工行业标准《结构修复用聚合物修补砂浆》JG/T 336—2011

2. 技术规程

建工行业标准《抹灰砂浆技术规程》JGJ/T 220—2010

上海市工程建设规范《无机保温砂浆系统应用技术规程》

DG/TJ 08-2088—2011

安徽省地方标准《无机保温砂浆墙体保温系统应用技术规程》DB34/T 1503—2011

建工行业标准《自流平地面工程技术规程》JGJ/T 175—2009

电力行业标准《环氧树脂砂浆技术规程》DL/T 5193—2004

## 第二节 加气混凝土砌块用砌筑和抹灰砂浆

### 一、加气混凝土的性能特征及其专用砂浆

蒸压加气混凝土是由磨细的硅质、钙质材料，发气剂和水等搅拌、浇筑、发泡、静停、切割和蒸压养护等工艺过程而得到的多孔混凝土制品，属硅酸盐混凝土。由于采用蒸压养护工艺，故称为蒸压加气混凝土，一般简称加气混凝土。

加气混凝土具有轻质、保温隔热、隔声、阻燃等特点，可以加工制作成不同规格的砌块、板材和保温制品。下面从应用角度介绍蒸压加气混凝土的性能特点和不足。

1. 性能特点

（1）重量轻　干密度一般为 $500\sim700kg/m^3$。

（2）保温性能好　加气混凝土的导热系数通常为 $0.09\sim0.22W/(m\cdot K)$。

（3）可加工性好，施工便捷　加气混凝土具有良好的可加工性，可锯、刨、钻、钉，并可用适当的粘结材料粘结，给建筑施工提供了有利的条件。

（4）耐火极限高　加气混凝土砌块的耐火极限在 700℃ 以上，为一级耐火材料。

（5）隔声性能好　加气混凝土的多孔结构使其具备良好的吸声、隔声性能。100mm 厚砌块墙体双面抹灰，平均隔声量为 40.6dB。

（6）耐久性好　加气混凝土不易老化，是一种耐久的建筑材

料，其正常使用寿命能够和各类永久性建筑物的寿命匹配。

2. 性能不足

（1）表面强度低　这一特点常常导致加气混凝土砌块墙抹灰层的开裂与空鼓，使抹灰产生一些较难解决的问题。

（2）收缩大，体积不稳定　加气混凝土砌块干燥收缩值较大，而且温度变形、干湿循环均会引起材料的收缩，这是导致砌块墙体开裂、渗水的重要因素。

3. 加气混凝土砌块砌体专用砂浆

由于加气混凝土砌块存在着表面强度低和收缩大的性能不足，严重影响其砌体的抗剪强度，并可能导致砌体抹灰层空鼓和砌体因砌块收缩大而产生抹灰层开裂等问题。专用砂浆就是为了解决这些问题而专门开发的产品。

专用砂浆包括砌筑砂浆和抹面砂浆两种，都是加气混凝土砌体工程不可缺少的配套材料。砌筑砂浆是指由水泥、砂、掺合料和外加剂制成的用于蒸压加气混凝土的砌筑材料；抹面砂浆也称抹灰砂浆，是指由水泥或石膏、砂和外加剂制成的用于蒸压加气混凝土的抹面材料。

**二、加气混凝土对砌筑砂浆和抹灰砂浆的性能要求**

1. 对性能的基本要求

对加气混凝土砌块用砌筑砂浆和抹灰砂浆的性能要求，是针对加气混凝土的特点以解决使用普通砂浆施工所产生的问题提出的。如上述，加气混凝土的特点（缺陷）是表面强度低和收缩大，但从施工的角度来说，加气混凝土砌块的吸水-干燥性能也很重要，也是砂浆性能需要考虑的重要因素。根据加气混凝土的这些特点，砌筑砂浆和抹灰砂浆应具有以下一些基本特性。

（1）具有良好的施工操作性，适当的初凝时间，特别是应当具有极好的保水性。

（2）与加气混凝土砌块应有良好的亲和性，容易在砌块表面铺展，并能够与砌块表面产生牢固的粘结。

（3）适当的粘结强度。

（4）良好的柔性，以防止砌体体积变化时可能产生的砂浆层空鼓、开裂等问题。

2. 对性能指标的要求

建材行业标准《蒸压加气混凝土用砌筑砂浆与抹面砂浆》JC 890—2001 规定了其产品质量指标，如表 1-4 所示。

加气混凝土用砌筑砂浆与抹面砂浆的质量指标　表 1-4

| 项　目 | 砌筑砂浆 | 抹面砂浆 |
|---|---|---|
| 干密度（kg/m³） | ≤1800 | 水泥砂浆≤1800；石膏砂浆≤1500 |
| 分层度（mm） | ≤20 | 水泥砂浆≤20 |
| 凝结时间（h） | 贯入阻力达到 0.5MPa 时，3～5h | 水泥砂浆：贯入阻力达到 0.5MPa 时，3～5h<br>石膏砂浆：初凝≥1；终凝≤8 |
| 导热系数［W/（m·K）］ | ≤1.1 | 石膏砂浆：≤1.0 |
| 抗折强度（MPa） | — | 石膏砂浆：≥2.0 |
| 抗压强度 MPa | 2.5、5.0 | 水泥砂浆：2.5、5.0<br>石膏砂浆：≥4.0 |
| 粘结强度（MPa） | ≥0.20 | 水泥砂浆：≥0.15；石膏砂浆：≥0.30 |
| 抗冻性 25 次（%） | 质量损失≤5；强度损失≤20 | 水泥砂浆：质量损失：≤5；强度损失：≤20 |
| 收缩性能 | 收缩值≤1.1mm/m | 水泥砂浆：收缩值≤1.1mm/m<br>石膏砂浆：收缩率≤0.06% |

注：有抗冻性能和保温性能要求的地区，砂浆性能还应符合抗冻性和导热性能的规定。

### 三、加气混凝土砌筑砂浆和抹灰砂浆配制技术

1. 原材料及其功能作用

加气混凝土专用砂浆一般配制成粉状，包装成袋，在施工现场于使用前加水拌合成砂浆拌合物使用。配制加气混凝土专用砂浆的原材料及其功能作用见表 1-5。

2. 加气混凝土砌筑砂浆和抹灰砂浆参考配合比

表 1-6 中列出一组配制加气混凝土砌体工程用界面砂浆，内、外墙抹灰砂浆和砌筑砂浆的基础配合比。

| 砂浆组分 | 材料 | | 功能与作用 |
| --- | --- | --- | --- |
| | 品种 | 技术性能要求 | |
| 胶结料 | 水泥 | 强度等级大于等于 32.5 级的通用水泥 | 粘结各种松散材料,并与砂浆的应用基层粘结 |
| | 聚合物树脂 | VAE 类可再分散的乳胶粉或可水溶性聚乙烯醇树脂粉末 | 提高砂浆的粘结强度和柔性 |
| 集料 | 砂 | 级配石英砂或经过干燥、筛分、级配加工的建筑砂和级配石屑等 | 骨架材料,增加砂浆的体积,降低成本 |
| | 碳酸钙粉末 | 80~120 目 | 改善骨料级配,提高砂浆拌合物的施工操作性 |
| 矿物掺合料 | 粉煤灰 | Ⅰ级、Ⅱ级 | 参与水泥的后期水化,提高砂浆的施工操作性,并起微细填料的作用 |
| 保水剂 | 纤维素醚 | 各种高黏度型号的甲基、羟乙基、羟乙基甲基和羟丙基甲基类纤维素醚 | 提高砂浆的施工操作性和在气混凝土表面的铺展性,使砂浆具有极强的保水性 |

加气混凝土专用砂浆参考配合比　　　　表 1-6

| 原材料品种 | 用量(质量比) | | | |
| --- | --- | --- | --- | --- |
| | 砌筑砂浆 | 外墙抹灰砂浆 | 内墙抹灰砂浆 | 界面砂浆 |
| 32.5 级水泥 | 100 | 100 | 100 | 100 |
| VAE 类乳胶粉 | 5~10 | 5~10 | — | — |
| 冷水溶解型聚乙烯醇粉末 | — | — | 3~10 | 5~10 |
| 建筑细砂 | 300~600 | 300~500 | 300~600 | 100~200 |
| 碳酸钙粉末(80 目~120 目) | 10~20 | 10~20 | 30~60 | — |
| 粉煤灰 | 30 | 30 | 60 | — |
| 200000mPa·s 黏度单位的羟丙基甲基纤维素 | 1~3 | 1~3 | 1~2 | 0.~1 |

## 四、加气混凝土砌筑砂浆应用技术要点

1. 注意保证工程中使用的材料的质量

按照施工要求准备所需规格的蒸压加气混凝土砌块和与砌块配套使用的专用砌筑砂浆。其中,加气混凝土砌块的质量符合标

准《蒸压加气混凝土砌块》GB 11968—2006、砌筑砂浆符合标准《蒸压加气混凝土用砌筑砂浆与抹面砂浆》JC 890 的要求。

2. 砌筑砂浆的调制和使用时间

按照产品说明书的要求和方法调制砌筑砂浆，调制时使用机械搅拌。不具备机械搅拌时，可用电锤加 $\phi$12mm 圆钢自制搅拌头的手持式搅拌机，砂浆调制时搅拌时间不少于 3min。

一般地说，调制好的砌筑砂浆在气温 25℃ 时，应在 4h 内用完，超过 30min 必须重新搅拌使用。

注意砌筑砂浆的有效时间（储存期），过期的砌筑砂浆不得使用。

3. 砌块砌筑

（1）砌筑前应先清理基层，按设计要求弹出墙的中线、边线与门洞位置。

（2）砌筑时应以皮数杆为标志拉水准线，并从转角处两侧与每道墙的两端开始。

（3）厨房、卫生间等潮湿房间及底层外墙等地面有防水要求，底皮应采用具有防水性能的砌块。砌筑墙体第一皮砌块时，应先用水润湿基面再铺砂浆。砌块的垂直灰缝应批刮砂浆，并以水平尺等校正砌块的水平、垂直度和做好墙面防水处理。

（4）每皮砌块砌筑前，宜先将下皮砌块表面（铺浆面）用磨砂板磨平，并用毛刷清理干净后再用批灰刀铺刮水平、垂直缝处的砂浆。第二皮砌块须待第一皮砌块水平灰缝的砌筑砂浆凝固后方可砌筑。

（5）砌块砌筑时，宜用水平尺与橡皮锤校正水平、垂直位置，做到上下皮砌块错缝搭接，其搭接长度一般不宜小于砌块长度的 1/3，且不小于 100mm。砌体转角和交接处应同时砌筑，对不能砌筑而又必须留设的临时间断处，应砌成斜槎。接槎时先清理槎口，然后铺砂浆接砌。

（6）砌块的垂直灰缝可先铺砂浆于砌块侧面，然后上墙砌筑，用橡皮锤轻击砌块，要求灰缝饱满，并及时将挤出的砂浆清除干净，做到随砌随时清理干净，灰缝厚2～4mm。若遇一皮砌块的最后一块砌块稍长排不下时，可用钢齿磨板锉刮侧面至合适灰缝为止。

（7）砌上墙的砌块不应任意移动或受撞击，若需校正应重新铺抹砂浆进行砌筑。墙体砌完后必须检查表面平整度，不平整处应用磨砂板磨平，使偏差值控制在允许范围内。

（8）砌筑时，严禁在墙体中留设脚手洞。墙体修补及空洞堵塞可使用专用砌筑砂浆修补。

4. 质量验收标准和检验方法

（1）砌块和砂浆的强度等级应符合设计要求。其具体检验方法是检查砌块和砂浆的合格证书、产品性能检测报告和工地现场抽样试验报告。

（2）砌体的灰缝厚度、饱满度及检验方法应符合表1-7的规定。

砌体灰缝厚度、饱满度及检验方法　　　　　表1-7

| 灰缝及厚度<br>（mm） | 饱满度及要求<br>（％） | 检验方法 | 抽检数量 |
|---|---|---|---|
| 水平缝3～4 | ≥80 | 用百格网检查砌块底面及顶面砂浆粘结痕迹面积 | 每步架不少于3处，每处不应少于3块 |
| 垂直缝3～4 | ≥80 | | |

（3）在一般情况下，上下皮砌块错缝搭接长度不得小于100mm。在墙体端部出现上下皮砌块错缝搭接长度小于100mm现象时，其面积不得大于该墙体总面积的20％。

（4）砌体墙面应平整、干净、无裂缝，灰缝处无溢出的砂浆。

（5）砌块墙体的允许偏差应符合规定。

5. 砌筑砂浆施工时的防裂措施

（1）保证砌块的含水率满足要求　砌块干燥收缩值过大是导致砌块墙体空、裂、渗的重要因素。砌块的吸水率大，而且吸水慢、干燥也慢。砌块在不低于温度20℃以上，相对湿度不低于

65％，自然通风条件下储存 40d 左右，砌块中心平均含水率不高于 18％，这样可以满足规范要求。施工中因场地限制或其他原因，往往按施工进度分批进场，缺少出厂后的储存干缩过程，砌筑时砌块内芯含水率大于 25％，收缩率仅完成 50％左右，体积很不稳定，抹灰后墙体继续干缩徐变，导致梁底、柱侧节点缝处抹灰层开裂和墙面抹灰层空鼓、开裂，情况严重时甚至脱落。

不要将不同出厂日期、不同干密度的砌块或不同强度等级砌块混砌，这样会造成含水率较高的块体收缩变形较大，反之变形较小，使不均匀变形产生墙中部的不规则裂缝。

应尽量避免在高温下砌筑填充墙，以减小由温差造成的温度变形。

（2）砌筑施工前不要采用传统做法充分浇水湿润砌块　这会导致砌块墙体产生吸水膨胀现象，与砌块上墙时的残余收缩应力形成叠加收缩应力，加大墙体空鼓、开裂和梁底及柱侧节点的开裂。

（3）采取措施保证砂浆砌筑灰缝满足饱满度及厚度要求　砌筑时，水平灰缝的饱满度一般能达到要求，但厚度过大甚至达到 30mm，不仅浪费砂浆而且灰缝的收缩也将加大。由于砂浆早期收缩较大，水平灰缝厚度过大必然加剧填充墙的竖向沉降，影响砌体与梁或板底的紧密结合，产生结合部位的水平裂缝。而且随着灰缝厚度的增加，灰缝内砂浆横向变形加大，加剧了砌体受压后内部拉、弯、剪等复杂应力，使墙体开裂。

竖向灰缝的饱满度往往达不到要求，不均匀，许多竖向灰缝宽度不到 10mm，也会造成砂浆和砌块之间的粘结强度降低，墙体容易出现竖向裂缝。

为减少由于砌筑砂浆不饱满、不密实而造成的墙体裂缝，可采用"预压原理"控制。从水平和垂直两个方向用橡皮锤进行敲击，砌筑砂浆一部分被挤出，灰缝砂浆被挤压，处于微受压状态，一方面可以抵消因砌体收缩产生受拉应力，另一方面可以使灰缝密实饱满，增加砂浆和砌块的粘结力，提高砌体的抗拉强度，从而达到控制裂缝的目的。

**五、加气混凝土抹灰砂浆应用技术要点**

墙体抹灰前，应将墙面基层清理干净。墙的阳角部位宜用 25mm×25mm 镀锌角钢条或 300mm 宽玻璃纤维网格布护角。

砌体、钢筋混凝土柱、梁与墙交接处均应铺设等于或大于 500mm 宽玻璃纤维网格布或钢丝网。窗台板、表具箱、配电箱、消火箱、电话箱等与砌体交接处的缝隙，应用 PU 发泡剂封填。

墙体抹灰施工宜在墙顶空隙的嵌填作业完成后 7d 进行。

墙面抹灰时，基层应抹专用界面剂或采用喷浆处理，界面剂厚度宜在 2～3mm，采取喷浆处理，应及时养护，待浆面凝结达到一定强度后（不小于 1MPa），再根据抹灰层厚度做灰饼，冲筋。界面剂施工作业应在 5℃以上的气温环境下进行。

墙面抹灰 24h 前应浇水湿润，抹灰前再洒一遍水。墙面抹灰应分层进行，每层厚度为 6～8mm：底层抹灰层厚度不大于 8mm，用木抹子压平搓毛，使其与基层粘结牢固；中层抹灰层厚度可控制在 5～8mm；面层抹灰层厚度以控制在 3～5mm 为宜。底层或中层的砂浆具有一定强度和见干，同时检查确认无空鼓、开裂等现象后，方可进行中层或面层的抹灰。层间抹灰间隔时间不宜过短，每层间隔时间不宜少于 24h。

抹灰分层接搓处，先施工的抹灰层应稍薄，要均匀结合，接搓不应过多，防止面层凹凸不平。罩面灰应边抹边用钢抹子抹平、压实、抹光。

门窗、各种箱盒侧壁分层填实抹严后，用抹子划出 3mm×3mm 的沟槽，避免框体侧壁与砌体交接处空鼓、裂缝。需要打密封胶的框体周围，抹灰时应留出 7mm×5mm 的缝隙，以便嵌缝打胶。

外墙抹灰时，在墙与柱、墙与梁节点缝处，采用专用抗裂抹灰砂浆，每边抹压宽度不小于 100mm，然后开始抹专用抹灰砂浆。分两层打底找平，常温下待底灰喷水不起皮时即可开始喷水养护 7d。

## 第三节 饰 面 砂 浆

### 一、概述

应用于内、外墙体表面和顶棚装饰的饰面砂浆，按照《墙体饰面砂浆》JC/T 1024—2007 的定义，是一种以无机胶凝材料、填料、添加剂和/或骨料所组成的材料。这类砂浆适用于各种墙面的装饰，可以手工施工，也可以机械喷涂施工，并且基于施工方式的不同而能够得到不同的装饰效果（例如表面装饰效果可以模仿瓷砖或其他石材），具有良好的耐候、耐紫外线性、透气性和耐水性。现代饰面砂浆中使用的改性聚合物组分（例如聚合物胶粉、纤维素醚等）在该定义中归属于添加剂。

传统饰面砂浆主要由水泥、砂、石灰、石膏和矿物颜料等无机天然材料构成，在施工现场加水搅拌后，施工于砖石、混凝土等基材的表面。传统饰面砂浆因使用耐候性很好的无机天然矿物材料作为原材料，使得产品具有良好的物理特性、优异的耐久性、古朴自然和丰富多彩的装饰效果。在国外某些地区（例如欧洲的一些地区），用其装饰的很多建筑历经上百年的风雨沧桑，现在仍保持完好无损。

尽管这类材料在我国应用已有很长的时间，但因其是一种以水泥为主要胶凝材料的纯无机材料，必然存在水泥基材料本身固有的抗拉强度低、弹性差，易产生收缩、开裂和渗水等问题。为了克服这些缺陷，有时在传统饰面砂浆中掺加纤维和有机胶体等材料，目的是改善饰面砂浆的抗开裂性与和易性，有时能够得到很好的效果，有时得到的效果有限，这主要取决于应用者的技术水平。

近年来，随着国家经济建设规模的日益扩大和新材料的不断涌现，特别是聚合物改性水泥砂浆技术的出现，通过在饰面砂浆中掺进多种聚合物材料和添加剂，特别是能够显著改善物理力学性能的乳胶粉，使饰面砂浆的物理力学性质特别是韧性和耐久性得到明显改善。

使用聚合物改性的现代饰面砂浆除具有传统砂浆的各种性能优势外，还具有以下性能特征：①耐洗刷，耐玷污，具有自洁功能；②透气性好，吸水率低，收缩性小，抗裂、防渗；③装饰效果好，颜色丰富多样，可根据用户要求选择颜色；④装饰风格多样，通过不同的施工方法可得到从平面效果、仿装饰石材效果、浮雕、拉毛等凹凸立体图案效果；⑤施工方便，快速，省工省料，造价低廉；⑥无毒、无气味，安全环保，符合四 E（能源、经济、效益和环境）的发展趋势要求。

近年来，一是由于聚合物改性水泥砂浆的广泛应用，特别是乳胶粉在粉状砂浆中的研究与应用，显著改善了饰面砂浆的产品质量，同时提高了饰面砂浆的装饰档次，使之应用日益受到重视并扩大其应用。二是由于建筑节能的强制实施，大多数建筑物因节能施工了外墙外保温系统。在外墙外保温系统中，面砖和饰面石材等装饰材料的应用受到极大限制，而建筑涂料和饰面砂浆是外墙外保温系统良好的配套材料，因而其应用更为广泛。

**二、墙体饰面砂浆类别与技术要求**

1. 类别与标记

（1）类别　墙体饰面砂浆的建材行业标准《墙体饰面砂浆》JC/T 1024—2007 规定使用 DRP 作为墙体饰面砂浆的代号，该标准规定墙体饰面砂浆的使用厚度不大于 6mm。

饰面砂浆按主要胶凝材料分类为水泥基墙体饰面砂浆（C）和石膏基墙体饰面砂浆（G）两种；按使用部位分类为外墙饰面砂浆（E）和内墙（包括顶棚）饰面砂浆（I）两种。

石膏基墙体饰面砂浆（G）用于内墙表面和顶棚装饰；水泥基墙体饰面砂浆（C）用于内、外墙体表面和顶棚装饰。

（2）标记　产品按照产品名称、代号、类别、标准号的顺序标记。例如，水泥基外墙饰面砂浆（C）的标记为：DRP C E JC/T 1024—2007。

2. 技术要求

（1）一般要求　墙体饰面砂浆产品不应对人体、生物和环境造成有害的影响，涉及与使用有关的安全与环保要求，应符合我国相关标准和规范的要求。

（2）技术性能指标

① 外观　应为干粉状物，且均匀、无结块、无杂物。

② 物理力学性能　物理力学性能应符合表1-8的要求。

墙体饰面砂浆产品的物理力学性能　　　　表 1-8

| 序号 | 项　　目 | | 技 术 指 标 | |
|------|---------|--|------|------|
| | | | E 型 | I 型 |
| 1 | 可操作时间 | 30min | 刮涂无障碍 | |
| 2 | 初期干燥抗裂性 | | 无裂纹 | |
| 3 | 吸水量(g) | 30min　≤ | 2.0 | |
| | | 240min　≤ | 5.0 | |
| 4 | 强度(MPa) | 抗折强度　≥ | 2.50 | |
| | | 抗压强度　≥ | 4.50 | |
| | | 拉伸粘结强度　≥ | 0.50 | |
| | | 老化循环拉伸粘结强度　≥ | 0.50 | — |
| 5 | 抗泛碱性 | | 无可见泛碱,不掉粉 | — |
| 6 | 耐玷污性(白色或者浅色) | 立体状(级)≤ | 2 | — |
| 7 | 耐候性(750h) | ≤ | 1 级 | — |

注：抗泛碱性、耐玷污性、耐候性试验仅适用于外墙饰面砂浆。

### 三、饰面砂浆制备与应用技术

1. 原材料选用介绍

饰面砂浆作为一种以装饰功能为主的新型建筑砂浆，在材料组分中必须引入着色颜料。虽然由于着色颜料的引入也会对砂浆的材性产生一定影响，但其主要材料组分及其选用原则和第二节中介绍的加气混凝土砌块专用砌筑砂浆、抹面砂浆基本相同。

饰面砂浆中的水泥宜使用普通硅酸盐水泥或具有早强性能的硅酸盐水泥。当要求的饰面砂浆颜色较浅，使用普通水泥不能满足要求时，则需要使用白水泥。

由于是外用装饰材料，在乳胶粉的选用上，最好是耐久性好的聚丙烯酸酯类乳胶粉；甲基纤维素醚应选用高黏度型号的产品，可以在小用量下改善材料的施工性能，并赋予材料以抗流挂性能；其他如减水剂、早强剂、消泡剂等则根据情况，按照需要选择。

饰面砂浆使用的着色颜料主要应选用耐碱性、耐光性好的颜料。由于水泥加水调合形成的水泥浆处于高碱性状态，因而不耐碱的颜料是不能在墙体饰面砂浆中使用的。例如，铁蓝或铬黄遇碱都会分解，即使是弱碱也能使铁蓝分解，并放出剧毒氰化氢气体。此外，铬绿也是不耐碱的。这些颜料都不能在墙体饰面砂浆中应用。

一般地说，饰面砂浆以选用价格便宜、着色力好的氧化铁系颜料为主，这类颜料具有优良的着色和应用性能，且具有吸收紫外线的优点。

世界上的颜色千千万万，但构成这些颜色的只是红、黄、蓝三原色。因而，颜料的选用，通常鉴于简便和货存量小，也只要选择黄、红、蓝、绿、黑等主要几种。使用这几种颜色的颜料能够配制出许许多多种颜色。当然，如遇到不能满足要求的特殊颜色，则再根据具体情况增加颜料种类。

适宜于在饰面砂浆中使用的着色颜料有氧化铁红、立索尔宝红 BK、耐晒红 BBS、氧化铁黄、耐晒黄（汉沙黄）、有机柠檬黄、钛镍黄、氧化铁黑、炭黑、钛白粉、氧化锌、酞菁蓝、钴蓝、氧化铬绿和酞菁绿等。

2. 饰面砂浆参考配方及制备

（1）参考配方　以耐候性和装饰效果良好的暗红色饰面砂浆为例，其参考配方见表 1-9。

饰面砂浆参考配方参考配合比　　　　　　　表 1-9

| 组分 | 原材料品种 | 用量（质量比） |
|---|---|---|
| "彩色砂浆粉" | 42.5 级 P.O 水泥 | 100.0 |
| | 聚丙烯酸酯类类乳胶粉 | 2.0～3.0 |
| | 200000mPa·s 黏度单位的羟丙基甲基纤维素 | 0.1～0.5 |
| | 氧化铁红粉 | 3.0 |
| | 膨润土粉 | 2.0 |
| | 炭黑 | 0.1 |
| 细骨料 | 建筑细砂 | 460 |
| | 碳酸钙粉末（80～120 目） | 40 |

（2）制备　将"彩色砂浆粉"中的各组分原材料混合均匀，并通过研磨设备研磨以进一步分散混合而制得"彩色砂浆粉"。然后，再将"彩色砂浆粉"和细骨料放在一起混合均匀即可。

3. 饰面砂浆应用技术要点

（1）基层　如果应用于外墙外保温系统中，饰面砂浆是施工在抗裂防护层表面。对于经过施工验收合格的抗裂防护层，可以直接施工饰面砂浆。

对于其他类基层，基层应坚固、粗糙、无污染等。若基层过于干燥，施工前可适当洒水湿润。

（2）施工技术要点　当饰面砂浆有分格要求时，分格条应厚薄宽窄一致，粘贴时应保证横平竖直，交接严密，施工的饰面砂浆终凝后应及时将分格条全部取出。每个间隔分块必须连续作业，不显接槎。

施工缝应留在分格缝、墙面阴角、水落管背后或独立装饰组成部分的边缘处。

对于采用喷涂或弹涂施工的外墙面，对于门和不施工饰面砂浆的部位，应采取防污染措施。

喷涂或弹涂应分遍成活，每遍不宜太厚，不得流坠。一般饰面砂浆的施工厚度为 2～4mm。

对于滚涂施工的饰面砂浆，其滚涂厚度按照花纹大小确定，并一次成活。

喷涂、滚涂或弹涂施工的饰面砂浆，都要求颜色一致，花纹大小均匀，不显接槎。

（3）其他 饰面砂浆和后面将要介绍的砂壁状建筑涂料一样，采用不同的施工方法，可以施工成不同的装饰风格，如平面状、凹凸花纹状、仿天然石材状以及仿面砖装饰效果等。有的装饰效果可以采用手工抹涂施工（如仿天然石材装饰），有的装饰效果可以采用机械喷涂施工（如凹凸花纹状装饰），有的装饰效果则既可以采用喷涂，也可以采用手工施工，还可以使用机械喷涂的方法施工。

其中，仿面砖装饰效果的饰面砂浆施工技术，和第四章第六节介绍的砂壁状建筑涂料仿面砖装饰施工技术相似，可以互相参考、借鉴。

**四、外墙饰面砂浆的泛碱问题及其解决措施**

1. 泛碱现象

在饰面砂浆中，泛碱造成装饰砂浆层褪色而影响装饰效果，甚至使装饰效果损失殆尽。泛碱是由于盐分沉积在矿物建筑材料如混凝土、砂浆或砖墙的表面引起的现象，通常将该现象称为"泛碱"。在大部分情况下，由于多孔建筑材料中的水溶性组分随孔隙水迁移到表面，当水蒸发时，溶解在水中的盐分沉淀后就会在材料表面形成盐的堆积物（"泛碱"）。

泛碱通常不会造成饰面砂浆明显的破坏，而主要是影响其装饰效果。泛碱经常在建筑物投入使用后的很短时间内产生，此时正是人们对新建筑物外观质量最关心的时候。当彩色砂浆的颜色较深时，泛碱在饰面砂浆表面所形成的白斑会引起对比度强烈的不规则斑痕。

泛碱的形成与环境有关，很难完全消除。一些处理方法如酸洗可以暂时解决问题，但在经过一段时间后仍有再次出现的可能。

## 2. 泛碱的种类

当盐分溶解在孔隙水中并迁移到砂浆表面沉淀下来时，就会出现泛碱现象。在硅酸盐水泥基材料中，$CaCO_3$ 是形成泛碱的最典型矿物成分。温度、湿度和风对泛碱有显著影响。一般来说，泛碱是季节性问题，大部分情况下在冬季出现。

泛碱基本上可以分为两种类型，即初次泛碱和二次泛碱。初次泛碱是指施工数天或数周后在砂浆的凝结和硬化过程中发生。原因是由于砂浆中多余水分向外面的迁移，或者是由于苛刻的气候条件（低温、高湿）引起了由 $CaO$ 转变成 $CaCO_3$ 的碳化反应。

二次泛碱是在施工数年后发生的泛碱现象，原因是由于砂浆与水接触如湿气冷凝或者水的渗透，例如处于干湿循环状态下的砂浆的泛碱。二次泛碱所发生的反应与初次泛碱是一样的，但它所产生的斑痕常常比前者更加不均匀。

## 3. 测试泛碱的方法

（1）将砂浆表面润湿（如喷水），然后干燥以模拟室外雨水、飞溅水或雾的冷凝水的影响。试验过程可以在水箱或室外通过多次干湿循环重复进行。

（2）将砂浆样品的下半部分浸入到水中或放置在吸了水的海绵上使毛细水透过多孔的砂浆。当孔隙水到达砂浆表面时会蒸发并产生溶解组分的沉淀。

（3）将砂浆样品置于一个"双室气候箱"内。样品两侧处于温度和湿度不同的条件中，会引起冷凝、毛细水流动和蒸发。

试验时，将干砂浆与水拌合，将其批涂在多孔隙瓷砖上，然后立即放置在试验装置上。试验装置内部的气候条件是温暖和潮湿的。整个装置存放在低温室内。通过这样的试验可以在几天内检测到泛碱形成的可能性。

## 4. 对"泛碱"的预防与处理

目前有几种不同的处理能够预防泛碱现象的出现。

（1）封闭表面 一个造价较高的预防泛碱的方法是使用不透

水的涂层来保护制品。这除了额外增加材料成本外，还需要多一道施工步骤。

（2）混合胶凝材料系统　硅酸三钙（$C_3S$）是普通硅酸盐水泥的主要熟料矿物相。由于硅酸盐水泥熟料的 Ca/S 比较水化硅酸钙相（C—S—H）的钙硅比高得多，$C_3S$ 水化后形成大量的 $Ca(OH)_2$，以 $Ca(OH)_2$ 的形式存在的多余 $Ca^{2+}$ 是水泥基系统中泛碱的主要来源，因而添加 $Ca^{2+}$ 消耗剂（反应性二氧化硅），能够减轻或消除泛碱。

（3）采用微米尺寸的颗粒堵塞毛细孔洞　如添加细填料如气相法二氧化硅、偏高岭土或石灰石粉堵塞孔隙可以在一定程度上降低泛碱。

（4）掺加特殊添加剂的组合方法　特殊的粉状添加剂可以在许多情况下预防泛碱的发生。例如，美国国民淀粉公司的 ERA 100 和 Elotex ERASEAL 120，它们再分散以后可以形成尺寸为几个微米的小颗粒。这些小颗粒可以封闭孔隙，阻塞水的迁移。此外，这些添加剂还具有束缚自由 $Ca^{2+}$ 的潜力，而又不会对水泥的水化产生缓凝作用。

# 第四节　建筑保温砂浆

## 一、概述

建筑保温砂浆是以无机轻骨料（保温骨料）为主体保温组分，以聚合物改性水泥为胶结料，并根据性能需要添加了多种助剂而制成的干粉型功能性砂浆。其中，构成保温砂浆的保温隔热骨料有普通膨胀珍珠岩、膨胀蛭石、闭孔膨胀珍珠岩和膨胀玻化微珠等。但随着材料的发展和满足墙体保温对材料的性能要求，近年来实际应用中成功的案例绝大多数是以膨胀玻化微珠为保温骨料制备的保温砂浆。这类砂浆具有许多性能优势，例如具有良好的施工和易性、耐候性、防火性和环境安全性，以及膨胀玻化微珠和水泥同属于无机材料，两者间具有更高的粘结强度等。因而，可以很好地应用于墙体节能工程中。

1. 基本特征

建筑保温砂浆以无机玻璃质的膨胀玻化微珠作为保温骨料、水泥为胶凝材料、聚丙烯增强纤维和可分散乳胶粉作为增强和抗裂材料并掺入外加剂，经过干拌均匀而成的一种单组分粉状建筑内、外墙保温隔热材料。

建筑保温砂浆具有一定的保温隔热性能和抗老化、耐候及防火性能，强度高，粘结性能好，可消除空鼓、开裂现象。建筑保温砂浆现场施工加水搅拌即可使用，施工和易性好，可直接施工于墙体上，其保温层整体性好，无接缝，尤其适用于形状不规则的墙体表面施工。

2. 主要应用特点

建筑保温砂浆目前主要是在外墙面上应用，为了保证砂浆保温层的构造安全性，达到好的保温效果，防止保温层开裂、渗水以及具有所要求的耐久性等，建筑保温砂浆应该以外墙外保温系统的形式应用。而目前的建筑保温砂浆的标准都是产品标准，例如《建筑保温砂浆》GB/T 20473—2006 和《膨胀玻化微珠保温隔热砂浆》GB/T 26000—2010 等。因而，建筑保温砂浆在应用中还需要制定外墙保温系统的标准，以规范外墙保温系统的构造、系统和系统组成材料技术性能指标等。

建筑保温砂浆组成中不含有毒有害物质，又具有极良好的耐火性，因而可应用于外墙内保温、分户墙保温和楼梯间、电梯井墙面保温等。

《建筑保温砂浆》GB/T 20473—2006 中的 I 类产品（干密度≤≤300kg/m³）和《膨胀玻化微珠保温隔热砂浆》GB/T 26000—2010 规定，建筑保温砂浆的导热系数≤0.070W/(m·K)。因而，当作为主体保温材料时，只适合于在夏热冬冷和夏热冬暖地区应用，但可以配合其他高性能的保温材料在寒冷和严寒地区使用。

建筑保温砂浆必须分层施工，每层施工厚度在 15～20mm，从施工进度和保温层结构安全性抗裂，一般对保温层的厚度有所约束。例如，安徽省地方标准《建筑保温砂浆应用技术规程》DB34/T 1505—2011规定，采用涂料或装饰砂浆饰面时，外保温层设计厚度不应超过40mm。

3. 建筑保温砂浆的生产

（1）材料选用

建筑保温砂浆生产中的原材料选用和其他聚合物水泥砂浆的大同小异，这里概述于表1-10中。

建筑保温砂浆的原材料选用　　　　表1-10

| 组分 | 原材料名称 | 选用要点 |
|---|---|---|
| 胶结料 | 水泥 | 应选用强度等级为42.5级的通用硅酸盐水泥,以减小用量,保证保温砂浆的合适干密度 |
| | 乳胶粉 | 应选用玻璃化温度相对低(一般不宜高于5℃)、平均粒径细的VAE类乳胶粉 |
| 保水剂 | 甲基纤维素醚 | 应选用黏度型号为15万～25万Pa·s范围的产品,以使之能够更好地赋予保温砂浆良好的施工性和保水性 |
| 抗裂剂 | 抗裂纤维 | 应选用纤维长度为1～3mm、抗拉强度高的聚丙烯纤维(PP纤维)或聚丙烯腈纤维 |
| 引气剂 | 表面活性剂 | 可直接选用烷基苯磺酸盐类表面活性剂或商品引气剂 |
| 掺合料 | 粉煤灰 | 应选用Ⅰ级或Ⅱ级商品粉煤灰 |
| 保温隔热骨料 | 玻化微珠 | 应选用符合《膨胀玻化微珠》JC/T 1042—2007中Ⅱ类产品性能指标要求的产品 |

（2）配方（约1m³保温砂浆的原材料用量）

普通硅酸盐水泥135kg；粉煤灰20kg；聚丙烯腈纤维1.5kg；乳胶粉6.0kg；羟丙基甲基纤维素1.0kg；十二烷基苯磺酸钠1.0kg；玻化微珠115kg。

（3）生产程序

建筑保温砂浆的生产工艺很简单，是将各种符合要求的原材料，经计量后放在一起混合均匀的物理过程。其中应注意的是投料顺序为水泥、粉煤灰、抗裂纤维、乳胶粉和羟丙基甲基纤维素等，待拌合均匀后再投入玻化微珠拌合均匀。因为玻化微珠为中空结构，壁薄、强度低，在强烈的机械搅拌下易破碎，最后投料能够使其受到最小的搅拌影响。

**二、建筑保温砂浆墙体保温系统及其构成材料的性能指标要求**

这里所介绍有关建筑保温砂浆墙体保温系统及其构成材料的性能指标要求，以及后面关于建筑保温砂浆应用技术（设计、施工和工程验收）等内容，是以安徽省地方标准《建筑保温砂浆应用技术规程》（DB34/T 1505—2011）为基础的。

1. 建筑保温砂浆墙体保温系统

（1）建筑保温砂浆外墙外保温系统　建筑保温砂浆外墙外保温系统性能指标应符合表 1-11 的规定。

**建筑保温砂浆外墙外保温系统的性能指标**　　**表 1-11**

| 试 验 项 目 | 性 能 指 标 | | |
|---|---|---|---|
| 耐候性 | 经 80 次高温（70℃）－淋水（15℃）循环和 5 次加热（50℃）－冷冻（－20℃）循环后不得出现饰面层起泡或脱落，不得产生渗水裂缝。抗裂防护层与保温层的拉伸粘结强度不小于 0.12MPa，且破坏部位应位于保温层内 | | |
| 吸水量(浸水 1h)(g/m²) | ≤1000 | | |
| 抗冲击强度 | C 型（涂料饰面） | 普通型（单网） | 3J 冲击合格 |
| | | 加强型（双网） | 10J 冲击合格 |
| | T 型（面砖饰面） | 3J 冲击合格 | |
| 抗风压值 | 不小于工程项目的风荷载设计值 | | |
| 耐冻融 | 10 次循环试验后表面无裂纹、空鼓、起泡、剥离现象 | | |
| 水蒸气湿流密度[g/(m²·h)] | ≥0.85 | | |
| 不透水性 | 试样防护层内侧无水渗透 | | |
| 耐磨损(500L 砂) | 无开裂、龟裂或表面保护层剥落、损伤 | | |
| 系统抗拉强度(C 型)(MPa) | ≥0.12，且破坏部位不得位于各层界面 | | |
| 饰面砖粘结强度（T 型,现场抽检)(MPa) | ≥0.4 | | |
| 抗震性能(T 型) | 设防烈度等级下饰面砖及外保温系统无脱落 | | |
| 火反应性 | 燃烧试验结束后,试件厚度变化不超过 10% | | |

（2）建筑保温砂浆外墙内保温系统　建筑保温砂浆外墙内保温系统性能指标应符合表 1-12 的规定。

建筑保温砂浆外墙内保温系统的性能指标　表 1-12

| 试 验 项 目 | 性 能 指 标 |
|---|---|
| 抗冲击强度 | 10J 冲击合格 |
| 系统抗拉强度（MPa） | ≥0.12，且破坏部位不得位于各层界面 |
| 水蒸气湿流密度[g/(m² · h)] | ≥0.85 |
| 不透水性 | 试样防护层内侧无水渗透 |
| 有害物质限量 | 符合《民用建筑工程室内环境污染控制规范》GB 50325 要求 |
| 火反应性 | 燃烧试验结束后，试件厚度变化不超过 10% |

2. 系统组成材料

（1）界面砂浆　性能指标应符合表 1-13 的要求。

界面砂浆性能指标　表 1-13

| 项　目 | | 指　标 |
|---|---|---|
| 压剪粘结强度（MPa） | 原强度 | ≥0.70 |
| | 耐水 | ≥0.50 |
| | 耐冻融 | ≥0.50 |

（2）建筑保温砂浆

① 建筑保温砂浆的性能指标应符合表 1-14 的要求。

建筑保温砂浆的物理性能指标　表 1-14

| 项　目 | 技 术 要 求 | |
|---|---|---|
| | Ⅰ 型 | Ⅱ 型 |
| 外观质量 | 应为均匀、干燥、无结块和颗粒状混合物 | |
| 分层度（mm） | 加水拌合后拌合物的分层度应不大于 20 | |
| 干表观密度（kg/m³） | 240～300 | 301～400 |
| 抗压强度（28d）（MPa） | ≥0.20 | ≥0.40 |

| 项　目 | 技　术　要　求 | |
|---|---|---|
| | Ⅰ型 | Ⅱ型 |
| 导热系数[W/(m·K)] | ≤0.070 | ≤0.085 |
| 线收缩率(%) | ≤0.30 | ≤0.30 |
| 压剪粘结强度<br>(28d)(kPa) | ≥50 | ≥50 |
| 软化系数(28d) | ≥0.50 | ≥0.60 |
| 吸水率(V/V)(%) | ≤10 | |
| 抗冻性 | 质量损失率应不大于5%,<br>压缩强度损失率应不大于25% | |
| 放射性 | 天然放射性核素镭-266、钍-232、钾-40的放射性<br>比活度应同时满足 $I_{Ra} ≤ 1.0$；$I_r ≤ 1.0$ | |
| 燃烧性能级别 | 应符合 GB 8624 规定的 A 级要求 | |

② 膨胀玻化微珠的性能指标应符合表 1-15 的要求。

**膨胀玻化微珠的性能指标**　　　　表 1-15

| 项　目 | 指　标 | |
|---|---|---|
| | Ⅱ类 | Ⅲ类 |
| 外观 | 表面应有玻璃光泽,颜色均匀一致 | |
| 粒径 | 粒径范围由生产商规定,超出粒径<br>范围部分的质量不得超过10% | |
| 堆积密度(kg/m³) | 80～120 | >120 |
| 筒压强度(kPa) | ≥150 | ≥200 |
| 导热系数[W/(m·K)] | ≤0.048 | ≤0.070 |
| 体积吸水率(%) | ≤45 | |
| 体积漂浮率(%) | ≥80 | |
| 表面玻化闭孔率(%) | ≥80 | |

（3）抗裂砂浆　性能指标应符合表 1-16 的要求。

**抗裂砂浆性能指标** 表 1-16

| 项　目 | | 指　标 |
|---|---|---|
| 可使用时间 | 可操作时间(h) | ≥1.5 |
| | 在可操作时间内拉伸粘结强度(MPa) | ≥0.7 |
| 拉伸粘结强度(MPa) | | ≥0.7 |
| 浸水拉伸粘结强度(常温 28d,浸水 7d)(MPa) | | ≥0.5 |
| 压折比 | | ≤3.0 |

注：水泥应采用强度等级 42.5 的普通硅酸盐水泥,并应符合 GB 175—2007 的
　　要求；砂应采用符合 JGJ 52—2006 的规定,筛余大于 2.5mm 的颗粒,含泥
　　量小于 3%。

（4）耐碱玻璃纤维网格布　性能指标应符合表 1-17 的要求。

**耐碱玻璃纤维网格布的性能指标** 表 1-17

| 项　目 | | 指　标 |
|---|---|---|
| 外观 | | 合格 |
| 长度、宽度(m) | | 50～100、0.9～1.2 |
| 网孔中心距 | 普通型(mm) | 4×4、5×5、6×6 |
| | 加强型(mm) | 6×6 |
| 单位面积质量 | 普通型(g/m²) | ≥160 |
| | 加强型(g/m²) | ≥500 |
| 断裂强力 | 普通型(N/50mm) | ≥1250 |
| (经、纬向) | 加强型(N/50mm) | ≥3000 |
| 耐碱强力保留率(经、纬向)(%) | | ≥90 |
| 断裂伸长率(经、纬向)(%) | | ≤5 |
| 涂塑量(普通型、加强型)(g/m²) | | ≥20 |
| 玻璃成分(%) | | 符合 JC 935 的规定,其中 $ZrO_2 14.5±0.8$；$TiO_2 6.0±0.5$ |

（5）弹性底涂　性能指标应符合表 1-18 的要求。

**弹性底涂的性能指标** 表 1-18

| 项　目 | | 指　标 |
|---|---|---|
| 容器中状态 | | 搅拌后无结块,呈均匀状态 |
| 施工性 | | 刷涂无障碍 |
| 干燥时间 | 表干时间(h) | ≤4 |
| | 实干时间(h) | ≤8 |
| 断裂伸长率(%) | | ≥100 |

（6）柔性耐水腻子　性能指标应符合表 1-19 的要求。

**柔性耐水腻子的性能指标**　　　　　表 1-19

| 项　目 | | 指　标 |
|---|---|---|
| 容器中状态 | | 无结块,状态 |
| 施工性 | | 刮涂无障碍 |
| 干燥时间（表干）(h) | | ≤5 |
| 打磨性 | | 手工可打磨 |
| 耐水性(96h) | | 无异常 |
| 耐碱性(48h) | | 无异常 |
| 粘结强度 | 标准状态(MPa) | ≥0.60 |
| | 冻融循环（5 次）(MPa) | ≥0.40 |
| 柔韧性 | | 直径 50mm,无裂纹 |
| 低温储存稳定性 | | −5℃冷冻 4h 无变化,刮涂无困难 |

（7）外墙外保温饰面涂料　外墙外保温饰面涂料必须与建筑保温砂浆外墙外保温系统相容，其性能指标除应符合国家及行业相关标准外，还应满足表 1-20 的抗裂性能要求。

**外墙外保温饰面涂料抗裂性能指标**　　　　　表 1-20

| 项　目 | 指　标 |
|---|---|
| 平涂用涂料 | 断裂伸长率≥150% |
| 连续性复层建筑涂料 | 主涂层断裂伸长率≥100% |
| 浮雕类非连续性复层建筑涂料 | 主涂层初期干燥抗裂性满足不开裂的要求 |

（8）面砖粘结砂浆　性能指标应符合表 1-21 的要求。

**面砖粘结砂浆的性能指标**　　　　　表 1-21

| 项　目 | | 指　标 |
|---|---|---|
| 拉伸粘结强度(MPa) | | ≥0.60 |
| 压折比 | | ≤3.0 |
| 压剪粘结强度 | 原强度(MPa) | ≥0.60 |
| | 耐温 7d(MPa) | ≥0.50 |
| | 耐水 7d(MPa) | ≥0.50 |
| | 耐冻融 30 次(MPa) | ≥0.50 |
| 线性收缩率(%) | | ≤0.30 |

注：水泥应采用强度等级 42.5 的普通硅酸盐水泥，并应符合 GB 175—2007 的要求；砂应符合 JGJ 52—2006 的规定，筛余大于 2.5mm 的颗粒，含泥量小于 3%。

（9）面砖勾缝料

性能指标应符合表 1-22 的要求。

**面砖勾缝料的性能指标**　　　　表 1-22

| 项　目 | | 指　标 |
|---|---|---|
| 外观 | | 均匀一致 |
| 颜色 | | 与标准样一致 |
| 凝结时间(h) | | 大于 2h,小于 24h |
| 拉伸粘结强度 | 常温常态 14d(MPa) | ≥0.60 |
| | 耐水(常温常态 14d,浸水 48h,放置 24h)(MPa) | ≥0.50 |
| 透水性(24h)(mL) | | ≤3.0 |
| 压折比 | | ≤3.0 |

（10）锚栓　锚栓由螺钉和带圆盘的塑料膨胀套管两部分组成。金属螺钉应采用不锈钢或经过表面防腐蚀处理的金属制成，塑料钉和带圆盘的塑料膨胀套管应采用聚酰胺、聚乙烯或聚丙烯制成。塑料圆盘直径不小于 50mm，套管外径 7～10mm。其主要性能指标应符合表 1-23 的要求。

**锚栓的主要性能指标**　　　　表 1-23

| 试验项目 | 性能指标 | | |
|---|---|---|---|
| | 混凝土中 | 蒸压加气混凝土砌体中 | 其他砌体中 |
| 有效锚固深度(mm) | ≥25 | ≥50 | ≥50 |
| 单个锚栓抗拉承载力标准值(kN) | ≥0.80 | ≥0.3 | ≥0.40 |
| 单个锚栓对系统传热增加值[W/(m²·K)] | ≤0.004 | | |

注：空心砖（砌块）、多孔砖（砌块）砌体应采用回拧打结的锚栓。

（11）热镀锌电焊网（俗称四角网）　应符合 QB/T 3897 的规定，并同时满足表 1-24 的要求。

| 项　目 | 指　标 |
|---|---|
| 工艺 | 热镀锌 |
| 丝径(mm) | 0.90±0.04 |
| 网孔大小(mm) | 12.7×12.7 |
| 焊点抗拉力（N） | ＞65 |
| 镀锌层质量（g/m²） | ≥122 |

（12）饰面砖

饰面砖应采用粘贴面带有燕尾槽的产品，并不得带有脱模剂。其性能指标应符合下列现行标准的规定：GB/T 9195、GB/T 4100.1、GB/T 4100.2、GB/T 4100.3、GB/T 4100.4、GB/T 7697 和 JC/T 457；并应同时满足表 1-25 的要求。

**饰面砖性能指标**　　　　表 1-25

| 项　目 | | 指　标 |
|---|---|---|
| 尺寸 | 6m 以下墙面 表面面积(cm²) | ≤410 |
| | 6m 以下墙面 厚度(cm) | ≤1.0 |
| | 6m 及以上墙面 表面面积(cm²) | ≤190 |
| | 6m 及以上墙面 厚度(cm) | ≤0.75 |
| 单位面积质量(kg/m²) | | ≤16 |
| 吸水率(%) | | ≤6 |
| 抗冻性 | | 10 次冻融循环无破坏 |

3. 附件

在建筑保温砂浆墙体保温系统中所采用的附件，包括密封膏、密封条、金属护角、盖口条等应分别符合相应的产品标准的要求。

**三、建筑保温砂浆墙体保温系统的系统构造与节能设计**

1. 系统构造

（1）涂料饰面建筑保温砂浆外墙外保温系统

涂料饰面的建筑保温砂浆外墙外保温系统应由界面层、建筑保温砂浆保温层、抗裂防护层和涂料饰面层构成（图1-1），建筑保温砂浆经现场拌合后喷涂或抹在基层上形成保温层，抗裂防护层中满铺耐碱玻璃纤维网格布。

（2）面砖饰面建筑保温砂浆外墙外保温系统

面砖饰面的建筑保温砂浆外墙外保温系统应由界面层、建筑保温砂浆保温层、抗裂防护层和面砖饰面层构成（图1-2），建筑保温砂浆经现场拌合后喷涂或抹在基层上形成保温层，抗裂防护层中满铺热镀锌钢丝网。

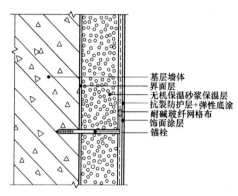

图1-1 涂料饰面建筑保温砂浆外墙外保温系统构造示意图

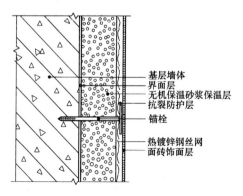

图1-2 面砖饰面建筑保温砂浆外墙外保温系统构造示意图

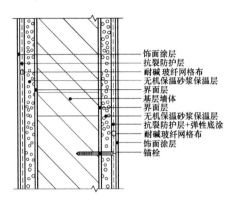

饰面涂层
抗裂防护层
耐碱玻纤网格布
无机保温砂浆保温层
界面层
基层墙体
界面层
无机保温砂浆保温层
抗裂防护层+弹性底涂
耐碱玻纤网格布
饰面涂层
锚栓

图 1-3　内、外复合保温建筑保温砂浆外墙保温系统构造示意图

（3）内、外复合保温的建筑保温砂浆墙体保温系统

内、外复合保温的建筑保温砂浆墙体保温系统由外墙外保温系统和外墙内保温系统构成。内、外保温系统可分别由界面层、建筑保温砂浆保温层、抗裂防护层和饰面层构成（图 1-3）。建筑保温砂浆经现场拌合后，分别施工在内、外墙面上形成内、外保温层。内墙采用涂料饰面；外墙可以采用涂料饰面，也可以采用面砖饰面。

除了上述几种构造外，实际工程应用中还有保温层表面不设置抗裂防护层构造的系统以及表面设置抗裂防护层，但防护层厚度比常规的薄（为 2～3mm），且防护层中不使用耐碱玻璃纤维网格布进行增强的系统。

此外，分户墙、楼梯间等结构部位保温系统的构造可参照外墙内保温系统构造。

2. 节能设计

（1）一般要求　设计建筑保温砂浆墙体保温系统时，不得更改系统构造和组成材料。建筑保温砂浆外墙保温系统的设计，应满足国家和地方有关建筑节能标准的规定。

（2）节能设计取值　建筑保温砂浆外墙外保温系统的热工和节能设计应符合下列规定：

① 保温层内表面温度应高于 0℃；

② 建筑保温砂浆设计取值见表 1-26。

**建筑保温砂浆设计取值表** 表 1-26

| 热工性能项目 | 设 计 取 值 | |
| --- | --- | --- |
| | Ⅰ型保温砂浆 | Ⅱ型保温砂浆 |
| 修正系数 | 1.25 | |
| 导热系数 λ[W/(m·K)] | 0.070 | 0.085 |
| 蓄热系数 S[W/(m²·K)] | 1.2 | 1.5 |

注：该表中数值选取自《安徽省居住建筑节能设计标准》DB34 1466—2011 附表 G.0.1。

（3）保温层厚度限制 建筑保温砂浆保温层设计厚度应满足现行节能标准限值的要求。采用涂料或装饰砂浆饰面时，外保温层设计厚度不应超过 40mm；采用面砖饰面时外保温层厚度不应超过 30mm。当外保温层设计厚度超过规定值时，宜采用外墙内、外复合保温系统，以外保温为主，同时内保温层设计厚度不应超过 20mm，外保温层设计厚度不应小于 30mm。门、窗洞口侧面的保温层厚度不小于 20mm。

当保温砂浆保温层的厚度大于 40mm（涂料饰面）时，施工需要的道数多，工期长，而且也对抗开裂和构造安全提出更高的要求。而对于面砖饰面，规定砂浆保温层厚度不大于 30mm，主要是从构造安全性考虑的。实际上，除了砂浆保温层厚度的限定外，还应注意粘贴面砖的建筑高度。

（4）抗裂防护层厚度限制 抗裂防护层厚度为：涂料饰面时一般为 4～6mm，面砖饰面时一般为 6～8mm。抗裂防护层总厚度不应超过 8mm，其面层平整度、垂直度应满足安徽省地方标准 DB34/T 1505—2011 的要求。

这是因为抗裂防护层由抗裂砂浆和耐碱玻璃纤维网格布组成，能够提高保护层的防护和抗裂能力。抗裂防护层需要具有一定的厚度才能够产生保护和抗裂作用，但抗裂防护层太厚也会增加系统自重并有产生开裂的风险，同时也不利于系统的透气性。

（5）系统防水要求　应做好建筑保温砂浆外墙外保温系统的密封和防水构造设计，确保水不会渗入保温层及基层，重要部位应有详图。水平或倾斜的出挑部位以及延伸至地面以下的部位应做防水处理。在外墙外保温系统上安装的设备或管道应固定于基层上，并应做密封和防水设计。

应对装饰缝、门窗四角和阴阳角等处进行加强处理，变形缝处应做好防水和构造处理。

（6）变形缝设置　建筑保温砂浆保温层宜设置系统变形缝，系统变形缝宽度20mm，内填充泡沫塑料背衬并用耐候密封胶密封。系统变形缝设置位置如下：

① 基层墙体设有伸缩缝、沉降缝和防震缝处；

② 预制墙板相接处；外保温系统与不同材料相接处；墙面的连续高度、宽度超过 6m 处；建筑体形突变或结构体系变化处。

（7）热桥处理　建筑保温砂浆外墙外保温系统应包裹门窗框外侧洞口、女儿墙、檐口、勒脚、挑窗台以及阳台等热桥部位。

（8）饰面砖粘贴规定　建筑保温砂浆外墙外保温系统采用面砖饰面时，饰面砖的应用高度不应大于40m。

（9）锚栓设置　建筑保温砂浆外墙外保温系统锚栓的设置，应符合以下规定：

① 涂料饰面时，高度大于40m 的保温系统应有锚栓加强，每平方米墙面不少于 4 个；高度大于 60m 且小于 100m 时，每平方米墙面不少于 6 个。锚栓圆盘应置于耐碱玻璃纤维网格布外侧；

② 面砖饰面时，外保温系统应采用热镀锌电焊网增强并辅以锚栓固定，处于抗裂砂浆层中的热镀电焊网应采用塑料锚栓固定在基层墙体上，锚栓应设置于热镀锌电焊网外侧。锚栓设置数量要求如下：

高度20m 及以下时，每平方米不少于 5 个；

高度 20m 以上且 40m 以下时，每平方米不少于 7 个。

③ 锚栓在墙面上设置呈梅花状；保温系统收头处、外墙阳角、门窗洞口四周，锚栓间距离宜小于 300mm；

④ 锚栓锚入基层墙体深度：锚入混凝土不小于 25mm；锚入砌体不小于 50mm；当为空心砖（砌块）、多孔砖（砌块）墙体时，锚栓应有回拧打结的功能。

#### 四、建筑保温砂浆墙体保温系统施工

1. 一般要求

（1）建筑保温砂浆墙体保温系统工程施工期间以及完工后24h 内，基层及环境空气温度不应低于 5℃。夏季应避免阳光暴晒。在 5 级以上大风天气和降雨天气不得进行外墙外保温系统的施工。

因为在高湿度和低温天气下，抗裂防护层和保温砂浆的干燥可能需要几天的时间。新抹砂浆保温层表面看似硬化和干燥，但往往仍需要采取保护措施使其在整个厚度内充分养护。在冻结温度、降雪等低温气候条件下施工，还可能使材料受冻以至永久性破坏。

5℃以下的温度可能由于减缓或者停止水性聚丙烯酸酯树脂的聚结成膜而妨碍砂浆保温层的适当养护。由寒冷气候造成的伤害短期内往往不易被发现，但是长时间后就有可能出现砂浆保温层开裂、破碎或分离。

像过分寒冷一样，突然降温可影响砂浆保温层的养护，其影响很快就会表现出来。突然降雨可将未经养护的新抹砂浆层直接从墙上冲掉。在情况允许时，可采取遮阳、防雨和防风措施。例如搭帐篷和用防雨帆布遮盖。为了保持适当的养护温度，可能不得不采取辅助采暖措施。

（2）施工前，施工单位应编制墙体节能工程专项施工方案，并经监理（建设）单位审查批准后方可实施；施工单位应对施工作业的人员进行技术交底和必要的实际操作培训，作业人员应经过培训并考核合格后方可上岗，并做好技术交底和培训记录。

（3）墙体保温工程必须严格按照经审查合格的设计文件和经

审查批准的施工方案及节能施工技术标准、规范施工。严禁擅自变更外墙外保温系统的构造以及保温层的厚度。

（4）对既有建筑采用建筑保温砂浆墙体保温改造工程，施工前应按照设计文件和相关标准的规定对墙面进行专门处理，经建设、设计、监理和施工等单位的项目负责人验收合格后方可进行墙体保温工程的施工。

（5）墙体保温工程完工后应做好成品保护。

（6）建筑保温砂浆墙体保温系统施工前，对于采用相同建筑节能设计的构造做法，应在施工现场采用相同材料和工艺制作样板件，样板件的检测结果应符合设计文件和本规程及相关标准要求，并经建设、设计、监理和施工等单位的项目负责人验收确认后，方可进行大面积施工。

（7）建筑保温砂浆墙体保温系统的工程质量检测应由具备资质的检测机构承担。

（8）外墙外保温施工的基层墙体允许偏差值应符合表1-27的规定。

基层墙体允许偏差值　　　　　表 1-27

| 项次 | 项　　目 | | 允 许 偏 差 |
|---|---|---|---|
| 1 | 表面平整度（mm/2m） | | 4 |
| 2 | 垂直度 | 每层（mm/2m） | 4 |
| | | 全高（mm） | $H/1000$ 且不大于 20 |
| 3 | 阴阳角垂直度（mm） | | 4 |

注：$H$ 为墙身高度。

2. 施工准备

（1）基层墙体应经过验收并合格。施工前应将基层墙面的灰尘、污垢、油渍及残留灰块等清理干净。基层表面高凸处应剔平，对蜂窝、麻面、露筋、疏松等部分要凿到坚固处，用1：2.5水泥砂浆或细石混凝土分层补平，把外露钢筋头等清除掉。低凹处用水泥砂浆分层补平。施工孔洞、脚手架眼应修补完毕。

（2）外墙外保温工程施工前，外门窗洞口应验收合格，洞口尺寸、位置应符合设计文件和相关施工质量验收规范要求，门窗框或辅框应安装完毕，伸出墙面的消防梯、水落管、各种进户管线和空调器等的预埋件、连接件应安装完毕，并按外保温系统厚度留出间隙。

（3）外脚手架或操作平台、吊篮应验收合格。

（4）施工应准备以下主要机具和设备：

① 机械设备：垂直运输机械、砂浆搅拌机、手提式电动搅拌器、手推车、磅秤等；

② 粉刷工具：锯齿型批刀、平口批刀、铝合金刮刀、托盘、辊筒、冲击钻、螺丝刀、切割机等；

③ 检测器具：水准仪、经纬仪、钢卷尺、靠尺、塞尺、墨斗、方尺、探针等。

3. 材料控制

（1）材料进场验收应符合下列规定：

① 对系统组成材料的品种、规格、包装、外观和尺寸等进行检查验收，并经监理工程师和建设单位代表确认，形成相应的验收记录。

② 对系统及组成材料的技术性能指标和质量证明文件进行核查，并经监理工程师和建设单位代表确认，纳入工程技术档案。进入施工现场用于建筑保温砂浆墙体保温系统的材料均应具有出厂合格证、中文说明书及相关型式检验报告；进口材料应按规定提供入境商品检验合格证明文件；

③ 应按安徽省地方标准 DB34/T 1505—2011 和《建筑节能工程施工质量验收规范》GB 50411 的规定，在施工现场对材料进行抽样复验，复验应为见证取样送检。

（2）建筑保温砂浆墙体保温系统材料在施工过程中应采取防潮、防水等保护措施。

4. 施工工艺流程

（1）涂料饰面外墙外保温系统　涂料饰面建筑保温砂浆外墙

外保温系统施工工艺流程如图 1-4 所示。

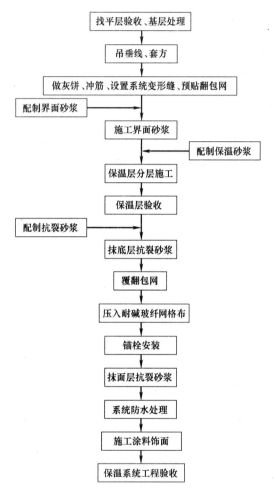

图 1-4 涂料饰面建筑保温砂浆外墙外保温系统施工工艺流程示意图

（2）面砖饰面外墙外保温系统　面砖饰面建筑保温砂浆外墙外保温系统施工工艺流程如图 1-5 所示。

（3）内、外复合墙体保温系统　内、外复合建筑保温砂浆墙体保温系统施工工艺流程分别按建筑保温砂浆外墙内、外保温系

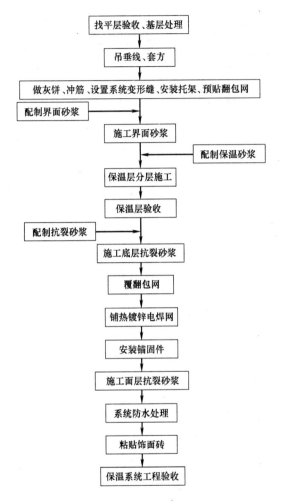

找平层验收、基层处理

吊垂线、套方

做灰饼、冲筋、设置系统变形缝、安装托架、预贴翻包网

配制界面砂浆 → 施工界面砂浆

配制保温砂浆 → 保温层分层施工

保温层验收

配制抗裂砂浆 → 施工底层抗裂砂浆

覆翻包网

铺热镀锌电焊网

安装锚固件

施工面层抗裂砂浆

系统防水处理

粘贴饰面砖

保温系统工程验收

图1-5 面砖饰面建筑保温砂浆外墙外保温系统施工工艺流程示意图

统的工艺流程施工：外保温系统施工工艺流程按图1-4（涂料饰面）或图1-5（面砖饰面）的工序进行；内保温系统施工工艺流程参照图1-4（涂料饰面）工序进行。

5.施工与控制

（1）基层处理和验收　检查基层是否满足设计和施工方案要

求。基层应坚实、平整。对于旧建筑物墙面，其表面处理应符合设计要求。在不同材料组成的墙体接槎处，应铺设热镀锌电焊网进行加固，电焊网沿接槎处每边搭接宽度应满足相关规范规定。

（2）吊垂线、套方　在建筑外墙大角、外门窗、变形缝及其他必要处应挂垂直基准线，在墙面弹出水平、垂直控制线。

吊垂线、套方、弹控制线等对后续工序的施工起到控制作用，应予以重视，而且施工单位应把测量放线结果报监理验收，合格后方可进入下道工序。

（3）做灰饼、冲筋、设置系统变形缝、安装托架和预贴翻包网。

① 做灰饼、冲筋　应使用保温砂浆做标准厚度灰饼，然后冲筋，其厚度以墙面最高处为基准，保温砂浆厚度不小于设计厚度，并进行垂直度检查，门窗口处及底层墙体的阳角处宜设专用护角。

所使用的金属护角可采用厚度不小于 0.4mm 的热镀锌钢板经冲拉、冷弯制成。护角单边宽度不小于 50mm。

·② 设置系统变形缝　按照设计文件的要求，在墙面找平层上弹出系统变形缝相应的位置线，并标出保温层的位置；水平变形缝遇托架时，可结合托架统一留置，系统变形缝缝宽为 20mm，缝内应填嵌防水耐候密封胶，背衬聚乙烯泡沫棒（泡沫棒尺寸应为缝宽的 1.5 倍）。

③ 设置托架　按照设计文件和专项施工方案要求，在墙面安装经防腐处理的专用托架，托架应采用 M10（长 100mm）膨胀锚栓固定，锚栓间距不大于 500mm。

④ 翻包网粘贴　门窗洞口、女儿墙、结构变形缝、系统变形缝、檐口、勒脚等处的保温层终端部位均应在保温层施工前，先行粘贴翻包用的窄幅耐碱玻璃纤维网格布，其压入保温层和翻包的尺寸均不小于 100mm。

（4）施工界面砂浆　基层界面应采用喷涂或滚涂方式均匀满涂界面砂浆。

（5）保温砂浆配制　保温砂浆应按照施工方案和产品说明书配制。配制时采用机械搅拌，搅拌好的砂浆应均匀，黏稠度便于施工，并应在 1.5h 内用完。

（6）保温砂浆应在界面砂浆干燥固化后施工，且应分层施工，每遍施工厚度不宜超过 15mm，并应压实赶平，两遍施工间隔时间不应少于 24h，最后一遍应达到冲筋厚度并用刮杠压实、搓平。保温层与界面层之间及保温层各层之间粘结必须牢固，不应脱层、空鼓和开裂。

（7）保温砂浆养护及验收　施工后 24h 内应做好保温层的防护，养护时间不少于 7d。严禁水冲、撞击和振动。抗裂防护层施工前，应对保温层进行检查验收。凡保温层出现空鼓、开裂、表面疏松及垂直度、平整度、阴阳角方正、顺直等不符合相关标准要求的，应进行修补。

（8）抗裂砂浆施工　抗裂砂浆应均匀施工在保温层上，耐碱玻璃纤维网格布（或热镀锌电焊网）需埋入抗裂砂浆层中，严禁耐碱玻璃纤维网格布直接铺在保温层表面再用砂浆涂布。搅拌好的砂浆应在 1.5～4h 内用完，过时不可加水搅拌再用。

（9）耐碱玻璃纤维网格布或热镀锌电焊网施工

① 涂料饰面时，首先，必须把门、窗洞口的耐碱玻璃纤维网格布翻包边做好。接着，在门窗洞口四角应各做一块 300mm×400mm 附加耐碱玻璃纤维网格布，铺贴方向为 45°。完成上述工序后方可粘贴大面上的耐碱玻璃纤维网格布。

大面积耐碱玻璃纤维网格布粘贴：在抗裂砂浆可操作时间内，将裁剪好的耐碱玻璃纤维网格布铺贴在第一层抗裂砂浆上，并将弯曲的一面朝里，沿水平方向绷直铺平，用抹刀边缘抹压铺展固定，将耐碱玻璃纤维网格布压入底层抗裂砂浆中。然后由中间向上下、左右方向将面层抗裂砂浆抹平整，确保网格布粘结牢固、表面平整，砂浆涂抹均匀。耐碱玻璃纤维网格布搭接宽度左右不小于 100mm，上下不小于 80mm。不得使耐碱玻璃纤维网格布皱褶、空鼓、翘边，严禁干茬搭接。

首层墙面应铺贴加强型耐碱网格布，第一层铺贴应采用对接，抹砂浆后进行第二层网格布铺贴，第二层铺贴应采用搭接，并禁止干搭接。两层网格布之间抗裂砂浆应饱满，严禁干贴。

耐碱玻璃纤维网格布铺贴完经检查合格后方可抹第二遍抗裂砂浆，并将耐碱玻璃纤维网格布包覆于抗裂砂浆之中，抗裂砂浆面层的平整度和垂直度应符合安徽省地方标准 DB34/T 1505—2011 要求。

② 面砖饰面时，应先在门窗洞口四角各做一块 300mm×400mm 的附加加强型耐碱玻璃纤维网格布，铺贴方向为 45°。然后进行大面积的抹第一遍抗裂砂浆，厚度控制在 2～4mm。根据基层尺寸裁剪热镀锌电焊网分段进行铺贴。热镀锌电焊网的长度最长不应超过 3m，施工前将阴、阳角处的热镀锌电焊网预先折成直角。铺贴过程中不应形成网兜，网张开后应顺方向依次平整铺贴，并用塑料锚栓将其锚固于基层墙体上；不平整处应采取措施确保达到平整铺设要求，搭接宽度不应小于 50mm。在窗口内侧面、女儿墙、沉降缝等热镀锌电焊网收头处，应用塑料锚栓将热镀锌电焊网固定在主体结构上，塑料锚栓的间距不大于 300mm。

热镀锌电焊网铺贴完毕经检查合格后方可抹第二遍抗裂砂浆，并将热镀锌电焊网包覆于抗裂砂浆之中，抗裂砂浆面层的平整度和垂直度应相关标准要求。

③ 在保温系统与非保温的接口部分，大面上的增强网需要延伸搭接到非保温部分，搭接宽度不小于 100mm。

④ 对装饰缝，应沿凹槽将耐碱玻璃纤维网格布埋入抗裂砂浆内。

⑤ 锚栓的安装应在热镀锌电焊网（或耐碱玻璃纤维网格布）铺贴后进行。应使用冲击钻钻孔，在混凝土基层内的锚固深度不小于 25mm；在砌体基层内的锚固深度不小于 50mm。钻孔深度根据保温层厚度采用相应长度的钻头。设计有明确要求的，应按设计文件施工。锚栓数量、分布位置应符合设计要求。

（10）涂料饰面施工　涂料饰面应采用柔性耐水腻子和弹性

涂料。弹性底涂应在抗裂防护层干燥后涂刷，涂刷应均匀，不得漏涂。柔性耐水腻子的刮批应做到光洁平整。饰面涂料应施涂均匀、粘结牢固，不得漏涂、透底、起皮和掉粉。涂料饰面施工和验收按照《建筑装饰装修工程质量验收规范》GB 50210 进行。

（11）面砖饰面施工

① 面砖粘贴应采用专用面砖粘结砂浆和勾缝料。

② 粘贴面砖时面砖与基层粘结应牢固，面砖粘结面积必须达到100％。

③ 相邻面砖间应留缝，缝宽不小于5mm。面砖的勾缝应在面砖粘贴后至少24h，粘贴砂浆具有一定强度后进行；采用勾缝剂勾圆弧形凹缝，缝表面必须平整光滑。

④ 面砖饰面外保温系统应设置防腐专用托架：应用高度小于20m的每两层设置一道、应用高度20～40m的每层设置一道，托架应满足承载、防腐和耐久性要求。

6. 细部处理

（1）勒脚

① 在无地下室的情况下，保温系统底部下侧与散水间距为600mm，采用XPS板或硬泡聚氨酯等进行保温处理，并在该处安装经防腐处理的专用托架，托架应采用M10（长100mm）膨胀锚栓固定，锚栓间距不大于500mm。同时在散水与保温层的收口接缝处应采用耐候密封胶嵌缝。

② 在有地下室情况下，保温层的设置及墙面防水层做法应做具体设计，施工时应符合设计要求。

（2）女儿墙

① 涂料饰面女儿墙的构造从内向外依次为：界面砂浆→建筑保温砂浆保温层→抗裂砂浆→耐碱玻璃纤维网格布→抗裂砂浆→防水涂料。

② 面砖饰面女儿墙的构造从内向外依次为：界面砂浆→建筑保温砂浆保温层→抗裂砂浆→热镀锌电焊网→抗裂砂浆→面砖（含勾缝料）。

③ 女儿墙应按设计要求进行保温工程施工。

④ 对于采用混凝土压顶的女儿墙，其混凝土顶板的下底面与外保温系统的保护层之间的接缝应采用耐候密封胶嵌缝。

（3）门窗

① 窗框四周缝隙应采用弹性闭孔材料嵌填，保温系统与窗框四周外侧边的接缝缝隙应为 5mm，用耐候密封胶嵌缝。

② 涂料饰面窗口应做滴水条（宽×深＝10mm×10mm），做法如下：

根据图纸所示窗的位置，在距保温层外侧面 20～30mm 水平距离的保温层上弹出滴水条的位置，用壁纸刀或开槽机沿弹好的滴水线开出凹槽（宽 12mm，深 12mm），将抗裂砂浆填满凹槽，将滴水条嵌入凹槽中，与抗裂砂浆粘结牢固，并用该砂浆抹平槎口。

③ 对于饰面砖的窗口，不设滴水条，但窗水平边框下边缘的水平砖与竖直砖的接缝应留 10mm 的接缝。若挑窗窗口下边缘底部不贴面砖，采用涂料饰面时，应设置滴水槽。

（4）墙身变形缝

① 在墙身变形缝内填塞膨胀聚苯板，填缝深度应大于缝宽的 3 倍，且不小于 100mm。

② 在盖缝板与保温层相接处应嵌填耐候密封膏（背衬聚乙烯发泡棒）。密封膏嵌填应饱满、密实、平顺。

③ 墙身变形缝盖缝板采用 1mm 厚铝板或 0.7mm 厚镀锌钢板，盖缝板应根据缝宽、缝口构造、适应变形的要求等因素现场制作。

（5）空调机搁板

① 空调机搁板与基层墙面间所形成的阴角处，基层墙面上保温系统的抗裂层应延伸到空调机搁板上下表面 100mm。

② 应采取措施保证空调机搁板的饰面层根部不得产生积水。

③ 空调机搁板的下表面应做滴水条，具体做法与安徽省地方标准 DB34/T 1505—2011 "6.6.3 门窗"中的第 2 条相同。

（6）落水管管箍固定件的处理

落水管管箍固定件采用塑料膨胀螺栓，应锚入基层墙体内，固定应牢固。固定件四周应采用耐候密封胶打实。

（7）穿墙管孔洞处理

① 根据穿墙管外径 R，在保温层上开取 R＋(2～5)mm 的圆孔，并对孔内壁进行防水处理。

② 用耐候密封胶将穿墙管与保温层之间的接缝密封严实。

## 7. 成品保护

保温工程施工应有防晒、防风雨、防冻措施。外保温完成后严禁在墙体处近距离高温作业。保温施工应采取措施防止施工污染。

严禁重物或尖物撞击墙面和门窗框，以免损伤破坏，对碰撞坏的墙面及门窗框应及时修复。

## 8. 安全文明施工

（1）保温施工中各专业工种应紧密配合，合理安排工序，严禁颠倒工序作业。

（2）电器具应由专人负责。电动机接地必须安全可靠，非机电人员不得动用机电设备。

（3）高空作业必须系好安全带，并正确使用个人劳动防护用品。

（4）施工前，按有关操作规程检查脚手架、吊篮是否牢固，经检查合格后方能进入岗位操作，施工过程中应加强检查和维护。

（5）废弃不用的保温砂浆应在指定地点倒弃，以便统一回收处理。

（6）施工现场材料应堆放整齐，做好标识。

（7）切割面砖等板材时应边浇水边切割，防止产生粉尘。

（8）及时清理建筑垃圾，严禁随意抛散，施工垃圾应及时清运，适量洒水减少扬尘。

## 五、工程验收

### 1. 一般规定

（1）建筑保温砂浆墙体保温工程应在基层质量验收合格后施

工，施工过程中应及时进行质量检查、隐蔽工程验收和检验批验收，施工完成后应进行墙体节能分项工程验收。

（2）建筑保温砂浆墙体保温工程应对下列部位或内容进行隐蔽工程验收，隐蔽工程验收不仅应有详细的文字记录，还应有必要的图像资料，图像资料包括隐蔽工程全貌和有代表性的局部（部位）照片。其分辨率以能够表达清楚受检部位的情况为准。照片应作为隐蔽工程验收资料与文字资料一同归档保存。当施工中出现下列未列出的内容时，应在施工组织设计、施工方案中对隐蔽工程验收内容加以补充。

① 基层及其表面处理；

② 界面层的界面砂浆施工；

③ 锚栓的有效锚固长度及数量；

④ 耐碱玻璃纤维网格布、热镀锌电焊网的铺设；

⑤ 墙体热桥部位处理；

⑥ 保温层、抗裂防护层厚度；

⑦ 阴阳角、门窗洞口保温层的加强处理；

⑧ 保温层、饰面层的防水及密封处理。

（3）建筑保温砂浆墙体保温系统材料在施工过程中应采取防潮、防水等保护措施。

（4）建筑保温砂浆墙体保温系统工程验收的检验批划分应符合下列规定：

① 采用相同材料、工艺和施工做法的墙面，每 $500\sim1000m^2$ 面积划分为一个检验批，不足 $500m^2$ 也为一个检验批。

② 检验批的划分也可根据与施工流程相一致且方便施工与验收的原则，由施工单位与监理（建设）单位共同商定。

（5）建筑保温砂浆墙体保温系统工程的检验批质量验收合格，应符合下列规定：

① 检验批应按主控项目和一般项目验收；

② 主控项目应全部合格；

③ 一般项目应合格；当采用计数检验时，至少应有 90% 以

上的检查点合格，且其余检查点不得有严重缺陷；

④ 应具有完整的施工操作依据和质量验收记录。

（6）建筑保温砂浆墙体保温系统墙体节能分项工程质量验收合格，应符合下列规定：

① 分项工程所含的检验批均应合格；

② 分项工程所含检验批的质量验收记录应完整。

（7）建筑保温砂浆墙体保温系统施工完成后，应对其外墙节能构造进行现场实体检测。其检测应符合《建筑节能工程施工质量验收规范》GB 50411 和安徽省地方标准 DB34/T 1505—2011 的规定。

2. 主控项目

（1）建筑保温砂浆墙体保温系统及主要组成材料性能应符合安徽省地方标准 DB34/T 1505—2011 的规定。

检验方法：检查型式检验报告。

检查数量：全数检查。

（2）用于建筑保温砂浆墙体保温系统的材料、构件等，其品种、规格应符合设计要求和相关标准的规定。

检验方法：观察、尺量检查；核查质量证明文件。

检查数量：按进场批次，每批随机抽取 3 个试样进行检查；质量证明文件按进场批次全数检查。

（3）建筑保温砂浆墙体保温系统使用的建筑保温砂浆的导热系数、干密度、抗压强度和燃烧性能应符合安徽省地方标准 DB34/T 1505—2011 和设计要求。

检验方法：核查质量证明文件及进场复验报告。

检查数量：全数检查。

（4）建筑保温砂浆墙体保温系统采用的材料，进场时应对其下列性能进行复验，复验应为见证取样送检。

① 建筑保温砂浆：干密度、抗压强度、导热系数。

② 抗裂砂浆：拉伸粘结强度、压折比。

③ 界面砂浆：压剪粘结强度。

④ 耐碱玻璃纤维网布：拉伸断裂强力、耐碱拉伸断裂强力保留率、抗腐蚀性能。

⑤ 热镀锌电焊网：焊点抗拉力、镀锌层质量。

⑥ 面砖粘结砂浆：拉伸粘结强度、压折比。

检查方法：随机抽样送检，核查复验报告。

检查数量：同一厂家同一品种的产品，当单位工程保温墙体面积在 20000m² 以下时抽查不少于 3 次；在 20000m² 以上时抽查不少于 6 次。

（5）建筑保温砂浆墙体保温系统施工前应按照设计和施工方案的要求对基层进行处理，处理后的基层应符合保温层施工方案的要求。

检验方法：对照设计和施工方案观察检查；核查隐蔽工程验收记录。

检查数量：全数检验。

（6）建筑保温砂浆墙体保温系统各层构造做法应符合设计要求，并应按照经过审批的施工方案施工。保温层的厚度不得有负偏差。

检验方法：对照设计和施工方案观察检查；核查隐蔽工程验收记录。

检查数量：全数检验。

（7）建筑保温砂浆墙体保温系统的施工，应符合下列规定：

① 建筑保温砂浆的施工厚度必须符合设计要求。

② 保温砂浆应分层施工。保温层与基层之间及各层之间的粘结必须牢固，不应脱层、空鼓和开裂。

③ 当建筑保温砂浆保温层采用预埋或后置锚栓固定时，锚栓数量、位置、锚固深度和拉拔力应符合设计要求。后置锚栓应进行锚固力现场拉拔试验。

④ 系统变形缝位置、做法应符合设计要求和安徽省地方标准 DB34/T 1505—2011 的规定。

检验方法：观察；手扳检查；保温材料厚度采用钢针插入或

剖开尺量检查；粘结强度和锚固力核查试验报告；核查隐蔽工程验收记录。

检查数量：每个检验批抽查不少于 3 处。

（8）建筑保温砂浆应在施工中制作同条件养护试块，检测其导热系数、干密度和抗压强度。建筑保温砂浆的同条件养护试块应见证取样送检。

检验方法：核查试验报告。

检查数量：每个检验批应抽样制作同条件养护试块 3 组。

（9）建筑保温砂浆墙体保温系统工程各类饰面层的基层及面层施工，应符合设计和《建筑装饰装修工程质量验收规范》GB 50210 的要求，并应符合下列规定：

① 饰面层施工的基层应无脱层、空鼓和开裂，基层应平整、洁净，含水率应符合饰面层施工的要求。

② 采用粘贴饰面砖做饰面层时，其安全性与耐久性必须符合设计和有关标准的规定。饰面砖应做粘结强度拉拔试验，试验结果应符合设计要求和有关标准的规定。

③ 外保温工程的饰面层不得渗透。当外保温工程的饰面层采用饰面板开缝安装时，保温层表面应具有防水功能或采取其他防水措施。

④ 外保温层及饰面层与其他部位交接的收口处，应采取密封措施。

检验方法：观察检查；核查试验报告和隐蔽工程验收记录。

检查数量：

1）每检验批每 $100m^2$ 抽查一处，每处不得小于 $10m^2$。

2）每个检验批抽查不少于 3 处。

3）饰面层渗透检查和表面防水功能、防水措施检查每检验批每 $100m^2$ 抽查一处，每处不得小于 $10m^2$。

4）外保温层及饰面层与其他部位交接的收口处密封措施检查，每检验批抽查 10%，并不应少于 5 处。

（10）当设计要求在墙体内设置隔汽层时，隔汽层的位置、使用的材料及构造做法应符合设计要求和相关标准的规定。隔汽层应完整、严密，穿透隔汽层处应采取密封措施。隔汽层冷凝水排水构造应符合设计要求。

检验方法：对照设计观察检查；核查质量证明文件和隐蔽工程验收记录。

检查数量：每个检验批抽查5%，并不少于3处。

（11）外墙或毗邻不采暖空间墙体上的门窗洞口四周的侧面，墙体上凸窗四周侧面和底面，应按设计要求采取节能保温措施。

检验方法：对照设计观察检查，必要时抽样剖开检查；核查隐蔽工程验收记录。

检查数量：每个检验批抽查5%，并不少于5个洞口。

（12）设置空调的房间，其外墙热桥部位应按设计要求采取隔断热桥措施。

检验方法：对照设计和施工方案观察检查；核查隐蔽工程验收记录。

检查数量：按不同热桥种类，每种抽查10%，并不少于5处。

3. 一般项目

（1）进场保温材料与构件的外观和包装应完整无破损，符合设计要求和产品标准的规定。

检验方法：观察检查。

检查数量：全数检查。

（2）当采用加强网作为防止开裂措施时，加强网的铺贴和搭接应符合设计和施工方案的要求。砂浆抹压密实，不得空鼓，加强网不得皱褶、外露。

检验方法：观察检查；核查隐蔽工程验收记录。

检查数量：每个检验批抽查不少于5处，每处不少于2m²。

（3）施工产生的墙体缺陷，如穿墙套管、脚手眼、孔洞、墙身变形缝、细部处理等，应按照施工方案采取隔断热桥措施，不得影响墙体热工性能。

检验方法：对照施工方案观察检查。

检查数量：全数检查。

（4）墙体建筑保温砂浆层宜连续施工；保温砂浆厚度应均匀，接槎应平顺密实。

检验方法：观察、尺量检查。

检查数量：每个检验批抽查10％，并不少于10处。

（5）墙体上容易碰撞的阳角、门窗洞口及不同材料基体的交接处等特殊部位，其保温层应采取防止开裂和破损的加强措施。

检验方法：观察检查；核查隐蔽工程验收记录。

检查数量：按不同部位，每类抽查10％，并不少于5处。

（6）建筑保温砂浆保温层、抗裂防护层的允许偏差和检验方法应符合表1-28的规定。

建筑保温砂浆保温层、抗裂防护层的允许偏差和检验方法

表 1-28

| 序号 | 检查项目 | 允许偏差值 (mm) | 检查方法 | 检查数量 |
|---|---|---|---|---|
| 1 | 立面垂直度 | 4 | 用2m垂直检测尺检查 | 每个检验批抽查10％,并不少于5处 |
| 2 | 表面平整度 | 4 | 用2m靠尺和塞尺检查 | |
| 3 | 阴阳角方正 | 4 | 用直角检测尺检查 | |
| 4 | 分格条(缝)直线度 | 4 | 拉5m线,不足5m拉通线,用钢直尺检查 | |

## 六、同条件试块的制作与养护

保温砂浆外墙外保温系统工程施工过程中，需要制作同条件养护试块，以检测保温砂浆的导热系数、干密度和抗压强度。

检测干密度和导热系数的试块尺寸为 300mm×300mm×30mm，试块数量为每个检验批应抽样制作3组，每组3块。该试块应在施工现场制作，同条件养护7d后送试验室，在试验室标准条件下（温度23℃，相对湿度50％）继续养护21d。然后

在 65℃的烘箱中烘至恒重后进行试验。先测试干密度，然后测试导热系数。

检测抗压强度用的试块尺寸为 100mm×100mm×100mm，试块数量为每个检验批应抽样制作 3 组，每组 5 块。养护时间为现场同条件养护 7d 后送试验室，在试验室标准条件下（温度 23℃，相对湿度 50%）继续养护 21d，在烘箱中烘干 24h，进行试验。

《建筑保温砂浆》GB/T 20473—2006 规定干密度和抗压强度试块的尺寸为 70.7mm×70.7mm×70.7mm，但工程施工中更常用的是 100mm×100mm×100mm 试块。

# 第五节　修　补　砂　浆

## 一、修补砂浆的种类

修补砂浆主要应用于各种工程结构缺陷，如地坪、墙面、屋面、道路、桥梁等的修补，属于特种功能砂浆，品种很多，功能各异，应用范围很广。

从修补砂浆的组成来分类，主要可以分成两大类，一类是环氧修补砂浆，另一类是聚合物水泥类修补砂浆。

1. 环氧修补砂浆

（1）主要特性　一般具有良好的施工和易性，粘结强度极高，耐腐蚀性极好，抗剥落能力强，并具有良好的抗裂性、钢筋阻锈性等；在气温较低时也可以修补施工。但在应用于修补混凝土结构时，对被修补结构表面的强度和含水率等条件要求严格；当应用时，还需要考虑与被修补基层或构件的相容性；溶剂型环氧修补砂浆会有一定的 VOC 挥发，对施工人员和环境有影响。环氧修补砂浆产品为双组分，于使用前混合均匀。

（2）种类　环氧修补砂浆分为溶剂型环氧修补砂浆和水性环氧修补砂浆两类。两类环氧修补砂浆均能够得到较高的修补强度，因此主要用于对强度要求较高的结构修补场合或者要求得到高硬度、高耐磨性的地坪修补。

溶剂型环氧修补砂浆通常为双组分，均为液体。甲组分由环氧树脂、石英砂和助剂等组成，乙组分为固化剂。

水性环氧修补砂浆通常也为双组分，一个组分为粉料，由普通硅酸盐水泥、石英砂和助剂等组成，另一个组分为液料，由环氧树脂乳液和助剂组成。

（3）应用范围  适用于各种对修补强度要求极高的结构场合的修补，例如各种结构构件（梁、板、柱）的修补、环氧耐磨地坪的修补。

2. 聚合物水泥类修补砂浆

（1）聚合物水泥修补砂浆的种类

聚合物水泥类修补砂浆通常有单组分粉状和双组分两种。双组分产品的一个组分为粉料，由普通硅酸盐水泥、石英砂和助剂等组成，另一个组分为液料，由合成树脂乳液和助剂组成，合成树脂乳液可以是聚丙烯酸酯乳液、VAE 乳液或环氧树脂乳液。实际上，水性环氧修补砂浆也是一种聚合物水泥类修补砂浆。

根据聚合物水泥类修补砂浆修补用途的不同，其品种有墙面修补砂浆（例如外墙用防水修补砂浆、脚手架孔洞修补砂浆、砂加气混凝土修补砂浆和内墙找平修补砂浆等）、地坪修补砂浆（例如自流平地坪修补砂浆、耐磨高强地坪修补砂浆）、构件修补砂浆和路面修补砂浆（例如快硬修补砂浆、早强修补砂浆、自流平快硬修补砂浆）等。

聚合物水泥类修补砂浆既可以应用于有一定强度要求的结构修补场合，也可以用于对强度要求不高的非结构修补场合，其品种较多，用途十分广泛。

（2）对聚合物水泥类修补砂浆的性能要求

从修补使用方面来说，聚合物水泥类修补砂浆涉及以下几个方面的问题：一是修补砂浆与被修补基层或构件的相容性，包括化学相容性、电化学相容性、尺寸相容性等；二是修补施工完毕后无需进行复杂的处理；三是修复部位所处的环境或承受的荷载对修补砂浆的性能要求。综合考虑，聚合物水泥类修补砂浆应能够满足以下一些基本要求。

① 具有良好的可工作性。这里良好可工作性的意义因被修补对象的状况而异，如垂直面的修补要求修补砂浆有好的抗垂流性；而对于钢筋密集区、复杂型体、薄壁构件的修补，在保证满足粘结性、尺寸稳定性等的基础上，修补砂浆应有尽可能好的流动性以减少振捣密实作业。

② 能够满足施工需要的凝结硬化性能以及仅需要最低程度的养护或无需养护。

③ 与被修补结构具有良好的粘结性能、相匹配的热膨胀系数和相匹配的力学性能和强度。

④ 低收缩性，最好有能够补偿收缩的微膨胀性；若有需要时，特别是在封闭裂缝或处理伸缩缝时，能够容纳一定的相对位移。

⑤ 良好的抗渗性，即对水和空气的渗透性要低；同时修补砂浆的成本低、耐久和在不同腐蚀介质、生物、紫外线和热等的作用下不产生降解或生物降解。

⑥ 如必要，应与周围既有结构相匹配的美观性。

以上诸要求中"与被修补结构具有良好的粘结性能、相匹配的热膨胀系数和相匹配的力学性能和强度"至关重要。混凝土结构物的修补是否成功，主要取决于修补材料与原混凝土的界面粘结。有时候（例如高粉煤灰掺量的水泥基修补材料），修补界面的短龄期强度可能较低，但随着修补龄期的增长，界面粘结强度显著提高。例如，使用掺加粉煤灰的砂浆界面剂时，界面的粘结强度增加明显；而采用膨胀混凝土或使用掺加膨胀剂的界面剂时，在较短时间内能显著提高界面的粘结强度，但研究结果认为长期性能反而不如使用掺加粉煤灰的砂浆界面剂的情况。

（3）聚合物水泥类修补砂浆的特性和用途

① 聚合物水泥类修补砂浆的特性 聚合物水泥类修补砂浆一般具有良好的施工性，用于墙面和顶棚的修补砂浆在凝结硬化前具有抗滑移下垂的功能，某些地坪修补砂浆具有自流平功能。聚合物水泥类修补砂浆的修补强度适中，修补应用范围广泛，修补后能够产生抗裂、抗剥落、耐磨和防水抗渗以及冻融耐久性等功能；修补时对被修补表面的含水率要求不高；对施工人员和环境均无影响；产品为粉状或双组分，于使用前调拌均匀后使用；使用、运输和储存方便。

② 聚合物水泥类修补砂浆的用途 聚合物水泥类修补砂浆一般可用于混凝土结构的空洞、蜂窝、破损、剥落、露筋等表面损伤部分的修复以恢复混凝土结构的良好使用性能；应用于各种结构构件的修补，例如混凝土结构中的构件、梁、板、柱、楼梯等部位的修补；道路、桥梁中混凝土破损部位的修补；机场跑道、高速公路车道匝道破损部位的修补及抢修；工业厂房混凝土地坪破损部位的修补及抢修等。

3. 修补砂浆的技术指标要求

实际上，对不同修补砂浆其技术要求有所不同。以结构修补为主要用途的修补砂浆与一些功能性很强的砂浆其技术要求可能大相径庭。对用于混凝土结构修复的聚合物水泥砂浆，建工行业标准《混凝土结构修复用聚合物水泥砂浆》JG/T 336—2011 的技术要求如表 1-29 所示。

建工行业标准《混凝土结构修复用聚合物水泥砂浆》
JG/T 336—2011 的技术要求　　　　表 1-29

| 序号 | 项　　目 | | 技术指标 | | |
| --- | --- | --- | --- | --- | --- |
| | | | A 型 | B 型 | C 型 |
| 1 | 凝结时间 | 初凝(min) | ≥45 | ≥45 | ≥45 |
| | | 终凝(h) | ≤12 | ≤12 | ≤12 |
| 2 | 抗压强度(MPa) | 7d | ≥30.0 | ≥18.0 | ≥10.0 |
| | | 28d | ≥45.0 | ≥35.0 | ≥15.0 |

| 序号 | 项　　目 | | 技术指标 | | |
|---|---|---|---|---|---|
| | | | A 型 | B 型 | C 型 |
| 3 | 抗折强度（MPa） | 7d | ≥6.0 | ≥6.0 | ≥4.0 |
| | | 28d | ≥12.0 | ≥10.0 | ≥6.0 |
| 4 | 拉伸粘结强度（MPa） | 未处理　28d | ≥2.0 | ≥1.50 | ≥1.00 |
| | | 浸水　28d | ≥1.50 | ≥1.00 | ≥0.80 |
| | | 25 次冻融循环　28d | ≥1.50 | ≥1.00 | ≥0.80 |
| 5 | 收缩率（%） | 28d | ≤0.10 | | |

注：对有早强要求的混凝土修复工程，凝结时间由供需双方另行确定。

**二、环氧地坪修补砂浆的修补施工**

1. 应用范围

（1）适用于厂房混凝土地坪，混凝土道路起砂、破损的修复和找平，可用在环氧施工中的地面修补和用作中间垫层。

（2）在新、旧地面砖，装饰石材等基面上直接进行找平施工，正常情况下，养护 3d 后可在地坪专用修补砂浆上进行环氧、丙烯酸等涂层施工。

2. 环氧修补砂浆的配制

环氧修补砂浆通常为双组分，施工前应按照产品使用说明书中的配制方法进行配制。

配制时，必须用砂浆搅拌机或手提搅拌器搅拌，不宜采用人工拌合。一次配料不要太多，根据修补使用的速度进行配料。配好的砂浆要在规定时间（如 30min）内用完。

3. 施工方法

（1）下面以某混凝土地面的修补为例进行介绍。

某混凝土地面破损严重，平整度很差，拟进行环氧地面翻新施工，施工前必须先将原破损严重的混凝土地面修补完好，以利于新环氧地面施工和确保翻新地面的工程质量。

① 基层清理　对损坏混凝土进行清理、打磨，清除松动部位，用清水清洗冲刷干净。

② 施涂底漆　使用与环氧修补砂浆配套的地坪专用底漆滚涂一遍。

③ 局部修补　先对局部损坏严重的部位进行局部修补至基本平整。

④ 大面积镘涂　待局部修补的环氧修补砂浆固化干燥后，采用环氧修补砂浆进行大面积镘刮施工，厚度约为 2～3mm，进行自然养护。2～3d 后，修补砂浆表面强度可达到足够的施工强度，即可进行环氧地坪涂料的施工。

（2）下面再以某地面砖地面的修补为例进行介绍。

某地面砖地面破损严重，在翻新施工时选用环氧地面。

① 基层清理　先对原地面砖进行粗打磨，去除表面污垢。

② 施涂底漆　使用与环氧修补砂浆配套的地坪专用底漆滚涂一遍。

③ 局部修补　先对局部损坏严重的部位进行局部修补至基本平整。

④ 修补地面砖间缝隙　用环氧修补砂浆把地面砖之间的缝隙批满，和地面砖表面基本保持平整。

⑤ 待地面砖之间缝隙中批涂的环氧修补砂浆固化干燥后，采用环氧修补砂浆进行大面积镘刮施工，厚度约为 2～3mm，进行自然养护。2～3d 后，修补砂浆表面强度可达到足够的施工强度，即可进行环氧地坪涂料的施工。

4. 修补工程质量控制

（1）环氧修补砂浆及其他修补工程用材料应符合国家或相关产品标准的质量要求。

（2）应保证修补砂浆表面密实、平整，阴阳角处光滑顺直。

（3）修补层平均厚度应符合设计要求，最小厚度不得小于设计值的 85%。

5. 注意事项

（1）环氧修补砂浆应在 5℃ 以上施工、贮存。

（2）对于水性环氧修补砂浆，修补砂浆层未达到硬化状态时，不得浇水养护或直接受雨水冲刷。

（3）未硬化的环氧修补砂浆应注意保护，不得使其损坏，若破损应及时修补。

（4）未硬化的环氧修补砂浆不得上人踩踏。

**三、聚合物水泥类修补砂浆的修补施工**

1. 一般混凝土或砂浆结构缺陷的修补

修补前应先确定修补区域。认真进行修补表面的处理是取得良好效果的基础。为确保长期、可靠的修补效果，应对混凝土修补部位表面进行认真清理，确保基底表面清洁、坚固，清除所有灰尘、油污、泛碱、油漆、浮浆，并剔除疏松部分。施工前基底需要彻底润湿，以饱和面干状态为最佳。其修补处理范围应比实际破损范围向外扩大 100mm，切割或剔凿出混凝土修补区域的垂直边缘，其深度≥5mm，以免修补区域边缘薄片化。

用压缩空气或高压水枪将处理过的修补区域内混凝土基层表面清扫干净。

如果结构内有钢筋，应清理修补区域内裸露钢筋表面的锈质和杂物。将清理好的修补区域内混凝土基层进行凿毛处理或用混凝土界面处理剂进行界面处理。

修补前应先按照说明书要求调配修补砂浆。调配时应采用机械搅拌 2～3min，如人工搅拌应在 5min 以上，以保证搅拌均匀。

修补砂浆调配好后即可进行修补，修补厚度应满足设计要求。一次修补厚度不宜超过 20mm。若修补层较厚，应采用分层多次修补。

如果修补层表面需压光处理，最外修补层的修补砂浆在调配时应调配得稠度小些，以利于压光处理。

对于修补的砂浆应及时进行养护，一般夏季修补 2～4h 后即需要养护，养护时间保持在 7d 左右。冬季修补后应立即覆盖塑料薄膜或采取保温措施。

2. 建筑物墙面的找平修补

应将待修补基面清理干净，保持基面洁净，无油污和浮

60

灰，吸水性强的墙面可先用清水润湿。修补施工温度应在 5℃
以上。

按照说明书要求调配修补砂浆。一次调配量不宜过多，拌合
后通常应保证在 2h 内用完。

选择适当的修补工具进行修补。局部修补或找平后，可进行
满批一道，使大面积的平整度和边线的垂直度一步到位。对于顶
棚的修补，最好选用专用顶棚修补砂浆，这类砂浆的黏聚力大，
具有抗垂落性能，凝结硬化时间短，强度增长快。在砂浆调配时
应将修补砂浆的稠度调配得高些，修补时每次修补的砂浆量小
些，以防止修补砂浆垂落。修补层的厚度根据设计要求或视需要
确定。

修补砂浆凝结干燥（一般 24h 左右）后应进行养护，养护时
间不少于 48h。其后可进行批刮腻子或其他装饰工程的施工。

**四、几种高性能混凝土结构修补砂浆简介**

混凝土路面在使用过程中不可避免地会产生破坏。混凝土路
面一旦破损需及时进行修复，否则将加速道路的破坏。

国际上一些知名的建材公司，如 BASF 、Henkel 、Sika 、
Fosroc、Maxit 和国内一些相关的研究机构或企业等有系列修补
砂浆产品。下面介绍使用乳胶粉制备的粉状聚合物水泥基修补砂
浆在道路桥梁领域修补中的应用。

对于路桥用的聚合物水泥基罩面修补砂浆，一般要求较短的
封锁时间，微膨胀，耐磨等。一般可分为 45min 超快硬修补砂
浆、4~6h 快硬修补砂浆、24h 快硬修补砂浆以及 3d 早强型修
补砂浆和高流动态快硬修补砂浆等五类。

1. 45min 超快硬修补砂浆

该类修补砂浆修补后 15min 内凝固，45min 后可承受车辆行
驶，适用于高速公路、桥面及重工业地面等的修补。施工 45min
后，砂浆的抗压强度可达 20MPa 以上。一般是使用一些特殊的
胶凝体系，如磷酸镁拌合物，它有两种商品形式来满足各类气候
条件。一种是推荐用于冬季和常温（MPC）的"冷式"；另一种

是适用于夏季（MPH）的"热式"。修补深度一般不得低于13mm，可单独采用。如果修补深度超过25mm，可掺入非碳酸钙质碎骨料。因为该修补砂浆内掺有硼酸作缓凝剂，因此不能采用含有碳酸钙质的骨料，否则会与硼酸反应，使得硼酸失效。一般修补施工的配合比为 m（修补料）：m（骨料）＝1：（0.6～1.2），典型的产品有 EMACO-SET 和 SIKA SET45 等。

2. 4～6h 快硬修补砂浆

这类快硬修补砂浆特别适合于交通路面维修，能够实现较短的交通封锁时间。可操作时间为 30 min 左右，4～6h 可达到设计强度的 60%～80%（30 ～40MPa），即可投入使用，适用于高速公路、飞机跑道及重工业地面修复和罩面，还可用于停车场和大坝等的修补。

该类砂浆的主要特点为快硬早强，微膨胀，粘结强度高，抗防冻盐类侵蚀等。其组成主要以硫铝酸水泥为主胶结料，还可加入一部分普硅水泥作为获得后期强度以及提高碱性，减缓碳化和防止钢筋锈蚀等，组成材料中还有减水剂、早强剂、缓凝剂、石英砂、高耐候性可分散乳胶粉、甲基纤维素（MC）和聚丙烯（PP）纤维等。修补厚度一般不得低于10mm，宽度不得小于25mm。为提高新砂浆和旧混凝土间的粘结强度，必须对界面进行处理和除去影响粘结的杂物等。

修补时，先用水润湿界面，再刷涂一层界面剂，界面剂一般为该砂浆的浆料（加入较多的水）。采用"湿碰湿"工艺，即界面剂是湿的时候，将低水灰比的修补砂浆馒入、挤紧；当修补深度超过 25mm 时，需要在现场掺入碎石粒（粒径≤8mm 且级配合理），以提高砂浆的体积获得率，降低成本和提高耐磨性。操作时采用的方法为，先称量一满锹碎石的质量，然后在拌合时，只需要计算锹数，就大概知道加入的碎石量；边角处修补时，必须凿出至少10mm 深度，最好和表面垂直。4～6h 快硬修补砂浆的典型产品如 SIKA Quick 2500。

3. 24h 快硬修补砂浆

该类修补砂浆的可投入使用时间约为 24h，是一类快硬早强、微膨胀型修补砂浆，常被称"一日水泥"，可施工时间约为 1h，修补后 24h 能够达到设计强度的 60%～80%，适用于高速公路、普通混凝土公路和室外的重工业地面修复工程等。其主要成分包括普通硅酸盐水泥为主胶粘剂，加入一部分硫铝酸水泥为促硬剂，此外还含有减水剂、早强剂、缓凝剂、石英砂、可再分散乳胶粉、甲基纤维素（MC）和聚丙烯（PP）纤维等，还可掺入适量硅灰。其典型产品如 SIKA Quick 1000 等。施工方法同 4～6h 快硬型修补砂浆。

4. 3d 早强型修补砂浆

该类砂浆是基于普通硅酸盐水泥为主要胶结料的修补砂浆，初凝、终凝时间和普通混凝土相似。其成分包括部分膨胀剂（硫铝酸盐水泥）、早强剂、石英砂、减水剂、硅灰、甲基纤维素（MC）和聚丙烯（PP）纤维、乳胶粉等。其中，硅灰的添加量为水泥含量的 10% 左右，其早期强度高、后期强度发展良好，新旧混凝土之间粘结良好。

该类修补砂浆中的硅灰因火山灰反应，即所谓的 C-S-H（水化硅酸钙）反应，生成的产物具有填充作用，使得砂浆更加致密，提高了耐磨性和耐久性。此外，硅灰还能促进水泥水化，起到早强作用。

研究表明，掺入 10% 硅灰的混凝土抗冻性提高 33%，抗渗性提高 3 倍，耐磨性提高 3 倍，抗冲磨性提高 35%，但干缩率增大 46%。因此，需要加入聚合物、减水剂、膨胀剂和合成纤维来降低和抵抗干缩。同时还要注意加强保潮养护。

5. 高流动态快硬修补砂浆

该类修补砂浆有 4～6h 快硬型和 24h 快硬型，大多基于硫铝酸水泥，并采用合适的促进剂，以获得更短的交通封锁要求。坍落度从 100～200mm 不等，可采用泵送，方便较大面积施工。同时还具有收缩补偿功能。其典型产品如 EMACO T920。

该类砂浆的修补施工方法为，先采用砂浆加水调拌至可刷涂稠度进行刷涂，在未干之前，立即采用镘刀或泵送方式进行大面积施工。

## 第六节　其他功能型砂浆应用技术

### 一、聚合物水泥防水砂浆

防水砂浆的品种很多，聚合物水泥防水砂浆是相对较新的砂浆品种，性能也非常优异，这是在水泥砂浆中引入聚合物乳液或乳胶粉而制得的高抗渗性、低压折比的改性水泥防水砂浆。常用的聚合物乳液有聚丙烯酸酯乳液、VAE 乳液、环氧树脂乳液等，常用的乳胶粉有聚丙烯酸酯类、VAE 类以及其他改性 VAE 类，其在防水砂浆中的用量根据对砂浆的防水、抗渗要求而定。

1. 聚合物水泥防水砂浆产品技术性能要求

聚合物水泥防水砂浆产品标准为建材行业标准《聚合物水泥防水砂浆》JC/T 984—2011，适用于以水泥、细骨料为主要原材料，以聚合物和添加剂等为改性材料并以适当配比混合而成的防水砂浆。

聚合物水泥防水砂浆产品按聚合物改性材料的状态分为干粉类（Ⅰ类）和乳液类（Ⅱ类）。Ⅰ类是由水泥、细骨料和聚合物干粉、添加剂等组成；Ⅱ类由水泥、细骨料的粉状材料和聚合物乳液、添加剂等组成。

（1）聚合物水泥防水砂浆外观要求　Ⅰ类产品外观为均匀、无结块；Ⅱ类产品外观为液料经搅拌后均匀无沉淀，粉料均匀、无结块。

（2）聚合物水泥防水砂浆物理力学性能要求　聚合物水泥防水砂浆的物理力学性能应符合表 1-30 的要求。

2. 聚合物水泥防水砂浆工程应用的一般规定

（1）聚合物水泥防水砂浆的基层应平整、坚固、洁净、不起皮、不起砂、不疏松。

聚合物水泥防水砂浆的物理力学性能要求 　　表 1-30

| 序号 | 项　　目 | | 指　　标 | |
|---|---|---|---|---|
| | | | 干粉类（Ⅰ类） | 乳液类（Ⅱ类） |
| 1 | 凝结时间① | 初凝(min) ≥ | 45 | 45 |
| | | 终凝(h) ≤ | 12 | 24 |
| 2 | 抗渗压力（MPa） | 7d ≥ | 1.0 | 1.0 |
| | | 28d ≥ | 1.5 | 1.5 |
| 3 | 抗压强度（MPa） 28d | ≥ | 24.0 | 24.0 |
| 4 | 抗折强度（MPa） 28d | ≥ | 8.0 | 8.0 |
| 5 | 压折比 | ≤ | 3.0 | 3.0 |
| 6 | 粘结强度（MPa） | 7d ≥ | 1.0 | 1.0 |
| 7 | | 28d ≥ | 1.2 | 1.2 |
| 8 | 耐碱性（饱和 Ca(OH)₂ 溶液,168h） | | 无开裂、剥落 | 无开裂、剥落 |
| 9 | 耐热性（100℃水,5h） | | 无开裂、剥落 | 无开裂、剥落 |
| 10 | 抗冻性（冻融循环：-15℃~+20℃,25 次） | | 无开裂、剥落 | 无开裂、剥落 |
| 11 | 收缩率（%） 28d | ≤ | 0.15 | 0.15 |

① 凝结时间项目可根据用户需要及季节变化进行调整。

（2）聚合物乳液应在阴凉的场所贮存，贮存温度不得低于 5℃，贮存时间不得超过 6 个月。

（3）材料要求

聚合物水泥防水砂浆防水层所用的材料应符合下列规定：

① 聚合物乳液　外观应无颗粒、异物和凝固物，固体含量不应小于 35%。宜选用专用产品，其质量指标应符合建材行业标准《建筑防水涂料用聚合物乳液》JC/T 1017—2006 的要求。

② 应采用强度等级不小于 42.5 级的普通硅酸盐水泥、硅酸盐水泥、特种水泥，严禁使用过期或受潮结块水泥。水泥质量应符合《通用硅酸盐水泥》GB 175—2007 的要求。

③ 砂宜采用中砂，含泥量不应大于 1%，硫化物和硫酸盐含量不应大于 1%。砂的质量应符合《建筑用砂》JGJ 52—2006 的规定，并筛除大于 2.5mm 的颗粒。

④ 拌制聚合物水泥防水砂浆所用的水，应符合现行行业标准《混凝土拌合用水标准》JGJ 63 的规定。

⑤ 进入施工现场的聚合物乳液以每 10t 为一批，不足 10t 按一批抽样进行外观质量检验。在外观质量检验合格的乳液中，任取 5kg 样品做聚合物水泥防水砂浆物理力学性能试验。

⑥ 聚合物水泥防水砂浆的物理力学性能应检验粘结强度、抗渗性、抗折强度、吸水率和耐水性。

3. 聚合物水泥防水砂浆工程应用的设计

（1）聚合物水泥防水砂浆防水层的基层强度　混凝土强度等级不应低于 C20，水泥砂浆强度等级不应低于 M10。

（2）防水层厚度规定　聚合物水泥防水砂浆宜用迎水面防水，也可用于背水面防水。聚合物水泥防水砂浆防水层厚度选用应符合下列规定：

① 地下防水工程　防水等级为Ⅰ、Ⅱ级时，厚度宜为 10～12mm，防水等级为Ⅲ、Ⅳ时，厚度宜为 6～8mm。

② 建筑室内防水工程、建筑外墙防水工程：重要工程，厚度宜为 10～12mm；一般工程，厚度宜为 6～8mm。

（3）聚灰比规定　聚合物水泥防水砂浆聚灰比宜为 10%～15%。

4. 聚合物水泥防水砂浆工程的施工

（1）基层要求及其处理　施工前，应清除基层的疏松层、油污、灰尘等杂物，光滑表面宜打毛；基面用水冲洗干净，充分湿润，无明水。

（2）聚合物水泥防水砂浆的配制　应符合下列规定：

① 配制前，应先将聚合物乳液搅拌均匀。

② 计量应按照产品说明书的要求进行，不得任意改变配合比。

③ 聚合物水泥防水砂浆的搅拌器具应清理干净。拌制时水泥与砂先干拌均匀，然后倒入乳液和水搅拌均匀。

④ 配制好的聚合物水泥防水砂浆宜在 45min 内用完。当气

温高、湿度小或风速较大时，宜在 20min 内用完。

（3）施涂界面处理　涂抹聚合物水泥防水砂浆前，应按产品说明书的要求配置界面处理剂打底，涂刷时力求薄而均匀。界面处理剂涂刷后，应及时施工聚合物水泥防水砂浆。

（4）聚合物水泥防水砂浆施工　施工时应符合下列规定：

① 涂层厚度大于 10mm 时，立面和顶面应分层施工，第二层应待前一层指触干后进行，各层应粘结牢固。

② 每层应连续施工，当必须留槎时，应采用阶梯坡形槎，接槎部位离阴阳角不得小于 200mm，上下层接槎应错开 300mm以上。接槎应依层次顺序操作，层层搭接紧密。

③ 涂抹可采用抹压或喷涂施工。喷涂施工时，喷枪的喷嘴应垂直于基面，合理调整压力、喷嘴与基面的距离。

④ 涂抹时应压实、抹平。如遇气泡应挑破压实，保证铺抹密实。

⑤ 抹平、压实应在初凝前完成。

⑥ 聚合物水泥防水砂浆防水层终凝后应进行 7d 保湿养护。养护期间不得受冻。

⑦ 施工结束后，应及时将施工机具洗干净。

5. 聚合物水泥防水砂浆工程施工质量要求及检验

（1）聚合物水泥防水砂浆原材料的品种、规格和质量应符合设计和国家现行有关标准的要求。

（2）聚合物水泥防水砂浆的配合比应符合产品说明书的规定，物理力学性能符合建材行业标准《聚合物水泥防水砂浆》JC/T 984—2011 的要求。

（3）聚合物水泥防水砂浆防水层质量应符合下列要求：

① 聚合物水泥防水砂浆防水层应平整、坚固、无裂缝、起皮、起砂等缺陷，与基层粘结应牢固，无空鼓，表面平整度偏差不应大于 5mm。

② 聚合物水泥防水砂浆防水层的排水坡度应符合设计要求，不得有积水。

（4）原材料及施工过程质量检查应符合下列规定，并做好施工记录：

① 聚合物乳液外观质量　每班检查一次。

② 砂子含水率　每班至少测定一次，在天气变化时，应增加测定次数。

③ 计量　每班检查四次。

④ 拌合、运输、涂抹、养护　每班至少检查一次。

（5）聚合物水泥防水砂浆防水层的平均厚度不得小于设计规定的厚度，最小厚度不得小于设计厚度的 80%。

**6. 聚合物水泥防水砂浆工程应用实例介绍**

聚合物水泥防水砂浆已有大量的工程实际应用。例如，应用于地下室和坑道潮湿基面的抹面防水，地下室渗漏维修，人防工程的背水面防水，铁路公路隧道、涵洞的壁面防水和混凝土结构的面层防水和渗漏维修防水等。这里介绍聚合物防水砂浆在广州市地铁隧道某区段防水中的应用。

（1）工程概况　广州市地铁隧道轨道交通 4 号线大学城专线段 7 号线暗挖区间隧道，从 4 号线小谷围站出站后，向东北方向延伸，与盾构区间相接。该工程设计里程：左线隧道为长度 420.7m，右线隧道长度 438.2m，隧道全长 858.9m。其主要工程包括左、右线暗挖隧道，中间施工竖井，东端盾构调头井，左、右线间的渡线，联络通道以及与盾构区间连接的明挖隧道区间。区间隧道由直线、缓和曲线、半径为 600m 的圆曲线组成，平均埋深 14m 左右。

（2）工程地质和水文地质　7 号线暗挖区间所处地貌单元总体属珠江三角洲河网交错的冲积平原，该段地形起伏小，地面高程一般为 14.4～23.9m，风化基岩埋深较深，表层主要分布为填土。地质报告表明，该区间地段位于广三断层以南震旦系变质岩区，沿线无断层通过，构造简单，勘测资料显示未见构造痕迹，地震烈度为 7 度。

该工程的特点是工期紧，且地质条件差和断面复杂、变化频繁，同时施工工序及工法转换频繁等。该区段断面跨度大（最大跨度达 13.78m，13 种断面类型和洞群组合），岩层较软弱，易坍塌，遇水软化、崩解以及局部赋存于基岩中的裂隙承压水可能在开挖后会有小股地下水涌出等。

（3）防水砂浆施工步骤与防水效果

① 施工步骤　清洗基面→堵漏→修补蜂窝面→第一次喷聚合物防水砂浆→第二次喷聚合物防水砂浆（3～5mm 厚）→用镘刀抹平→24h 后喷聚脲底涂 2 遍→30min 后再喷聚脲面层防水层（1.2mm 厚）。

聚脲型防水涂料是一种粘结力极强，抗拉、抗压、抗碱、抗酸、抗渗力极强的有机弹性涂料。

② 防水效果　基本不渗漏，个别渗漏点，堵漏后再进行补喷。第 2 次喷聚脲 2 遍，形成一道复合防水层。

**二、自流平地坪砂浆**

自流平地坪砂浆属于具有特殊功能的新型地坪材料，具有极好的流动性，倾注于地面后稍经摊铺即能够自动流平，并形成很光滑的表面，施工效率高，且所得到的地坪质量稳定。根据工程的需要，施工时还可以在地坪层中加设钢筋骨架，能够更好地满足对地坪的重负荷要求。因而，自流平地坪材料克服了传统水泥基地坪材料施工速度慢、平整度差以及时常出现开裂、剥落、起灰等多种缺陷，既可用于新地面的施工，也可用于修补已经磨损、起砂、损坏的旧地面。

地坪砂浆可以分成两大类，一类是环氧地坪砂浆，另一类是聚合物水泥基地坪砂浆。环氧地坪砂浆与地坪涂料的关系更为密切，因而本书放在第四章关于涂料的内容中（第十节）讨论。下面主要介绍聚合物水泥基地坪材料。

1. 对自流平地坪砂浆的主要性能要求

根据实际施工和使用性能的需要，聚合物水泥基自流平地坪砂浆应具有如下的性能：

（1）加水调拌成浆体状态后，应具有良好的可施工性、流动性和合适的凝结硬化时间，且在凝结硬化前不离析，不泌水。

（2）在凝结硬化后具有要求的强度增长速度。

（3）凝结硬化过程中的收缩小，凝结硬化层不开裂，与地面基层的粘结性能优良，不脱落、不空鼓。

（4）最终能够达到的强度符合设计要求，具有良好的耐磨性，并具有适当的弹性模量和柔韧性。

（5）施工时和使用过程中不会对环境产生不良影响，即具有环保特性。

（6）具有合理的成本和所要求的耐久性，易于施工，易于维护和翻新。

2. 自流平地坪砂浆的应用

自流平地坪砂浆因具有良好的流动性和稳定性，最终地面所能够达到的平整度是人工所无法企及的，而且施工速度快、劳动强度低、地面强度高、流平层的厚度易于控制、不龟裂、表面的光洁度和光亮度均较高，装饰效果好，而且易于和有机地坪涂料复合制得耐酸、碱和化学腐蚀等的功能性地面，非常适合制造大型超市、商场、停车场、仓库、宾馆、影剧院、医院、停车场、人行道、冷冻食品库、仓库、水处理车间、精密仪器生产车间以及其他类工业生产车间等地面。同时，还可以制造非结构性的高平整度地面，以利于表面铺面材料，例如地毯、合成革地面等材料的铺设和保持使用过程中的平整。由于具有这些特征，使得该类材料的发展受到重视，目前正处于快速发展和快速扩大应用的阶段。

3. 地面用水泥基自流平砂浆产品技术要求

建材行业标准《地面用水泥基自流平砂浆》JC/T 985—2005规定了地面用水泥基自流平砂浆的技术要求。该标准将地面用水泥基自流平砂浆分为单组分和双组分两类。单组分（代号S）是由工厂预制的包括水泥基胶凝材料、细骨料和填料以及添加剂等原料拌合而成的单组分产品，使用时按生产商的使用说明加水搅拌均匀后使用；双组分（代号D）由工厂预制的包括由水泥基胶凝材料、细骨料、填料以及其他添加剂和聚合物乳液等组成的双组分材料，使用时按生产商的使用说明将 2 个组分搅拌均匀后使用。

地面用水泥基自流平砂浆按其抗压强度等级分为 M16、M20、M25、M30、M35、M40；按其抗折强度等级分为 F4、F6、F7、F10。生产企业可根据用户要求，将抗压与抗折强度等级组合，生产各个强度等级不同的产品，以满足地面工程不同的使用要求。

（1）对有害物质含量的规定　地面用水泥基自流平砂浆除应满足地面承载能力与装饰功能外，不应带有有害物质，防止其使用过程中外逸，污染环境，危害人体、生物的健康与生命。因此，JC/T 985—2005 标准在"范围"内作了原则性规定："本标准包括的产品不应对人体、生物和环境造成有害的影响，涉及与使用有关的安全与环保问题应符合我国相关标准和规范的规定"。

（2）外观　单组分产品外观应均匀、无结块；双组分产品液料组分经搅拌后应呈均匀状态，粉料组分应均匀、无结块。

（3）物理力学性能　地面用水泥基自流平砂浆的物理力学性能应符合表 1-31 要求。

物理力学性能要求　　　　　　　　表 1-31

| 项　　目 | | 技 术 指 标 |
|---|---|---|
| 流动度①（mm） | 初始流动度　　≥ | 130 |
| | 20min 后流动度　≥ | 130 |
| 拉伸粘结强度（MPa） | ≥ | 1.0 |
| 耐磨性②（b/g） | ≤ | 0.50 |
| 尺寸变化率（%） | | −0.15～+0.15 |
| 抗冲击性 | | 无开裂或脱离底板 |
| 24h 抗压强度（MPa） | ≥ | 6.0 |
| 24h 抗折强度（MPa） | ≥ | 2.0 |

① 用户若有特殊要求由供需双方协商解决。

② 适用于有耐磨要求的地面。

（4）抗压强度和抗折强度　水泥基自流平地坪砂浆的抗压强

度等级为 M16～M40，抗折强度等级为 F4～F10。不同抗压强度和抗折强度等级的产品 28d 强度应符合表 1-32 中的规定。

抗压、抗折强度等级

表 1-32

| 抗压强度等级 | 28d 抗压强度（MPa）≥ | 抗折强度等级 | 28d 抗折强度（MPa）≥ |
|---|---|---|---|
| M16 | 16 | F4 | 4 |
| M20 | 20 | F6 | 6 |
| M25 | 25 | F7 | 7 |
| M30 | 30 | F10 | 10 |
| M35 | 35 | | |
| M40 | 40 | | |

4. 自流平地坪砂浆施工技术

（1）施工工艺流程　自流平地坪砂浆施工工艺流程如图 1-6 所示。

按照规范对上道施工工序的质量进行检验和验收 → 清除浮渣 → 润湿基层 → 修补缺陷 → 嵌固冲筋条 → 辅助材料备料 → 粉状自流平砂浆调拌 → 浇注（泵送或者人工）→ 适当整平 → 消除气泡 → 局部修补 → 养护 → 抹踢脚线 → 交付使用

图 1-6　自流平地坪砂浆的施工工艺流程

（2）施工工具及材料准备

① 施工工具准备

根据工程大小状况，预先准备好需要使用的施工机具，如灰浆机、砂浆输送泵、刮尺（铝合金型材制成）、针辊筒、钉鞋，以及准备清理基层用工具（钢丝刷、铲刀、扫帚等）等。

② 材料准备

根据设计选定的颜色、工艺要求，结合实际面积与材料单耗和损耗计算备料；并根据该要求订货、进货。

检验进场砂浆的色泽、品牌、数量、质量复验报告，符合标准规定后备用。

（3）基层处理　根据现场原有混凝土基层条件的不同，采取

72

不同的处理方法，使之达到表面坚硬、清洁。基层表面的裂缝要剔凿成"V"形槽，并用自流平砂浆修补平整；大的凹坑、孔洞可用自流平砂浆修补平整；混凝土基层表面的水泥浮浆用钢丝刷清除；起砂严重的地面，要把起砂表面一层全部打磨掉。基层混凝土强度低会导致自流平材料和基层混凝土之间的粘结强度降低，可能造成自流平地面成品形成裂纹和起壳现象。如果平整度不好，则会影响自流平地坪的厚度。

（4）聚合物水泥基自流平地坪砂浆的施工

① 水泥基自流平砂浆施工条件

a. 施工时及施工后一周室内温度应控制在 10～28℃。

b. 施工时要避免风吹，因此要关闭门窗，避免水分蒸发损失太快而导致硬化过程中产生裂纹。

c. 基层地面的混凝土要有一定的强度（抗拉拔强度至少1.5MPa）。

d. 基层地面如果是新浇筑的混凝土，其收缩必须已经完成，否则基层混凝土开裂会导致自流平砂浆开裂。

e. 施工时不得停水、停电，不得间断性施工。

② 界面剂的涂刷

界面剂涂刷两道，两道的涂刷顺序互相垂直，以防漏涂，并保证涂刷效果。涂刷第二遍界面剂时，一定要等到第一遍界面剂干燥，形成透明的膜层。

③ 施工方法

施工前，需要根据作业面宽度及现场条件设置施工缝。施工作业面宽度一般不要超过 6～8m。施工段可以采用泡沫橡胶条分隔，粘贴泡沫橡胶条前应放线定位。

施工时，按照给定的加水量称量每袋自流平粉料所需要的清水，将自流平干粉料缓慢倒入盛有清水的搅拌桶中，一边加粉料一边用搅拌器搅拌，粉料不要一次加完。加完粉料并搅拌均匀后，静置 3～5min 后即可使用，注意搅拌均匀的料浆中不能有料团。自流平砂浆调拌时应注意用水量不要过量，以免造成强度降低。

把搅拌好的浆料均匀倒入施工区域，浆料倾倒时一定要注意每一次倾倒的浆料都要倾倒到上一次的浆料上边，不能和上一次倾倒的浆料有间隙。用专用工具稍加铺摊至要求厚度，再用消泡辊筒反复滚平。

④ 成品养护

施工作业前要关闭窗户，施工作业完成后将所有的门关闭。施工完成后 24h 内注意保湿养护，避免振动或刮伤。

⑤ 伸缩缝处理

在自流平地面施工结束 24h 后，可以用切割机在基层混凝土结构的伸缩缝处切割出 3mm 宽、贯穿自流平地面层的伸缩缝，并将切割好的伸缩缝清理干净，用弹性密封胶密封填充。

⑥ 施工环境的保护

在水泥自流平施工过程中，很容易污染施工现场周边的墙面，在踢脚板上最好粘贴 5～7cm 宽的美纹纸，在地坪施工完后，再将美纹纸去除。

### 三、防腐砂浆

水泥基材料本身呈碱性，且含有大量孔隙，既会与有机酸或无机酸等酸类物质发生反应，又容易被腐蚀性介质渗透而产生腐蚀作用，因而耐腐蚀性不好。而当水泥基材料在有腐蚀性的环境中使用时，不仅要具有所要求的使用功能，还应该具有耐腐蚀性。例如，水泥砂浆或混凝土应用于化工工业环境中，可能会受到腐蚀性气体的作用而损坏；应用于地下时，可能会受到地下水的腐蚀。《水力发电工程地质勘察规范》GB 50287 对环境水造成的混凝土腐蚀程度描述为：环境水的 pH 值小于 5.5 或 $CO_3^{2-}$ 含量大于 60mg/L 或 $SO_4^{2-}$ 含量大于 10000mg/L 时，均能构成对混凝土的强腐蚀，使腐蚀区混凝土 1 年内强度降低 20% 以上。

聚合物防水防腐砂浆具有优良的抗渗性、耐腐蚀性、粘结性、耐冻融性等性能，适合作为具有一定防腐要求的防水工程应用。

聚合物水泥砂浆结构致密，具有较高的抗拉强度且耐磨、粘结力强、抗裂、抗渗、抗冻、抗酸碱腐蚀等性能优异，可用于室内外地面、踢脚板、墙裙、地沟、储槽、污水池内衬和设备基础等部位的防腐蚀整体面层和块材面层的铺砌材料，也可用于有化工腐蚀性气体和腐蚀性水作用的部位以及浓度不大于 2% 的酸性介质和中等浓度以下的碱性介质、盐类介质作用的部位。下面介绍聚合物水泥砂浆整体面层的防腐设计及施工技术。

（1）性能和适用范围

① 性能　采用氯丁胶乳和聚丙烯酸酯乳液制备的聚合物水泥砂浆，具有良好的物理力学性能和耐腐蚀性能。表 1-33 是这类砂浆的物理力学性能，表 1-34 是这类砂浆的耐腐蚀性能。

**氯丁胶乳类和聚丙烯酸酯类聚合物水泥砂浆的物理力学性能**

表 1-33

| 项　　目 | | 氯丁胶乳水泥砂浆 | 聚丙烯酸酯乳液水泥砂浆 |
|---|---|---|---|
| 抗压强度（MPa） | | ≥20 | ≥30 |
| 抗拉强度（MPa） | | ≥3.0 | ≥4.5 |
| 粘结强度<br>（MPa） | 水泥基层 | ≥1.2 | ≥1.2 |
| | 钢铁基层 | ≥2.0 | ≥1.5 |
| 抗渗强度（MPa） | | ≥1.5 | ≥1.5 |
| 吸水率（%） | | ≤4.0 | ≤5.5 |
| 使用温度（℃） | | ≤60 | ≤60 |

**氯丁胶乳类和聚丙烯酸酯类聚合物水泥砂浆的耐腐蚀性能**

表 1-34

| 介 质 名 称 | 氯丁胶乳水泥砂浆 | 聚丙烯酸酯乳液水泥砂浆 |
|---|---|---|
| 硫酸 | 不耐 | ≤2% 尚耐 |
| 盐酸、硝酸、醋酸、铬酸、氢氟酸 | ≤2% 尚耐 | ≤5% 尚耐 |
| 氢氧化钠 | ≤20% 耐 | ≤2% 尚耐 |
| 碳酸钠、硝酸铵氯化铵　硫酸钠 | 尚耐 | 尚耐 |
| 氨水、尿素、乙醇、汽油 | 耐 | 耐 |
| 丙酮、苯 | 不耐 | 尚耐 |
| 5% 硫酸和 5% 氢氧化钠交替作用 | 不耐 | 不耐 |

② 适用范围 聚合物水泥砂浆必须用在刚性很好的基层上。例如，室内地面垫层的混凝土强度等级不宜低于 C15，厚度不宜小于 120mm；室外地面垫层的混凝土强度等级不宜低于 C20，厚度不宜小于 150mm；在预制板上设置防腐蚀面层时，必须设置配筋的细石混凝土整浇层，其厚度不宜小于 40mm；对于砖石结构，砌筑砂浆强度等级不应低于 M5。

聚合物水泥砂浆防腐蚀面层的适用范围见表 1-35，其防腐蚀的作法如表 1-36 所示。

**氯丁胶乳类和聚丙烯酸酯类聚合物水泥砂浆的整体防腐面层适用范围**

表 1-35

| 介质类别 | 介 质 名 称 | 指 标 |
|---|---|---|
| Y4 | 乳酸、脂肪酸($C_5 \sim C_{30}$) | ≥2% |
| Y6 | 氢氧化钠 | 8%～15% |
| Y7 | 氨水 | >10% |
| Y8 | 碳酸盐、碳酸氢盐 | 任意 |
| Y9 | 硫酸盐、钾、钠、铵的亚硫酸盐 | >1% |
| Y11 | 钾、钠的硝酸盐、亚硝酸盐 | 任意 |
| Y13 | 钾、钠、钙、镁、铁的氯化物 | >3% |
| Y14 | 尿素 | >10% |
| G2～G9 | 固态介质 | — |
| S2～S17 | 腐蚀性水(pH 值) | ≥1 |

注：Y 代表酸碱盐溶液，G 代表固态介质，S 代表腐蚀性水。

**聚合物水泥砂浆防腐蚀工程施工作法概览**　　表 1-36

| 名称 | 施 工 作 法 | 厚度(mm) |
|---|---|---|
| 室内地面 | 10mm 厚聚合物水泥砂浆抹实压光<br>10mm 厚聚合物水泥砂浆抹实<br>刷聚合物水泥净浆一道<br>120mm 厚 C15 混凝土<br>素土夯实并找坡，压实系数≥0.90 | 140 |
| 室内楼面 | 10mm 厚聚合物水泥砂浆抹实压光<br>10mm 厚聚合物水泥砂浆抹实，刷聚合物水泥净浆一道<br>现浇钢筋混凝土楼板上做 C20 细石混凝土兼找坡，最薄处厚 25mm(或预制钢筋混凝土楼板之上做 C20 细石混凝土 $\phi 6@150$ 双向钢筋网，最薄处厚 40mm) | 45(60) |

| 名称 | 施 工 作 法 | 厚度(mm) |
|------|-----------|---------|
| 室外地面 | 10mm 厚聚合物水泥砂浆抹实压光<br>10mm 厚聚合物水泥砂浆抹实,刷聚合物水泥净浆一道<br>150mm 厚 C20 混凝土配寸 φ6@150 双向钢筋网<br>素土夯实并找坡,压实系数≥0.90 | 170 |
| 砖墙面 | (腐蚀等级为强腐蚀)<br>5mm 厚聚合物水泥砂浆抹实压光<br>10mm 厚聚合物水泥砂浆抹实<br>刷聚合物水泥净浆一道 | 15 |
| 混凝土<br>构件表面 | (重要构件为中等腐蚀,一般构件及建筑配件为强腐蚀)<br>5mm 厚聚合物水泥砂浆抹实压光<br>10mm 厚聚合物水泥砂浆抹实<br>刷聚丙烯酸酯乳液水泥浆一道<br>5mm 厚聚合物水泥砂浆抹实压光 | 15 |
| 储槽内衬 | 10mm 厚聚合物水泥砂浆抹实<br>10mm 厚聚合物水泥砂浆抹实<br>刷聚丙烯酸酯乳液水泥浆一道 | 25 |

注：1. 需做隔离层的地面，应在聚合物水泥砂浆面层之下加做 20 厚 1：2 水泥
砂浆找平层，再做氯丁胶乳玻璃布或聚丙烯酸酯乳液玻璃布（二布三乳，
乳液：水泥＝1：1）。

2. 在混凝土表面上用水泥砂浆找平时，应先刷混凝土界面处理剂一遍。

（2）聚合物水泥防腐砂浆的制备

① 配合比 聚合物水泥防腐砂浆的配合比，可按表 1-37 选用，并对原材料的质量进行控制。例如，水泥宜采用强度等级不低于 42.5 级的硅酸盐水泥或普通硅酸盐水泥；细骨料可采用石英砂或河砂，其颗粒级配见表 1-38。

② 聚合物水泥防腐砂浆的配制 聚合物水泥防腐砂浆宜采用人工拌合，当采用机械拌合时，宜使用立式复式搅拌机。氯丁胶乳水泥砂浆配制时应按确定的施工配合比称取定量的氯丁胶乳，加入稳定剂、消泡剂及 PH 值调节剂，并加入适量的水，充分搅拌均匀后，倒入预先拌合均匀的水泥和砂子的混合物中，搅拌均匀。拌制时不宜剧烈搅动，拌匀后不宜再反复搅拌和加水。配制好的氯丁胶乳水泥砂浆应在 1h 内用完。

**氯丁胶乳类和聚丙烯酸酯类聚合物水泥防腐砂浆配合比（质量比）**

表 1-37

| 原材料名称 | 氯丁胶乳类 | | 聚丙烯酸酯乳液类 | |
| --- | --- | --- | --- | --- |
| | 水泥砂浆 | 水泥净浆 | 水泥砂浆 | 水泥净浆 |
| 水泥 | 100 | 100～200 | 100 | 100～200 |
| 砂子 | 100～200 | — | 100～200 | — |
| 氯丁胶乳 | 38～50 | 38～50 | — | — |
| 聚丙烯酸酯乳液 | — | — | 25～38 | 05～100 |
| 稳定剂 | 0.6～1.0 | 0.6～2.0 | — | — |
| 消泡剂 | 0.6～0.8 | 0.3～1.2 | — | — |
| pH 值调节剂 | 适量 | 适量 | — | — |
| 水 | 适量 | 适量 | 适量 | — |

注：表中聚丙烯酸酯乳液（含有消泡剂、稳定剂）的固体含量按 40% 计，氯丁胶乳的固体含量按 50% 计，当浓度不同时可按含量比例换算。

**细骨料的颗粒级配**　　　　　　表 1-38

| 筛孔(mm) | 5.0 | 2.5 | 1.25 | 0.63 | 0.315 | 0.16 |
| --- | --- | --- | --- | --- | --- | --- |
| 筛余量(%) | 0 | 0～25 | 10～50 | 41～70 | 70～92 | 90～100 |

注：细骨料的最大粒径不应超过砂浆层厚度的 1/3。

聚丙烯酸酯乳液水泥砂浆配制时，应先将水泥和砂子干拌均匀，再倒入聚丙烯酸酯乳液和试拌时确定的用水量充分搅拌均匀。拌制好的聚合物水泥防腐砂浆（质量要求见表 1-39）应在初凝前用完，如发现有凝胶、结块现象，不得再使用。

**聚合物水泥防腐砂浆的凝结时间要求**　　表 1-39

| 项　　目 | 氯丁胶乳水泥砂浆 | 聚丙烯酸酯乳液水泥砂浆 |
| --- | --- | --- |
| 初凝时间(min) | ＞45 | ＞45 |
| 终凝时间(h) | ＜12 | ＜12 |

（3）施工技术

① 基层处理

1）混凝土基层　混凝土基层表面应平整（不平整的处理方法见图 1-7）、粗糙、清洁，无油污、浮浆、杂物，不应有起砂、空鼓、裂缝等现象。施工前应用高压水冲洗并保持潮湿状态，但施工时不得有积水。

2）钢铁基层　钢铁基层表面应无油污、浮锈，除锈等级宜为 S₁3。焊缝和搭接部位，应预先用聚合物水泥防腐砂浆或聚合物水泥净浆找平。

3）砖砌体基层　砖墙须将酥松部位剔除并清理干净，直到露出坚硬的新砖面，砌体表面积灰应全部扫净；对旧工程的勾缝砂浆应全部剔除干净（水泥砂浆砌筑者除外）；对于石灰或混合砂浆砌筑的砌体，须将灰缝剔成 10mm 深的沟槽，见图 1-8。

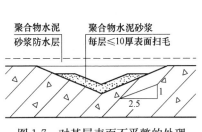

图 1-7　对基层表面不平整的处理

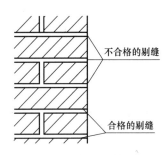

图 1-8　砖墙基层剔缝处理

4）石料砌体基层　凡以石灰或混合砂浆砌筑的砌体，须将灰缝剔成 20mm 深的沟槽。基层表面和灰缝沟槽全部淋水并用钢丝刷洗刷干净后，均匀地刷水灰比为 1：2 的水泥浆 2mm 厚，满抹 10～15mm 厚 1：2.5 水泥砂浆找平层，表面扫毛。如局部表面凹凸不平，相差较大处应分层找平，达到基本平整，两层间隔时间应大于 2d。

② 整体面层的施工

聚合物水泥防腐砂浆施工环境温度宜为 10～30℃，当低于 5℃ 时，应采取加热保温措施，不宜在大风、雨天或阳光直射的高温环境中施工，不应在养护期少于 3d 的水泥砂浆和混凝土基层上施工。

铺抹聚合物水泥防腐砂浆前，应先涂刷聚合物水泥净浆一遍，且薄而均匀，边涂刷边摊铺聚合物水泥防腐砂浆，摊铺完毕后应立即压抹，并宜一次抹平，不宜反复抹压。遇有气泡时应刺破压紧，表面密实。

一次施工面积不宜过大，应分条或分块错开施工，每块面积不宜大于 12m²，条宽不宜大于 1.5m，补缝或分段错开的施工间隔时间不应少于 24h，坡面的接缝木条或聚氯乙烯条应预先固定在基层上，待砂浆抹面后可抽出留缝条并在 24h 后进行补缝。施工完 12～24h 后，宜在面层上再涂刷一层聚合物水泥净浆。

在立面或仰面上施工，当面层厚度大于 10mm 时应分层施工（留缝位置应互相错开），分层抹面厚度宜为 5～10mm。待前一层干至不粘手时可进行下一道工序施工。

施工缝应距阴阳角不小于 200mm，并分道甩槎留成斜面，接槎时分层压满并涂抹密实，见图 1-9。

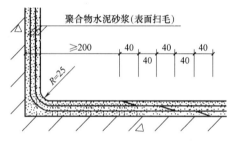

图 1-9  施工缝做法示意图

聚合物水泥防腐砂浆抹面后，表面干至不粘手时即进行喷雾或覆盖塑料薄膜、麻袋进行养护。塑料薄膜四周应封严，潮湿养护 7d，再自然养护 21d 后方可使用。在防水层未硬化前，绝对避免受雨水冲淋或大风侵袭，冬期施工的养护期可适当延长。

在施工时若发现水泥浆或水泥砂浆过稠，只准以混合液调入而严禁用清洁水直接调入。外掺剂的掺入量要准确，控制在允许范围内。复合助剂与胶乳混合后，拌制的水泥砂浆应有良好的和易性，砂浆中不应有大量气泡；助剂应使胶乳由酸性变为碱性，不应在拌制砂浆时出现胶乳破乳现象。

**四、石膏基自流平地坪砂浆**

1. **性能特征**

石膏基自流平地坪砂浆也称石膏基自流平地坪材料和石膏基自流平地坪等。石膏基自流平地坪不收缩、不开裂，耐酸、碱的腐蚀性好；但强度低，耐水性差。因而，石膏基自流平地坪砂浆一般只能用于地坪的底层而不能用于结构面层。

（1）收缩　石膏基材料的性能优异之处是其不像水泥基材料那样出现干燥收缩或者硬化收缩。石膏基自流平砂浆的收缩率远低于水泥基自流平砂浆。

（2）强度　石膏基自流平砂浆除了早期强度较高外，后期强度增长也很快，28d可达到30MPa以上。

（3）耐热　在地暖系统中应用是石膏基自流平砂浆的重要用途之一，因而耐热性也是其重要性能。石膏基自流平砂浆在50℃环境中性能基本保持稳定，也即不再有太大的变化，这说明石膏基自流平砂浆适合于地暖系统应用。

2. 在地板采暖系统中应用

用石膏基自流平地坪砂浆施工地板采暖系统，以房间的整个地面作为散热面，均匀地向室内辐射热量，具有很好的蓄热能力。相对于空调、暖气片、壁炉等采暖方式，具有热感舒适、热量均衡稳定、节能、免维修等特点，其采暖系统的热源可以是热水，也可以是电热丝。石膏基自流平地坪砂浆地板采暖系统结构如图1-10所示。

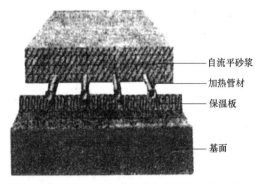

自流平砂浆

加热管材

保温板

基面

图1-10　石膏基自流平地坪砂浆地板采暖系统构造示意图

表 1-40 中比较了石膏基自流平砂浆地板采暖系统（水热源和电热源）和普通细石混凝土地板采暖系统的特征。

**石膏基自流平砂浆地板采暖系统和普通细石混凝土地板采暖系统的特征**

表 1-40

| 比较项目 | 石膏基自流平砂浆 | 细石混凝土 |
|---|---|---|
| 产品质量 | 工厂化生产的干混砂浆,配方科学,计量准确,混合均匀 | 工地现场配料,原材料的计量和配比都难以保证 |
| 施工 | 干混砂浆(袋装/散装)在工地易于堆放,有利于文明施工。在工地只需按相应的加水量搅拌均匀或直接用机械搅拌施工。砂浆有很好的流动性,能凭借自身的流动性均匀地分布流入地暖管间的空隙中 | 工地现场堆放水泥、砂石易造成粉尘污染等脏乱现象。水泥、砂石的搅拌难以保证均匀。流动性差,靠施工人员将砂浆平摊到地暖管间隙中 |
| 施工速度 | 采用机械施工时能大大提高工程进度,正常情况下,采用机械施工可达 50～80m²/h。一次施工的厚度可从 4～60mm 左右,由于其内应力低,即使较大的厚度也不会产生裂缝 | 由于采用现场搅拌,施工速度较慢。如果所铺砂浆厚度过大,养护不好易形成表面裂纹 |
| 致密性与采暖效果 | 由于自流平砂浆具有很好的抗离析能力,故硬化后砂浆分布均匀,具有致密的砂浆结构。这种致密的砂浆结构有利于热量均匀地向上传导,从而保证最大的热效应。此外,自流平砂浆与热水管具有很好的握裹力,特别适合与 PB 管配合使用 | 由于施工不当易造成离析,即粗骨料易分布在底层,细骨料和粉料则分布在上层。由于骨料的颗粒匹配未能最佳化,砂浆中含有较多的气孔,不利于热传导,易造成热损失。由于掺加了部分的粗骨料,个别锋利的边角可能对热水管造成挤压甚至破坏 |
| 表面质量 | 由于具有自流平的优点,故表面平整、光洁 | 砂浆层的均匀性及表面平整性难以得到保证 |
| 早期强度 | 早期强度高,通常情况下 1～2d 即可上人,其相应的抗折强度可达到 5～10N/mm²,抗压强度 15～30 N/mm² | 早期强度较低 |

# 参 考 文 献

[1] 建筑抗震设计规范 GB 50011—2001.

[2] 孙林柱. 控制加气混凝土墙体开裂的关键技术. 新型建筑材料，2006 (2)：57.

[3] Elotex AG（易来泰有限公司）Thomas Aberle，Adrian Keller，Roger Zurbriggen 著，张量译. 外墙彩色砂浆的泛碱问题. 59.

[4] 新老混凝土修补界面性能的研究. 建筑技术，2003，34（2）：146.

[5] 田鹏龙，徐龙贵，王春久等. 可再分散乳胶粉及粉末添加剂改性的混凝土修补砂浆. 新型建筑材料，2008，35（11）：9～12.

[6] 中国工程建设标准化协会标准《聚合物水泥、渗透结晶型防水材料应用技术规程》CECS 195：2006.

[7] 王新民. 聚合物干粉防水砂浆在广州地铁隧道试验段技术应用分析. 新型建筑材料，2006，（4）：65～66.

[8] 徐国明. 聚合物水泥砂浆整体面层的防腐设计及施工. 建筑技术，2006，37（7）：528～530.

# 第二章　新型建筑防水材料应用技术

## 第一节　聚合物水泥防水涂料

聚合物水泥防水涂料是以聚合物乳液和水泥作为主要原料，加入细骨料和外加剂制得的双组分水性防水涂料，通常取聚合物和水泥两个词的第一个汉语拼音字母而称之为 JS 防水涂料。当以乳胶粉代替聚合物乳液时，可以制成单组分防水涂料。

**一、聚合物水泥防水涂料特征、适用范围和性能要求**

1. 性能特征和种类

聚合物水泥防水涂料具有如下各种特性：

（1）具有较高的抗拉强度和延伸率。对微小裂缝的抑制和遮蔽性强，涂层坚韧，具有明显的柔性材料特点。

（2）具有较高含量的无机物水泥基材料，涂层具有较强的耐久性、耐候性。

（3）它是靠水泥水化和部分水分蒸发而固化，故可直接在潮湿的基层上涂布。对于厕、浴间基层不易干燥的部位做防水层，具有独特的适用范围。

（4）粘结强度高。涂膜与基层、涂膜与饰面层均能粘结牢固。涂布在垂直面、斜面及各种基层面上均有良好的粘结效果。

（5）无毒、无味、无害、无污染，且施工方便、工期短，特别适用于厕、浴间和屋面等的防水工程。

聚合物水泥防水涂料适用于屋面、地下室和厕、浴间以及内、外墙等结构部位的防水，也可以应用于某些有特殊要求建筑物结构部位的防水施工；或者作为卷材防水时对某些特殊结构部位（例如排水管、排气口、雨水口、女儿墙等）的特殊处理。

在聚合物水泥类防水涂料中，得到广泛应用的是聚丙烯酸酯和乙烯-醋酸乙烯（VAE）两类，分单组分和双组分两种，如表2-1所示。

聚丙烯酸酯树脂类和 VAE 类聚合物水泥防水涂料的组成和特性

表 2-1

| 项目 | 单组分粉状涂料 | 双组分防水涂料 |
|---|---|---|
| 胶结材料 | 可再分散聚丙烯酸酯树脂粉末或可再分散乙烯-醋酸乙烯树脂粉末、通用硅酸盐水泥 | 弹性丙烯酸酯乳液或乙烯-醋酸乙烯乳液、通用硅酸盐水泥 |
| 填料、颜料 | 不同粒径、配比的石英砂和着色颜料等 | 不同粒径、配比的石英砂和着色颜料等 |
| 助剂 | 粉状消泡剂、增塑剂等 | 消泡剂、增塑剂等 |
| 产品制备和特性 | 将各类材料按一定配方混合均匀得到粉状产品，使用前加入适量水搅拌均匀即可使用 | 分别将各类粉料和各类液体材料按一定配方混合均匀形成料组分和液料组分并分开包装。使用前将两个组分按设定比例搅拌混合均匀即可使用 |
| 应用特点 | 现场加水搅拌后必须在规定时间内用完，产品具有优异的防水性、抗老化性、低温柔性等特点。环保型产品，不含有机溶剂。可再分散丙烯酸酯树脂粉末的成本相对高于乳液的成本 | 现场搅拌，双组分混合后必须在规定时间内用完，产品具有优异的防水性、抗老化性、低温柔性等特点。环保型产品，不含有机溶剂。产品成本相对较低，但双组分产品使用在包装、运输和储存等方面不如单组分方便 |

## 2. 涂料生产技术

（1）液料-粉料组成的双组分涂料配方举例

① 乙烯-醋酸乙烯（VAE）乳液水泥防水涂料　VAE乳液水泥防水涂料参考配方如表2-2所示。

乙烯-醋酸乙烯（VAE）乳液水泥防水涂料配方举例　表 2-2

| 涂料组分 | 原材料名称 | 用量（质量比） |
|---|---|---|
| 粉料组分 | 通用硅酸盐水泥（强度等级≥42.5级） | 100 |
| | 粉状消泡剂 | 0.5～1.5 |
| | 粉状湿润、分散剂 | 0.5～1.5 |

| 涂料组分 | 原材料名称 | 用量(质量比) |
|---|---|---|
| 粉料组分 | 细砂(120目) | 30 |
| | 细砂(160目) | 100 |
| | 细砂(200目) | 70 |
| 液料组分 | 乙烯-醋酸乙烯共聚乳液(固体含量≥50%) | 200 |
| | 水 | 40 |

② 聚丙烯酸酯乳液水泥防水涂料配方举例　表 2-3 中给出聚丙烯酸酯乳液水泥防水涂料的参考配方。

**聚丙烯酸酯乳液水泥防水涂料配方举例**　　　　　表 2-3

| 涂料组分 | 原材料名称 | 用量(质量比) | |
|---|---|---|---|
| | | Ⅰ型产品 | Ⅱ型产品 |
| 液料组分 | 聚丙烯酸酯乳液 | 100~150 | 80~100 |
| | 增塑剂 | 0~6 | 0~6 |
| | 成膜助剂 | 0~2 | 0~2 |
| | 消泡剂 | 0.1~0.3 | 0.1~0.3 |
| 粉料组分 | 通用硅酸盐水泥(强度等级≥42.5级) | 50~80 | 80~100 |
| | 填料 | 60~80 | 50~70 |
| | 添加剂 | 0~3 | 0~3 |

（2）生产过程概述

① 液料组分的生产　液料配方中如果有水，先将水投入混合罐中，再依顺序投入防霉剂、润湿分散剂、增塑剂、成膜助剂和消泡剂等各种助剂，高速搅拌均匀。将聚合物乳液投入混合罐中后，慢速搅拌均匀。因为聚合物乳液中含有大量的表面活性剂，搅拌速度快了容易使液料中产生大量泡沫，难于消除，影响涂膜的平整性和其他性能，因而在工艺上采取慢速、长搅拌时间的措施。待搅拌均匀后若发现液料中还有很多气泡在短时间内难于消除，可以再投入适量的消泡剂慢速搅拌，直至泡沫基本消除

为止，这样即得到防水涂料的液料组分。

② 粉料组分的生产　先开动双螺旋锥型混合机，使搅拌螺旋处于旋转搅拌状态。然后，按照粉料配方向其中投入各种原材料。各种原材料全部投入后再搅拌 5～10min 左右，使粉料中的各种材料充分混合均匀，即得到防水涂料的粉料组分。

对于粉状单组分的聚合物水泥防水涂料，其生产程序和双组分涂料中的粉料组分一样，没有更复杂的程序，亦即简单的粉体材料的物理混合过程。

③ 包装与配套　按照配方，将粉料和液料的包装配成套，供使用时混合。

单组分的粉状聚合物水泥防水涂料只需要按照类似双组分产品的粉料包装即可，没有配套问题。

3. 聚合物水泥防水涂料性能要求

（1）一般要求　聚合物水泥防水涂料产品不应对人体和环境造成有害的影响，所涉及与使用有关的安全与环保要求应符合相关国家标准和规范的规定。产品中有害物质含量应符合 JC 1066—2008 4.1 节中 A 级的要求。

（2）力学性能要求　聚合物水泥防水涂料的性能指标应符合国家标准《聚合物水泥防水涂料》GB/T 23445—2009 规定的技术要求，如表 2-4 所示。在 GB/T 23445—2009 标准中，把产品分为Ⅰ型、Ⅱ型和Ⅲ型三种。Ⅰ型适用于活动量较大的基层；Ⅱ型和Ⅲ型适用于活动量较小的基层。

聚合物水泥防水涂料的技术要求　　　　表 2-4

| 项　目 | | 指　标 | | |
| --- | --- | --- | --- | --- |
| | | Ⅰ型 | Ⅱ型 | Ⅲ型 |
| 固体含量(%) | ≥ | 70 | 70 | 70 |
| 拉伸强度 | 无处理(MPa) ≥ | 1.2 | 1.8 | 1.8 |
| | 加热处理后保持率(%) ≥ | 80 | 80 | 80 |
| | 碱处理后保持率(%) ≥ | 60 | 70 | 70 |

| 项目 | | 指标 | | |
|---|---|---|---|---|
| | | Ⅰ型 | Ⅱ型 | Ⅲ型 |
| 拉伸强度 | 浸水处理后保持率（%）≥ | 60 | 70 | 70 |
| | 紫外线处理后保持率（%）≥ | 80 | — | — |
| 断裂伸长率 | 无处理（%）≥ | 200 | 80 | 30 |
| | 加热处理（%）≥ | 150 | 65 | 20 |
| | 碱处理（%）≥ | 150 | 65 | 20 |
| | 浸水处理（%）≥ | 150 | 65 | 20 |
| | 紫外线处理（%）≥ | 150 | — | — |
| 低温柔性（φ10mm棒） | | −10℃ 无裂纹 | — | — |
| 粘结强度 | 无处理（MPa）≥ | 0.5 | 0.7 | 1.0 |
| | 潮湿基层（MPa）≥ | 0.5 | 0.7 | 1.0 |
| | 碱处理（MPa）≥ | 0.5 | 0.5 | 1.0 |
| | 浸水处理（MPa）≥ | 0.5 | 0.7 | 1.0 |
| 抗渗性（砂浆背水面）（MPa）≥ | | — | 0.6 | 0.8 |
| 不透水性（0.3MPa,30min） | | 不透水 | 不透水 | 不透水 |

（3）自闭性要求　自闭性是指防水涂膜在水的作用下，经物理和化学反应使涂膜裂缝自行愈合、封闭的性能，以规定条件下涂膜裂缝自封闭的时间表示。产品的自闭性为可选项目，指标由供需双方商定。

**二、聚合物水泥防水涂料工程应用的基本要求**

现行技术标准详细规定了聚合物水泥防水涂料工程应用中的有关问题，如工程应用的基本条件、对材料的性能要求、设计、施工技术和验收标准等。下面介绍聚合物水泥防水涂料的工程应用技术。

1. 工程应用基本条件

聚合物水泥防水涂料应用于防水工程时，应满足如下一些基本要求：聚合物水泥防水涂料可用于建筑物和构筑物的防水工程；采用聚合物水泥防水涂料进行防水设防的主体结构应具有较好的强度和刚度；防水工程应根据使用功能、结构形式、环境条件、施工方法和工程特点进行防水构造设计，重要部位应有详图。

2. 设计内容

聚合物水泥防水涂料防水工程的设计应包括下列内容：屋面和地下工程的防水等级和设防要求、聚合物水泥防水涂料的品种、规格、技术指标和工程细部结构的防水措施，选用的材料及其技术指标等。

3. 材料进场管理

聚合物水泥防水涂料应有产品合格证书和性能检测报告，材料的品种、规格、性能等应符合国家现行有关标准和设计要求。材料进场后，应按国家现行有关标准或 CECS 195：2006 规程的规定抽样复验，并提出试验报告，不合格的材料，不得在防水工程中使用。

聚合物水泥防水涂料应在干燥、通风、阴凉的场所贮存，贮存时间不得超过六个月。其液体组分贮存温度不得低于 5℃。

聚合物水泥防水涂料的两组分经分别搅拌后，其液体组分应为无杂质、无凝胶的均匀乳液；固体组分应为无杂质、无结块的粉末。

4. 施工条件、施工资质和质量检验

(1) 施工条件　聚合物水泥防水涂料施工前，应对基层进行质量检验，不得在不合格的基层上进行防水工程。聚合物水泥防水涂料的施工应在细部构造施工完毕，并验收合格后进行。

聚合物水泥防水涂料的基层表面应平整、坚固，不起皮、不起砂、不疏松，基层转角处应做成圆弧形。

聚合物水泥防水涂料宜在 5～35℃ 的环境气温条件下施工。露天施工不得在雨天、雪天和五级风及以上的环境条件下作业。

(2) 施工资质　聚合物水泥防水涂料应由经资质审查合格的防水专业队伍进行施工。作业人员应持有当地建设主管部门颁发的上岗证。

聚合物水泥防水涂料的施工单位应有专人负责施工管理与质量控制。

（3）质量检验　聚合物水泥防水涂料的施工，施工单位应建立各道工序的自检、交接检验和专职人员检验的"三检"制度，并有完整的检查记录。未经监理人员（或业主代表）检查验收，不得进行下一道工序施工。

聚合物水泥防水涂料施工完成后，应按相应的国家现行有关标准（或规程）的规定进行质量检验。

（4）现场检测　进入施工现场的聚合物水泥防水涂料以每10t为一批，不足10t按一批抽样进行外观质量检测；在外观质量检验合格的涂料中，任取两组分共5kg样品做物理力学性能试验。

聚合物水泥防水涂料现场抽样检验的性能项目如下：Ⅰ型聚合物水泥防水涂料应检验固体含量、干燥时间、无处理拉伸强度、无处理断裂延伸率、低温柔性和不透水性；Ⅱ型和Ⅲ型聚合物水泥防水涂料应检验固体含量、干燥时间、无处理拉伸强度、无处理断裂延伸率、潮湿基面粘结强度和抗渗性。

**三、聚合物水泥防水涂料工程应用设计**

1. 材料选用

聚合物水泥防水涂料用于屋面工程或建筑外墙等非长期浸水工程部位时，宜选用Ⅰ型防水涂料；用于地下工程、建筑室内工程或混凝土构筑物等长期浸水工程部位时，宜选用Ⅱ型或Ⅲ型防水涂料。

用于涂膜防水层的胎体增强材料宜选用聚酯网格布或耐碱玻纤网格布。

2. 涂膜厚度

聚合物水泥防水涂料宜用于结构迎水面，其涂膜厚度选用应符合下列规定：

（1）屋面工程　防水等级为Ⅰ、Ⅱ级，二道或二道以上设防时，厚度不应小于 1.5mm；防水等级为Ⅲ、Ⅳ级时，厚度不应小于 2mm。

（2）地下防水工程　防水等级为Ⅰ、Ⅱ级时，厚度不小于 2mm；防水等级为Ⅲ、Ⅳ时，厚度不应小于 1.5mm。

（3）建筑室内防水工程、建筑外墙防水工程　重要工程，厚度不应小于 1.5mm；一般工程，厚度不应小于 1.2mm。

3. 其他

多道设防时，聚合物水泥防水涂料应与其他材料复合使用。

细部构造应有详细设计。除采用密封材料涂封严密外，应增加防水涂料的涂刷遍数，并宜增设胎体增强材料。

**四、聚合物水泥防水涂料的施工**

1. 基层处理

基层表面的蜂窝、麻面、气孔、凹凸不平、缝隙等缺陷，应进行修补处理。

涂料施工前，应清除基层上的浮浆、浮灰等杂质；基层表面不得有积水。

涂料施工前应先对细部构造进行密封或增强处理。

2. 涂料配制

涂料的配制和搅拌应符合以下规定：涂料配制前，应先将液体组分搅拌均匀；计量应按照产品说明书的要求进行，不得任意改变配合比；配料应采用机械搅拌，配制好的涂料应色泽均匀，无粉团、沉淀。

3. 涂料施工

涂料涂布前，应先涂刷基层处理剂。

涂膜应多遍施工完成，每遍涂料的用量不宜大于 0.6kg/m²，涂刷应待前遍涂层干燥成膜后进行。

每遍涂刷应交替改变涂层的涂刷方向，同一涂层涂刷时，先后接槎宽度宜为 30～50mm。

涂膜防水层的甩槎应注意保护，接槎宽度不应小于 100mm，接涂前应将甩槎表面清洗干净。

铺贴胎体增强材料时，应铺贴平整、排除气泡，不得有褶皱和胎体外露，并使胎体层充分浸透防水涂料；胎体的搭接宽度不应小于 50mm；采用二层胎体时，上下层胎体不得相互垂直铺设，搭接缝应错开不小于 1/3 幅宽。胎体的底层和面层涂膜厚度均不应小于 0.5mm。

在潮湿环境施工时，应加强通风排湿。

涂膜防水层完工并经验收合格后，应及时做好保护层。保护层施工时应有成品保护措施。

4. 质量要求及检验

（1）工程质量要求　聚合物水泥防水涂料和胎体增强材料的品种、规格和质量应符合设计和国家现行有关标准的要求；涂料的配合比应符合产品说明书的要求；屋面工程、建筑室内防水工程、建筑外墙防水工程和构筑物防水工程不得有渗透现象；地下防水工程应符合相应防水等级标准的要求；细部构造做法应符合设计要求。

（2）工程质量检验　聚合物水泥防水涂料的涂膜厚度，可用针刺法或割取 20mm×20mm 的实样进行测量；涂膜防水层的平均厚度不得小于设计规定的厚度，最小厚度不得小于设计厚度的80%；涂膜防水层与基层应粘结牢固，表面平整，涂刷均匀，应无流淌、皱折、鼓泡、露胎体和翘边等缺陷；涂膜防水层的保护层做法应符合设计要求。

5. 工程验收及防护

（1）工程验收　防水工程应按工序或分项工程进行验收，构成分项工程的各检验批应符合相应质量标准的规定。工程验收时，应提交下列技术资料，并整理归档：

① 防水设计　设计图及会审记录、设计变更通知单和工程洽商单。

② 施工方案　施工方法、技术措施、质量保证措施。

③ 技术交底　施工操作要求及注意事项。

④ 材料质量证明文件　出厂合格证、产品质量检验报告、

试验报告。

⑤ 施工单位资质证明　资质复印证件。

⑥ 施工日志　逐日施工情况。

⑦ 中间检查记录　分项工程质量验收记录、隐蔽工程检查验收记录、施工检验记录。

⑧ 工程检验记录　抽样质量检验和观察检查、淋水或蓄水检验记录、验收报告。

（2）防护　防水工程施工完成后，应及时做好成品保护；防水工程竣工验收后，严禁在防水层上凿孔打洞。

**五、聚合物水泥防水涂料应用中应注意的问题**

1. 聚合物的种类及用量

（1）聚合物乳液的品种　聚合物组分赋予涂膜以高拉伸强度、高粘结强度和柔性，但聚合物乳液也给水泥基材料带来长期耐水性减弱的副作用，其副作用大小与所用聚合物乳液的种类和用量相关。就聚丙烯酸酯乳液和 VAE 乳液来说，前者的改性能力优于后者，达到相同性能的用量前者亦少于后者，其负作用亦明显小于后者。当应用于屋面工程时，应选用耐候性和低温柔性好的聚丙烯酸酯乳液类涂料。

（2）聚合物乳液的用量　延伸率大小与聚合物乳液的用量大小直接相关。但聚合物乳液掺量的大小又直接影响到涂层的长期耐水性。为了解决这一矛盾，工程规范和产品标准的技术处理是将涂料分为两种类型：Ⅰ型为聚合物乳液用量较大，延伸率要求达到 200% 以上，不用于长期浸水的工程部位（如屋面、外墙面等），以满足其变形较大的要求；Ⅱ型为聚合物乳液用量略少，延伸率只要达到 80%，以满足变形较小却有长期耐水性要求的工程部位（地下室、厕浴间等）。

2. 涂层厚度是防水效果和耐久性的基本保证

涂层达到一定厚度是涂膜在遇到基层变形、开裂时伸长和抗水渗透的基本保证。因而，《屋面工程技术规范》和《地下工程防水技术规范》中，聚合物水泥防水涂膜的基本厚度要求为

1.5～2.0mm。因而，施工时一定要保证最终涂膜厚度要达到要求的厚度。

3. 施工

聚合物水泥防水涂料为双组分产品。现场施工时一定要使用专用搅拌器将双组分涂料充分搅拌均匀，并停留约几分钟待搅拌产生的气泡消失后再施工。

聚合物水泥防水涂料的特点是可在潮湿基层施工。但也有一个潮湿程度问题，并不是说任何潮湿的气候环境条件或非常高的基层含水率情况下均可施工。因为聚合物水泥防水涂料中聚合物乳液是通过挥发固化的，过高的基层含水率和太潮湿的气候条件对聚合物乳液的固化成膜不利，会降低涂膜的延伸率。同时，聚合物水泥防水涂料中的水泥又是通过水化固化的，太干的基层和气候条件又对水泥固化不利。所以在炎热干燥季节施工时要在基层略喷洒些水后再施工。其实，聚合物水泥防水涂料对施工的温度和湿度范围还是有一些要求的，一般温度在5～35℃、湿度在50%～70%较为适宜。

聚合物水泥防水涂料产品说明书中说明，在第一遍涂刷施工时可加水将涂料稀释而改善对基层的渗透，以提高对基层的粘结力。但是，在其后的工序中就不能再随意加水，这是十分重要的。

# 第二节　渗透结晶型防水材料

## 一、概述

1. 主要类别

渗透结晶型防水材料又称水泥基渗透结晶型防水材料，是指以水泥为材料载体，施工于潮湿的水泥基材料基层形成涂膜后，能够在以水为渗透载体的情况下向水泥基基层材料中渗透一定深度，并在水的存在下在水泥基材料的孔隙中形成结晶体，或者在一定条件下能够促进混凝土中水泥水化，生成水化硅酸钙

（CSH）凝胶体，堵塞水泥基材料中的孔隙而提高其防水抗渗性能的一类防水材料。

根据渗透结晶型防水涂料的形态和应用方式，现在使用的渗透结晶型防水材料有几种：

（1）水泥基渗透结晶型防水涂料是一种粉状材料，经过加水拌合可调制成膏状，通过刷涂或喷涂在水泥混凝土表面，亦可将其干粉撒覆并压入未完全凝固的水泥混凝土表面（有的产品也可以在配制混凝土时掺加在混凝土中）。

（2）施涂型水泥基渗透结晶型防水剂是一种液体材料，通过喷涂或刷涂在已经凝固的混凝土表面；或者是一种粉状材料，通过在混凝土拌制过程中掺入混凝土中。渗透结晶型防水涂料在我国长时间的使用与开发研制过程中不断地得到扩展，目前已经有较多种类不同的产品，各种产品的性能差异较大。

2. 渗透结晶型防水材料的基本特征

水泥基渗透结晶型防水材料的关键词是"渗透"和"结晶"。"渗透"是指这类材料中具有能够溶解于水的活性物质，在其溶解于水后，能够通过孔隙向水泥基材料中渗透一定深度；"结晶"是指渗透进入水泥基材料中的活性物质能够自身形成结晶体或者和水泥水化产物中的离子产生化学反应，形成不溶于水的结晶体，从而堵塞水泥基材料中的各种孔隙、裂缝，对水泥基材料基层（例如混凝土）产生结构修复作用，使水泥基材料结构更加致密，裂缝得到修补，从而提高其防水、抗渗能力。

不同系列的渗透结晶型防水材料，性能特点各不相同，但一般地说具有如下通性。

（1）自动修复性　当混凝土结构在使用的过程中因各种原因而在内部产生微细裂缝而发生渗漏时，渗透结晶型防水涂料中的活性物质在遇到水后能够在基层的裂缝缺陷处产生二次结晶，堵塞裂缝而起到防水作用。即渗透结晶型防水涂料具有自动修复微裂缝等缺陷的功能，防水性能可靠。

（2）整体防水性　水泥基渗透结晶型防水涂料的涂层厚度一

般在 0.5～1.5mm（我国在有关防水规范中规定应不小于
0.8mm），因而能够与基层混凝土一起形成防水的整体。

（3）"永久"防水性　渗透结晶型防水涂料的防水寿命与结
构的寿命几乎是同步的，亦及具有"永久"防水性。

（4）能够耐化学腐蚀，增强钢筋的防锈作用　渗透结晶型防
水涂料对混凝土中的裂缝和孔隙的填充与自修复作用，使混凝土
更加密实，渗透性降低，阻隔了腐蚀性化学物质、离子和水分进
入混凝土内部，保护其免受腐蚀和内部钢筋的锈蚀。

（5）无毒、无害　该类产品不含有毒有害物质，不会造成
污染。

**二、水泥基渗透结晶型防水涂料生产技术**

1. 原材料

（1）渗透结晶型材料组分　活性母料是水泥基渗透结晶型防水
涂料中提供渗透、结晶和促使水泥进一步水化的材料组分，是涂料
的核心材料。活性母料是该类涂料的技术核心，许多生产厂家通过
采购国外进口或者国产的活性母料生产该种涂料。用于配制水泥基
渗透结晶型防水涂料的某活性母料的技术性能为：细度（0.135mm
筛筛余）≤3.0%；pH值12.0±1.0；不溶物含量≤0.5%；总碱量
（$Na_2O+0.658K_2O$）（35.0±2）%；氯离子含量≤1.0%。

除商品的活性母料外，还可以利用具有渗透结晶性的化学材
料，作为渗透结晶的功能性组分（如氟硅酸锌），进行实验研究，
以期得到技术-经济综合性能好的涂料。

（2）防冻剂　其作用是在一定的负温条件下，能够显著降低
混凝土的冰点，使混凝土的液相不冻结或部分冻结，防止混凝土
不会受到冻害，且使水泥能进行水化反应，在一定的时间内获得
预期强度的外加剂。防冻剂的主要品种有氯盐防冻剂、氯盐阻锈
防冻剂和非氯盐防冻剂（亚硝酸盐、硝酸盐、碳酸盐及其与无氯
早强剂、减水剂等的复合剂）等。

（3）早强剂　其作用是能够提高混凝土早期强度并对后期强
度无显著影响，前者如硫酸钠，后者如三乙醇胺、三异丙醇胺和

乙酸钠等。

（4）速凝剂和缓凝剂　速凝剂的作用是能够使混凝土快速凝结、硬化。缓凝剂的作用是能够延缓混凝土的凝结时间，并对后期强度无显著影响，如柠檬酸盐（钠）。

（5）甲基纤维素醚　属于保水材料，主要作用是提供保水性和赋予产品触变稠度以改善施工性能。

（6）载体材料　载体材料是通用硅酸盐水泥和石英砂等。选用时应注意选用强度等级为 42.5 级或更高强度等级的水泥。

2. 配方举例

（1）采购母料配制渗透结晶型防水涂料的配方　当以采购渗透结晶型防水涂料的活性母料生产防水涂料时，参考配方如表2-5 所示。

使用结晶母料生产防水涂料的参考配方　　表 2-5

| 原材料名称 | 技术要求 | 功能与作用 | 用量（质量%） |
|---|---|---|---|
| 水泥 | 强度等级为 52.5 级硅酸盐水泥 | 作为涂料的成膜物质和结晶活性母料的载体 | 87 |
| 渗透结晶型活性母料 | | 提供向混凝土中渗透结晶的活性物质 | 4 |
| 粉状硅酸钠 | 模数＞2.0 | 助凝作用 | 3 |
| 石英砂 | 80 目的过筛石英砂，不能使用磨细砂 | 填料和载体 | 5 |
| 甲基纤维素醚 | 黏度型号为 150000～200000mPa·s 的产品 | 使涂膜具有保水性和改善施工性能 | 1 |

由于活性结晶母料易吸水、易潮解，因而在雨天或空气湿度高于 65% 时不宜生产；生产的产品应在 5h 内进行包装。产品在包装时应注意必须内加塑料袋。

（2）无需母料配制渗透结晶型防水涂料的配方　该类配方多为选用具有渗透结晶性能的材料，例如硅酸钠、硅灰、氧化镁（配套以高锰酸钾或高铝水泥为促进剂）等。表 2-6 中给出该类配方实例。

**无需母料配制渗透结晶型防水涂料的配方**　　表 2-6

| 原材料 | 磨细石英砂 | 熟石灰 | 速溶硅酸钠 | 硬脂酸铝 | 糖钙缓凝剂 | UNF 型减水剂 | 硅灰 | 水泥 |
|---|---|---|---|---|---|---|---|---|
| 用量(%) | 25.0 | 5.0 | 3.0 | 3.0 | 0.2 | 1.0 | 9.0 | 55.0 |

3. 水泥基渗透结晶型防水涂料的类型与性能调整

随着水泥基渗透结晶型防水涂料应用的扩大，在保持涂料中活性母料渗透结晶组分的前提下，通过改变载体材料以及涂料中其他组分的品种和用量，能够得到不同类型的或满足施工要求的水泥基渗透结晶型防水涂料。下面介绍的几种类型的渗透结晶型防水涂料，在建筑防水界都有使用。

（1）堵漏型水泥基渗透结晶型防水涂料　在水泥基渗透结晶型防水涂料中添加速凝剂，并适当使用早强成分的外加剂，或者将涂料中的硅酸盐水泥使用快凝快硬水泥（通常也称为双快水泥）代替，能够制得凝结和强度增长都非常快的渗透结晶型防水涂料，这类涂料在满足堵漏施工的同时，能够随着堵漏时间的延长而使堵漏材料逐步密实，并向混凝土基层中渗入活性物质，提高基层的抗渗性，增加堵漏施工的安全系数。

（2）早强型水泥基渗透结晶型防水涂料　在水泥基渗透结晶型防水涂料中添加早强剂，或者将涂料中的硅酸盐水泥使用早强型水泥代替，能够制得强度增长快的早强型渗透结晶型防水涂料。这类涂料在保持渗透结晶型防水涂料的特征下，由于强度增长快，有利于防水施工速度的提高和方便某些防水施工操作。

（3）复合型水泥基渗透结晶型防水涂料　渗透结晶型防水涂料是刚性材料，在涂料中增加具有柔韧性的有机聚合物，例如生产聚合物水泥防水涂料的弹性聚合物乳液或者玻璃化温度低的可再分散聚合物树脂粉末，能够制得具有弹性涂膜的渗透结晶型防水涂料。这类涂料除了具有渗透结晶防水涂料的特征外，涂膜本身具有很好的柔韧性和防水性。

（4）水泥基渗透结晶型防水涂料其他性能的改进　通过在涂料中增加一些外加组分，能够改善渗透结晶型防水涂料的性能。

例如，在涂料中加入适量与基层粘结强度高的粉状聚乙烯醇或可再分散的聚苯乙烯-丙烯酸酯树脂粉末，能够得到与基层的粘结强度更高的粘结增强型涂料；向涂料中添加高效减水剂、硅粉等，能够得到涂膜强度高的渗透结晶型涂料；通过适当增加活性母料的添加量，能够得到活性成分的浓度更高的加强型渗透结晶型涂料等。总之，在保持渗透结晶基本特性不变的情况下，通过调整涂料的组分而改变涂料的性能，使之满足使用要求或者方便施工，对渗透结晶型防水涂料的应用具有重要意义。

### 三、渗透结晶型防水材料的质量要求

现行技术标准 CECS 195：2006 详细规定了渗透结晶型防水材料工程应用中各方面的问题，如材料性能要求、设计、施工技术和验收标准等。下面依据该标准介绍渗透结晶型防水材料的工程应用技术。

1. 粉状渗透结晶型防水材料

粉状渗透结晶型防水材料应为无杂质、无结块的粉末，其物理力学性能应符合表 2-7 的要求。

**粉状渗透结晶型防水材料的物理力学性能**　　表 2-7

| 序号 | 试 验 项 目 | | 性能指标 | |
|---|---|---|---|---|
| | | | I | II |
| 1 | 安定性 | | 合格 | |
| 2 | 凝结时间 | 初凝时间(min) | ≥20 | |
| | | 终凝时间(h) | ≤24 | |
| 3 | 抗折强度(MPa) | 7d | ≥2.80 | |
| | | 28d | ≥3.50 | |
| 4 | 抗压强度(MPa) | 7d | ≥12.0 | |
| | | 28d | ≥18.0 | |
| 5 | 湿基面粘结强度(MPa) | | ≥1.0 | |
| 6 | 抗渗性 | 第一次抗渗压强 (MPa)(28d) | ≥0.8 | ≥1.2 |
| | | 第二次抗渗压强 (MPa)(56d) | ≥0.6 | ≥0.8 |
| | | 渗透压强比 (%)(28d) | ≥200 | ≥300 |

## 2. 液态渗透结晶型防水材料

液态渗透结晶型防水材料应为无杂质、无沉淀的均匀溶液，其物理力学性能应符合表 2-8 的要求。

液态渗透结晶型防水材料的物理力学性能　表 2-8

| 序号 | 试验项目 | | 技术指标 |
|---|---|---|---|
| 1 | 外观 | | 无色透明、无色无味、无毒、不燃的水性溶液 |
| 2 | 密度(g/cm³) | | 1.01～1.14 |
| 3 | pH 值 | | ≥10 |
| 4 | 黏度 | | 按照产品说明书要求 |
| 5 | 表面张力 | | |
| 6 | 渗透深度(mm) | | ≥2.0 |
| 7 | 抗渗性 | 第一次抗渗压强(28d)(MPa) | ≥0.8 |
| | | 第二次抗渗压强(56d)(MPa) | ≥0.6 |
| | | 渗透压强比　(28d)(%) | ≥200 |

## 3. 工程应用中的材料质量管理

（1）检验批次　进入施工现场的粉状渗透结晶型防水材料以每 20t 为一批，不足 20t 按一批抽样，进行外观质量检验。在外观质量检验合格的材料中，任取 5kg 样品做物理力学试验。

进入施工现场的液态渗透结晶型防水材料以每 5t 为一批，不足 5t 按一批抽样，进行外观质量检验。在外观质量检验合格的材料中，任取 2kg 样品做物理力学试验。

（2）性能检验　渗透结晶型防水材料的性能检验应符合下列规定：

① 粉状渗透结晶型防水材料应检验安全性、凝结时间和第一次抗渗压强。

② 液态渗透结晶型防水材料应检验表面张力、渗透深度和第一次抗渗压强。

（3）材料施工现场的储存　渗透结晶型防水材料应在干燥、通风、阴凉的场所贮存。

#### 四、渗透结晶型防水材料防水工程设计

渗透结晶型防水材料可在结构刚度较好的地下防水工程、建筑室内防水工程和构筑物防水工程中单独使用，也可与其他防水材料复合使用。

渗透结晶型防水材料宜用于混凝土基体的迎水面，也可用于混凝土基体的背水面。

粉状渗透结晶型防水材料的用量不得小于 $0.8kg/m^2$，重要工程不应小于 $1.2kg/m^2$。

液态渗透结晶型防水材料应按照产品说明书的规定进行稀释，稀释后的实际用量不得少于 $0.2kg/m^2$，重要工程不应小于 $0.28kg/m^2$。

细部构造应有详细设计，应采用更可靠的设防措施。宜采用密封材料、遇水膨胀橡胶条、止水带、防水涂料等进行组合设防。

#### 五、渗透结晶型防水材料施工技术

1. 基层要求与处理

（1）基本要求　使用渗透结晶型防水材料的混凝土基体表面应平整、干净、不起皮、不起砂、不疏松。

（2）基层处理　渗透结晶型防水材料施工前，对混凝土基层表面应进行下列处理：

① 基层表面的蜂窝、孔洞、缝隙等缺陷，应进行修补，凸块应凿除。施工前，应清除浮浆、浮灰、油垢和污渍等。

② 混凝土表面的脱模剂应清除干净。

③ 光滑的混凝土表面应打毛处理，并用高压水冲洗干净。

④ 混凝土基体应充分湿润，基层表面不得有明水。

（3）细部构造处理　渗透结晶型防水材料施工前应先对细部构造进行密封或增强处理。

2. 渗透结晶型防水材料的施工

渗透结晶型防水材料施工前应根据设计要求，确定材料的单位面积用量和施工遍数。

（1）粉状渗透结晶型防水材料施工　粉状渗透结晶型防水材

料施工应符合下列规定：

①　粉状渗透结晶型防水材料应按产品说明书提供的配合比控制用水量，配料宜采用机械搅拌。配制好的材料应色泽均匀，无结块、粉团。

②　拌制好的粉状渗透结晶型防水材料从加水时起计算，材料宜在 20min 内用完。在施工过程中，应不时地搅拌混合料。不得向已经混合好的粉料中另外加水。

③　多遍涂刷时，应交替改变涂刷方向。

④　采用喷涂施工时，喷枪的喷嘴应垂直于基面，合理调整压力、喷嘴与基面距离。

⑤　每遍涂层施工完成后应按照产品说明书规定的间隔时间进行第二遍作业。

⑥　涂层终凝后，应及时进行喷雾干湿交替养护，养护时间不得少于 72h。不得采用蓄水或浇水养护。

⑦　干撒法施工时，当先干撒粉状渗透结晶型防水材料时，应在混凝土浇筑前 30min 以内进行，如先浇筑混凝土，应在混凝土初凝前干撒完毕。

⑧　养护完毕，经验收合格后，在进行下一道工序前应将表面析出物清理干净。

（2）液态渗透结晶型防水材料的施工　液态渗透结晶型防水材料施工应符合下列规定：

①　应先将原液充分搅拌，按照产品说明书规定的比例加水混合，搅拌均匀，不得任意改变溶液的浓度；

②　喷涂时应控制好每遍喷涂的用量，喷涂应均匀，无漏涂或流坠；

③　每遍喷涂结束后，应按产品说明书的要求，间隔一定时间后喷洒清水养护；

④　施工结束后，应将基体表面清理干净。

**六、渗透结晶型防水材料施工的质量要求和工程验收**

1. 质量要求

（1）渗透结晶型防水材料的品种、规格和质量应符合设计和国家现行有关标准的要求。

（2）施工配合比应符合产品说明书的要求。

（3）建筑室内防水工程、建筑外墙防水工程或构筑物防水工程不得有渗漏现象；地下防水工程应符合相应防水等级标准的要求。

（4）细部构造做法应符合设计要求。

（5）渗透结晶型防水材料的单位用量不得小于设计规定。

（6）粉状渗透结晶型防水材料的涂层与基层应粘结牢固，不粉化，涂布均匀。

（7）渗透结晶型防水材料喷涂应均匀，无流淌、漏涂现象。

2. 工程验收及防护

渗透结晶型防水材料的工程验收及防护与上一节中的聚合物水泥防水涂料的相同，可参见上一节中的"工程验收及防护"。

## 第三节　新型建筑防水材料建筑外墙防水

**一、概述**

传统上说，建筑防水往往是指建筑物的屋面、地下室、厕浴间等结构部位的防水，从建筑防水专业的角度对外墙进行防水处理或者施工的远不如屋面、地下室等部位的多。但实际上，建筑外墙渗漏一直是普遍存在的问题，甚至被称为"通病"。特别是近年来外墙外保温技术的广泛应用，外墙面渗漏更是成为普遍现象。因而，对建筑外墙进行防水处理，阻止水进入墙体，满足墙体的设计要求和使用功能十分重要。

由于外墙渗漏带来的许多问题和可能造成的很大损失，特别是实施外墙外保温的外墙在产生渗漏后还引起保温效果的严重降低，外墙防水已越来越多地受到重视。为此，我国在 2011 年发布了《建筑外墙防水工程技术规程》JGJ/T 235—2011。该规程详细规定了建筑外墙防水的材料要求、防水设计、施工技术和质量检查与验收等。下面依据该规程的有关内容介绍外墙防水技术。

1. 建筑外墙防水的种类

这里的建筑外墙防水，是指处于地面以上暴露于大气环境中的建筑外墙面，不包括建成后受到土壤回填的地下室外墙。

建筑外墙防水分为墙面整体防水和节点构造防水。两种墙面防水都需要满足阻止雨水、雪水及其他水源渗入墙体的功能。两者的防水范围不同，墙面整体防水应包含节点构造防水。

2. 需要进行建筑外墙整体防水的建筑物

根据建工行业标准《建筑外墙防水工程技术规程》JGJ/T 235—2011 的规定，需要进行建筑外墙整体防水的建筑物有：年降水量≥800mm 地区的高层建筑；年降水量≥600mm 且基本风压≥0.50kN/m² 地区的建筑；年降水量≥400mm 且基本风压≥0.40kN/m² 地区的建筑；年降水量≥500mm 且基本风压≥0.35kN/m² 地区有外保温的建筑；年降水量≥600mm 且基本风压≥0.30kN/m² 地区有外保温的建筑。

对于年降水量≥400mm 地区的其他建筑，则应进行外墙的节点构造防水。

3. 外墙外保温与外墙防水

由于外墙外保温技术的广泛应用，建筑外墙防水是和外墙外保温系统密切联系的。在许多情况下，防水构造层是属于外墙外保温系统的一部分。在现有大多数关于外墙外保温系统的技术标准（特别是应用技术规程）中，都对系统防水问题，包括材料性能要求、构造层次和施工方法，以及防水材料和系统中其他材料的相容性等作了明确规定。这一问题也是建筑外墙防水和其他结构部分防水完全不同的。

但是，由于外墙外保温技术和建筑防水专业上的隔阂，而外墙外保温系统中的防水往往不是防水技术的职业领域，因而大量的外墙外保温系统出现开裂、渗水，使得外墙外保温系统的节能效果降低，寿命缩短。这其中的原因固然很多，但外墙外保温专业人员对建筑防水技术，包括对材料性能要求、施工方法等的疏缺，不能不说是重要的原因。这也成为建筑外墙防水应当重视的问题。

**二、应用于建筑外墙防水的材料及其性能要求**

应用于建筑外墙防水的材料主要有防水砂浆、防水涂料和密封材料等。

1. 防水砂浆

应用于建筑外墙防水的防水砂浆，其主要性能应分别符合表2-9和表2-10的要求。

普通防水砂浆的主要性能指标　　　表2-9

| 项　目 | | 指标 |
|---|---|---|
| 稠度(mm) | | 50,70,90 |
| 终凝时间(h) | | ≥8,≥12,≥24 |
| 抗渗压力(MPa) | 28d | ≥0.6 |
| 拉伸粘结强度(MPa) | 14d | ≥0.20 |
| 收缩率(%) | 28d | ≤0.15 |

聚合物水泥防水砂浆的主要性能指标　　　表2-10

| 项　目 | | 指标 | |
|---|---|---|---|
| | | 干粉类 | 乳液类 |
| 凝结时间 | 初凝(min) | ≥45 | ≥45 |
| | 终凝(h) | ≤12 | ≤24 |
| 抗渗压力(MPa) | 7d | ≥1.0 | |
| 粘结强度(MPa) | 7d | ≥1.0 | |
| 抗压强度(MPa) | 28d | ≥24.0 | |
| 抗折强度(MPa) | 28d | ≥8.0 | |
| 收缩率(%) | 28d | ≤0.15 | |
| 压折比 | | ≤3 | |

2. 防水涂料

应用于建筑外墙防水的防水涂料有聚合物水泥防水涂料、聚合物乳液防水涂料和聚氨酯防水涂料等，其主要性能应分别符合表 2-11～表 2-13 的要求。

聚合物水泥防水涂料主要性能指标 表 2-11

| 项　目 | 指标 |
|---|---|
| 固体含量（%） | ≥70 |
| 拉伸强度（无处理）（MPa） | ≥1.2 |
| 断裂伸长率（无处理）（%） | ≥200 |
| 低温柔性（φ10mm 棒） | −10℃，无裂纹 |
| 粘结强度（无处理）（MPa） | ≥0.5 |
| 不透水性（0.3MPa,30min） | 不透水 |

聚合物乳液防水涂料主要性能指标 表 2-12

| 项　目 | 指标 | |
|---|---|---|
| | Ⅰ类 | Ⅱ类 |
| 拉伸强度（MPa） | ≥1.0 | ≥1.5 |
| 断裂伸长率（%） | ≥300 | |
| 低温柔性（绕 φ10mm 棒，棒弯 180°） | −10℃，无裂纹 | −20℃，无裂纹 |
| 不透水性（0.3MPa,30min） | 不透水 | |
| 固体含量（%） | ≥65 | |
| 干燥时间（h） | 表干时间≤4；实干时间≤8 | |

聚氨酯防水涂料主要性能指标 表 2-13

| 项　目 | 指标 | | | |
|---|---|---|---|---|
| | 单组分 | | 多组分 | |
| | Ⅰ类 | Ⅱ类 | Ⅰ类 | Ⅱ类 |
| 拉伸强度（MPa） | ≥1.90 | ≥2.45 | ≥1.90 | ≥2.45 |
| 断裂伸长率（%） | ≥550 | ≥450 | ≥450 | ≥450 |
| 低温弯折性（℃） | ≤−40 | | ≤−35 | |
| 不透水性（0.3MPa,30min） | 不透水 | | 不透水 | |

| 项　目 | 指标 | | | |
| --- | --- | --- | --- | --- |
| | 单组分 | | 多组分 | |
| | Ⅰ类 | Ⅱ类 | Ⅰ类 | Ⅱ类 |
| 固体含量(%) | ≥80 | | ≥92 | |
| 表干时间(h) | ≤12 | | ≤8 | |
| 实干时间(h) | ≤24 | | ≤24 | |

### 3. 密封材料

应用于建筑外墙防水的密封材料有硅酮建筑密封胶、聚氨酯建筑密封胶、聚硫建筑密封胶和聚丙烯酸酯建筑密封胶等。

（1）硅酮建筑密封胶　其主要性能应符合表 2-14 的规定。

硅酮建筑密封胶主要性能　　　　表 2-14

| 项　目 | | 指标 | | | |
| --- | --- | --- | --- | --- | --- |
| | | 25HM | 20HM | 25LM | 20LM |
| 下垂度(mm) | 垂直 | ≤3 | | | |
| | 水平 | 无变形 | | | |
| 表干时间(h) | | ≤3 | | | |
| 挤出性(mL/min) | | ≥80 | | | |
| 弹性恢复率(%) | | ≥80 | | | |
| 拉伸模量(MPa) | | >0.4(23℃时)或 >0.6(−20℃时) | | ≤0.4(23℃时)且 ≤0.6(−20℃时) | |
| 定伸粘结性 | | 无破坏 | | | |

（2）聚氨酯建筑密封胶　其主要性能应符合表 2-15 的规定。

聚氨酯建筑密封胶主要性能　　　　表 2-15

| 项　目 | | 指标 | | |
| --- | --- | --- | --- | --- |
| | | 20HM | 25LM | 20LM |
| 流动性 | 下垂度(N 型)(mm) | ≤3 | | |
| | 流平性(L 型) | 光滑平整 | | |

| 项　目 | 指标 | | |
|---|---|---|---|
| | 20HM | 25LM | 20LM |
| 表干时间(h) | ≤24 | | |
| 挤出性①(mL/min) | ≥80 | | |
| 适用期②(h) | ≥1 | | |
| 弹性恢复率(%) | ≥70 | | |
| 拉伸模量(MPa) | >0.4(23℃)<br>或>0.6(−20℃时) | ≤0.4(23℃时)<br>且≤0.6(−20℃时) | |
| 定伸粘结性 | 无破坏 | | |

① 挤出性仅适用于单组分产品。

② 适用期仅适用于多组分产品。

（3）聚硫建筑密封胶　其主要性能应符合表 2-16 的规定。

**聚硫建筑密封胶主要性能**　　　　表 2-16

| 项　目 | | 指标 | | |
|---|---|---|---|---|
| | | 20HM | 25LM | 20LM |
| 流动性 | 下垂度(N 型)(mm) | ≤3 | | |
| | 流平性(L 型) | 光滑平整 | | |
| 表干时间(h) | | ≤24 | | |
| 适用期(h) | | ≥2 | | |
| 弹性恢复率(%) | | ≥70 | | |
| 拉伸模量(MPa) | | >0.4(23℃时)<br>或>0.6(−20℃时) | ≤0.4(23℃时)<br>且≤0.6(−20℃时) | |
| 定伸粘结性 | | 无破坏 | | |

（4）聚丙烯酸酯建筑密封胶　其主要性能应符合表 2-17 的规定。

**聚丙烯酸酯建筑密封胶主要性能**　　　　表 2-17

| 项　目 | 指标 | | |
|---|---|---|---|
| | 12.5E | 12.5P | 7.5P |
| 下垂度(mm) | ≤3 | | |
| 表干时间(h) | ≤1 | | |
| 挤出性(mL/min) | ≥100 | | |
| 弹性恢复率(%) | ≥40 | 报告实测值 | |
| 定伸粘结性 | 无破坏 | — | |
| 低温柔性(℃) | −20 | −5 | |

108

4. 配套材料

（1）耐碱玻璃纤维网布　主要性能应符合《耐碱玻璃纤维网布》JC/T 841 的规定，其在建筑工程中应用时的主要技术指标见本书第一章表 1-17。

（2）界面处理剂　其主要性能应符合表 2-18 的规定。

界面处理剂主要性能　　　　　表 2-18

| 项　目 | | | 指标 | |
|---|---|---|---|---|
| | | | Ⅰ型 | Ⅱ型 |
| 剪切粘结强度（MPa） | 7d | | ≥1.0 | ≥0.7 |
| | 14d | | ≥1.5 | ≥1.0 |
| 拉伸粘结强度（MPa） | 未处理 | 7d | ≥0.4 | ≥0.3 |
| | | 14d | ≥0.6 | ≥0.5 |
| | 浸水处理 | | ≥0.5 | ≥0.3 |
| | 热处理 | | | |
| | 冻融循环处理 | | | |
| | 碱处理 | | | |

（3）热镀锌电焊网　主要性能应符合《镀锌电焊网》QB/T 3897 的要求，其在建筑工程中应用时的主要技术指标见本书第一章表 1-14。

（4）密封胶粘带　其主要性能应符合表 2-19 的要求。

密封胶粘带主要性能　　　表 2-19

| 试验项目 | | 指标 |
|---|---|---|
| 持粘性（min） | | ≥20 |
| 耐热性（80℃，2h） | | 无流淌、龟裂、变形 |
| 低温柔性（−40℃） | | 无裂纹 |
| 剪切状态下的粘合性①（N/mm） | | ≥2.0 |
| 剥离强度（N/mm） | | ≥0.4 |
| 剥离强度保持率（%） | 热处理（80℃，168h） | ≥80 |
| | 碱处理（饱和氢氧化钙溶液，168h） | |
| | 浸水处理（168h） | |

① 剪切状态下的粘合性仅针对双面胶粘带。

109

### 三、建筑外墙防水的设计

1. 一般要求

（1）建筑外墙整体防水设计应包括外墙防水工程的构造、防水层材料的选择和节点的密封防水构造等内容。

（2）建筑外墙节点构造防水设计应包括门窗洞口、雨篷、阳台、变形缝、伸出外墙管道、女儿墙压顶、外墙预埋件、预制构件等交接部位的防水设防。

（3）建筑外墙的防水层应设置在迎水面，即设置在外墙外表面。不同结构材料的交接处应采用每边不少于150mm的耐碱玻璃纤维网格布或热镀锌电焊网作抗裂增强处理。

（4）外墙相关结构层之间应粘结牢固，并进行界面处理。界面处理材料的种类和做法应根据构造层的材料确定。建筑外墙防水材料应根据工程所在地区的气候环境特点选用。

2. 整体防水层建筑外墙防水的设计

（1）无外保温外墙的整体防水层设计应符合下列规定：

① 采用涂料饰面时，防水层应设在找平层和涂料饰面层之间（图2-1），防水层宜采用聚合物水泥防水砂浆或普通防水砂浆；

② 采用块材饰面时，防水层应设在找平层和块材粘结层之间（图2-2），防水层宜采用聚合物水泥防水砂浆或普通防水砂浆；

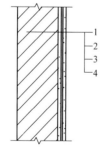

③ 采用幕墙饰面时，防水层应设在找平层和幕墙饰面之间（图2-3），防水层宜采用聚合物水泥防水砂浆、普通防水砂浆、聚合物水泥防水涂料、聚合物乳液防水涂料或聚氨酯防水涂料。

（2）有外保温外墙的整体防水层设计应符合下列规定：

① 采用涂料或块材饰面时，防水层宜设在保温层和墙体基层之间，防水层可采用聚合物水泥防水砂浆或普通防水砂浆（图2-4）；

图2-1 涂料饰面外墙整体防水构造

1—结构墙体；2—找平层；3—防水层；4—涂料面层

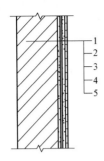

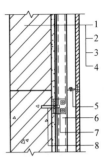

图 2-2　块材饰面外墙整
体防水构造

1—结构墙体；2—找平层；3—防水
层；4—粘结层；5—块材饰面层

图 2-3　幕墙饰面外墙整体防水构造

1—结构墙体；2—找平层；3—防水层；
4—面板；5—挂件；6—竖向龙骨；
7—连接件；8—锚栓

② 采用幕墙饰面时，设在找平层上的防水层宜采用聚合物水泥防水砂浆、聚合物水泥防水涂料；当外墙保温层选用矿物棉保温材料时，防水层宜采用防水透气膜（图 2-5）。

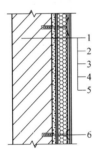

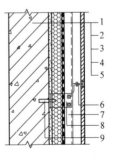

图 2-4　涂料或块材饰面外保温
外墙整体防水构造示意图

1—结构墙体；2—找平层；3—防水层；
4—保温层；5—饰面层；6—锚栓

图 2-5　幕墙饰面外保温外墙
整体防水构造示意图

1—结构墙体；2—找平层；3—保温层；
4—防水透气膜；5—面板；6—挂件；
7—竖向龙骨；8—连接件；9—锚栓

（3）砂浆防水层中可增设耐碱玻璃纤维网格布或热镀锌电焊网等增强网增强，并宜用锚栓将增强网固定于墙体中。

（4）防水层最小厚度应符合表 2-20 的规定。

**防水层最小厚度（mm）** 表 2-20

| 墙体基层种类 | 饰面层种类 | 聚合物水泥防水砂浆 | | 普通防水砂浆 | 防水涂料 |
|---|---|---|---|---|---|
| | | 干粉类 | 乳液类 | | |
| 现浇混凝土 | 涂料 | 3 | 5 | 8 | 1.0 |
| | 面砖 | | | | — |
| | 幕墙 | | | | 1.0 |
| 砌体 | 涂料 | 5 | 8 | 10 | 1.2 |
| | 面砖 | | | | — |
| | 干挂幕墙 | | | | 1.2 |

（5）砂浆防水层宜留分隔缝，分隔缝宜设置在墙体结构不同材料交接处。水平分隔缝宜与窗口上沿或下沿平齐；垂直分隔缝间距不宜大于 6m，且宜与门、窗框两边对齐。分隔缝宽宜为 8~10mm，缝内应采用密封材料做密封处理。

（6）外墙防水层应与地下墙体防水层搭接。

3. 节点构造防水设计

（1）门窗框与墙体间的缝隙宜采用聚合物水泥防水砂浆或发泡聚氨酯填充；外墙防水层应延伸至门窗框，防水层与门窗框间应预留凹槽，并应嵌填密封材料；门窗上楣的外口应做滴水线；外窗台应设置不小于 5％的外排水坡度（图 2-6、图 2-7）。

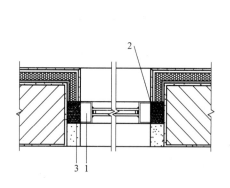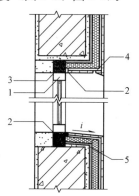

图 2-6 门窗框防水剖面构造示意图　图 2-7 门窗框防水立剖面构造示意图

1—窗框；2—密封材料；3—聚合物水泥防水砂浆或发泡聚氨酯

1—窗框；2—密封材料；3—聚合物水泥防水砂浆或发泡聚氨酯；4—滴水线；5—外墙防水层

（2）雨篷应设置不应小于1%的外排水坡度，外口下沿应做滴水线；雨篷与外墙交接处的防水层应连续；雨篷防水层应沿外口下翻至滴水线（图2-8）。

（3）阳台应向水落口设置不小于1%的排水坡度，水落口周边应留凹槽嵌填密封材料。阳台外口下沿应做滴水线（图2-9）。

（4）变形缝部位应增设合成高分子防水卷材附加层，卷材两端应满粘于墙体，满粘的宽度不应小于150mm，并应钉压固定；卷材收头应用密封材料密封（图2-10）。

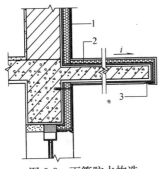

图2-8 雨篷防水构造

1—外墙保温层；2—防水层；3—滴水线

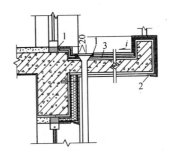

图2-9 阳台防水构造

1—密封材料；2—滴水线；3—防水层

（5）穿过外墙的管道宜采用套管，套管应内高外低，坡度不应小于5%，套管周边应做防水密封处理（图2-11、图2-12）。

（6）女儿墙压顶宜采用现浇钢筋混凝土或金属压顶，压顶应向内找坡，坡度不应小于2%。当采用混凝土压顶时，外墙防水层应延伸至压顶内测的滴水线部位（图2-13）；当采用金属压顶时，外墙防水层应做

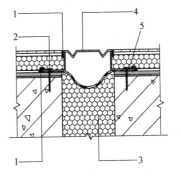

图2-10 变形缝防水构造

1—密封材料；2—衬垫材料；
3—合成高分子防水卷材（两端粘结）；
4—不锈钢板；5—压条

113

到压顶的顶部，金属压顶应采用专用金属配件固定（图 2-14）。

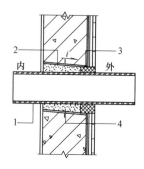

图 2-11　伸出外墙管道防水构造（一）

1—伸出外墙管道；2—套管；3—密封
材料；4—聚合物水泥防水砂浆

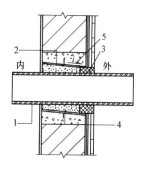

图 2-12　伸出外墙管道防水构造（二）

1—伸出外墙管道；2—套管；3—密封
材料；4—聚合物水泥防水砂浆；
5—细石混凝土

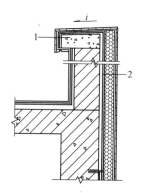

图 2-13　混凝土压顶女儿墙防水构造

1—混凝土压顶；2—防水层

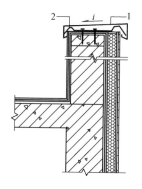

图 2-14　金属压顶女儿墙防水构造

1—金属压顶；2—金属配件

（7）外墙预埋件四周应用密封材料密封严密，密封材料防水层应连续。

**四、建筑外墙防水工程的施工**

1. 一般要求

（1）外墙防水工程完工后，应采取保护措施，不得损坏防

114

水层。

（2）外墙防水工程严禁在雨天、雪天和五级及以上风力时施工；施工的环境气温宜为 5～35℃。施工时应采取安全防护措施。

（3）外墙防水工程应按设计要求施工，施工前应编制专项施工方案并进行技术交底；外墙防水应由有相应资质的专业队伍进行施工；作业人员应持证上岗；防水材料进场时应抽样复检。此外，每道工序完成后，应经检查合格后才能进行下道工序的施工。

（4）对于外墙门框、窗框、伸出外墙管道、设备或预埋件等，应在建筑外墙防水施工前安装完毕。外墙防水层施工时，应保证基层找平层平整、坚实、牢固、干净，不得酥松、起砂、起皮；块材的勾缝应连续、平直、密实、无裂缝、无空鼓。

2. 无外保温外墙防水工程施工

（1）基层处理　外墙表面的油污、浮浆应清除，孔洞、缝隙应堵塞抹平；不同结构材料交接处的增强处理材料应固定牢固。外墙结构表面宜进行找平处理，找平施工应符合下列规定：外墙基层表面应清理干净后再进行界面处理；界面处理材料的品种和配比应符合设计要求，拌合应均匀一致，无粉团、沉淀等缺陷，涂层应均匀、不露底，并应待表面收水后再进行找平层施工；找平层砂浆的厚度超过 10mm 时，应分层压实、抹平。

外墙防水层施工前，宜先做好节点处理，再进行大面积施工。

（2）砂浆防水层施工　施工砂浆防水层时，其基层表面应为平整的毛面，光滑表面应进行界面处理，并应按要求湿润。

① 配制防水砂浆注意事项　配制防水砂浆时，应注意以下问题：配制好的防水砂浆宜在 1h 内用完；施工中不得加水；配合比应按照设计要求，通过试验确定；配制乳液类聚合物水泥防水砂浆前，乳液应先搅拌均匀，再按规定比例加入拌合料中搅拌均匀；干粉类聚合物水泥防水砂浆应按规定比例加水搅拌均匀；

粉状防水剂配制普通防水砂浆时,应先将规定比例的水泥、砂和粉状防水剂干拌均匀,再加水搅拌均匀;液态防水剂配制普通防水砂浆时,应先将规定比例的水泥和砂干拌均匀,再加入用水稀释的液态防水剂搅拌均匀。

② 界面处理材料涂刷 界面处理材料涂刷时厚度应均匀,不得有漏涂现象,收水后应及时进行砂浆防水层施工。

③ 防水砂浆施工 当防水砂浆层厚度大于 10mm 时,应分层施工,第二层应待前一层指触不粘时进行,各层应粘结牢固。每层宜连续施工,留槎时,应采用阶梯形槎,接槎部位离阴阳角不得小于 200mm;上下层接槎应错开 300mm 以上,接槎应依层次顺序操作,层层搭接紧密。

涂抹时应压实、抹平;遇气泡时应挑破,保证铺抹密实;抹平、压实应在初凝前完成。

喷涂施工时,喷枪的喷嘴应垂直于基面,合理调整压力、喷嘴与基面的距离。

窗台、窗楣和凸出墙面的腰线等部位上表面的排水坡度应准确,外口下沿的滴水线应连续、顺直。

砂浆防水层分隔缝的留设位置和尺寸应符合设计要求,嵌填密封材料前,应将分隔缝清理干净,密封材料应嵌填密实。砂浆防水层转角宜抹成圆弧形,圆弧半径不应小于 5mm,转角抹压应顺直。

门框、窗框、伸出外墙的管道、预埋件等与防水层交接处应留 8～10mm 宽的凹槽,凹槽用防水密封材料密封。凹槽在嵌填防水密封材料前应先清理干净,防水密封材料应嵌填密实。

砂浆防水层未达到硬化状态时,不得浇水养护或直接受雨水冲刷。聚合物水泥防水砂浆硬化后应采用干湿交替的养护方法,普通防水砂浆防水层应在终凝后进行保湿养护,养护期间不得受冻。

(3) 涂膜防水层施工

涂膜防水层施工前应对节点部位进行密封或增强处理。

① 涂料配制　防水涂料应按下述要求进行配制：双组分涂料配制前，应将液体组分搅拌均匀，配料应按规定要求进行，不得任意改变配合比；应采用机械搅拌，配制好的涂料应色泽均匀，无粉团、沉淀。

② 基层条件　基层的干燥程度应根据涂料的品种和性能确定；防水涂料涂布前，宜涂刷基层处理剂。

③ 施涂　涂料宜多遍施涂，后遍涂布应在前遍涂层干燥成膜后进行。挥发性涂料的每遍用量每平方米不宜大于 0.6kg。每遍涂布应交替改变涂层的涂布方向，同一涂层涂布时，先后接茬宽度宜为 30～50mm。

涂膜防水层的甩茬部位不得污损，接茬宽度不应小于 100mm。

胎体增强材料应铺贴平整，不得有褶皱和胎体外露，胎体层充分浸透防水涂料；胎体的搭接宽度不应小于 50mm。胎体的底层和面层涂膜厚度均不应小于 0.5mm。

涂膜防水层完工并经检验合格后，应及时做好饰面层。

（4）其他要求

防水层中设置的耐碱玻璃纤维网格布或热镀锌电焊网片不得外露。热镀锌电焊网片应与基层墙体固定牢固；耐碱玻璃纤维网格布应铺贴平整、无褶皱，两幅间搭接宽度不应小于 50mm。

3. 有外保温的外墙防水工程施工

防水层的基层表面应平整、干净；防水层与保温层应相容。防水层的施工与要求与无外保温外墙防水工程施工相似，可参照进行。

**五、建筑外墙防水工程质量检查与验收**

1. 一般规定

（1）一般质量要求　建筑外墙防水工程的质量应符合以下规定：

① 防水层不得有渗漏现象；

② 采用的材料应符合设计要求；

③ 找平层应平整、坚固，不得有空鼓、酥松、起砂、起皮现象；

④ 门窗洞口、伸出外墙管道、预埋件及收头等部位的防水构造，应符合设计要求；

⑤ 砂浆防水层应坚固、平整，不得有空鼓、开裂、酥松、起砂、起皮现象；

⑥ 涂膜防水层厚度应符合设计要求，无裂纹、皱褶、流淌、鼓泡和露胎体现象；

⑦ 防水透气膜应铺设平整，固定牢固、不得有皱褶、翘边等现象；搭接宽度应符合要求，搭接缝和节点部位应密封严密。

（2）材料进场与验收

① 外墙防水材料应有产品合格证和出厂检验报告，材料的品种、规格、性能等应符合国家现行有关标准和设计要求；进场的防水材料应抽样复检，不合格的材料不得在工程中使用。

② 外墙防水层完工后应进行检验验收。防水层渗漏检查应在雨后或持续淋水 30min 后进行。

③ 外墙防水应按照外墙面面积 500～1000m² 为一个检验批，不足 500m² 时也应划分为一个检验批；每个检验批每 100m² 至少应抽查一处，每处不得小于 10m²，且不得少于 3 处；节点构造应全部检查。

④ 外墙防水材料现场抽样数量和复检项目应按表 2-21 的要求执行。

**防水材料现场抽样数量和复检项目**　　　表 2-21

| 序号 | 材料名称 | 现场抽样数量 | 复检项目 | |
|---|---|---|---|---|
| | | | 外观质量 | 主要性能 |
| 1 | 普通防水砂浆 | 每 10m² 为一批，不足 10m² 按一批抽样 | 均匀,无凝结团状 | 应满足规程 JGJ/T 235—2011 中表 2-2.1 的要求 |
| 2 | 聚合物水泥防水砂浆 | 每 10t 为一批，不足 10t 按一批抽样 | 包装完好无损,标明产品名称、规格、生产日期、生产厂家、产品有效期 | 应满足规程 JGJ/T 235—2011 中表 2-2.2 的要求 |

| 序号 | 材料名称 | 现场抽样数量 | 复检项目 | |
| --- | --- | --- | --- | --- |
| | | | 外观质量 | 主要性能 |
| 3 | 防水涂料 | 每5t为一批，不足5t按一批抽样 | 包装完好无损，标明产品名称、规格、生产日期、生产厂家、产品有效期 | 应满足规程 JGJ/T 235—2011中表2-2.3、表2-2.4和表2-2.5的要求 |
| 4 | 密封材料 | 每1t为一批，不足1t按一批抽样 | 均匀膏状物，无结皮、凝胶或不易分散的固体团状 | 应满足规程 JGJ/T 235—2011中表2-3.1、表2-3.2、表2-3.3和表2-3.4的要求 |
| 5 | 耐碱玻璃纤维网格布 | 每3000m²为一批，不足3000m²按一批抽样 | 均匀，无团状，平整，无褶皱 | 应满足规程 JGJ/T 235—2011中表2-4.3的要求 |
| 6 | 热镀锌电焊网 | 每3000m²为一批，不足3000m²按一批抽样 | 网面平整，网孔均匀，色泽基本均匀 | 应满足规程 JGJ/T 235—2011中表2-4.3的要求 |

2. 砂浆防水层

（1）主控项目

① 砂浆防水层的原材料、配合比及性能指标应符合设计要求。

检验方法：检查出厂合格证、质量检验报告、配合比试验报告和抽样复检报告。

② 砂浆防水层不得有渗漏现象。

检验方法：雨后或持续淋水30min后观察。

③ 砂浆防水层与基层之间及防水层各层之间应结合牢固，不得有空鼓。

检验方法：观察和用小锤轻击检查。

④ 砂浆防水层在门窗洞口、伸出外墙管道、预埋件、分隔

缝及收头等部位的节点做法，应符合设计要求。

检验方法：观察检查和检查隐蔽工程验收记录。

（2）一般项目

① 砂浆防水层表面应密实、平整，不得有裂纹、起砂、麻面等缺陷。

检验方法：观察检查。

② 砂浆防水层留茬位置应正确，接茬应按层次顺序操作，应做到层层搭接紧密。

检验方法：观察检查。

③ 砂浆防水层的平均厚度应符合设计要求，最小厚度不得小于设计值的 80%。

检验方法：观察和尺量检查。

3. 涂膜防水层

（1）主控项目

① 防水层所用的防水涂料及配套材料应符合设计要求。

检验方法：检查出厂合格证、质量检验报告和抽样复检报告。

② 涂膜防水层不得有渗漏现象。

检验方法：雨后或持续淋水 30min 后观察检查。

③ 涂膜防水层在门窗洞口、伸出外墙管道、预埋件及收头等部位的节点做法，应符合设计要求。

检验方法：观察检查和检查隐蔽工程验收记录。

（2）一般项目

① 涂膜防水层的平均厚度应符合设计要求，最小厚度不应小于设计值的 80%。

检验方法：针测法或割取 20mm×20mm 实样用卡尺测量。

② 涂膜防水层应与基层粘结牢固，表面平整，涂刷均匀，不得有流淌、皱褶、鼓泡、露胎体和翘边等缺陷。

4. 工程验收

外墙防水质量验收的程序和组织，应符合现行国家标准《建

120

筑工程施工质量验收统一标准》GB 50300 的规定。外墙防水工程验收时，应提交下列技术资料并归档：

（1）外墙防水工程的设计文件、图纸会审、设计变更、洽商记录单；

（2）主要材料的产品合格证、质量检验报告、进场抽检复检报告、现场施工质量检查报告；

（3）施工方案及安全技术措施文件；

（4）隐蔽工程验收记录；

（5）雨后或淋水检验记录；

（6）施工记录和施工质量检验记录；

（7）施工单位的资质证书及操作人员的上岗证书。

# 第四节　新型建筑防水材料地下工程防水

## 一、地下工程防水等级

地下建筑物和构筑物的防水直接关系到结构功能作用的发挥，也是建筑防水重要的业务范围。下面根据现行技术规范介绍地下工程防水的相关要求和应用技术。

根据国家标准《地下工程防水技术规范》GB 50108—2008 的规定，地下工程的防水等级分为四级，各等级防水标准应符合表 2-22 的规定。

地下工程不同防水等级的适用范围，应根据工程的重要性和使用中对防水的要求按表 2-22 选定。

地下工程防水标准和不同防水等级的适用范围　**表 2-22**

| 防水等级 | 防水标准 | 适用范围 |
| --- | --- | --- |
| 一级 | 不允许渗水，结构表面无湿渍 | 人员长期停留的场所；因有少量湿渍会使物品变质、失效的贮物场所及严重影响设备正常运转和危及工程安全运营的部位；极重要的战备工程、地铁车站 |

| 防水等级 | 防水标准 | 适用范围 |
|---|---|---|
| 二级 | 不允许漏水,结构表面可有少量湿渍<br>①工业与民用建筑:总湿渍面积不应大于总防水面积(包括顶板、墙面)的1/1000;任意100m²防水面积上的湿渍不超过2处,单个湿渍的最大面积不大于0.1m²<br>②其他地下工程:总湿渍面积不应大于总防水面积的2/1000;任意100m²防水面积上的湿渍不超过3处,单个湿渍的最大面积不大于0.2m²;其中,隧道工程还要求平均渗水量不大于0.05L/(m²·d),任意100m²防水面积上的渗水量不大于0.15L/(m²·d) | 人员经常活动的场所;在有少量湿渍的情况下不会使物品变质、失效的贮物场所及基本不影响设备正常运转和工程安全运营的部位;重要的战备工程 |
| 三级 | 有少量漏水点,不得有线流和漏泥砂<br>在任意100m²防水面积上的漏水或湿渍点数不超过7处,单个漏水点的最大漏水量不大于2.5L/d,单个湿渍的最大面积不大于0.3m² | 人员临时活动的场所;一般战备工程 |
| 四级 | 有漏水点,不得有线流和漏泥砂<br>整个工程平均漏水量不大于2L/(m²·d);任意100m²防水面积上的平均漏水量不大于4L/(m²·d) | 对渗漏水无严格要求的工程 |

## 二、使用防水砂浆进行地下工程混凝土结构主体防水

### 1. 一般规定

防水砂浆应包括聚合物水泥防水砂浆、掺外加剂或掺合料的防水砂浆,宜采用多层抹压法施工。水泥砂浆防水层可用于地下工程主体结构的迎水面或背水面,不应用于受持续振动或温度高于80℃的地下工程防水。

水泥砂浆防水层应在基础垫层、初期支护、围护结构及内衬结构验收合格后施工。

### 2. 防水工程设计

(1)水泥砂浆的品种和配合比设计应根据防水工程要求

规定。

（2）聚合物水泥砂浆厚度单层施工宜为 6~8mm，双层施工宜为 10~12mm；掺外加剂或掺合料的水泥砂浆厚度宜为 18~20mm。

（3）水泥砂浆防水层的基层混凝土强度或砌体用的砂浆强度均不应低于设计值的 80%。

3. 材料质量要求

（1）防水砂浆用材料　用于水泥砂浆防水层的材料应符合下列规定：

① 应使用硅酸盐水泥、普通硅酸盐水泥或特种水泥，不得使用过期或受潮结块的水泥；

② 砂宜采用中砂，含泥量不应大于 1%，硫化物和硫酸盐含量不应大于 1%；

③ 拌制水泥砂浆用水，应符合国家现行标准《混凝土用水标准》JGJ63 的有关规定；

④ 聚合物乳液的外观：应为均匀液体，无杂质、无沉淀、不分层。聚合物乳液的质量要求应符合国家现行标准《建筑防水涂料用聚合物乳液》JC/T 1017 的有关规定；

⑤ 外加剂的技术性能应符合现行国家有关标准的质量要求。

（2）防水砂浆性能　其主要性能应符合表 2-23 的要求。

防水砂浆主要性能要求　　　　　表 2-23

| 防水砂浆种类 | 粘结强度(MPa) | 抗渗性(MPa) | 抗折强度(MPa) | 干缩率(%) | 吸水率(%) | 冻融循环(次) | 耐碱性 | 耐水性(%) |
|---|---|---|---|---|---|---|---|---|
| 掺外加剂、掺合料的防水砂浆 | >0.6 | ≥0.8 | 同普通砂浆 | 同普通砂浆 | ≤3 | >50 | 10%NaOH溶液浸泡14d无变化 | — |
| 聚合物水泥防水砂浆 | >1.2 | ≥1.5 | ≥8.0 | ≤0.15 | ≤4 | >50 | — | ≥80 |

注：耐水性指标是指砂浆浸水 168h 后材料的粘结强度及抗渗性的保持率。

4. 施工

（1）基层要求与处理　基层表面应平整、坚实、清洁，并应充分湿润、无明水。基层表面的孔洞、缝隙，应采用与防水层相同的防水砂浆堵塞并抹平。

（2）施工准备　施工前应将预埋件、穿墙管预留凹槽内嵌填密封材料后，再施工水泥砂浆防水层。

（3）防水砂浆配制　防水砂浆的配合比和施工方法应符合所掺材料的规定，其中聚合物水泥防水砂浆的用水量应包括溶液中的含水量。聚合物水泥防水砂浆拌合后应在规定时间内用完，施工中不得任意加水。

（4）防水砂浆施工　水泥砂浆防水层应分层铺抹或喷射，铺抹时应压实、抹平，最后一层表面应提浆压光。

水泥砂浆防水层各层应紧密粘合，每层宜连续施工；必须留设施工缝时，应采用阶梯坡形槎，但离阴阳角处的距离不得小于200mm。

水泥砂浆防水层不得在雨天、五级及以上大风中施工。冬期施工时，气温不应低于5℃。夏季不宜在30℃以上或烈日照射下施工。

（5）养护与保护　水泥砂浆防水层终凝后，应及时进行养护，养护温度不宜低于5℃，并应保持砂浆表面湿润，养护时间不得少于14d。

聚合物水泥防水砂浆未达到硬化状态时，不得浇水养护或直接受雨水冲刷，硬化后应采用干湿交替的养护方法。潮湿环境中，可在自然条件下养护。

### 三、使用防水卷材进行地下工程混凝土结构主体防水

1. 一般规定

卷材防水层宜用于经常处在地下水环境，且受侵蚀性介质作用或受振动作用的地下工程。卷材防水层应铺设在混凝土结构的迎水面。卷材防水层用于建筑物地下室时，应铺设在结构底板垫层至墙体防水设防高度的结构基面上；用于单建式的地下工程时，应从结构底板垫层铺设至顶板基面，并应在外围形成封闭的防水层。

2. 防水工程设计

（1）防水卷材的品种规格和层数，应根据地下工程防水等级、地下水位高低及水压力作用状况、结构构造形式和施工工艺等因素确定。

（2）材料选定　卷材防水层的卷材应符合下列规定：

① 卷材外观质量、品种规格应符合国家现行有关规定；

② 卷材及其胶粘剂应具有良好的耐水性、耐久性、耐刺穿性、耐腐蚀性和耐菌性。

（3）厚度确定　卷材防水层的厚度应符合表 2-24 的规定

不同品种卷材的厚度　　　　　　　　　表 2-24

| 卷材品种 | 高聚物改性沥青防水卷材 | | | 合成高分子类防水卷材 | | | |
|---|---|---|---|---|---|---|---|
| | 弹性体改性沥青防水卷材、改性沥青聚乙烯胎防水卷材 | 自粘聚合物改性沥青防水卷材 | | 三元乙丙橡胶防水卷材 | 聚氯乙烯防水卷材 | 聚乙烯丙纶复合防水卷材 | 高分子粘胶膜防水卷材 |
| | | 聚酯毡胎体 | 无胎体 | | | | |
| 单层厚度（mm） | ≥4 | ≥3 | ≥1.5 | ≥1.5 | ≥1.5 | 卷材≥0.9 粘结料≥1.3 卷材厚度≥0.6 | ≥1.2 |
| 双层总厚度（mm） | ≥(4+3) | ≥(3+3) | ≥(1.5+1.5) | ≥(1.2+1.2) | ≥(1.2+1.2) | 卷材≥(0.7+0.7) 粘结料≥(1.3+1.3) 芯材厚度≥0.5 | — |

注：1. 带有聚酯毡胎体的自粘聚合物改性沥青防水卷材应执行国家现行标准《自粘聚合物改性沥青聚酯胎防水卷材》JC 898；

2. 无胎体的自粘聚合物改性沥青防水卷材应执行国家现行标准《自粘橡胶沥青防水卷材》JC 840。

（4）阴阳角处应做成圆弧或 45°坡角，其尺寸应根据卷材品种确定。在阴阳角等特殊部位，应增做卷材加强层，加强层宽度宜为 300～500mm。

3. 材料质量要求

（1）高聚物改性沥青类防水卷材的主要物理性能，应符合表

2-25 的要求。

**高聚物改性沥青类防水卷材的主要物理性能** 表 2-25

| 项目 | | 性能要求 | | | | |
|---|---|---|---|---|---|---|
| | | 弹性体改性沥青防水卷材 | | | 自粘聚合物改性沥青防水卷材 | |
| | | 聚酯毡胎体 | 玻纤毡胎体 | 聚乙烯膜胎体 | 聚酯毡胎体 | 无胎体 |
| 可溶物(g/m²) | | 3mm 厚≥2100 4mm 厚≥2900 | | | 3mm 厚 ≥2100 | — |
| 拉伸性能 | 拉力(N/50mm) | ≥800(纵横向) | ≥500(纵横向) | ≥140(纵向) ≥120(横向) | ≥450(纵横向) | ≥180(纵横向) |
| | 延伸率(%) | 最大拉力时≥40(纵横向) | — | 断裂时≥250(纵横向) | 最大拉力时≥30(纵横向) | 断裂时≥200(纵横向) |
| 低温柔度(℃) | | −25℃,无裂纹 | | | | |
| 热老化后低温柔度(℃) | | −20℃,无裂纹 | −22℃,无裂纹 | | | |
| 不透水性 | | 压力 0.3MPa,保持时间 120min,不透水 | | | | |

（2）合成高分子类防水卷材的主要物理性能，应符合表2-26的要求。

**合成高分子类防水卷材的主要物理性能** 表 2-26

| 项目 | 性能要求 | | | |
|---|---|---|---|---|
| | 三元乙丙橡胶防水卷材 | 聚氯乙烯防水卷材 | 聚乙烯丙纶复合防水卷材 | 高分子自粘膜防水卷材 |
| 断裂拉伸强度 | ≥7.5MPa | ≥12MPa | ≥60N/10mm | ≥100N/10mm |
| 断裂伸长率 | ≥450% | ≥250% | ≥300% | ≥400% |
| 低温弯折性 | −40℃,无裂纹 | −20℃,无裂纹 | −20℃,无裂纹 | −20℃,无裂纹 |
| 不透水性 | 压力 0.3MPa,保持时间 120min,不透水 | | | |
| 撕裂强度 | ≥25kN/m | ≥40kN/m | ≥20N/10mm | ≥120N/10mm |
| 复合强度(表层与芯层) | — | — | ≥1.2N/mm | — |

（3）粘贴各类防水卷材应采用与卷材材性相容的胶粘材料，其粘结质量应符合表 2-27 的要求。

**防水卷材粘结质量要求**　　　　　表 2-27

| 项目 | | 自粘聚合物改性沥青防水卷材粘合面 | | 三元乙丙橡胶和聚氯乙烯防水卷材胶粘剂 | 合成橡胶胶粘带 | 高分子自粘胶膜防水卷材粘合面 |
|---|---|---|---|---|---|---|
| | | 聚酯毡胎体 | 无胎体 | | | |
| 剪切状态下的粘合性（卷材-卷材） | 标准试验条件(N/10mm)≥ | 40 或卷材断裂 | 20 或卷材断裂 | 20 或卷材断裂 | 20 或卷材断裂 | 40 或卷材断裂 |
| 粘结剥离强度（卷材-卷材） | 标准试验条件(N/10mm)≥ | 15 或卷材断裂 | | 15 或卷材断裂 | 4 或卷材断裂 | — |
| | 浸水 168h 后保持率（%）≥ | 70 | | 70 | 80 | — |
| 与混凝土粘结强度（卷材-混凝土）| 标准试验条件(N/10mm)≥ | 15 或卷材断裂 | | 15 或卷材断裂 | 6 或卷材断裂 | 20 或卷材断裂 |

（4）聚乙烯丙纶复合防水卷材应采用聚合物水泥防水粘结材料，其物理性能应符合表 2-28 的要求。

**聚合物水泥防水粘结材料物理性能**　　　　表 2-28

| 性　能 | | 性能要求 |
|---|---|---|
| 与水泥基面的粘结拉伸强度(MPa) | 常温 7d | ≥0.6 |
| | 耐水性 | ≥0.4 |
| | 耐冻性 | ≥0.4 |
| 可操作时间(h) | | ≥2 |
| 抗渗性(7d),(MPa) | | ≥1.0 |
| 剪切状态下的粘合性（常温),(N/mm) | 卷材与卷材 | ≥2.0 或卷材断裂 |
| | 卷材与基面 | ≥1.8 或卷材断裂 |

4. 施工

（1）基层要求与处理　卷材防水层的基面应坚实、平整、清洁,阴阳角处应做圆弧或折角,并应符合所用卷材的施工要求。

防水卷材施工前,基面应干净、干燥,并应涂刷基层处理剂;当基面潮湿时,应涂刷湿固化型胶粘剂或潮湿界面隔离剂。基层处理剂的施工应符合下列要求:

① 基层处理剂应与卷材及其粘结材料的材性相容;

② 基层处理剂喷涂或刷涂应均匀一致,不应露底,表面干燥后方可铺贴卷材。

(2)施工条件 铺贴卷材严禁在雨天、雪天、五级及以上大风中施工;冷粘法、自粘法施工的环境气温不宜低于5℃,热熔法、焊接法施工的环境气温不宜低于−10℃。施工过程中下雨或下雪时,应做好已铺卷材的防护工作

(3)搭接宽度要求 不同防水卷材的搭接宽度,应符合表2-29的要求

防水卷材搭接宽度　　　　　　　表 2-29

| 卷材品种 | 搭接宽度(mm) |
|---|---|
| 弹性体改性沥青防水卷材 | 100 |
| 改性沥青聚乙烯胎防水卷材 | 100 |
| 自粘聚合物改性沥青防水卷材 | 80 |
| 三元乙丙橡胶防水卷材 | 100/60(胶粘剂/胶粘带) |
| 聚氯乙烯防水卷材 | 60/80(单焊缝/双焊缝) |
| | 100(胶粘剂) |
| 聚乙烯丙纶复合防水卷材 | 100(胶粘剂) |
| 高分子自粘胶膜防水卷材 | 70/80(自粘胶/胶粘带) |

(4)防水卷材铺贴 铺贴各类防水卷材应符合下列规定:

① 应铺设卷材加强层。

② 结构底板垫层混凝土部位的卷材可采用空铺法或点粘法施工,其粘结位置、点粘面积应按设计要求确定;侧墙采用外防外贴法的卷材及顶板部位的卷材应采用满粘法施工。

③ 卷材与基面、卷材与卷材间的粘结应紧密、牢固;铺贴

完成的卷材应平整顺直，搭接尺寸应准确，不得产生扭曲和皱折。

④ 卷材搭接处和接头部位应粘贴牢固，接缝口应封严或采用材性相容的密封材料封缝。

⑤ 铺贴立面卷材防水层时，应采取防止卷材下滑的措施。

⑥ 铺贴双层卷材时，上下两层和相邻两幅卷材的接缝应错开 1/3～1/2 幅宽，且两层卷材不得相互垂直铺贴。

（5）铺贴弹性体改性沥青防水卷材和改性沥青聚乙烯胎防水卷材 采用热熔法施工应加热均匀，不得加热不足或烧穿卷材，搭接缝部位应溢出热熔的改性沥青。

（6）铺贴自粘聚合物改性沥青防水卷材 铺贴时应符合下列规定：

① 基层表面应平整、干净、干燥、无尖锐突起物或孔隙；

② 排除卷材下面的空气，应滚压粘贴牢固，卷材表面不得有扭曲、皱折和起泡形象；

③ 立面卷材铺贴完成后，应将卷材端头固定或嵌入墙体顶部的凹槽内，并应用密封材料封严；

④ 低温施工时，宜对卷材和基面适当加热，然后铺贴卷材。

（7）铺贴三元乙丙橡胶防水卷材 铺贴时应采用冷粘法施工，并应符合下列规定：

① 基底胶粘剂应涂刷均匀，不应露底、堆积；

② 胶粘剂涂刷与卷材铺贴的间隔时间应根据胶粘剂的性能控制；

③ 铺贴卷材时，应滚压粘贴牢固；

④ 搭接部位的粘合面应清理干净，并应采用接缝专用胶粘剂或胶粘带粘结。

（8）铺贴聚氯乙烯防水卷材 接缝采用焊接法施工时，应符合下列规定：

① 卷材的搭接缝可采用单焊缝或双焊缝。单焊缝搭接宽度应为 60mm，有效焊接宽度不应小于 30mm；双焊缝搭接宽度应

为 80mm，中间应留设 10～20mm 的空腔，有效焊接宽度不宜小于 10mm。

② 焊接缝的结合面应清理干净，焊接应严密。

③ 应先焊长边搭接缝，后焊短边搭接缝。

（9）铺贴聚乙烯丙纶复合防水卷材　铺贴时应符合下列规定：

① 应采用配套的聚合物水泥防水粘结材料；

② 卷材与基层粘贴应采用满粘法，粘结面积不应小于 90％，刮涂粘结料应均匀，不应露底、堆积；

③ 固化后的粘结料厚度不应小于 1.3mm；

④ 施工完的防水层应及时做保护层。

（10）铺贴高分子自粘胶膜防水卷材　宜采用预铺反粘法施工，并应符合下列规定：

① 卷材宜单层铺设；

② 在潮湿基面铺设时，基面应平整坚固，无明显积水；

③ 卷材长边应采用自粘边搭接，短边应采用胶粘带搭接，卷材端部搭接区应相互错开；

④ 立面施工时，在自粘边位置距离卷材边缘 10～20mm 内，应每隔 400～600mm 进行机械固定，并应保证固定位置被卷材完全覆盖；

⑤ 浇筑结构混凝土时不得损伤防水层。

（11）外防外贴法铺贴　采用外防外贴法铺贴防水层时，应符合下列规定：

① 应先铺平面，后铺立面，交接处应交叉搭接。

② 临时性保护墙宜采用石灰砂浆砌筑，内表面宜做找平层。

③ 从底面折向立面的卷材与永久性保护墙的接触部位，应采用空铺法施工；卷材与临时性保护墙或围护结构模板的接触部位，应将卷材临时贴附在该墙上，并将顶端临时固定。

④ 当不设保护墙时，从底面折向立面的卷材接槎部位应采取可靠的保护措施。

⑤ 混凝土结构完成，铺贴立面卷材时，应先将接槎部位的各层卷材揭开，并应将其表面清理干净，如卷材有局部损伤，应及时进行修补；卷材接槎的搭接长度，高聚物改性沥青卷材应为150mm，合成高分子类卷材应为100mm；当使用两层卷材时，卷材应错槎接缝，上层卷材应盖过下层卷材。

卷材防水层甩槎、接槎构造见图2-15。

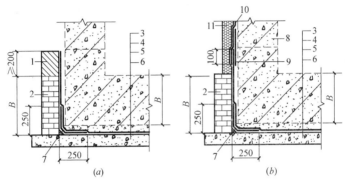

图2-15 卷材防水层甩槎、接槎构造

(a) 甩槎；(b) 接槎

1—临时保护墙；2—永久保护墙；3—细石混凝土保护层；4—卷材防水层；
5—水泥砂浆找平层；6—混凝土垫层；7—卷材加强层；8—结构墙体；
9—卷材加强层；10—卷材防水层；11—卷材保护层

(12) 外防内贴法铺贴 采用外防内贴法铺贴卷材防水层时，应符合下列规定：

① 混凝土结构的保护墙内表面应抹厚度为20mm的1：3水泥砂浆找平层，然后铺贴卷材。

② 卷材宜先铺立面，后铺平面；铺贴立面时，应先铺转角，后铺大面。

(13) 卷材防水层保护层 卷材防水层经检查合格后，应及时做保护层，保护层应符合下列规定：

① 顶板卷材防水层上的细石混凝土保护层，应符合下列规定：

1) 采用机械碾压回填土时，保护层厚度不宜小于70mm；

131

2) 采用人工回填土时，保护层厚度不宜小于 50mm；

3) 防水层与保护层之间宜设置隔离层。

② 底板卷材防水层上的细石混凝土保护层厚度不应小于 50mm。

③ 侧墙卷材防水层宜采用软质保护材料或铺抹 20mm 厚 1:2.5 水泥砂浆层。

**四、使用涂料防水层进行地下工程混凝土结构主体防水**

1. 一般规定

(1) 涂料防水层应包括无机防水涂料和有机防水涂料。无机防水涂料可选用掺外加剂、掺合料的水泥基防水涂料、水泥基渗透结晶型防水涂料。有机防水涂料可选用反应型、水乳型、聚合物水泥等涂料。

(2) 无机防水涂料宜用于结构主体的背水面，有机防水涂料宜用于地下工程主体结构的迎水面，用于背水面的有机防水涂料应具有较高的抗渗性，且与基层有较好的粘结性。

2. 防水工程设计

(1) 防水涂料品种选择　涂料选择应符合下列规定：

① 潮湿基层宜选用与潮湿基面粘结力大的无机防水涂料或有机防水涂料，也可采用先涂无机防水涂料而后再涂有机防水涂料构成复合防水涂层；

② 冬期施工宜选用反应型涂料；

③ 埋置深度较深的重要工程、有振动或有较大变形的工程，宜选用高弹性防水涂料；

④ 有腐蚀性的地下环境宜选用耐腐蚀性较好的有机防水涂料，并应做刚性保护层；

⑤ 聚合物水泥防水涂料应选用 II 型产品；

⑥ 采用有机防水涂料时，基层阴阳角应做成圆弧形，阴角直径宜大于 50mm，阳角直径宜大于 10mm，在底板转角部位应增加胎体增强材料，并应增涂防水涂料。

(2) 防水涂料宜采用外防外涂或外防内涂（图 2-16 和图 2-17）。

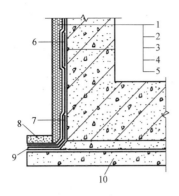

图 2-16　防水涂料外防外涂构造
1—保护墙；2—砂浆保护层；3—涂料防水层；
4—砂浆找平层；5—结构墙体；6—涂料防
水层加强层；7—涂料防水加强层；8—涂料
防水层搭接部位保护层；9—涂料防水层搭
接部位；10—混凝土垫层

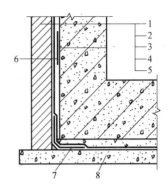

图 2-17　防水涂料外防内涂构造
1—防护墙；2—涂料保护层；3—涂料
防水层；4—找平层；5—结构墙体；
6—涂料防水层加强层；7—涂料
防水加强层；8—混凝土垫层

（3）防水涂层厚度　掺外加剂、掺合料的水泥基防水涂料厚度不得小于 3.0mm；水泥基渗透结晶型防水涂料的用量不应小于 $1.5kg/m^2$，且厚度不应小于 1.0mm；有机防水涂料的厚度不得小于 1.2mm。

**3. 材料质量要求**

涂料防水层所选用的涂料应符合下列规定：

① 应具有良好的耐水性、耐久性、耐腐蚀性及耐菌性；

② 应无毒、难燃、低污染；

③ 无机防水涂料应具有良好的湿干粘结性和耐磨性，有机防水涂料应具有较好的延伸性及较大适应基层变形能力。

无机防水涂料的性能指标应符合表 2-30 的规定，有机防水涂料的性能指标应符合表 2-31 的规定。

**4. 施工**

（1）基层要求　无机防水涂料基层表面应干净、平整、无浮浆和明显积水；有机防水涂料基层表面应基本干燥，不应有气孔、凹凸不平、蜂窝、麻面等缺陷。涂料施工前，基层阴阳角应做成圆弧形。

无机防水涂料的性能指标　　　　　表 2-30

| 涂料种类 | 抗折强度（MPa） | 粘结强度（MPa） | 一次抗渗性（MPa） | 二次抗渗性（MPa） | 冻融循环（次） |
|---|---|---|---|---|---|
| 掺外加剂、掺合料水泥基防水涂料 | ≥4 | ≥1.0 | ≥0.8 | — | ≥50 |
| 水泥基渗透结晶型防水涂料 | ≥4 | ≥1.0 | ≥1.0 | ≥0.8 | ≥50 |

有机防水涂料的性能指标　　　　　表 2-31

| 涂料种类 | 可操作时间（min） | 潮湿基面粘结强度（MPa） | 抗渗性（MPa） | | | 浸水168h后拉伸强度[①]（MPa） | 浸水168h后断裂伸长率[①]（%） | 耐水性[②]（%） | 表干（h） | 实干（h） |
|---|---|---|---|---|---|---|---|---|---|---|
| | | | 涂膜（120min） | 砂浆迎水面 | 砂浆背水面 | | | | | |
| 反应型 | ≥20 | ≥0.5 | ≥0.3 | ≥0.8 | ≥0.3 | ≥1.7 | ≥400 | ≥80 | ≤12 | ≤24 |
| 水乳型 | ≥50 | ≥0.2 | ≥0.3 | ≥0.8 | ≥0.3 | ≥0.5 | ≥350 | ≥80 | ≤4 | ≤12 |
| 聚合物水泥 | ≥30 | ≥1.0 | ≥0.3 | ≥0.8 | ≥0.6 | ≥1.5 | ≥80 | ≥80 | ≤4 | ≤12 |

① 浸水 168h 后的拉伸强度和断裂伸长率是指浸水取出后只经擦干即进行试验所得的值；

② 耐水性指标是指材料浸水 168h 后取出擦干即进行试验，其粘结强度及抗渗性的保持率。

（2）施工条件　涂料防水层严禁在雨天、雾天、五级及以上大风时施工，不得在施工环境温度低于 5℃ 及高于 35℃ 或烈日暴晒时施工。涂膜固化前如有降雨可能时，应及时做好已完涂层的保护工作。

（3）防水涂料配制　涂料的配制应按涂料的技术要求进行。

（4）施涂　防水涂料应分层刷涂或喷涂，涂层应均匀，不得漏刷漏涂；接槎宽度不应小于 100mm。铺贴胎体增强材料时，应使胎体层充分浸透防水涂料，不得有露槎及褶皱。

有机防水涂料施工完后应及时做保护层，保护层应符合下列规定：

① 底板、顶板应采用 20mm 厚 1：2.5 水泥砂浆层和 40～

50mm厚的细石混凝土保护层，防水层与保护层之间宜设置隔离层；

②侧墙背水面保护层应采用20mm厚1∶2.5水泥砂浆；

③侧墙迎水面保护层宜选用软质保护材料或20mm厚1∶2.5水泥砂浆。

**五、地下防水工程中常见质量问题与防治**

1. 防水层空鼓、裂缝、渗漏水

（1）现象

防水层与基层脱离，甚至隆起，表面出现缝隙大小不等的交叉裂缝。处于地下水位以下的裂缝处，往往有不同流量的渗漏。

（2）原因分析

①基层未清理干净或没有清理，表面光滑，或有油污、浮灰等，对防水层与基层的粘结起了隔离作用。防水层空鼓后，随着与基层的脱离产生收缩应力，导致裂缝产生与增大。

②在干燥的基层上，防水层抹上后水分立即被基层吸干，造成早期严重失水而产生收缩裂缝，同时与基层粘结不良而产生空鼓。

③水泥选用不当，安定性不好，或不同品种水泥混合使用，收缩系数不同，往往造成大面积网状裂缝。砂子粒度过细，也容易造成收缩裂缝。

④没有严格按配合比配制灰浆，随意增减水泥用量或改变水灰比，致使灰浆收缩不均，造成收缩裂缝。

⑤对凹凸差异较大的基层没有进行找平处理，灰浆层薄厚不均，产生不等量收缩。操作时，素浆层过厚，砂浆层过薄，也会产生收缩裂缝。

⑥素浆层既是密实不透水的防水层，也是基层与砂浆层之间的结合层。由于素浆层刮抹不实，或素浆层已硬结而起空鼓裂缝。

⑦处理大面积渗漏水时，没有仔细检查出每个漏水点，以采取相应的堵漏措施，而是用水泥和促凝剂随意涂抹或反复涂抹，使防水层与基层粘结不牢，产生空鼓、裂缝、漏水。

⑧浇水养护不好或不及时，使防水层产生干缩裂缝。冬期

施工热养护时，局部温度过高，造成干缩，或由于温差而产生膨胀与收缩变形，出现裂缝。

⑨ 由于结构刚度不足而产生裂缝。防水层施工前，外界的水压在漏水处降低；防水层施工后，外界水不能自由渗透，漏水处降低的水压将逐渐提高，当结构不能承受时，防水层随着结构破坏而断裂。这种裂缝一般较长，且不规则。对于预制装配式结构，由于没有考虑刚柔结合的防水作法，构件接缝处因受力变形而导致防水层开裂。

（3）预防措施

① 充分认识空鼓裂缝是造成渗漏水的重要因素。空鼓裂缝不仅使防水层不能与结构产生牢固粘结而失去抗水压的能力，还破坏了防水层的连续封闭性。

② 为了保证结构的整体性和足够的刚度，结构设计的允许裂缝增长宽度不应大于 0.1mm。地下工程不宜采用预制装配式结构，如必须采用时，要考虑刚柔结合的防水作法。

③ 选用 42.5 级以上无结块的普通硅酸盐水泥。不同品种和不同强度等级的水泥不得混用。散装水泥必须经检验质量合格后方可使用。防水工程用砂，应选用平均粒径不小于 0.5mm 的颗粒坚硬、粗糙、洁净的中粗砂，并应符合高强度等级混凝土用砂的要求。

④ 基层表面必须去污、剁毛、刷洗清理，并保持潮湿、清洁、坚实、粗糙。凹凸不平处应先剔凿，浇水清洗干净，再用素浆和水泥砂浆分层找平。蜂窝、麻面、孔洞等应剔凿清理刷洗后，做找平处理。

⑤ 采用"四层抹面法"。第一层：素灰层（水灰比为 0.4）厚度 2mm，先抹 1mm，用铁抹子反复用力刮抹，使素灰填入原基层的孔隙内，随即再抹一道 1mm 厚素灰找平层，抹完后用湿毛刷在素灰表面按顺序轻轻刷一遍；第二层：防水水泥砂浆层（配合比为水泥：砂：水：$FeCl_2 = 1:2.0:0.6:0.05$），厚5mm，素灰初凝时施抹要使砂浆压入素灰层厚度的 1/4 左右，

抹完后，待砂浆初凝时用扫帚按一个方向扫出横向条纹；第三层：素灰层厚 2mm，第二层砂浆初凝时施抹第三层，其操作工艺同第一层；第四层：水泥砂浆层（配合比为水泥：砂：水 ＝ 1：2.5：0.6），厚 5mm，操作同第二层，最后再抹压 3～4 次，直至压光。如为五层做法，即再加一层水泥浆（水灰比 0.55～0.60），在第四层水泥砂浆抹压后，用毛刷均匀涂刷水泥浆一道，随第四层压光。

⑥ 加强对防水层的养护工作。出入口等有风干现象的部位，应加强浇水养护，保持经常湿润，养护期为两周。通风良好及有阳光照射的地方，要用草帘等遮盖。冬季采暖养护，必须注意保持湿润，散热器、管道或炉火等要架空，并远离防水层，防止局部过热，造成防水层开裂。加强施工过程中的质量检查工作。

（4）治理方法

① 无渗漏水的空鼓裂缝，须全部剔除，使边缘成斜坡形，按基层处理要求清洗干净，然后按各层次重新修补平整。

② 对于渗漏水的空鼓裂缝，剔除后，首先查出漏水点。查漏水点时可采用如下方法：将渗漏部位擦干，立即均匀撒上薄薄一层干水泥粉，表面出现的湿点即为漏水点。如果还不能查出漏水点，可用水泥胶浆（水泥：促凝剂＝1：1）在漏水部位涂一薄层，并立即撒上干水泥粉检查，洇湿点即为漏水点。

检查出漏水点的位置后，将该处剔成凹槽，清洗干净。混凝土基层可根据水压、流量等，酌情采取直接堵塞法或下管引水法堵漏。砖砌基层则应采用下管引水法堵漏，并重新抹上防水层，见图 2-18。

③ 对于未空鼓、不漏水的防水层收缩裂缝，可沿裂缝剔成八字形边坡沟槽，按防水层作法补平。对于渗漏水的裂缝，可使用"促凝灰浆堵漏

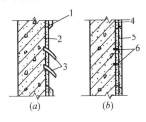

图 2-18　空鼓裂缝漏水的修补
（a）剔除空鼓处下管示意；
（b）修补后示意
1—原防水层；2—新抹防水层的一二层；3—胶管；4—后补防水层；5、6—水泥胶浆堵塞

法"进行直接堵塞（较长的裂缝可分段堵漏），经检查无漏水现象后，按防水层作法分层补平。

④ 对于结构开裂造成的防水层裂缝，应先考虑结构补强，征得设计同意，可采用水泥加促凝剂灌浆法进行处理，然后，按收缩裂缝处理。

2. 预埋件部位渗漏水

（1）现象

穿透防水层的预埋件周边出现洇湿或不同程度的渗漏。

（2）原因分析

① 操作中忽视对预埋件周边的处理，抹压不仔细，底部出现漏抹现象；没有认真清除预埋件表面锈蚀层，使防水层与预埋件接触不严。

② 预埋件周边的防水层施工时没有认真处理，抹压遍数少，交活快，使周边防水层产生收缩裂缝。

③ 预埋件在施工期间或安装使用时，受热、受振动，与周边防水层接触处产生微裂造成渗漏。

④ 预埋件未焊止水环，或未满焊。

（3）预防措施

① 预埋件四周剔成深 30mm、宽 20mm 的环形沟槽（沟槽尺寸可酌情调整），对预埋件除锈并清洗沟槽后，用水灰比为 0.2 左右的素浆嵌实，再随其他部位一起抹上防水层，见图 2-19。

② 对于有振动的预埋件，可参照图 2-20 的做法埋设。

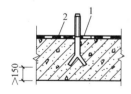

图 2-19 预埋铁件的处理
1—素浆嵌槽；2—防水层

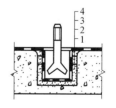

图 2-20 有振动的预埋件部位漏水修补
1—快凝砂浆；2—水泥砂浆；
3—素浆嵌实；4—防水层

（4）治理方法

① 对于预埋件周边出现的渗漏，先将周边剔成环形沟槽，再按直接堵塞裂缝的方法进行处理。

② 对于因受振而使预埋件周边出现的渗漏，处理时需将预埋件拆除，制成预制块（其表面抹好防水层），并剔凿出凹槽供埋设预制块用。埋设前凹槽内先嵌入水泥∶砂＝1∶1和水∶促凝剂＝1∶1的快凝砂浆，再迅速将预制块填入。待快凝砂浆具有一定强度后，周边用胶浆堵塞，并用素浆嵌实，然后分层抹防水层补平，见图2-20。

③ 如埋件密集，且多数已呈漏水状态，剔除埋件后漏水增多，这是因该部位混凝土浇捣不严，内部松散所致，如修堵困难，可先采用"水泥压浆法"的方法灌入快凝水泥浆，待凝固后，漏水明显下降时，再参照上面①和②的方法处理。

3. 门框部位渗漏水

（1）现象

地下工程的铁门或混凝土门的角铁门框和门轴等预埋件部位漏水。

（2）原因分析

① 门窗口部位的防水层不连续，或未经任何处理。

② 门窗口安装时任意剔凿、磕碰防水层，开关铁门或混凝土门的振动，造成门轴等预埋件松动。

（3）预防措施

角铁门框、门轴等应尽量采用后浇或后砌法固定，见图2-21。

（4）治理方法

① 将已出现渗漏水的门框门轴等拆除，剔槽并经堵漏处理和修补防水层后，重新安装，见图2-22。

② 漏水铁门框，其处理部位必须挂贴湿草帘或麻片浇水养护14d。

4. 防水层施工缝渗漏水

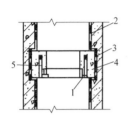

图 2-21 铁门框后浇固定法
1—角铁门框；2—防水层；
3—槽内呈麻面；4—后浇
高强度混凝土；5—锚固筋

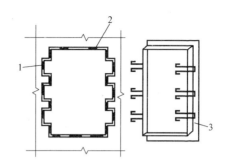

图 2-22 漏水铁门框的处理方法
1—槽内呈麻面，安装门窗后浇筑高强度
混凝土；2—防水层；3—角铁门框

（1）现象

接缝处阴湿，或出现点状或线状渗漏。

（2）原因分析

防水层留槎混乱，层次不清，无法分层搭接，使得素浆层不

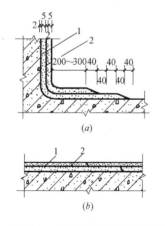

图 2-23 防水层的留槎与接槎
（a）转角处；（b）墙面
1—素浆层；2—砂浆层

连续；有的没有按要求留槎，如留成直角槎等；接槎时，往往由于新槎收缩，产生微裂造成渗漏水。

（3）预防措施

① 防水层的施工缝需留斜坡阶梯形槎，接槎要依照层次顺序分层进行，无论墙面或地面的留槎，均需离阴角 200mm 以上，见图 2-23。

② 不符合要求的槎口，应用剁斧、錾子等剔成坡形，然后逐层搭接。

（4）治理方法

如出现漏水现象，应先直接进行堵漏，然后再进行防水处理。

5. 穿墙管道部位渗漏水

（1）现象 一般常温管道周边的阴湿或有不同程度的渗漏。热力管道周边防水层隆起或酥裂，渗漏水从该部位流出。

（2）原因分析

① 穿过地下工程墙体的水、电等各种套管未满焊止水阀或环板宽度太窄，不能够起到延长渗漏水距离的作用；

② 暗线管接头不严或套管有缝管，水渗入管内后又由管内渗出；

③ 施工中预埋管固定不牢固而又受到振动而松动，与混凝土间产生缝隙；

④ 热力管道穿墙部位处理不当，使管道在温差作用下因收缩变形与结构脱离，产生裂缝渗漏水；

⑤ 穿墙管道沿基层表面常设有法兰，影响该处砌筑或混凝土浇筑质量，后期防水处理困难；

⑥ 对热力管道穿墙部位只按常温管道处理，在温差作用下管道往返伸缩变形，造成周边防水层破坏，产生裂隙而漏水。

（3）预防措施

① 一般常温管道的渗漏水治理方法与预埋件部位渗漏水治理方法相同。

② 常温管道穿过砖石砌体的区段应除锈，并浇筑高强度等级混凝土包裹，见图 2-24。热力管道穿过内墙的部位应预留较管径大 100mm 的圆孔，圆孔内做好防水层，管道安装后，孔隙处用麻刀石灰或石棉水泥嵌填，见图 2-25。

③ 热力管道穿透墙面而又没有地下沟道时，为了适应管道伸缩变形和保证不漏水，可采用橡胶止水管套方法处理，见图 2-26。

④ 在设计和使用的允许范围内，尽量将热力管道的标高提高至常年最高地下水位以上。

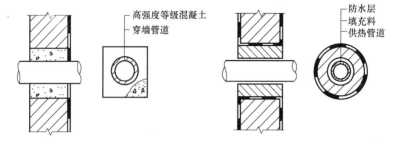

图 2-24 砖结构穿墙管埋设          图 2-25 热力管道穿透内墙做法

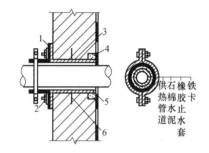

图 2-26 热力管道穿透外墙做法
1—橡胶止水套；2—螺母；3—套管；4—素浆
嵌槽；5—石棉水泥；6—套管锚固筋

（4）治理方法

① 热力管道穿透内墙部位出现渗漏水时，可将穿管孔眼剔大，采用埋设预制半圆混凝土套管法进行处理，见图 2-27。

② 热力管道穿透外墙部位出现渗漏水，修复时需将地下水位降至管道标高以下，用设置橡胶止水套的方法处理。

6. 电源管路等漏水

（1）现象　线盒或电闸箱槽内漏水，线管内或线管穿墙处漏水。

（2）原因分析

① 线盒、闸箱等采取预埋方法，其背面和侧面墙体未做任

142

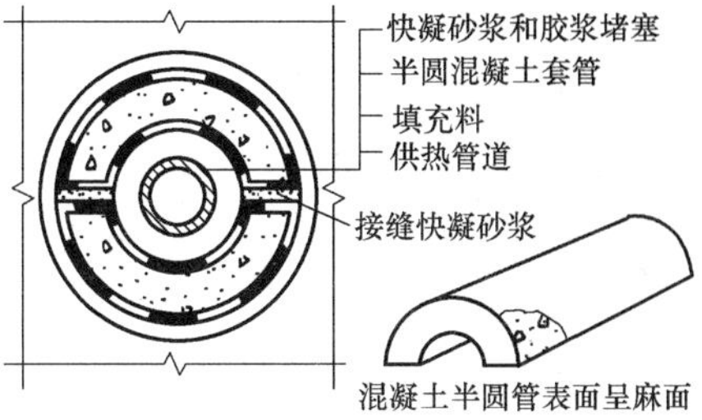
快凝砂浆和胶浆堵塞
半圆混凝土套管
填充料
供热管道
接缝快凝砂浆
混凝土半圆管表面呈麻面

图 2-27　埋设预制半圆套管法

何防水处理。

② 穿线管多为有缝管，密封性能差，水从暗埋管路的接缝、接头等处渗入，沿穿线管漏入室内。此外，埋设时穿线管破损或弯曲处开裂，都是造成渗漏水的潜在因素。

③ 穿线管外露端头、电缆出入口等部位缺乏相应的防水处理，造成周边渗漏。

（3）防治措施

① 地下工程的电源线路，宜采用明线装置，以便于防水处理和检修维护。

穿透砖砌内墙的线管应选用密封性能良好的金属管，两端头要按穿墙管道做法处理。

② 暗线装置的穿线管必须是封闭的，埋设时不得有任何破损，线管端头外露处按穿墙管道做法处理。

线盒、电闸箱等应先拆除，在槽内做好防水层以后再装入。

③ 地下工程通过电缆线路的部位，要采取刚柔结合做法处理，见图 2-28。

7. 防水层阴阳角渗漏水

（1）现象　阴角洇湿或出现裂缝，阳角出现水平裂纹，阴阳角转角处渗漏水。

（2）原因分析

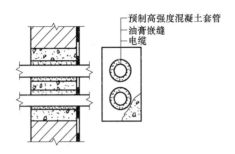

图 2-28　电缆穿墙部位处理方法示意图

① 素浆层刮抹不严或被破坏；素浆层过软，抹砂浆时造成混层。

② 操作时，阴阳角处水分挥发较慢，灰浆因重力作用而下垂，产生裂缝；施工验收时防水层过软产生收缩。

（3）预防措施

① 对于不便操作的阴阳角部位，应仔细抹压严密。阴阳角的防水层，均需抹成圆角，阴角直径 50mm，阳角直径 10mm。

② 阴阳角处防水层一般硬结较慢，压光时可用水泥：砂子＝1∶1 的干抹灰撒在上面，将离析出的水分吸干。

（4）治理方法

阴阳角处出现渗漏水，应先直接进行堵漏，然后再进行防水处理。

8. 防水层表面起砂

（1）现象　防水层表面不坚硬，用手擦时，可擦掉粉末或砂粒，显露出砂子颗粒。

（2）原因分析

① 选用的水泥强度等级较低，降低了防水层的强度和耐磨性能；砂子含泥量大，影响了砂浆的强度；砂子颗粒过细，比表面加大，造成水泥用量不足，砂浆泌水现象严重，推迟了压光时间，从而破坏了水泥石结构，同时产生了大量的毛细管路，降低了防水层的强度。

② 养护时间不当，过早使水泥胶质受到浸泡而影响其粘结力和强度的增长；防水层硬化过程中脱水。

③ 过早插入其他工序，由于人员走动等使表面遭受磨损破坏。

（3）预防措施

① 材料应符合相关规定，尽量选用早期强度高的普通硅酸盐水泥；

② 在满足施工稠度要求的前提下，尽量降低灰浆的用水量。在潮湿环境下作业，可采取通风去湿措施；

③ 防水层的压光施工验收，必须在水泥终凝前完成。压光遍数以 3～4 遍为宜；

④加强养护，防止早期脱水。在养护期间不得插入其他工序，否则必须采取相应的维护措施。

（4）治理方法

防水层表面起砂，在保证使用的情况下，一般可不做处理。如果影响使用，需要将表面用钢丝刷刷毛或用剁斧剁毛，清洗干净后重新抹一遍素浆层和水泥砂浆层，压光后加强覆盖和浇水养护。

## 第五节　硬泡聚氨酯屋面保温防水

### 一、概述

硬泡聚氨酯保温材料是一种用途广泛的节能防水材料，在屋面上应用时，绝大多数是现场喷涂施工。

由于屋面对防水的要求很高（远高于墙面），硬泡聚氨酯的优异防水性能在屋面保温应用时得到极好的发挥，所以其应用于屋面时称为"硬泡聚氨酯屋面保温防水工程"。

经直接喷涂的高闭孔率硬泡聚氨酯具有防水保温一体化的功能。硬泡聚氨酯材料具有无毒，无污染，自重轻，强度高，防水保温性能好，使用寿命长，与其他建筑材料粘结能力强等优异性能。

聚氨酯防水保温复合屋面以硬泡聚氨酯为防水保温层，用聚合物砂浆做防水抗裂保护层。它将防水保温功能结合为一体，组成可靠的屋面系统，解决屋面的渗漏难题和保温与防水相互影响的通病，使屋面具有长期的节能效果。

喷涂硬泡聚氨酯应用于屋面保温防水工程具有如下特征[6]。

1. 防水功能强

硬泡聚氨酯是一种结构致密的微孔泡沫体，闭孔率达 92％以上，具有光滑的自结皮，既不透水且水蒸气渗透阻很高。采用直接喷涂成型施工技术，使硬泡聚氨酯层成为无接缝壳体，形成完整的不透水层，防止水从缝隙渗入。

硬泡聚氨酯与基层粘结牢固，粘结强度可超过泡沫体本身的撕裂强度，不会与基层脱离，避免水沿层间渗漏。

2. 保温节能效率高

硬泡聚氨酯是结构致密、封闭的非连通孔隙。材料中的孔隙率小，不产生热的对流作用，导热系数低，保温隔热性能好，节能效果明显。

在实际工程应用中，相同的建筑，与传统做法的屋面相比。硬泡聚氨酯防水保温复合屋面室内温度冬季可提高 5～6℃，夏季可降低 4～5℃。

3. 可靠性高

硬泡聚氨酯是一体化材料，由于功能可以兼顾互补，防水和保温性能同时得到保证，大大增强了系统的可靠性。

4. 力学性能好

硬泡聚氨酯表观密度小，强度高，延伸率大，抗冲击性好，不开裂，适应基材变形能力强。例如表观密度为 $35～40kg/m^3$，抗压强度在 $0.2～0.3MPa$ 之间，伸长率平均在 $10％～14％$ 之间。

5. 耐化学腐蚀性强

在苯、汽油等一般溶剂和稀浓度的酸、碱、盐溶液等环境作用下，硬泡聚氨酯具有良好的化学稳定性，也不会发生霉变和腐烂。

6. 无毒性，无生物寄生性

硬泡聚氨酯泡沫无毒，无刺激性，操作安全便捷，更不会像玻璃棉那样在作业时使人产生瘙痒，不会寄生细菌或者菌类，也不会滋养寄生虫。

7. 耐温性和防火性

在−50℃低温下硬泡聚氨酯体积收缩率小于1％。也不会发生变脆和开裂等现象；在120℃条件下，体积和强度无明显变化；在150℃较高温度下，聚合体不会发生降解，因此可供高温下使用。它不会像膨胀聚苯板或挤塑聚苯板材料那样发生熔化滴落现象，而且硬泡聚氨酯材料在燃烧的过程中，会形成一个焦化的保护层来抑制燃烧的蔓延。

8. 使用寿命长

为确保硬泡聚氨酯长期发挥防水保温作用，使其外表面不受阳光、大气侵蚀和外力损坏，在外表面层上涂覆一层厚3～5mm的聚合物砂浆保护层，保护层与防水保温层材料相容，不仅保护了防水保温层而且本身具有很强的防水性能，将两种材料粘结在一起，提高防水保温材料的耐久性。欧美发达国家大量工程经验表明，具有保护层的屋面，其工程耐用年限可达30年以上。

9. 施工简便

硬泡聚氨酯采用浇注发泡和喷涂发泡等成型技术，工艺、设备简单，操作方便；材料固化速度很快，喷涂后20min即可上人，简化整体施工工序，缩短施工周期；适用于任何形状的屋面工程，如平面、立面、波纹状等结构，适用于旧屋面翻新维修和改造等；尤其适合形状复杂、管道纵横的基层表面施工，易于保证工程质量。硬泡聚氨酯屋面施工时不需大型吊装设备，一套设备在良好条件下每天可完成屋面1000m² 左右。

10. 尤其适用于既有建筑屋面改造中的应用

硬泡聚氨酯特别适用于既有建筑屋面的保温改造。它集保温与防水于一体，且重量轻，强度高，保温防水效果好，能防止屋顶结露，适用于形状复杂的屋面，施工时不会破坏原有的屋面保护层。

关于硬泡聚氨酯屋面保温防水工程应用技术，现行技术标准[7]规定了硬泡聚氨酯屋面保温防水工程应用的有关问题，如基本应用条件、对材料的性能要求、设计、施工技术和验收标准等，下面依据其介绍硬泡聚氨酯屋面保温防水工程应用技术。

**二、硬泡聚氨酯屋面保温防水工程的基本应用条件**

1. 硬泡聚氨酯屋面保温防水工程基本要求

（1）伸出屋面的管道、设备、基座或预制件等应在硬泡聚氨酯施工前安装牢固，并做好密封防水处理。硬泡聚氨酯施工完成后，不得在其上凿孔、打洞或重物撞击。确需在已完工后的硬泡聚氨酯防水保温层上凿孔开洞的，凿孔开洞后应由专业施工队进行修补。

（2）硬泡聚氨酯保温层上不得直接进行防水材料热熔、热粘法施工。

（3）硬泡聚氨酯同其他防水材料（指涂料、卷材）或防护涂料一起使用时，其材性应相容。

（4）硬泡聚氨酯表面不得长期裸露，硬泡聚氨酯喷涂完工后，应及时做水泥砂浆找平层、抗裂聚合物水泥砂浆层或防护涂料层。

2. 材料要求

（1）喷涂硬泡聚氨酯　屋面用喷涂硬泡聚氨酯的物理性能应符合表 2-32 的要求。

**屋面用喷涂硬泡聚氨酯物理性能**　　　　表 2-32

| 项　目 | 性能要求 | | | 试验方法 |
|---|---|---|---|---|
| | Ⅰ | Ⅱ | Ⅲ | |
| 密度（kg/m³） | ≥35 | ≥45 | ≥55 | GB/T 6343 |
| 导热系数[W/(m·K)] | ≤0.024 | ≤0.024 | ≤0.024 | GB 3399 |
| 压缩性能（形变 10%）(kPa) | ≥150 | ≥200 | ≥300 | GB/T 8813 |

| 项 目 | 性能要求 | | | 试验方法 |
|---|---|---|---|---|
| | I | II | III | |
| 不透水性(无结皮)<br>(0.2MPa,30min) | — | 不透水 | | GB 50404—2007<br>规范附录 A |
| 尺寸稳定性(70℃,48h)(%) | ≤3 | ≤2 | ≤1 | GB/T 8811 |
| 闭孔率(%) | ≥90 | ≥92 | ≥95 | GB/T 10799 |
| 吸水率(%) | ≤3 | ≤2 | ≤1 | GB 8810 |

（2）抗裂聚合物水泥砂浆　配制抗裂聚合物水泥砂浆所用的原材料应符合下列要求：

① 聚合物乳液的外观质量　应均匀，无颗粒、异物和凝固物，固体含量应大于45%。

② 水泥　水泥宜采用强度等级不低于32.5的普通硅酸盐水泥，不得使用过期或受潮结块水泥。

③ 砂宜采用细砂，含泥量不应大于1%。

④ 水应采用不含有毒物质的洁净水。

⑤ 增强纤维宜采用短切聚酯或聚丙烯等纤维。

⑥ 抗裂聚合物水泥砂浆的物理性能应符合表2-33的要求。

**抗裂聚合物水泥砂浆物理性能**　　　　表2-33

| 项 目 | 性能要求 | 试验方法 |
|---|---|---|
| 粘结强度(MPa) | ≥1.0 | JC/T 984 |
| 抗折强度(MPa) | ≥7.0 | JC/T 984 |
| 压折比 | ≤3.0 | JC/T 984 |
| 吸水率(%) | ≤6 | JC 474 |
| 抗冻融性(−15～+20℃,25次循环) | 无开裂、无粉化 | JC/T 984 |

⑦ 硬泡聚氨酯的原材料应密封包装，在贮运过程中严禁烟火，注意通风、干燥，防止曝晒、雨淋，不得接近热源和接触强氧化、腐蚀性化学品。

⑧ 硬泡聚氨酯的原材料及配套材料进场后，应加标志分类

存放。

### 三、硬泡聚氨酯屋面保温防水工程设计要点

1. 设计厚度

屋面工程分为 4 个防水等级，按不同等级进行设防。喷涂硬泡聚氨酯防水保温材料可作为一道设防，不同防水等级的设防要求应符合《屋面工程技术规范》GB 50349—2004 的有关规定。屋面硬泡聚氨酯保温层的设计厚度，应根据国家和本地区现行的建筑节能设计标准规定的屋面传热系数限值，进行热工计算确定。

2. 屋面硬泡聚氨酯保温防水构造

采用硬泡聚氨酯的屋面主要由结构层、硬泡聚氨酯防水保温层、保护层构成。屋面硬泡聚氨酯保温防水构造由找坡（找平）层、硬泡聚氨酯保温（防水）层和保护层组成（图 2-29～图 2-31）。

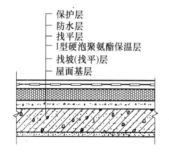

图 2-29　Ⅰ型硬泡聚氨酯保温
防水屋面构造示意图

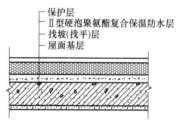

图 2-30　Ⅱ型硬泡聚氨酯保温防
水屋面构造示意图

3. 坡度

平屋面排水坡度不应小于 2%，天沟、檐沟的纵向坡度不应小于 1%。屋面单向坡长不大于 9m 时，可用轻质材料找坡；单向坡长大于 9m 时，宜做结构找坡。

4. 硬泡聚氨酯屋面找平层

硬泡聚氨酯屋面找平层应符合下列规定：

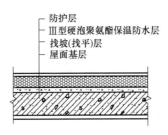

防护层
III型硬泡聚氨酯保温防水层
找坡(找平)层
屋面基层

图 2-31　III型硬泡聚氨酯保温防水屋面构造示意图

（1）当现浇钢筋混凝土屋面板不平整时，应抹水泥砂浆找平层，厚度宜为 15～20mm。

（2）水泥砂浆的配合比宜为 1∶2.5～1∶3。

（3）（I 型）硬泡聚氨酯保温层上的水泥砂浆找平层，宜掺加增强纤维；找平层应设分隔缝，缝宽宜为 5～20mm，纵横缝的间距不宜大于 6m；分隔缝内宜嵌填密封材料。

（4）突出屋面结构的交接处，以及基层的转角处均应做成圆弧形，圆弧半径不应小于 50mm。

5. 板缝处理规定

装配式钢筋混凝土屋面板的板缝，应用强度等级不小于 C20 的细石混凝土将板缝灌填密实；当缝宽大于 40mm 时，应在缝中放置构造钢筋；板端缝应进行密封处理。

如遇到大面积结构层（如超过 500m² 以上），为防止混凝土板因温差变化收缩开裂破坏硬泡聚氨酯层，需在结构墙及女儿墙交接处涂刷 1～2 遍高弹性柔性防水材料（如丙烯酸涂料、聚合物水泥防水涂料）作过渡层，以适应基层在一定范围内的收缩裂缝，而不直接破坏硬泡聚氨酯层。

6. 硬泡聚氨酯的表面防护

硬泡聚氨酯的保护层可选用 40mm 厚的 1∶3 的钢丝网水泥砂浆或 C15 的无筋细石混凝土，同时设立分格缝。

硬泡聚氨酯防水保温层根据屋面的使用情况，可分为上人屋面和不上人屋面。喷涂硬泡聚氨酯非上人屋面采用复合保温防水层，必须在（Ⅱ型）硬泡聚氨酯的表面刮抹抗裂聚合物水泥砂浆。抗裂聚合物水泥砂浆的厚度宜为3～5mm。

喷涂硬泡聚氨酯非上人屋面采用保温防水层，应在（Ⅲ型）硬泡聚氨酯的表面涂刷耐紫外线的防护涂料。

上人屋面应采用细石混凝土、块体材料等作保护层，保护层与硬泡聚氨酯之间应铺设隔离材料。细石混凝土保护层应留设分隔缝，其纵、横向间距宜为6m。

硬泡聚氨酯用作坡屋面保温防水层时，应符合现行国家标《屋面工程技术规范》GB 50345的有关规定；当采用机械固定防水层（瓦）时，应对固定钉做防水处理。

**四、硬泡聚氨酯屋面保温防水工程细部构造**

1. 天沟、檐沟保温防水构造

天沟、檐沟保温防水构造应符合下列规定：

（1）天沟、檐沟部位应直接地连续喷涂硬泡聚氨酯，喷涂厚度不应小于20mm（图2-32）。

（2）硬泡聚氨酯的收头应采用压条钉压固定，并用密封材料封严。

（3）高低跨内排水天沟与立墙交接处，应采取能适应变形的密封处理。

（4）屋面为无组织排水时，应直接连续喷涂硬泡聚氨酯至檐口附近100mm处，喷涂厚度应逐步均匀减薄至20mm；檐口收头处可用压条钉压固定和密封材料封严。

2. 山墙、女儿墙、泛水保温防水构造

山墙、女儿墙、泛水保温防水构造应符合下列规定：

（1）泛水部位应直接连续喷涂硬泡聚氨酯，喷涂高度不应小于250mm。

（2）墙体为砖墙时，硬泡聚氨酯泛水可直接连续喷涂至山墙凹槽部位（凹槽距屋面高度不应小于250mm）或至女儿墙压顶下，泛水收头应采用压条钉压固定和密封材料封严。

（3）墙体为混凝土时，硬泡聚氨酯泛水可直接连续喷涂至墙体距屋面高度不小于250mm处；泛水收头应采用金属压条固定和密封材料封固，并在墙体上用螺钉固定能自由伸缩的金属盖板（图2-33）。

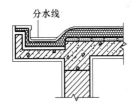 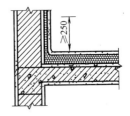

图 2-32　屋面檐沟构造示意图　　图 2-33　山墙、女儿墙泛水构造示意图

3. 变形缝保温防水构造

变形缝保温防水构造（图2-34）应符合下列规定：

（1）硬泡聚氨酯应自接地连续喷涂至变形缝顶部。

（2）变形缝内宜填充泡沫塑料，上部填放衬垫材料，并用卷材封盖。

（3）顶部应加扣混凝土盖板或金属盖板。

4. 水落口保温防水构造

水落口有直式水落口和横式水落口之分，直式水落

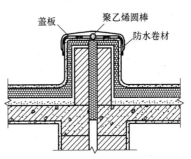

图 2-34　屋面变形缝保温防水构造示意图

口周围1m范围内的坡度不应小于2%，横式水落口在山墙、女儿墙上应根据泛水高度要求设置。水落口杯宜采用塑料或铸铁制品，水落口应作密封处理，在喷涂硬泡聚氨酯前，应先加铺聚氨酯防水涂料附加层。

水落口保温防水构造应符合下列规定：

（1）水落口埋设标高应考虑水落口设防时增加的硬泡聚氨酯厚度及排水坡度加大的尺寸。

（2）水落口周围直径500mm范围内的坡度不应小于5%；

水落口与基层接触处应留宽 20mm、深 20mm 凹槽,嵌填密封胶;

（3）喷涂硬泡聚氨酯距水落口 500mm 的范围内应逐渐均匀变薄,最薄处厚度不应小于 15mm,并伸入水落口 50mm（图 2-35 和图 2-36）。

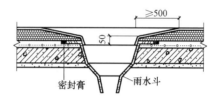

图 2-35　屋面直式水落口构造示意图

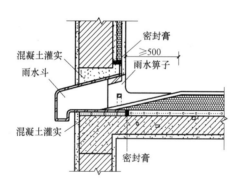

图 2-36　屋面横式水落口构造示意图

5. 伸出屋面管道保温防水构造

伸出屋面管道保温防水构造应符合下列规定:

（1）伸出屋面管道周围的找坡层应做成圆锥台。

（2）管道与找平层间应留凹槽,并嵌填密封材料。

（3）硬泡聚氨酯应直接连续喷涂至管道距屋面高度 250mm 处,收头处应采用金属箍将硬泡聚氨酯箍紧,并用密封材料封严（图 2-37）。

6.屋面出入口保温防水构造

屋面出入口保温防水构造应符合下列规定：

（1）屋面垂直出入口硬泡聚氨酯应直接连续喷涂至出入口顶部；收头应采用金属压条钉压固定和密封材料封严。

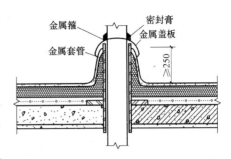

图 2-37 伸出屋面管道构造示意图

（2）屋面水平出入口硬泡聚氨酯应直接续喷涂至出入口混凝土踏步下，收头应采用金属压条钉压固定和密封材料封严，并在硬泡聚氨酯外侧设护墙。

**五、硬泡聚氨酯屋面保温防水工程施工**

1. 基本要求

喷涂硬泡聚氨酯屋面的基层应符合下列要求：

（1）基层应坚实、平整、干燥、干净。

（2）对既有建筑屋面基层不能保证与硬泡聚氨酯粘结牢固的部分应清除干净，并修补缺陷和找平。

（3）基层经检查验收合格后方可进行硬泡聚氨酯施工。

（4）屋面与山墙、女儿墙、天沟、檐沟及凸出屋面结构的交接处应符合细部构造设计要求。

2. 施工基本要求

喷涂硬泡聚氨酯屋面保温防水工程施工应符合下列规定：

（1）喷涂硬泡聚氨酯屋面施工应使用专用喷涂设备。

（2）施工前应对喷涂设备进行调试，喷涂三块 500mm×500mm、厚度不小干 50mm 的试块，进行材料性能检测。

（3）喷涂作业，喷嘴与施工基面的间距宜为 800～1200mm。

（4）根据设计厚度，一个作业面应分几遍喷涂完成，每遍厚度不宜大于 15mm。当日的施工作业面必须于当日连续喷涂施工完毕。

（5）硬泡聚氨酯喷涂后 20min 内严禁上人。

3. 聚合物水泥砂浆和涂料施工基本要求

用于（Ⅱ型）硬泡聚氨酯复合保温防水层的抗裂聚合物水泥砂浆施工，应符合下列规定：

（1）抗裂聚合物水泥砂浆施工应在硬泡聚氨酯层检验合格并打扫干净后进行。

（2）施工时严禁损坏已固化的硬泡聚氨酯层。

（3）配制抗裂聚合物水泥砂浆应按照配合比，做到计量准确，搅拌均匀。一次配制量应控制在可操作时间内用完，且施工中不得随意加水。

（4）抗裂聚合物水泥砂浆层，应分 2～3 遍刮抹完成。

（5）抗裂聚合物水泥砂浆硬化后宜采用干湿交替的方法养护。在潮湿环境中可在自然条件下养护。

（6）用于（Ⅲ型）硬泡聚氨酯保温防水层的防护涂料，应待硬泡聚氨酯施工完成并清扫干净后涂刷，涂刷应均匀一致，不得漏涂。

4. 硬泡聚氨酯保温防水工程的施工

硬泡聚氨酯保温防水材料现场喷涂操作工艺流程为：原料验收入库→按比例调配配合料→设备调整、试喷→基层清理→喷涂聚氨酯泡沫体→清理废料→清理设备。

根据配方进行配料，配制配合料（A 料），按整个工程的需要量计算出各材料的用量，将多元醇聚醚、催化剂、均泡剂、阻燃剂、防老剂、发泡剂等混合在搅拌器中充分搅拌均匀。

将搅拌均匀的 A 料取小样与异氰酸酯（B 料）按一定的配比做发泡试样，试样进行有关的物理性能、阻燃性能等测试。经过不断调整配方、取样、性能测试，直至样品的性能指标达到用户要求为止。最后还要重复 3～5 次试验，直到所有试验样品的性能完全一致。

喷涂硬泡聚氨酯保温防水材料的施工，应使用现场连续喷涂施工设备，其机具应有可靠的计量装置，误差不应大于 4%，喷枪宜采用高压回旋式喷头，泵压力不宜低于 0.4MPa。

施工基面经检查验收合格后即可喷涂施工，根据保温防水层的厚度，一个施工作业面应喷涂不少于 3 遍完成，屋面上的异形部位应按照细部构造的设计要求进行喷涂施工。施工时的环境温度宜为 10～40℃，风速不大于 5m/s，相对湿度小于 80%。当施工时环境温度低于 10℃时，应采取可靠的技术措施。

喷涂作业时，应先通压缩空气再启动物料泵，开始时的料液应放弃，待料液的比例正常后方可正式开始喷涂作业，喷枪头距作业面的距离不宜大于 500mm，喷枪移动的速度要均匀，第 1 层喷涂的厚度不宜超过 10mm，以后每层喷涂的厚度不宜超过 20mm。

在前次喷涂的表面不粘手后，才能喷涂下一层。在喷涂作业中，应随时检查发泡的质量，发现问题及时解决。

在喷涂作业中途应喷涂 1 块 500mm×500mm×≥50（mm）试块，以备检测用。当暂停喷涂作业时，应先停物料泵，待管路中物料吹净后方能停压缩空气。在喷涂作业后，30min 内聚氨酯泡沫体上不得上人行走或受压。

5. 硬泡聚氨酯屋面保温防水工程施工质量验收

（1）硬泡聚氨酯复合保温防水层和保温防水层分项工程应按屋面面积以每 500～1000m² 划分为一个检验批，不足 500m² 也应划分为一个检验批；每个检验批每 100m² 应抽查一处，每处不得小于 10m²。细部构造应全数检查。

（2）主控项目的验收应符合下列规定：

① 硬泡聚氨酯及其配套辅助材料必须符合设计要求。

检验方法：检查出厂合格证、质量检验报告和现场复验报告。

② 复合保温防水层和保温防水层不得有渗漏水和积水现象。

检验方法：雨后或淋水、蓄水检验。

③ 天沟、檐沟、檐口、水落口、泛水、变形缝和伸出屋面管道的防水构造，必须符合设计要求。

检验方法：观察检查、检查隐蔽工程验收记录。

④ 硬泡聚氨酯保温防水层厚度必须符合设计要求。

检验方法：用钢针插入和测量检查。

（3）一般项目的验收应符合下列规定：

① 硬泡聚氨酯应与基层粘结牢固，表面不得有破损、脱层、起鼓、孔洞及裂缝。

检验方法：观察检查及检查试验报告。

② 抗裂聚合物水泥砂浆应与硬泡聚氨酯粘结牢固，不得有空鼓、裂纹、起砂等现象；涂料防护层不应有起泡、起皮、皱褶及破损。

检验方法：观察检查。

③ 硬泡聚氨酯复合保温层和保温防水层的表面平整度，允许偏差为5mm。

检验方法：用1m直尺和楔形塞尺检查。

（4）硬泡聚氨酯屋面保温防水工程验收时，应提交下列技术资料并归档。

① 屋面保温防水工程设计文件、图纸会审书、设计变更书、洽商记录单。

② 施工方案或技术措施。

③ 主要材料的产品合格证、质量检验报告、进场复验报告。

④ 隐蔽工程验收记录。

⑤ 分项工程检验批质量验收记录。

⑥ 淋水或蓄水试验报告。

⑦ 其他必需提供的资料。

（5）喷涂硬泡聚氨酯屋面保温防水工程主要材料复验应包括下列项目：

① 喷涂硬泡聚氨酯：密度、压缩性能、尺寸稳定性、不透水性。

② 抗裂聚合物水泥砂浆：压折比、吸水率。

6. 硬泡聚氨酯施工中的常见问题与防治措施

影响硬泡聚氨酯保温防水材料质量的因素很多，为了便于掌握操作要领，表 2-34 列举了施工中常见的一些质量通病及其原因和解决办法。

硬泡聚氨酯防水保温材料施工中的常见问题与防治措施

表 2-34

| 现　象 | 原因分析 | 解决方法 |
|---|---|---|
| 硬泡聚氨酯发脆、强度低 | ①环境温度、料温低；②水分掺入量大；③催化剂用量不足；④搅拌不充分 | ①提高组分及被保温表面的温度；②注意空气干燥和外界水分适当；③提高催化剂用量；④提高搅拌速度，延长搅拌时间 |
| 泡沫发软、熟化慢 | ①固化剂量小；②A组分过量；③料温或表面温度过低 | ①提高有机锡含量；②提高B组分含量；③提高料温或加热工作表面 |
| 泡孔偏大、不均匀 | ①稳泡剂少；②反应温度低；③搅拌不充分 | ①补加稳泡剂；②提高料温或增加催化剂、固化剂；③提高搅拌速度或延长搅拌时间 |
| 闭孔率低、通孔率高 | ①催化剂过量；②稳泡剂量少；③B组分纯度过低；④B组分用量过少 | ①提高有机锡含量，降低胺类含量；②补加稳泡剂；③更换B组分；④提高B组分用量 |
| 塌泡、泡沫不稳定 | ①稳泡剂失效；②稳泡剂过量；③固化剂量少 | ①更换稳泡剂；②减少稳泡剂；③增加固化剂； |
| 表观密度偏大 | ①发泡剂含量过少；②料温或环境温度低；③催化剂、固化剂量少；④搅拌不充分；⑤投料太多、内压过大 | ①补加发泡剂；②提高料温；③增加催化剂、固化剂用量；④提高搅拌速度或延长搅拌时间；⑤准确计算投料量 |
| 收缩变形 | ①反应不充分；②A组分过量；③阻燃剂过多 | ①提高料温，延长搅拌时间；②增加B组分用量；③调节阻燃剂用量 |
| 泡沫开裂或中心发焦、发黄 | ①固化剂过量；②反应温度太高；③发泡体积过大 | ①减少有机锡用量；②减少催化剂用量；③减少发泡块体积 |

159

六、屋面防水工程中常见质量问题与防治

1. 屋面渗漏

（1）现象　屋面遇雨水出现渗漏。

（2）原因分析

① 基层不平整，屋面出现积水现象。

② 设计构造不合理。

③ 屋面因基层结构变形较大、地基不均匀沉降等引起防水层开裂。

④ 细部构造封固不严，涂膜有开缝、脱落等现象。

⑤ 涂布方法不当，涂料成膜厚度不足，且有露胎体、皱皮等现象。

⑥ 使用不合格的防水涂料。

⑦ 双组分涂料施工时，配合比计量不正确，搅拌不充分。

（3）预防措施

① 屋面基层必须做到平整、坚实、光滑、无起砂、起皮及开裂等缺陷。防水涂料在形成涂膜防水层的过程中，既是防水主体，又是胶粘剂，因此要求防水层与基层紧密相连且粘结牢固，使防水层下无"串水"之虞。

② 屋面应有合理的分水和排水设计，所有檐口、檐沟、天沟、水落口等应有一定的排水坡度，并切实做到封口严密，排水通畅。因为涂膜防水层一般较薄，长期泡在水中会发生粘结力降低、丧失防水性能等现象。水乳性涂料自然蒸发成膜后，如长期泡水还会出现溶胀、起鼓、涂膜脱落等质量问题。

③ 应按屋面防水规范中的防水等级选择涂料品种与防水层的厚度，以及相适应的屋面构造与涂层结构（图2-29～图2-31）。涂膜防水层不能像卷材那样在工厂定型生产，而应在现场通过二次由液态材料转变为固态材料。涂膜防水层多数采用冷作业，其施工方法和适用范围见表2-35。

涂膜防水层施工方法和适用范围　　　表 2-35

| 施工方法 | 具体做法 | 适用范围 |
|---|---|---|
| 涂刷法 | 用鬃刷、长柄刷、圆辊刷蘸防水涂料进行涂刷 | 用于涂刷立面防水层和节点部位细部处理 |
| 涂刮法 | 用胶刮板涂布防水涂料,先将防水涂料倒在基层上,用刮板来回涂刮,使其厚薄均匀 | 用于黏度较大的高聚物改性沥青防水涂料和合成高分子防水涂料在大面积上的施工 |
| 机械喷涂法 | 将防水涂料倒入设备内通过喷枪将防水涂料均匀喷出 | 用于黏度较小的高聚物改性沥青防水涂料和合成高分子防水涂料的大面积施工 |

④ 涂膜防水屋面宜选用整体浇筑的钢筋混凝土结构。当采用装配式钢筋混凝土时,在预制板缝内应浇筑细石混凝土,其强度等级不应小于 C20;灌缝的细石混凝土应掺微膨胀剂,图 2-38～图 2-40 可供参考。

图 2-38　天沟与屋面板节点处理

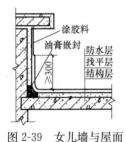

图 2-39　女儿墙与屋面板节点处理

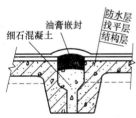

图 2-40　板缝节点处理

⑤ 天沟、檐沟、檐口、变形缝、泛水、穿透防水基层的管道或突出屋面连接处等,均应加铺有胎体增强材料的附加层。水落口周围与屋面交接处,应作密封处理,并加铺两层有胎体增强材料的附加层。涂膜伸入水落口的深度不得小于 50mm。在细部构造的收头处,施工中应精心操作,并用防水涂料多遍涂刷或用密封材料封严,图 2-41～图 2-48 构造作法可供参考。

⑥ 严禁使用不合格的防水材料。在施工前必须在现场进行抽检,并应注意保管方法与使用期限。

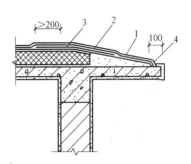

图 2-41　纵墙挑檐
1—保护层；2—涂膜防水层；
3—附加层；4—保温层；
5—结构层；6—密封材料

图 2-42　无组织排水檐口
1—保护层；2—涂膜防水层；
3—附加层；4—密封层

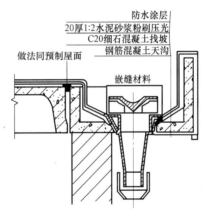

防水涂层
20厚1:2水泥砂浆粉刷压光
C20细石混凝土找坡
钢筋混凝土天沟
做法同预制屋面
嵌缝材料

图 2-43　天沟、落水管口防水构造

⑦ 应视防水涂料的品种及成膜机理，选择合理的施工方法，并遵守有关操作工艺。图 2-49 为水乳型或溶剂型防水涂料二布三涂施工工艺流程，图 2-50 为反应型防水涂料一布二涂施工工艺。

⑧ 防水涂膜应分层分遍涂布。待先涂的涂层干燥成膜后，方可涂布后一遍涂料。如需铺设胎体增强材料，当屋面坡度小于 15% 时可平行于屋脊铺设；如屋面坡度大于 15% 时，应垂直于

162

屋脊铺设，并由屋面最低处向上操作。胎体长边搭接宽度不得小于 50mm，短边搭接宽度不得小于 70mm。采用二层胎体增强材料时，上下层不得互相垂直铺设，搭接应错开，其间距不应小于幅宽的 1/3。

⑨ 涂膜防水层施工时应做到厚薄均匀，表面平整。屋面转角及立面的涂层应薄涂多遍，不得有流淌、堆积现象。如涂膜中夹铺胎体增强材料时，宜边涂边铺胎体。铺设时应将胎体材料刮平排除气泡，此时既不宜拉伸过紧，但也不得过松，能使上下涂层粘结牢固为度。另外，在施工时应将涂料浸透胎体，覆盖完全，不得发生胎体外露现象。

⑩ 涂膜厚度对防水质量有直接影响，也是施工中最易出现问题的环节。施工时应根据涂料的固体含量、涂料密度，再加适量合理损耗，即可计算出屋面单位面积上所需的涂料用量，这样才能确保施工中达到规定的设计涂膜厚度。

⑪ 涂层之间不能采取连续作业法，两道涂层的相隔时间与涂膜的干燥程度有关，且应通过试验确定。一般春秋季应间隔 10h 以上，3d 以内；夏季间隔 5h 以上，2d 以内；冬季间隔 15h 以上，5d 以内。

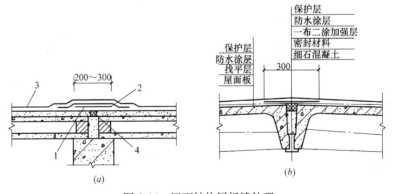

图 2-44 屋面结构层板缝处理

(a) 空心板；(b) 大型屋面板

1—聚乙烯薄膜；2—附加层；3—防水层；4—密封材料

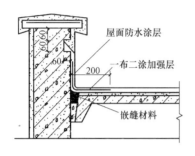

图 2-45　泛水构造

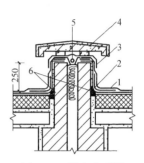

图 2-46　等高变形缝

1—涂膜防水层；2—附加层；

3—卷材封盖；4—混凝土盖板；

5—衬垫材料；6—密封材料

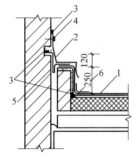

图 2-47　高低跨度变形缝

1—涂膜防水层；2—金属或合成高

分子盖板；3—密封材料；4—金属压条

钉压；5—卷材封盖；6—附加层

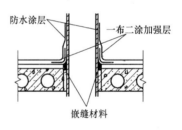

图 2-48　管道出屋面防水构造

必须注意，在涂第一道涂层时要用力进行搓涂，但涂二道和后续涂层时，则应按规定的涂膜厚度均匀、细致的涂刷；同时在后续涂层施工时，涂抹方向应与前道涂层的涂抹方向相垂直，以使涂料在收缩时，各个方向受力均匀。

如果屋面面积过大，一次涂刷有困难时，则应划分施工流水段，此时防水层的接缝部位可用砂纸打磨，再用稀释剂恢复涂膜表面的黏性，然后方可继续涂刷新的防水层；防水层接缝的宽度应在 100mm 以上。

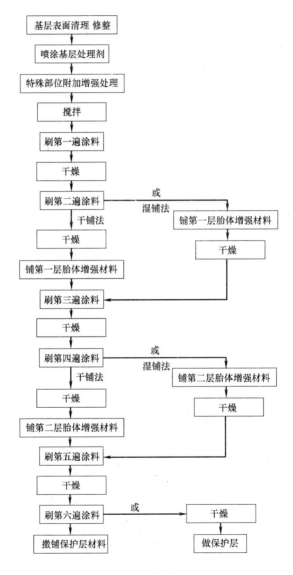

图 2-49 水乳型或溶剂型防水涂料二布三涂施工工艺流程

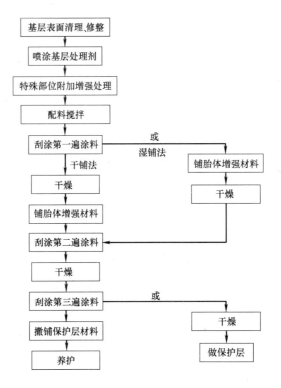

图 2-50　反应型防水涂料一布二涂施工工艺

（4）治理方法

①　当发现涂膜防水层有渗漏时，应先查明原因，并根据渗漏程度和范围，制订相应的技术措施，恢复其防水功能。

②　制订修补方案时，尚应考虑屋面结构的安全性（即不超过原屋面结构的设计允许外荷载）；同时还应兼顾屋面的分水与排水走向，不应造成屋面积水。

③　如屋面结构出现裂缝时，应先对裂缝进行治理或采取堵漏，待结构稳定后，方可治理防水层。

④　治理屋面渗漏时，宜采取多道设防、多种防水材料复合使用的技术方案；对于新旧搭接缝部位，还应采取密封处理和增设保护层措施。修复范围应比原有渗漏的周边各扩大 150mm，

修复的防水材料及其防水层的厚度，应与原设计标准相当，并要加铺胎体增强材料，适当增加涂刷次数，且在新旧搭接缝部位，均应达到干净、干燥和平整的要求。如个别部位达不到干燥要求时，可采取"喷火法"进行烘烤，确保修复部位粘结牢固。

2. 粘结不牢

（1）现象　涂膜与基层粘结不牢，起皮、起灰。

（2）原因分析

造成粘结不牢的原因有：

① 基层表面不平整、不干净，有起皮、起灰等现象；

② 施工时基层过分潮湿；

③ 涂料结膜不良；

④ 涂料成膜厚度不足；

⑤ 在复合防水施工时，涂料与其他防水材料相容性差；

⑥ 防水涂料施工时突遇下雨；

⑦ 突击施工，上下工序及二道涂层之间无间隔时间。

（3）预防措施

可以采取的预防措施有：

① 因基层不平整造成屋面积水时，宜用涂料拌合水泥砂浆进行修补；凡有起皮、起灰等缺陷时，要及时用钢丝刷清除，并修补完好；防水层施工前，还应将基层表面清扫，并洗刷干净；

② 涂膜防水层屋面的基层应达到干燥状态后才可进行防水作业，并宜选择在晴朗天气施工。基层表面是否干燥，可通过简易的测试方法。检验时，将 $1m^2$ 的卷材平坦地干铺在找平层上，静置 $3\sim4h$ 后掀开检查，如找平层覆盖部位与卷材上部未见水洇，即可认为基层达到干燥程度；

③ 当基层表面未干燥而又急于施工时，则可选择涂刷潮湿界面处理剂、基层处理剂等方法，改善涂料与基层的粘结性能。基层处理剂施工时应充分搅拌，涂刷均匀，覆盖完全，干燥后方可进行涂膜施工。有条件时，推荐采用能在潮湿基面上固化的合成高分子防水涂料，如双组分或单组分的非焦油聚氨酯类防水

涂料；

④ 涂料结膜不良与涂料品种及性能、施工操作工艺、原材料质量、涂料成膜环境等因素有关。例如反应型涂料大多数是由两个或更多组分通过化学反应固化成膜的。组分的配合比必须准确称量，充分混合，才能反应完全并变成符合要求的固体涂膜。任何组分的超量或不足，搅拌不均匀、不充分等，都会导致涂膜质量下降，严重时甚至根本不能固化成膜。溶剂型涂料固体含量较低，成膜过程中伴随大量有毒、可燃的溶剂挥发，因此要注意施工时风向，并不宜用于空气流动性差的工程。对于水乳型涂料，其施工及成膜对温度有较严格的要求，低于5℃时就不便使用。水乳型涂料通过水分蒸发，使固体微粒聚集成膜的过程较慢，若中途遇雨，涂层将被雨水冲走；如成膜过程温度过低，结膜的质量以及与基层的粘结力将会下降；如温度过高，涂膜又会起泡等，这些都应在施工中充分防范；

⑤ 涂料结膜不良还与两层涂料施工间隔时间有关。如底层涂料未实干时，就进行后续涂层施工，使底层中水分或溶剂不得及时挥发，而双组分涂料则未能充分固化而形成不了完整的防水薄膜；

⑥ 当采用两种防水材料进行复合防水施工时，应考虑防水涂料与其他材料的相容性，确保两者之间粘结牢固。有关试验指出，两种材料的溶度参数愈接近，则两种材料的相容性愈好。一些合成高分子材料的溶度参数见表2-36。

⑦ 精心操作，确保涂料的成膜厚度，并按照1.屋面渗漏中的预防措施⑩保证涂料的成膜厚度。

⑧ 掌握天气变化，并备置雨布，供下雨时及时覆盖。表干的涂料已经结膜，此时可抵抗雨水冲刷，而不至影响与基层的粘结力。

⑨ 防水层的每道工序之间应有一定的技术间隔时间，并按照上面1.屋面渗漏中的预防措施⑪保证涂层间的间隔施工时间。整个涂膜防水层完工后，至少有7d以上的自然干燥养护时间。

⑩ 不得使用已经变质失效的防水材料。

一些合成高分子材料的溶度参数　　表 2-36

| 高分子聚合物名称 | 溶度参数 | 高分子聚合物名称 | 溶度参数 |
|---|---|---|---|
| 聚丙烯酸甲酯 | 9.8 | 丁苯橡胶 | 8.3～8.67 |
| 丁腈橡胶 | 9.38～9.64 | 聚丁二烯橡胶 | 8.3～8.6 |
| 聚氯乙烯树脂 | 9.6 | 顺丁橡胶 | 8.3 |
| 聚苯乙烯树脂 | 9.4 | 天然橡胶 | 7.9～8.35 |
| 氯化橡胶 | 9.4 | 异戊橡胶 | 7.7～8.1 |
| 丁吡橡胶 | 9.35 | 三元乙丙橡胶 | 7.9～8.0 |
| 氯丁橡胶 | 8.18～9.36 | 丁基橡胶 | 7.7～8.05 |
| 氯化聚乙烯树脂 | 8.9 | 聚乙烯树脂 | 7.8 |
| 氯磺化聚乙烯橡胶 | 8.9 | 有机硅橡胶 | 7.6 |

（4）治理方法

先将与基层粘结不牢的涂膜铲除并清理干净，再用与原防水层材性相当的涂膜（加胎体增强材料）进行覆盖，具体治理按照上面 1. 屋面渗漏中的治理方法④进行。

3. 涂膜裂缝、脱皮、流淌、鼓包

（1）现象　涂膜出现裂缝、脱皮、流淌、鼓包等缺陷。

（2）原因分析

① 基层刚度不足，抗变形能力差，找平层开裂；

② 涂料施工时温度过高，或一次涂刷过厚，或在前遍涂料未实干前即涂刷后续涂料；

③ 基层表面有砂粒、杂物，涂料中有沉淀物质；

④ 基层表面未充分干燥，或在湿度较大的气候下操作；

⑤ 基层表面不平，涂膜厚度不足，胎体增强材料铺贴不平整；

⑥ 涂膜流淌主要发生在耐热性较差的防水涂料中。

（3）预防措施

① 在保温层上必须设置细石混凝土（配筋）刚性找平层；

同时在找平层上按规定留设温度分隔缝。对于装配式钢筋混凝土结构层，应在板缝内浇筑细石混凝土，并采取其他相应措施（详见上面"1.屋面渗漏"中的预防措施④）。找平层裂缝如大于0.3mm 时，可先用密封材料嵌填密实，再用 10～20mm 宽聚酯毡作隔离条，最后涂刮 2mm 厚的涂料附加层。找平层裂缝如小于 0.3mm 时，也可按上述方法进行处理，但涂料附加层的厚度为 1mm。

② 为防止涂膜防水层开裂，应在找平层分隔缝处，增设带胎体增强材料的空铺附加层，其宽度宜为 200～300mm，而在分隔缝中间 70～100mm 范围内，胎体附加层的底部不应涂刷防水涂料，以免使与基层脱开。

③ 涂料应分层、分遍进行施工，并按事先试验的材料用量与间隔时间进行涂布。若夏天气温在 30℃ 以上时，应尽量避开炎热的中午施工，最好安排在早晚（尤其是上半夜）温度较低的时间操作。

④ 涂料施工前应将基层表面清扫干净；沥青基涂料中如有沉淀物（沥青颗粒），可用 32 目铁丝网过滤。

⑤ 选择晴朗天气下操作；或可选用潮湿界面处理剂、基层处理剂或能在湿基面上固化的合成高分子防水涂料，抑制涂膜中鼓泡的形成。

⑥ 基层表面局部不平，可用涂料掺入水泥砂浆中先行修补平整，待干燥后即可施工。铺贴胎体增强材料时，要边倒涂料、边推铺、边压实平整；铺贴最后一层胎体增强材料后，面层至少应再涂刷二遍涂料。胎体应铺贴平整，松紧有度，铺贴前，应先将胎体布幅的两边每隔 1.5～2.0m 间距各剪一个 15mm 长的小口，以利排除空气，确保胎体铺贴平整。

⑦ 进厂前应对原材料抽检复查，不符合质量要求的防水涂料坚决不用。

4. 保护层材料脱落

170

（1）现象　保护层材料破碎脱落，缺棱掉角。

（2）原因分析

① 粒料保护层（如细砂、云母或蛭石碎粒）未经滚压，与涂料粘结不牢；

② 浅色涂料保护层施工时基面潮湿，或使用与原防水涂料不相容的材料；

③ 水泥类刚性保护层在施工初期因不注意成品保护，造成缺棱、掉角等缺陷。

（3）预防措施

① 材料颗粒不宜过粗，使用前应筛去杂质、泥块，必要时还应冲洗和烘干。

② 粒料保护层施工时，应随刷涂料随抛撒保护层材料，然后用表面包胶皮的铁辊轻轻碾压，使粒料嵌入面层涂料中，且应在自然干燥7d后，扫除未粘结的保护层材料，收集备用。

③ 浅色涂料保护层施工时，其基面应符合平整、干净和干燥的要求，使用的涂料应与原防水涂料进行相容性试验。

④ 整浇水泥类保护层施工初期，要注意养护，并注意防止碰伤。

（4）治理方法

① 粒料保护层脱落时，应先将基面清理干净，重新涂刷粘结材料，边涂刷边抛撒粒料进行修补，待粘结材料干燥后，扫除未粘结的粒料；

② 浅色涂料保护层脱落时，应先将基面清理干净，干燥后重新涂刷保护层材料；

③ 刚性保护层脱落时，应将破碎的刚性材料清洗干净，再将四周疏松部分凿除，用水充分湿润后，浇筑掺有微膨胀剂的砂浆或混凝土，并抹平压光；

④ 修复保护层时，应做好防范措施，不得损坏原有涂膜防水层。

# 参 考 文 献

[1] 中国工程建设标准化协会标准 CECS 195：2006《聚合物水泥、渗透结晶型防水材料应用技术规程》

[2] 徐峰，陈彦岭，刘兰。涂膜防水材料．北京：北京化学工业出版社．2007.

[3] 周述光，姬海君，陈新孝等。复合型渗透结晶防水涂料的开发研究．新型建筑材料，2007，(8)：32～34.

[4] 建筑外墙防水工程技术规程 JGJ/T 235—2011．北京：中国建筑工业出版社，2011.

[5] 地下工程防水技术规范 GB 50108—2008．北京：中国计划出版社，2009.

[6] 盛恩善，俞有湛．聚氨酯硬泡技术在建筑节能领域中的应用．住宅科技，2008 (1)：15～17.

[7] 硬泡聚氨酯保温防水工程技术规范 GB 50404—2007．北京：中国计划出版社，2007.

[8] 沈春林，李芳，苏立荣．聚氨酯防水保温材料的设计与施工．新型建筑材料，2007，(11)：1～4.

# 第三章 新型外墙外保温系统及材料应用技术

随着我国经济社会的发展，社会能耗不断上升，国家节能减排形势越来越严峻。我国正处在城镇化的快速发展时期，"十二五"期间，全国城镇累计新建建筑面积将达到 40 亿 m²。城镇化快速发展带来对能源、资源的更多需求，迫切要求提高建筑能源利用效率，发展低成本、较高保温隔热性能的绿色建材。在这当中，提高建筑物围护结构的保温隔热技术就变得更为重要。根据这种迫切需求，本节介绍几种新型外墙外保温系统应用技术。

除本章所介绍的几种新型外墙外保温系统应用技术外，在本书中涉及的有关新型建筑物围护结构保温隔热应用技术的内容还有第一章第四节的建筑保温砂浆外墙外保温系统应用技术、第二章第五节的硬泡聚氨酯屋面保温防水技术和第四章第八节的建筑反射隔热涂料应用技术等。

## 第一节 发泡水泥保温板外墙外保温系统应用技术

### 一、概述

1. 发泡水泥保温板技术特征

发泡水泥保温板也称水泥泡沫板、泡沫混凝土板、无机防火保温板等。泡沫混凝土早已有之，但现在外墙外保温系统中应用的发泡水泥保温板是近年来在现有新材料基础上通过不断改性研究的结果，其在干密度、强度、保温隔热性能（导热系数）和吸水率以及产品质量稳定性等方面都远非传统泡沫混凝土可比。

发泡水泥保温板是将通用硅酸盐水泥或硫铝酸盐水泥、粉煤灰和添加剂（包括发泡剂）等加水搅拌制成混合浆体，通过化学发泡或化学和物理相结合的发泡方式进行发泡，再通过养护、切割等工艺过程制成。发泡水泥保温板具有耐火不燃、适当的强度和一定的保温隔热性能，能够满足目前建筑节能的要求，即通过适当调整保温板的厚度，既可以应用于夏热冬冷地区，也可以应用于寒冷地区。

在外墙外保温系统的应用中，发泡水泥保温板与某些有机材料相比其保温隔热、强度、吸水率等性能综合平衡方面并不具有优势，但其最大的性能优势在于耐火性能能够满足对外墙保温材料的 A 级防火要求；而与岩棉保温板这类无机保温材料相比，其性能优势则非常明显：因为这种材料是水泥基材料，对环境没有影响，强度高，安全可靠，吸水率低，而且不消耗矿物资源，原材料来源非常广泛等，是可以大量应用的材料。

发泡水泥保温板材料既可用作为外墙保温的主体保温材料，即构成外墙外保温系统，也可以应用于有机外墙外保温系统中的防火隔离带。

发泡水泥保温板的性能的不足：一是性脆，在搬运、施工过程中易于破碎，因而不能制成尺寸较大的制品（保温板的尺寸一般为 300mm×300mm）；二是保温性能与有机材料相比有较大差距，以及吸水率高等。这都是其在以后应用过程中有待研究改善的。

发泡水泥保温板外墙外保温系统的应用主要是从公安部消防局 2011 年年初 65 号文对外墙外保温材料防火的严格要求后开始的。在此前也有研究和很少量的应用，但没有引起重视。此后由于有机保温材料不能够满足对外墙外保温系统的 A 级防火要求，发泡水泥保温板外墙外保温系统在江苏、浙江、重庆、安徽等夏热冬冷地区大量应用。在这应用很短的时间内所出现的问题主要还是开裂、渗水等。但是，该外墙外保温系统毕竟应用的时间很短，其技术可靠性、成熟度等还远不如膨胀聚苯板薄抹灰外墙外保温系统，还有待于在今后的应用过程中不断总结、积累经验。

这里所介绍的应用技术在安徽来说是很典型的，但不一定适合于其他地区，仅具有参考作用。

2. 发泡水泥保温板外墙外保温系统

发泡水泥保温板外墙外保温系统是指采用聚合物水泥基粘结砂浆将发泡水泥保温板粘结于基层墙体上，并采用锚栓辅助固定，再在保温层表面使用抗裂性能好的抹面胶浆复合耐碱网格布形成抗裂防护层，然后采用涂料饰面而形成的外墙外保温系统。

这样形成的外墙外保温系统比之无机保温砂浆外墙外保温系统、岩棉保温板外墙外保温系统等具有更好的技术、节能综合效益。既为建筑节能实施提供一项新技术，也增加了外墙外保温系统种类的可选择范围。

实际上，发泡水泥保温板外墙外保温系统就是在有机保温材料的防火性能广受质疑，国内发生几次大的火灾情况下研发的，该系统具有极高的防火安全性，在防火安全要求较高的场合，其应用优势是有机保温材料系统所无法相比的。

由于发泡水泥保温板本身的吸水率高，吸水后保温性能变差，系统重量增大，这就需要更可靠的安全防护。因而，保温层外的抗裂防护层的抗裂和防水性变得很重要，应该对材料品质和施工质量都有更高的要求。

安徽省地方标准《发泡水泥板外墙外保温系统》DB34/T 1773—2012 和某企业标准详细规定了发泡水泥保温板外墙外保温系统工程应用中的有关问题，如材料性能要求、设计问题、构造、施工和验收等，本节依据其介绍发泡水泥保温板外墙外保温系统应用技术。

**二、发泡水泥保温板外墙外保温系统及其组成材料的性能要求**

1. 外墙外保温系统

作为一种外墙外保温系统，在实际应用中必须能够满足一些基本的性能要求，例如应能适应基层的正常变形而不产生裂缝或空鼓；应能长期承受自重、风荷载和室外气候的长期反复作用而不产生有害的变形和破坏；应与基层墙体有可靠连接，避免在地震时脱落；应具有防水渗透性能；以及适当的耐久性（例如在正确使用和正常维护的条件下，外墙外保温工程的使用年限不应少于25年）等。这些要求和其他类外墙外保温系统都是相同的。

发泡水泥保温板外墙外保温系统的性能指标见表3-1。

发泡水泥保温板外墙外保温系统的性能指标　　表3-1

| 项　目 | 性　能　指　标 |
|---|---|
| 耐候性 | 表面无裂缝、空鼓、剥落、起泡现象。防护层和保温层的拉伸粘结强度不小于0.08MPa，且破坏部位应位于保温层内 |
| 抗风压 | 不小于工程项目的风荷载设计值 |
| 吸水量 | 系统在水中浸泡1h后的吸水量≤800g/m² |
| 抗冲击性 | 建筑物首层及门窗洞口等易受到碰撞的部位：10J级；建筑物二层以上墙面等不易受到碰撞的部位；3J级 |
| 耐冻融 | 10次冻融循环后，系统无空鼓、脱落，无渗水裂缝；防护层、保温层的拉伸粘结强度不小于0.08MPa，且破坏界面应位于保温层内 |
| 保护层水蒸气渗透阻 | ≥0.85g/(m² · h) |
| 不透水性 | 2h不透水（试样抗裂面层内侧无水渗透） |
| 热阻 | 符合设计要求 |
| 火反应性 | 燃烧试验结束后，试件厚度变化不超过10% |

**2. 系统组成材料**

（1）发泡水泥保温板　发泡水泥保温板表面应平整，无裂缝，无掉角缺棱，板的规格尺寸和外观偏差应符合表3-2的要求，物理力学性能指标应符合表3-3的要求。

无机发泡水泥保温板的外观要求和尺寸允许偏差　　表3-2

| 分类 | 项　目 | 尺寸允许偏差(mm) |
|---|---|---|
| 外观要求 | 缺棱掉角 | ≤20 |
| 几何尺寸 | 长度 | ±2.0 |
| | 宽度 | ±2.0 |
| | 厚度 | 不得出现负偏差，正偏差不得超过2.0 |

**发泡水泥保温板的物理力学性能指标**　　表 3-3

| 项　目 | 性能指标 |
|---|---|
| 干表观密度（kg/m³） | ≤220 |
| 导热系数[W/(m·K)] | ≤0.060 |
| 抗压强度（MPa） | ≥0.30 |
| 垂直于板表面的抗拉强度（MPa） | ≥0.08 |
| 吸水率[(V/V)%] | ≤8 |
| 抗冻性（质量损失，%） | ≤5 |
| 软化系数 | ≥0.70 |
| 蓄热系数[W/(m²·K)] | ≥1.0 |
| 碳化系数 | ≥0.7 |
| 燃烧性能 | A 级不燃 |
| 放射性核素限量 | 内照射指数 $I_{Ra}$≤1.0 |
| | 外照射指数 $I_r$≤1.0 |

（2）粘结砂浆　粘结砂浆的性能指标应符合表 3-4 的规定。

**粘结砂浆的性能指标**　　表 3-4

| 项　目 | | 性能指标 |
|---|---|---|
| 拉伸粘结强度（MPa）（与水泥砂浆） | 原强度 | ≥0.60 |
| | 耐水 | ≥0.40 |
| 拉伸粘结强度（MPa）（与发泡水泥板） | 原强度 | ≥0.08，且破坏界面在发泡水泥板内 |
| | 耐水 | ≥0.08，且破坏界面在发泡水泥板内 |
| 柔韧性[抗压强度/抗折强度（水泥基）] | | ≤3.0 |
| 可操作时间（h） | | 1.5～4.0 |

（3）抹面胶浆　抹面胶浆的性能指标应符合表 3-5 的规定。

**抹面胶浆的性能指标**　　表 3-5

| 项　目 | | 性能指标 |
|---|---|---|
| 拉伸粘结强度（MPa）（与发泡水泥板） | 原强度 | ≥0.08，且破坏界面在发泡水泥板内 |
| | 耐水 | ≥0.08，且破坏界面在发泡水泥板内 |
| | 耐冻融 | ≥0.08，且破坏界面在发泡水泥板内 |
| 柔韧性[抗压强度/抗折强度（水泥基）] | | ≤3.0 |
| 可操作时间（h） | | 1.5～4.0 |

（4）耐碱网格布　耐碱网格布的性能指标应符合第一章中表1-17的规定。

（5）锚栓　锚栓由螺钉和带圆盘的塑料膨胀套管两部分组成。金属螺钉应采用不锈钢或经过表面防腐蚀处理的金属制成，塑料钉和带圆盘的塑料膨胀套管应采用聚酰胺、聚乙烯或聚丙烯制成。塑料圆盘直径不小于50mm，套管外径7~10mm。其主要性能指标应符合第一章中表1-23的要求。

（6）弹性底涂　弹性底涂的性能指标应符合第一章中表1-18的规定。

（7）柔性耐水腻子　饰面采用的柔性耐水腻子应与保温系统组成材料相容，其性能指标应符合第一章中表1-19的要求。

（8）饰面涂料　饰面涂料应与岩棉板外保温系统相容，其性能指标除应符合国家及行业相关标准外，还应满足第一章中表1-20的抗裂性能要求。

### 三、发泡水泥保温板外墙外保温系统的构造与设计

#### 1. 系统构造

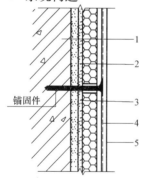

锚固件

图 3-1　发泡水泥保温板外墙外保温系统构造示意图

1—基层（混凝土墙或各种砌体墙）；
2—粘结层（胶粘剂）；3—保温层（发泡水泥保温板）；4—抹面层（抹面胶浆＋耐碱玻纤网布＋锚栓）；5—饰面层（柔性耐水腻子＋外墙涂料）

用于外墙外保温系统的基本构造如图 3-1 所示。基层墙体可以是各种砌体或混凝土墙，饰面层可采用涂料，也可采用幕墙或干挂石材。

2. 发泡水泥保温板外墙外保温系统的工程设计

（1）基层墙体处理　基层墙体的处理应符合下列要求：

① 基层墙体为烧结类砖砌体、普通混凝土空心砌块墙、轻骨料混凝土类砌块墙等砌体时，墙体可不做界面处理。外侧应设置防水砂浆或水泥砂浆

找平层，其平整度应满足相关规范要求。

②当基层墙体为混凝土或轻骨料砌块墙体时，墙面应涂刷界面砂浆，然后粉刷防水砂浆或专用砂浆找平层；当基层墙体为加气混凝土砌块、粉煤灰砌块或外墙板时，其表面应涂刷界面砂浆，然后粉刷专用抹面胶浆。

（2）系统构造　发泡水泥保温板外墙外保温系统的构造应符合下列要求：

①发泡水泥保温板与基层墙面的连接应采用满铺粘结砂浆粘结，并辅以机械固定。

②抹面层中应压入耐碱网格布。建筑物首层应由两层标准网格布组成，二层以上墙面可采用一层标准型耐碱网格布。抹面层的厚度宜控制在5~7mm。

③系统应用高度超过40m时，应设置L形不锈钢或防腐角钢托架，用于辅助支撑系统重量，设置按每两层设置一道，托架宜采用热镀锌角钢，规格为厚度不小于4mm及边长同保温板厚度的等边角钢保温托架（应做防锈处理），托架采用圆10膨胀钉间距500mm固定。角钢应设置在主体结构上。

④用于辅助机械固定的锚栓应设置在耐碱网格布外侧。对于首层及加强部位应设置在两层耐碱网格布之间，锚栓性能指标应符合安徽省地方标准《发泡水泥板外墙外保温系统》DB34/T 1773—2012（参见第一章中表1-23）要求。

⑤锚栓的设置数量应由设计单位通过抗风载计算确定，同时应满足以下要求：高度20m以下可不设，20~40m为不少于6个/m²，40~60m为不少于8个/m²，60m以上不少于12个/m²，在外墙的阳角部位（含门窗洞口）每1m宜加密增设1个锚栓。锚栓中心距阳角边宜为120~150mm。当墙体为加气砌块时，锚栓数量应根据拉拔力要求计算设置。外保温系统中随着高度不同时锚栓设置数量及排列方式见图3-2。

（3）门窗洞口部位外保温构造　门窗洞口部位的外保温构造应符合以下规定：

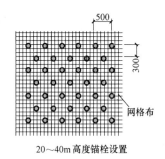

20～40m 高度锚栓设置

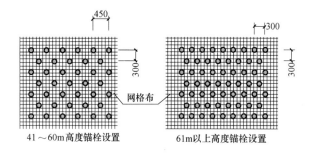

41～60m 高度锚栓设置　　　　61m 以上高度锚栓设置

图 3-2　发泡水泥保温板外墙外保温系统中
锚栓设置数量及布置方式示意图

① 门窗外侧洞口四周墙体，保温板厚度不应小于 20mm；

② 板与板接缝距洞口四角距离不得小于 150mm；

③ 门窗的收口，阳角发泡水泥保温板与门窗框间留 6～10 mm 的缝，填背衬打硅酮耐候密封胶。

（4）外墙阳角和门窗外侧洞口周边及四角部位应按下列要求实施增强：

① 首层转角构造　在建筑物首层外墙阳角部位的抹面层中设置专用护角线条增强，耐碱网格布位于护角线条的外侧，见转角构造图 3-3。

② 门窗洞口　门窗洞口四周应在 45°方向加贴 300 mm×400 mm 的标准型耐碱网格布增强。其构造示意见图 3-4。

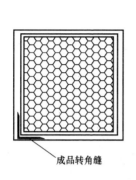
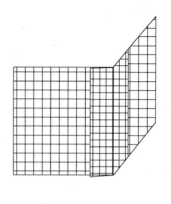

成品转角缝

图 3-3　首层转角构造

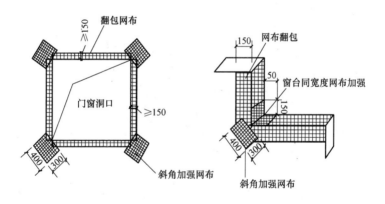

图 3-4　门窗洞口部位构造示意图

③ 外墙阳角　二层以上外墙阳角以及门窗外侧周边部位的抹面层中采用附加耐碱网格布增强，附加耐碱网格布搭接宽度不应小于 200mm。其构造示意见图 3-5 。

（5）外墙勒脚部位外保温构造　外墙勒脚部位外保温的构造按照图 3-6 的做法，其底部应设置角钢底座托架。托架离散水坡高度 600mm，应满足建筑结构出现沉降而不会导致外墙外保温系统损坏的要求。散水坡上 600mm 内做法采用无机保温砂浆材料或见单体设计。

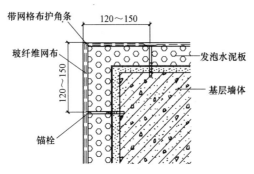

图 3-5 二层以上外墙阳角以及门窗外侧周边部位构造示意图

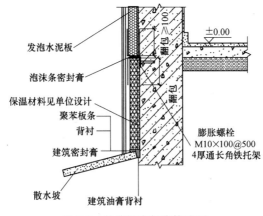

图 3-6 外墙勒脚部位构造图

（6）女儿墙部位构造 女儿墙部位构造如图 3-7 所示，女儿墙应设混凝土压顶或金属板盖板，并实施双侧保温，内侧外保温的防水高度距离屋面完成面不低于 300mm。

（7）檐沟部位构造 檐沟部位的上下侧应采用发泡水泥保温板整体包覆，构造见檐沟部位构造图 3-8。

（8）墙体变形缝 基层墙体设有墙体变形缝时，外保温应在变形缝处断开，缝中可堵塞低密度聚苯板条，并应采取措施，防止生物侵害。变形缝设置如图 3-9 所示。

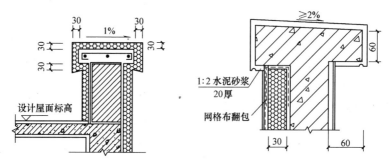

图 3-7　女儿墙部位构造图

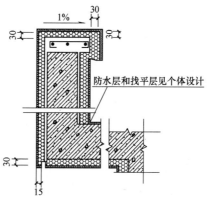

图 3-8　檐沟部位构造图

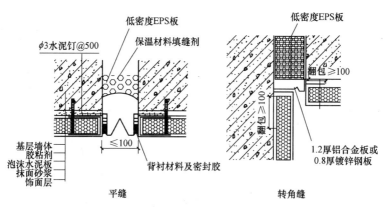

图 3-9　外墙变形缝构造示意图

（9）滴水线槽 滴水线槽做法见图3-10。

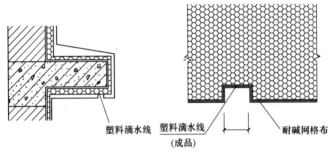

图 3-10 滴水线槽做法

（10）飘窗及阳台保温构造 飘窗及阳台，凸窗底板仰贴发泡水泥保温板宽度不应大于 600mm，且应有锚栓和网格布加强固定，采用网格布包覆实施加强处理。

（11）竖向连续保温墙面宽度超过 6m，横向连续保温墙面高度超过 12m 时，应设置保温系统变形缝，缝中填塞聚乙烯泡沫棒或喷涂发泡聚氨酯并使用硅酮耐候密封胶密封，密封胶厚度不小于 10mm。保温系统变形缝的设置如图 3-11 所示。

（12）其他

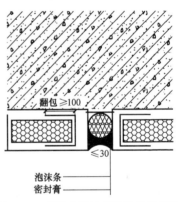

图 3-11 系统变形缝部位构造示意图

① 发泡水泥保温板用于外墙系统防火隔离带时，应在交接处附加耐碱网格布，其搭接宽度不小于 200mm。

② 外墙干挂石材保温构造按照外墙外保温做法，将发泡水泥保温板粘贴在主体结构的外表面上，并采取有效措施防止冷热桥。

3. 热工设计

发泡水泥保温板外墙外保温系统用于民用建筑外墙外保温时的保温层厚度，应根据现行国家和地方建筑节能设计标准对外墙的规定指标或建筑物节能的综合指标要求通过热工计算确定。

发泡水泥保温板用于外墙外保温时，其导热系数 $\lambda$、蓄热系数 $S$ 和修正系数 $a$ 应按表 3-6 取值。

发泡水泥保温板的 $\lambda$、$S$ 和 $\alpha$ 值 表 3-6

| 干密度（kg/m³） | $\lambda[W/(m \cdot K)]$ | $S[W/(m^2 \cdot K)]$ | 修正系数 $a$ |
|---|---|---|---|
| ≤200（Ⅰ型） | 0.060 | 1.2 | 1.25 |
| ≤250（Ⅱ型） | 0.065 | 1.0 | 1.25 |

**四、发泡水泥保温板外墙外保温系统施工技术**

1. 施工机具

施工应具有强制式砂浆搅拌机、电动搅拌机、电钻、靠尺、抹子等主要施工机具。施工用机具应有专人管理和使用，定期维护校验。

2. 施工条件

（1）基层墙体应符合《混凝土结构工程施工质量验收规范》GB 50204、《砌体结构工程施工质量验收规范》GB 50203、《建筑装饰装修工程质量验收规范》GB 50210 的要求。

（2）保温工程的施工应在基层粉刷水泥砂浆找平层，且施工质量验收合格后进行。

（3）保温工程施工前，外门窗洞口应通过验收，洞口尺寸、位置应符合设计要求并验收合格，门窗框或辅框应安装完毕，并需做防水处理。伸出墙面的消防梯、水落管、各种进户管线和空调器等的预埋件、连接件应安装完毕，并预留出外保温层的厚度。

幕墙系统保温工程施工前，预埋件、连接件应安装完毕，龙骨不得安装。

（4）保温工程应制定专项施工方案。

（5）既有建筑改造工程施工时，基层墙面必须坚实平整，空

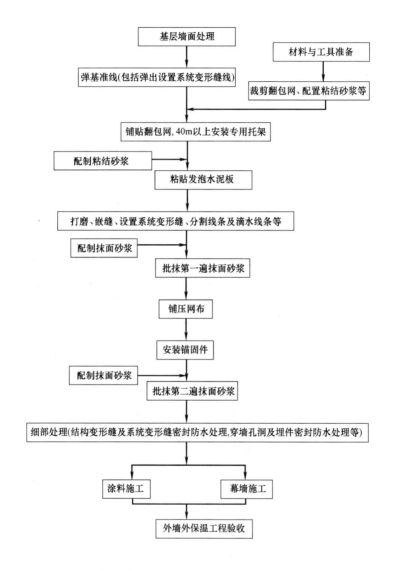

图 3-12  发泡水泥保温板外墙外保温系统施工工艺流程图

鼓处应铲除，并用 1：3 水泥砂浆补平。

（6）按抹灰墙面的高度，搭好抹灰用脚手架。脚手架要稳固、可靠，距离墙面不大于 150mm。

（7）施工中环境温度不应高于 35℃，不应低于 5℃，且 24h 内不应低于 0℃，风力应不大于 5 级。雨天施工时应有防雨措施，夏季施工时作业面应避免阳光暴晒。

（8）进场材料应贮存在干燥阴凉的场所，贮存期及条件应按材料供应商产品说明要求进行。

3. 施工工艺

发泡水泥保温板外墙外保温系统的施工工艺流程参见图 3-12。

4. 施工要点

保温施工应在保温工作面上的抹灰工程施工完毕并经验收合格后方可进行。

（1）基层墙面处理　必须控制并满足以下要求：

① 基层墙体必须清理干净，墙体表面无污染物或其他妨碍粘结的材料；墙体表面无凸出物；施工时应清洁平整。

② 对于墙面施工洞口、脚手眼总包单位应修补完毕。

③ 对于穿墙构件，总包单位应做好其四周防腐、防水处理。

④ 外墙抹灰完毕后，其表面平整度、立面垂直度、阴阳角、方正度均应符合《建筑装饰装修工程质量验收规范》GB 50210—2001 中对一般抹灰要求（表 3-7）。

一般抹灰的允许偏差和检验方法　　　　表 3-7

| 项次 | 项目 | 允许偏差（mm） | 检查方法 |
|---|---|---|---|
| 1 | 立面垂直度 | 4 | 用 2m 垂直检测尺检查 |
| 2 | 表面平整度 | 4 | 用 2m 靠尺和塞尺检查 |
| 3 | 阴阳角方正 | 4 | 用直角检测尺检查 |
| 4 | 分格条（缝）直线度 | 4 | 拉 5m 线，不足 5m 拉通线，用钢直尺检查 |
| 5 | 墙裙、勒脚上口直线度 | 4 | 拉 5m 线，不足 5m 拉通线，用钢直尺检查 |

（2）弹挂基准线

① 基准线应选用变形小的钢丝并附带张紧控制器。

② 固定基准线的构件应设置在不妨碍保温层施工的位置。

③ 弹挂基准线操作　在外墙各大角（阳角、阴角）及其他必要设置垂直基准线的位置用膨胀螺栓将基准线固定在墙面上，根据设计保温层厚度及粘结砂浆厚度和挂基准线，用张紧器把基准线拉紧。在每个楼层的适当位置也要挂水平线，施工方法同垂直基准线，以控制粘贴发泡水泥保温板时的垂直度和水平度。在弹垂直、水平线的同时应按设计要求弹出设置系统变形缝的位置线。

（3）粘结砂浆、抹面胶浆的配制

① 粘结砂浆、抹面胶浆在施工现场不得掺入砂、骨料、速凝剂、聚合物等其他添加剂，水灰比应严格按技术要求或使用说明进行。

② 粘结砂浆、抹面胶浆应随用随拌，已搅拌好的胶浆料应在 1.5～4h 内用完。

③砂浆、胶浆配制。将一包粘结砂浆（或抹面胶浆）粉料分批倒入符合要求水量的干净容器中，用低速搅拌器搅拌成均匀的糊状浆料。胶浆净置 5min，使用前再搅拌一次使其具有适宜的黏稠度。

（4）铺贴耐碱玻纤网格布翻包

① 铺贴耐碱玻纤网格布翻包前应满足如下技术要求：所有托架的上下部位应设置耐碱玻纤网格布翻包；门窗洞口、管道或其他设备需穿墙的洞口处应设置耐碱玻纤网格布翻包；勒脚、阳台、雨篷、空调板等系统的尽端部位应设置耐碱玻纤网格布翻包；变形缝等需要终止系统的部位应设置耐碱玻纤网格布翻包；女儿墙顶部的装饰构件应设置耐碱玻纤网格布翻包。

② 铺贴　先在基层墙体上所有门、窗、洞周边及系统终端处（包括托架上下部），涂抹粘结砂浆，宽度为 100mm，厚度为 2mm，然后将窄幅标准耐碱玻纤网格布的一端 100mm 压入粘结

砂浆内且必须完全嵌入粘结砂浆内，余下的部分甩出备用，并立即保持清洁。

(5) 安装托架

① 外墙外保温系统在 40m 以上时设置托架，安装托架应满足以下要求：L 形托架选材应使用不锈钢或防腐金属角钢；角钢边长宜小于设计保温厚度 5mm；固定托架的膨胀螺栓锚固必须牢固；托架钻孔，间距不大于 500mm，同时在离两端 100mm 处应打孔。

② 安装　根据设计要求，先制作完毕托架，然后在安装托架的位置按规定的孔距弹上墨线，在墙面用电锤打孔，用 φ10mm 镀锌膨胀螺栓固定托架。

(6) 粘贴发泡水泥保温板

① 粘贴发泡水泥保温板时应满足如下要求：发泡水泥保温板在基层墙体上的粘贴应采用满粘法；铺贴之前应清除表面浮尘；粘贴应采用错缝粘贴，每排板错缝 1/2 板长；操作应迅速，在发泡水泥保温板安装就位之前，粘结砂浆不得有结皮；发泡水泥保温板的有效粘贴面积不得小于 95%；发泡水泥保温板的接缝应紧密，且平齐；仅在发泡水泥保温板边做耐碱玻纤网格布翻包时，才可以在板的侧面涂抹粘结砂浆，其他情况下均不得在板侧面涂抹粘结砂浆，或挤入粘结砂浆，以免引起开裂；板间高差大于 2mm 的部位应打磨平整；门窗洞口角部的发泡水泥保温板如有拼接，板缝应至少距离门窗洞的角部 150mm。

② 粘贴　发泡水泥保温板施工应从首层开始，并距勒脚地面 600mm 处弹出水平线，用角钢做托架，自下而上沿水平方向横向铺贴发泡水泥保温板。托架以下部分使用无机保温砂浆抹平并做好防水处理。

发泡水泥保温板抹完粘结砂浆后，应立即将板平贴在基层墙体上滑动就位。粘贴时动作应轻、均匀挤压。为了保证板面的平整度，应随时用一根长度为 2m 的靠尺进行压平操作，但不得敲击板面，以免粘结砂浆产生蜂窝。

粘贴发泡水泥保温板施工应自下而上，沿水平方向横向铺贴，每排板错缝 1/2 板长，板与板之间的接缝缝隙不得大于 2mm，对于大于 2mm 的缝隙，应用发泡胶填实。

在墙角处，发泡水泥保温板应垂直交错连接，保证拐角处板材安装的垂直。为保证交错连接，并保持阳角垂直，在一面贴板时，把阴、阳角处与之搭接的另一面的一块板贴上。

发泡水泥保温板错缝及转角铺贴应按图 3-13 进行；在粘贴门窗洞口四周时，应按图 3-14 进行排板。

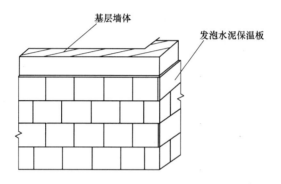

图 3-13　发泡水泥保温板错缝及转角示意图

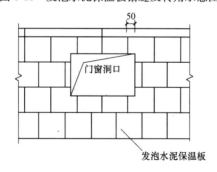

图 3-14　门窗洞口排板示意图

（7）抹面胶浆的施工

① 抹面胶浆施工时应满足如下技术要求：水灰比必须按包装袋上的使用说明进行配比；抹面胶浆涂抹必须平整密实，与发

190

泡水泥保温板、耐碱玻纤网格布粘结牢固。

② 抹面胶浆施工步骤　发泡水泥保温板大面积铺贴结束后，视气候条件24～48h后，施工抹面胶浆。施工前用2m靠尺在发泡水泥保温板平面上检查平整度，对凸出的部位应刮平并清理发泡水泥保温板表面碎屑后，方可进行抹面胶浆的施工。用抹刀把配置好的抹面胶浆涂抹在板面，涂抹量适中，再用抹刀用力均匀的批在板面，每次涂抹及批的面积要以30min内铺贴完毕网格布为准。施工时，同时在檐口、窗台、窗楣、雨篷、阳台、压顶以及凸出墙面的顶面做出坡度，下面应做出滴水槽或滴水线，滴水线的构造见前述图3-10。

(8) 耐碱玻纤网格布铺设

① 耐碱玻纤网格布铺设应满足如下要求：耐碱玻纤网格布铺设应平整顺直，不得有褶皱；应与抹面胶浆应粘贴牢固；板面不得有漏铺耐碱玻纤网格布部位，且搭接长度符合设计要求；耐碱玻纤网格布施工完毕后，不得有裸露现象，以表面耐碱玻纤网格布形若隐若现为宜。

② 耐碱玻纤网格布铺设步骤　用铁抹子将抹面胶浆粉刷到发泡水泥保温板上，厚度应控制在3～5mm，先用大杠刮平，再用塑料抹子搓平，随即用铁抹子将事先剪好的耐碱玻纤网格布压入抹面胶浆表面，耐碱玻纤网格布平面之间的搭接宽度不应小于100mm，阴阳角处的搭接不应小于200mm，铺设要平整无褶皱，阴阳角耐碱玻纤网格布做法见图3-15和图3-16。在洞口处应沿45°方向增贴一道300mm×400mm耐碱玻纤网格布内。首层墙面宜采用三道抹灰法施工，第一道抹面胶浆施工后压入第一层耐碱玻纤网格布内，待其稍干硬，进行第二道抹浆施工并压入第二层耐碱玻纤网格布内，第三道抹浆时将耐碱玻纤网格布完全覆盖。

(9) 安装锚栓

① 发泡水泥保温板的粘贴高度在20m以上时应设置锚栓辅助固定，安装时锚栓与基层应锚固牢固，锚栓个数与抗拉力应符合设计要求。

② 锚栓安装步骤　锚栓锚固应在第一遍抹面胶浆（并压入耐碱玻纤网格布）初凝后进行。安装时，先用电钻沿发泡水泥保温板的水平缝处打孔，钻头的直径和锚栓的直径必须一致，钻孔深度至少应比锚固深度深 10mm，将锚栓插入孔中并将塑料圆盘的平面拧压到抹面胶浆中。有效锚固深度应满足如下要求：混凝土墙体不小于 25mm；加气混凝土等轻质墙体不小于 50mm。

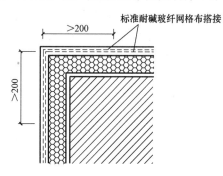

图 3-15　耐碱玻纤网格布阳角做法示意图

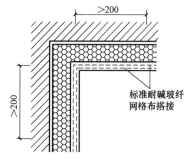

图 3-16　耐碱玻纤网格布阴角做法示意图

锚栓安装数量及排列方式见本节三、发泡水泥保温板外墙外保温系统的构造与设计。

任何面积大于 $0.01m^2$ 的单块板必须加锚栓，数量视形状及现场情况而定，小于 $0.01m^2$ 的单块板应根据现场情况决定是否加固定件。阳角、檐口下、孔洞边缘四周应加密，其间距不大于 300mm，距基层边缘不小于 60mm。

阳台内侧、空调板内侧、凸窗顶板等安全要求较低的部位可以不用锚栓。

锚栓的选用：短支剪力墙面采用普通的敲击式锚栓，对多孔砖、加气混凝土等轻质墙，应采用回拧打结式锚栓。

（10）施工系统变形缝

① 系统变形缝施工时应满足如下技术要求：水平及垂直变形缝设置原则以连续保温墙面面积不超过 $36m^2$ 为依据；变形缝应采用耐候防水密封胶密封，背衬聚乙烯泡沫棒，密封胶厚度不小于 10mm。

② 系统变形缝施工　系统变形缝施工应在第二遍抹面胶浆施工完毕 48h 后进行：根据缝宽及缝深，先用规格合适的聚乙烯泡沫棒填充密实，填充深度低于板面约 10mm，再用接近墙面颜色的耐候防水密封胶密封剩余的缝隙即可。

（11）防火隔离带施工

用发泡水泥保温板做防火隔离带时，防火隔离带铺设应与相邻的其他保温层施工同步进行。防火隔离带采用粘结砂浆满贴。面层施工做法（含锚栓）同发泡水泥保温板外墙外保温系统之面层做法。

**五、发泡水泥保温板外墙外保温系统工程验收**

1. 一般规定

（1）应用发泡水泥保温板外墙外保温系统的墙体节能工程的质量验收应符合《建筑节能工程施工质量验收规范》GB 50411—2007 和相关标准规定。

（2）系统以及各组成材料性能应符合要求。当系统材料有任一变更时，应重新进行系统型式检验。

（3）墙体节能分项工程的检验批应按下列规定划分：相同材料、工艺和施工条件的墙体保温工程每 $500 \sim 1000m^2$ 墙面面积为一个检验批，不足 $500m^2$ 也应划分为一个检验批。检查数量：每 $100m^2$ 至少抽查一处，每处不得少于 $10m^2$，每个检验批抽查不少于 3 处，也可根据与施工流程相一致且方便施工与验收的原则，由施工单位与监理（建设）单位共同商定。

（4）现场检查保温系统时，应核对系统是否与型式检验时的系统相一致。

2. 主控项目

（1）发泡水泥保温板外墙外保温系统性能指标应符合要求。

① 检验方法：检查系统型式检验报告。

② 检查数量：全数检查。

（2）发泡水泥保温板外墙外保温系统工程的组成材料、构配件等，其品种、规格应符合设计要求和相关标准的规定。

① 检验方法：观察、尺量检查；核查质量证明文件。

② 检查数量：按进场批次，每批随机抽取 3 个试样进行检查；质量证明文件应按照其出厂检验批进行核查。

（3）发泡水泥保温板外墙外保温系统工程使用的发泡水泥保温板的导热系数、密度、抗压强度、抗拉强度、尺寸稳定性、吸水量、碳化系数、软化系数、燃烧性能应符合设计和现行国家标准的要求。

① 检验方法：核查质量证明文件。

② 检查数量：全数检查。

（4）发泡水泥保温板外墙外保温系统工程采用的发泡水泥保温板、粘结砂浆、抹面胶浆、耐碱玻纤网格布等，进场时应对其下列性能进行复验，复验应为见证取样送检：

1）发泡水泥保温板：密度、导热系数、抗拉强度、抗压强度；

2）粘结砂浆和抹面胶浆的拉伸粘结强度；

3）耐碱玻纤网格布的力学性能、抗腐蚀性能。

① 检验方法：随机抽样送检，核查复验报告。

② 检查数量：同一厂家同一品种的产品，当单位工程建筑面积在 10000m² 以下时抽查不少于 1 次；10000～20000m² 时抽查不少于 2 次；20000～30000m² 时抽查不少于 3 次；30000m² 以上时抽查不少于 4 次。

（5）发泡水泥保温板外墙外保温系统工程施工前应按照设计和施工方案的要求对基层墙体进行处理，处理后的基层应符合施工方案的要求。

① 检验方法：对照设计和施工方案观察检查；核查隐蔽工程验收的记录。

② 检查数量：全数检查。

（6）发泡水泥保温板外墙外保温系统工程的各层构造做法应符合设计要求及相关标准对系统的规定，并应按照经过审批的施工方案施工。

① 检验方法：对照设计和施工方案观察检查；核查施工记录和隐蔽工程验收记录。必要时抽样剖开检查或按 GB 50411 规定的方法采取抽芯检查。

② 检查数量：每个检验批抽查不少于 3 处。

（7）发泡水泥保温板外墙外保温系统工程的施工，应符合下列规定：

1）发泡水泥保温板的厚度必须符合设计要求；

2）发泡水泥保温板与基层及各构造层之间的粘结、连接必须牢固。粘结强度和连接方式应符合设计要求。发泡水泥保温板的粘贴面积不小于 95%。发泡水泥保温板与基层的粘结强度应做现场拉拔试验；

3）锚栓数量、位置、锚固深度和拉拔力应符合设计要求。后置锚栓应进行锚固力现场拉拔试验；

4）防腐专用托架位置和固定方式应符合设计文件和专项施工方案要求。

① 检验方法：观察；手扳检查；保温材料厚度采用钢针插入或剖开尺量检查；粘结强度和锚固力核查试验报告；核查隐蔽工程验收记录。

② 检查数量：每个检验批抽查不少于 3 处。

（8）发泡水泥保温板外墙外保温系统工程饰面层的基层及面层施工，应符合设计要求和《建筑装饰装修工程质量验收规范》

GB 50210 的规定，并应符合下列规定：

1）饰面层施工的基层应无脱层、空鼓和裂缝，基层应平整、洁净，含水率应符合饰面层施工的要求；

2）不得采用饰面砖做饰面；

3）饰面层不得渗漏；

4）外墙外保温层及饰面层与其他部位交接的收口处，应采取防水密封措施。

① 检验方法：观察检查；核查试验报告和隐蔽工程验收记录。

② 检查数量：全数检查。

（9）外墙热桥部位应按设计要求采取节能保温等隔断热桥措施。

① 检验方法：对照设计和施工方案观察检查；核查隐蔽工程验收记录。

② 检查数量：按不同热桥种类，每种抽查 20%，并不少于 5 处。

（10）外墙或毗邻不采暖空间墙体上的门窗洞口四周的侧面、墙体上凸窗四周的侧面，应按设计要求采取节能保温措施。

① 检验方法：对照设计观察检查，必要时抽样剖开检查；核查隐蔽工程验收记录。

② 检查数量：每个检验批抽查 5%，并不少于 5 个洞口。

3. 一般项目

（1）发泡水泥保温板保温工程组成材料与配件的外观和包装应完整无破损，符合设计要求和产品标准的规定。

① 检验方法：观察检查。

② 检查数量：全数检查。

（2）发泡水泥保温板安装应上下错缝，拼缝应平整严密，接缝处不得抹粘结砂浆。

① 检验方法：观察检查。

② 检查数量：每个检验批抽查 10%，并不少于 5 处；不足

5 处的, 全数检查。

(3) 发泡水泥保温板安装允许偏差和检查方法应符合表 3-8 的规定。

发泡水泥保温板安装允许偏差和检查方法　　　表 3-8

| 项次 | 项目 | 允许偏差(mm) | 检 查 方 法 |
|------|------|------------|-------------|
| 1 | 表面平整 | 4 | 用 2m 靠尺、塞尺检查 |
| 2 | 立面垂直 | 4 | 用 2m 垂直检查尺检查 |
| 3 | 阴、阳角方正 | 4 | 用直角检验尺检查 |
| 4 | 接槎高差 | 2 | 用直尺、塞尺检查 |

(4) 耐碱玻纤网格布的铺贴和搭接应符合设计和施工方案的要求。抹面胶浆抹压应密实, 不得空鼓, 耐碱玻纤网格布不得皱褶、外露。

① 检验方法: 观察检查; 核查隐蔽工程验收记录。

② 检查数量: 每个检验批抽查不少于 5 处, 每处不少于 2m²。

(5) 施工产生的墙体缺陷, 如穿墙套管、脚手眼、孔洞等, 应按照施工方案采取隔断热桥措施, 不得影响墙体热工性能。

① 检验方法: 对照施工方案观察检查。

② 检查数量: 全数检查。

(6) 墙体上容易碰撞的阳角、门窗洞口及不同材料基体的交接处等特殊部位, 应采取防止开裂和破损的加强措施。

① 检验方法: 观察检查; 核查隐蔽工程验收记录。

② 检查数量: 按不同部位, 每类抽查 10%, 并不少于 5 处; 不足 5 处的, 全数检查。

(7) 发泡水泥保温板保温工程抹面层的允许偏差和检验方法应符合表 3-9 的规定。

检查数量: 每个检验批每 100m² 应至少抽查一处, 每处不得小于 10m²。

(8) 涂料饰面层施工质量应符合设计文件和《建筑装饰装修

工程施工质量验收规范》GB 50210 的规定。

发泡水泥保温板保温工程抹面层的允许偏差和检验方法

表 3-9

| 项次 | 项 目 | 允许偏差(mm) | 检查方法 |
|------|-------|-------------|----------|
| 1 | 表面平整度 | 4 | 用 2m 靠尺和塞尺检查 |
| 2 | 立面垂直度 | 4 | 用 2m 垂直检查尺检查 |
| 3 | 阴、阳角方正 | 4 | 用直角检验尺检查 |

① 检验方法：核查涂料饰面层施工质量验收记录。

② 检查数量：全数检查。

## 第二节　泡沫混凝土保温屋面应用技术

**一、概述**

1. 泡沫混凝土保温屋面

应用于屋面保温的泡沫混凝土，同上一节介绍的应用于外墙的发泡水泥保温板虽然属于泡沫混凝土同一类材料，但制备方法和所得到产品的性能都有明显不同。前者采用物理发泡，制品中泡沫的特征是孔径较大，且分布非常均匀，工程应用中绝大多数是采取现浇方法，在实际应用中更多的称为发泡水泥保温板；而后者采用的是化学发泡或化学和物理相结合的发泡方式，所得到的产品粒径更细小，干密度更低，吸水性能也有所改善，且绝大多数是制成板材，在实际应用中更多的称为泡沫混凝土。

物理发泡的泡沫混凝土是在水泥浆中引入适量细小的气泡，搅拌均匀再浇筑硬化后的混凝土。泡沫混凝土与普通混凝土在组成材料上的最大区别在于泡沫混凝土中没有普通水泥混凝土中使用的粗骨料，同时含有大量气泡。因此，与普通混凝土相比，无论是新拌泡沫混凝土浆体，还是硬化后的泡沫混凝土，都表现出许多与普通混凝土不同的特殊性能，从而使泡沫混凝土有可能被应用于一些普通混凝土不能胜任的具有特殊性能要求的场合。泡沫混凝土中相当部分体积由气泡占据，使其表现出显著低的热传导性和优良的防火性，因而泡沫混凝土特别适用做建筑保温隔热材料，例如作为建筑墙体或屋顶保温材料用。

将粉煤灰等矿物掺合料用于泡沫混凝土的制造，是近年发展起来的技术。硬化泡沫混凝土的特性，在极大程度上有赖于引入的泡沫的特性，诸如泡沫的大小、泡沫的尺寸分布、泡沫的壁厚和牢度、泡沫的稳定性、泡沫在混凝土浆体或硬化体中的空间分布等因素。也就是说，发泡剂的种类和性质，对泡沫混凝土的性能起着重要作用。

另外，在泡沫混凝土中引入粉煤灰、磨细矿渣等水泥矿物掺合料，可以降低水泥用量，从而降低水化热，防止硬化过程制品开裂或变形，并改善泡沫混凝土的其他物理力学性能，然而，由此导致混凝土的强度降低时，采用对粉煤灰等矿物掺合料的活化以及利用硅粉等，能够消除强度降低，并使强度有所提高。

2. 泡沫混凝土的基本应用特性

泡沫混凝土属于新型节能、利废（能够利用一定比例的粉煤灰或其他工业废渣）、环保的保温隔热材料，曾被原建设部列入"节能省地型建筑推广应用技术目录"中。将泡沫混凝土应用于屋面保温和楼地面填充层工程，既能够减轻建筑物的自重，又能满足建筑节能的要求。特别是现场浇筑泡沫混凝土屋面，能够大大提高屋面的整体性能，减少屋面施工的劳动强度。

与有机保温隔热材料相比，泡沫混凝土屋面保温隔热工程具有如下性能：

（1）耐压强度高、耐久性好　泡沫混凝土系水泥基无机材料，抗老化性能好，抗压强度高。当泡沫混凝土的干密度为 $350g/m^3$ 时，其 28d 抗压强度约为 0.9MPa，7d 抗压强度约为 0.6MPa。

（2）防火、耐高温、体积稳定　泡沫混凝土是无机不燃材料，防火性能好，能够在250℃以下使用，且在高温下体积稳定。与之相比，聚苯板在75～80℃就可能软化，体积发生较大变形。

（3）施工简单、施工速度快　泡沫混凝土是由机械高压输送的高流动性浆体，施工机械化程度高，施工速度快，每台班能够施工 $3000\sim4000\text{m}^2$，节约人力、物力和缩短工期。

（4）与基层的结合性好　泡沫混凝土是水泥基材料，和水泥基基层的结合牢固，和现浇屋面或砂浆层能够形成整体，不会产生空鼓现象，不容易产生起壳质量问题。

（5）整体性好　泡沫混凝土屋面能够一次浇筑成型，无接缝。

（6）性能不足　由于泡沫混凝土是水泥基材料，具有混凝土的部分特性，当高温下施工时，操作不当可能产生裂缝。因此，当施工时气温高于 30℃时应特别注意及时洒水养护以防止开裂。另一方面，当温度过低情况下施工时，泡沫混凝土容易受到永久性冻害而显著降低强度和使综合性能劣化，因此应适当掺加外加剂以提高泡沫混凝土拌合物的抗冬性，或者采取措施防止冻害发生。

3. 泡沫混凝土与聚苯板两类屋面保温隔热工程特性的比较

表 3-10 中比较了泡沫混凝土与聚苯板两类屋面保温隔热工程的特性。从表中可以看出两者不同的性能优势。

泡沫混凝土与聚苯板保温隔热屋面特性比较　　表 3-10

| 比较项目 | | 泡沫混凝土屋面保温隔热系统 | 聚苯板屋面保温隔热系统 |
|---|---|---|---|
| 施工工序比较 | 倒置式防水保温屋面 | 防水层→泡沫混凝土保温层 | 找坡层→找平层→防水层→保温层→隔离层→保护层（需配筋） |
| | 普通防水保温屋面 | 泡沫混凝土保温层→防水层→隔离层→保护层 | 找坡层→找平层→保温层→找平层→防水层→隔离层→保护层（需配筋） |
| 屋面荷载 | | 泡沫混凝土保温层本身比聚苯板重，但因能够去找坡层和找平层，故两者给屋面增添的荷载相近 | 虽然聚苯板保温层本身比泡沫混凝土轻，但需要找坡层和找平层，使屋面荷载增加较多 |
| 保温性能 | | 泡沫混凝土本身的保温性能比聚苯板相差较多，但可以将保温层设计得较厚，在相同成本下两者的保温性能相近 | 保温性能非常优异，在节能要求高时，比泡沫混凝土更具有优势 |

| 比较项目 | 泡沫混凝土屋面保温隔热系统 | 聚苯板屋面保温隔热系统 |
|---|---|---|
| 抗渗水性、吸水性 | 泡沫混凝土保温层现场浇筑,整体性好,防水层渗漏时不会串水,容易找到渗漏点,并且可以制备成防水泡沫混凝土保温层。泡沫混凝土保温层的吸水率高,与聚苯板相比是性能不足 | 聚苯板保温层接缝多,当防水层有渗漏时水会沿着接缝串水,不容易找到渗漏点,不易维修。但聚苯板的吸水率极低,不会因渗漏而降低保温性能 |
| 耐久性 | 耐久性好,几乎能够和建筑物保持同寿命 | 有机材料的耐久性相对较差,但在防水层的保护下仍具有很好的耐久性 |

## 二、泡沫混凝土质量指标

建工行业标准《泡沫混凝土》JG/T 266—2011 规定了泡沫混凝土的质量指标。下面介绍该标准对泡沫混凝土产品质量指标的有关规定。

### 1. 干密度和导热系数

泡沫混凝土的干密度不应大于表 3-11 中的规定,其容许误差应为 $+5\%$;导热系数不应大于表 3-11 中的规定。

泡沫混凝土干密度和导热系数指标要求　　　表 3-11

| 干密度等级 | A03 | A04 | A05 | A06 | A07 | A08 | A09 | A10 | A12 | A14 | A16 |
|---|---|---|---|---|---|---|---|---|---|---|---|
| 干密度（kg/m³） | 300 | 400 | 500 | 600 | 700 | 800 | 900 | 1000 | 1200 | 1400 | 1600 |
| 导热系数［W/(m·K)］ | 0.08 | 0.10 | 0.12 | 0.14 | 0.18 | 0.21 | 0.24 | 0.27 | — | — | — |

### 2. 泡沫混凝土强度等级

泡沫混凝土每组立方体试件的强度平均值和单块强度最小值不应小于表 3-12 的规定。

### 3. 吸水率

泡沫混凝土的吸水率不应大于表 3-13 的规定。

泡沫混凝土强度等级（MPa）　　　　表 3-12

| 强度等级 | C0.3 | C0.5 | C1 | C2 | C3 | C4 | C5 | C7.5 | C10 | C15 | C20 |
|---|---|---|---|---|---|---|---|---|---|---|---|
| 每组强度平均值 | 0.30 | 0.50 | 1.00 | 2.00 | 3.00 | 4.00 | 5.00 | 7.50 | 10.00 | 15.00 | 20.00 |
| 单块强度最小值 | 0.225 | 0.425 | 0.850 | 1.700 | 2.550 | 3.400 | 4.250 | 6.375 | 8.500 | 12.760 | 17.000 |

泡沫混凝土的吸水率（质量%）　　　　表 3-13

| 吸水率等级 | W5 | W10 | W15 | W20 | W25 | W30 | W40 | W50 |
|---|---|---|---|---|---|---|---|---|
| 吸水率 | 5 | 10 | 15 | 20 | 25 | 30 | 40 | 50 |

4. 耐火极限

泡沫混凝土为不燃烧材料，其建筑构件的耐火极限应按符合 GB 50016 的规定。

5. 尺寸偏差和外观

（1）现浇泡沫混凝土　现浇泡沫混凝土的尺寸偏差和外观质量应符合表 3-14 的规定。

现浇泡沫混凝土的尺寸偏差和外观　　　　表 3-14

| 项　　目 | | | 指标 |
|---|---|---|---|
| 表面平整度允许偏差(mm) | | | ±10 |
| 裂纹 | 裂纹长度率(mm/m²) | 平面 | ≤400 |
| | | 立面 | ≤350 |
| | 裂纹宽度（mm） | | ≤1 |
| 厚度允许偏差(%) | | | ±5 |
| 表面油污、层裂、表面疏松 | | | 不允许 |

（2）制品　泡沫混凝土制品不应有大于 30mm 的缺棱掉角。泡沫混凝土制品尺寸允许偏差应符合表 3-15 的规定。

泡沫混凝土制品外观质量应符合表 3-14 中除厚度允许偏差、表面平整度允许偏差以外的所有规定。表面平整度允许偏差不应大于 3mm。

| 泡沫混凝土制品的尺寸允许偏差（mm） | 表 3-15 |
|:---:|:---:|

| 项 目 名 称 | 指标 |
|:---:|:---:|
| 长度 | ±4 |
| 宽度 | ±2 |
| 高度 | ±2 |

### 三、泡沫混凝土保温隔热屋面施工技术

1. 施工准备

（1）技术准备

① 熟悉施工图，踏勘施工现场，与设计、监理、业主及总包方相互沟通。

② 根据施工图、相关施工验收规范以及现场情况编制施工方案。按照施工方案要求做好技术、安全交底。

（2）场地、材料及水、电源准备

① 停放生产设备的施工现场应平整夯实，并做好排水措施。

② 对进现场的水泥、粉煤灰等材料应有出厂合格证和材料检验报告，以备现场进行复验。

③ 施工现场应有充足的水源，电源应满足机械荷载。

④ 上料机口应有水泥等原材料堆放场地，且要有防潮、防淋及排水措施。

2. 施工工艺流程

设备进场→管道架设→基层清理→管道通道堵漏→放线→做灰饼→地面喷水处理→现场浇筑第一遍找坡→现场浇筑第一遍兼找坡→表层去浮刮平处理→成品养护→验收

3. 基层清理、管道通道堵漏及突出屋面部位的处理

（1）基层应清理干净，清洗油渍、浮灰等。基层松动、风化部分应剔除干净。表面凸起物大于 10cm 时应剔除。

（2）管道通道必须封堵密实，防止施工时产品初凝前流淌漏掉。浇筑过程中泡沫混凝土在初凝前流入管道造成管道堵塞或流淌漏掉。封堵管道通道使用的封堵材料应易拆除。

（3）基层与突出屋面的部分（女儿墙、山墙、天沟、通风口、变形缝、烟囱等）的交接处和基层的转角处均应做成圆弧形；内部排水的水落口周围应做成略低的凹坑。

4. 放线、做灰饼、基层喷水处理

必须严格按照设计的泛水坡度及厚度放线、贴灰饼，以保证屋面的排水及热工性能。施工前基层喷洒一定量水，润湿表层，便于浇筑。洒水要均匀，不得有积水。

5. 现场浇筑找坡、刮平等施工处理

（1）采用无机发泡混凝土找坡时，坡度应不小于1.5%；天沟、檐沟沿纵向找坡，坡度不应小于1%，但沟底落差不得超过150mm。

（2）施工前先检查其发泡质量，泡沫外观应有海绵状细密小泡，不乱流淌。

（3）在发泡质量符合要求后，按照配合比，计量加入水泥、粉煤灰、水，搅拌时间以2.5～3.5min为宜，使其浆料稠度合适，细腻柔滑，富有光泽和弹性，均匀性好。

（4）在混合浆料制备符合要求后，即可进行泵送试打施工，检查其混合浆料通过泵送输送至施工面的情况，如浆体均匀，上部无泡沫漂浮积聚，下部无沉积物，泡沫损失率<10%，无塌陷，且浇筑后不出现大量泌水，即可大面积施工。

（5）浇筑厚度如大于10cm时，宜分二层施工，第二层施工的时间宜在第一层浇筑终凝有一定强度后（以能上人为准）进行。第一层浇筑根据放线坡度进行一半找坡。同时在第二层浇筑中边去浮泡，边进行刮平处理，使其浇筑面气泡去除，达到封孔作用，并满足泛水要求。

（6）在浇筑的同时应留置7.07mm×7.07mm×7.07mm共3组立方体试快（计9块），以便测定28d的抗压强度、密度。

（7）屋面浇筑完后，根据天气温度，适时洒水养护（一般在浇筑24h后进行）。当温度在30℃以上时可适当提前洒水养护。

（8）当温度低于10℃时，应待浆体初凝时及时覆盖塑料布。

204

（9）整体现浇保温层应表面平整，找坡正确，其保温层（兼找坡）厚度的允许偏差＋10％～－5％。表面平整度≤7mm。

（10）在无机发泡混凝土含水率小于10％时，方可进行屋面防水层施工。

6. 成品保护

（1）施工完毕后一般3d内严禁上人；

（2）如温度低于10℃应进行保温覆盖；

（3）终凝后强度不足时如遇雨天应使用塑料布覆盖以保护面层。

7. 质量控制措施

（1）质量控制要求

① 加入的粉煤灰应符合Ⅰ、Ⅱ级粉煤灰标准。

② 当天气温度低于10℃时，应采用≥42.5强度等级水泥，或加入早强剂以提高其初凝速度。

③ 当天气温度低于5℃或风力大于5级时，不宜施工。

④ 加强物料的搅拌，适当延长搅拌时间，浇筑后泡沫不漂浮。

⑤ 减少浇筑后的振动。

⑥ 浇筑前应根据实验室的配合比、工程特点、天气温度、使用材料等因素在现场适当调整。

⑦ 浇筑后及时采取成品保护措施，3d内不得上人。严禁雨天施工。

（2）无机发泡混凝土气孔技术要求

① 气孔基本是封闭的；

② 气孔的形状应接近于球形；

③ 气孔孔径应在0.5～1mm之间；

④ 气孔应大小均匀；

⑤ 孔隙率应与强度相适应；

⑥ 孔间壁应薄而密实，机械强度高。

（3）质量验收

应根据《屋面工程质量验收规范》GB 50207、《建筑节能工程施工质量验收规范》GB 50411等标准进行屋面保温层验收。

屋面节能专项验收主要资料如下：

① 节能工程系统的设计文件、图纸会审、设计变更等；

② 屋面保温施工方案；

③ 水泥、粉煤灰出厂合格证，检测报告及复试报告；

④ 无机发泡混凝土试块力学检测复式报告（抗压强度、密度）；

⑤ 放线找坡，基层处理等隐蔽工程验收记录；

⑥ 屋面浇筑工程检验批质量验收记录。

（4）整体现浇保温层的允许偏差及检验方法应符合表3-16的规定。

整体现浇保温层的允许偏差及检验方法　　　表3-16

| 项次 | 项目 | 允许偏差 | 检查方法 |
|------|------|----------|----------|
| 1 | 厚度 | +10%，-5% | 用钢尺插入尺量检查 |
| 2 | 表面平整度 | ≤7mm | 用2m靠尺和楔尺检查 |
| 3 | 分格条（缝）平直 | 3mm | 拉5m小线和尺量检查 |

注：施工质量检验批量应按屋面每100m²抽查一处。

8. 部分节点构造图

节点的处理常常成为屋面工程施工成败的关键。有鉴于此，并根据中南地区建筑标准设计推荐图集中的部分节点做法，在图3-17～图3-25列出泡沫混凝土屋面保温隔热部分节点构造图。

**四、对某泡沫混凝土保温隔热屋面渗漏的处理**

现浇泡沫混凝土以其造价低、保温隔热效果好、施工方便等优点，在屋面保温隔热工程中得到很多应用，但也会因为某些（如设计、施工等方面）原因而产生渗漏，影响泡沫混凝土的应用。下面介绍对某现浇泡沫混凝土隔热层屋面渗漏的处理。

1. 某工程渗漏原因分析

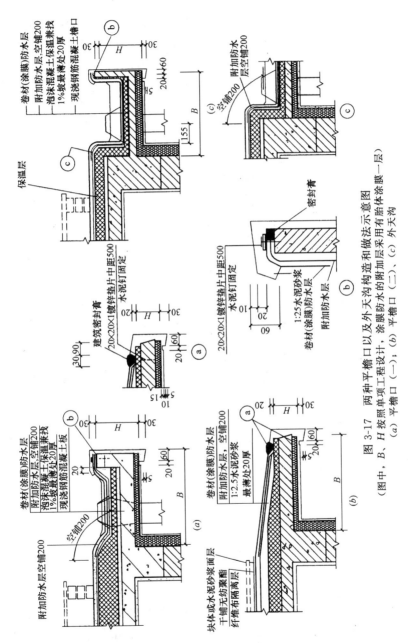

图 3-17 两种平檐口以及外天沟构造和做法示意图

（图中，B、H 坡照单项工程设计，涂膜防水的附加层采用有胎体涂膜一层）

(a) 平檐口（一）；(b) 平檐口（二）；(c) 外天沟

207

某 11 层住宅楼，屋面面积 736m²，屋面构造为泡沫混凝土保温隔热层内未设排汽槽，仅按 3m×3m 间隔设置分格缝。投入使用半年后，顶层住户室内墙中间部位出现一块 1.5m×1.8m 的水迹，水迹上析出焦黄色物质，并有焦油味。

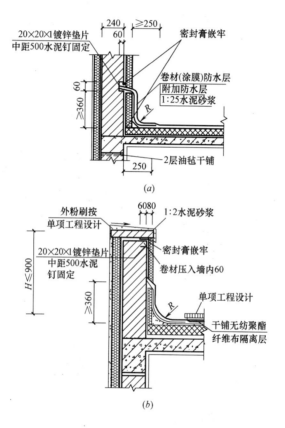

图 3-18　屋面泛水和女儿墙泛水构造示意图

(压顶板采用 C25 混凝土；Q235 钢筋增强)

(a) 屋面泛水；(b) 女儿墙泛水

由于整幢建筑物中，唯一使用含焦油物质的部位是屋面的聚氨酯防水层，故墙体渗漏的水源来自屋面。对此采用环氧树脂对该外墙裂缝进行灌浆,灌浆完成并检验质量满足要求后修复外墙玻璃马赛克饰面,但一场台风和暴雨后该外墙又出现新的渗漏现象。

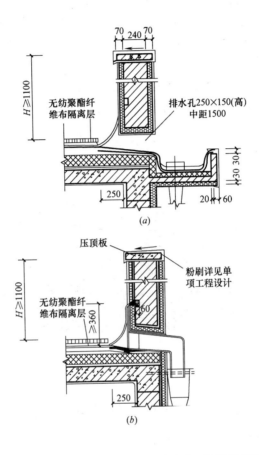

图 3-19　女儿墙外天沟和女儿墙出水口构造示意图
(压顶板采用 C25 混凝土;Q235 钢筋增强)
(a) 女儿墙外天沟;(b) 女儿墙出水口

将该外墙上的屋面女儿墙天沟部位的水泥砂浆保护层、聚氨酯防水层凿去,发现水泥砂浆保护层与聚氨酯防水层间、聚氨酯防水层与结构层间均存有积水,且水还不断地从泡沫混凝土层内

209

析出。凿去女儿墙上 200mm 高的水泥砂浆保护层，撕掉聚氨酯防水层，发现该防水层厚仅 0.5mm，与原设计要求的 2mm 厚相差甚远。女儿墙砖砌体的灰缝极度不饱满，孔洞甚多。最后确定外墙渗漏原因是屋面泡沫混凝土保温隔热层内储存的水分为渗漏水的主要来源，加上聚氨酯防水层在女儿墙上收口不严，防水层过薄，失去了防水作用，水透过防水层，通过女儿墙的砖缝往下渗，遇有外墙上的薄弱点即渗出。泡沫混凝土内储存水分是由于泡沫混凝土的吸水性及保水性（吸水后不易干燥）。

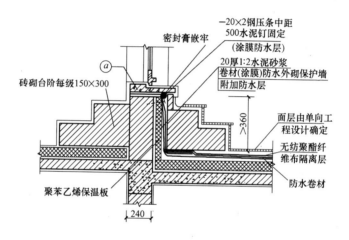

图 3-20　屋面出入口构造示意图

2. 屋面渗漏处理方法

（1）截断渗漏水的来源

本例中渗漏水主要来自泡沫混凝土隔热层内的大量积存水，根治的方法是使泡沫混凝土内的水分与大气相通并让其自然蒸发。为此决定在原屋面的细石混凝土层和泡沫混凝土层的分格缝位置上设置排汽槽和排汽洞，其位置见图 3-26 所示。排汽槽的构造见图 3-27，排汽洞构造如图 3-28 所示。排汽洞尺寸为

120mm × 120mm × 700mm，砖砌筑至上口，四边留出汽口，上盖厚 40mm、550mm×550mm 的钢丝网预制混凝土板。由于泡沫混凝土层排汽通畅，解决其内积水问题。

（2）屋面排汽构造施工注意事项

① 排汽槽必须纵横贯通并与排汽洞贯通。排汽槽、排汽洞均保证畅通。

② 排汽槽两侧的多孔砖孔眼不得被堵塞。

③ 排汽洞的防水必须保证质量，以免雨水由排汽洞引入排汽槽，造成更大程度的渗漏水。

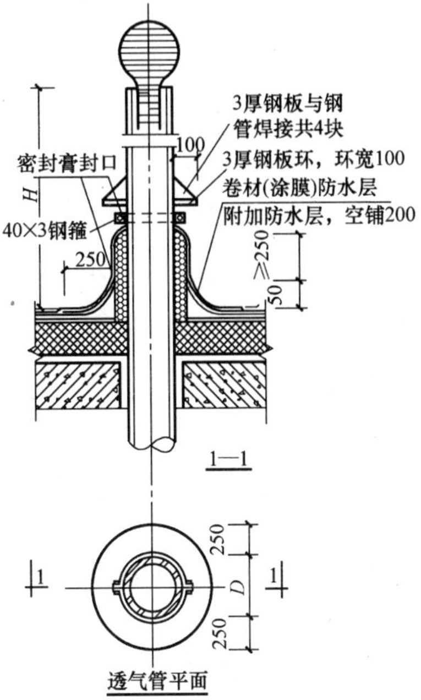

图 3-21　透气管构造示意图

④ 检查原有的细石混凝土防水面层，若发现缺陷应立即修补，以防雨水透过细石混凝土层进入泡沫混凝土隔热层。

（3）女儿墙修补做法

用掺 UEA 膨胀剂的水泥砂浆填塞女儿墙砖缝中的孔洞。在女儿墙和天沟上钉一层 22 号钢丝网，再在其上抹一层 7mm 厚掺有有机硅的防水水泥砂浆层（水泥：有机硅＝8：1，体积比）。待泡沫混凝土层改造完成且女儿墙和天沟的砂浆层干燥至含水率小于 9％后，涂刷 2mm 厚的聚氨酯防水层。待聚氨酯防水层完全干燥后，再做一层防水水泥砂浆加钢丝网的保护层。

该渗漏屋面经按照上述方法处理后两年未发现有重新渗漏现象。

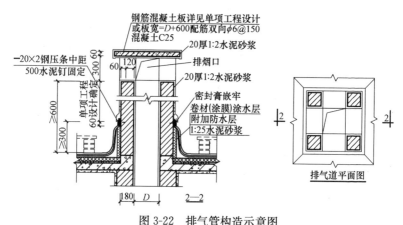

图 3-22 排气管构造示意图

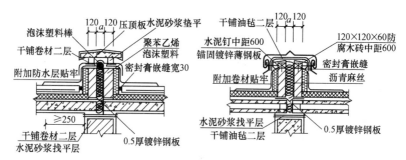

图 3-23 两种屋面变形缝构造示意图（压顶板采用 C25 细石混凝土）

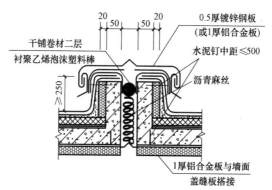

图 3-24 天沟变形缝构造示意图

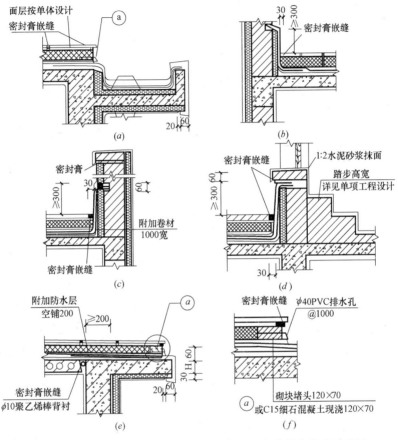

图 3-25 刚性防水屋面泡沫混凝土屋面保温的部分节点构造示意图

(a) 现浇天沟檐口；(b) 屋面泛水；(c) 女儿墙；(d) 屋面出入口；

(e) 现浇挑板檐口；(f) "(e) 现浇挑板檐口"中的ⓐ节点构造详图

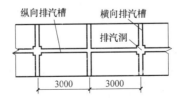

图 3-26 排汽槽、排汽洞位置示意图

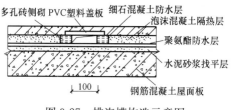

图 3-27 排汽槽构造示意图

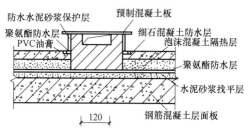

图 3-28 排汽洞构造示意图

# 第三节 岩棉板外墙外保温系统应用技术

## 一、概述

### 1. 岩棉板外墙外保温系统的特征

岩棉板外墙外保温系统具有其他外墙外保温系统的普遍优点，例如增加外墙保温性能、改善室内热环境、提高墙体的热惰性、消除墙体热桥、利于墙体内部水蒸气排出，避免产生内部冷凝和减少墙体内表面的结露现象等。

但是，与常用的有机类保温材料相比，岩棉最大的优势在于其是无机不燃材料，因而在欧洲尤其是北欧得到普遍应用。除了作为主体保温材料应用于外墙外保温系统外，还大量应用于膨胀聚苯板、挤塑聚苯板、硬泡聚氨酯等外墙外保温系统的楼层间和门窗洞口周围的防火隔离带。

岩棉材料的导热系数为 $0.033 \sim 0.045 W/(m \cdot K)$，是性能

优良的保温隔热材料。岩棉板外墙外保温系统是使用岩棉板作为保温层，设置在外墙结构层外侧，保温层外侧再设置保护层。这种构造方式要求岩棉板在基层墙体上附着牢固，保护层具有一定的强度、抗冲击、抗裂及防水性能。

在发达国家，岩棉外保温技术已得到普遍应用，收到良好的经济效益和社会效益。在我国，岩棉外保温技术经过多年研究，已积累了不少应用经验，并有关于其应用技术规程的地方标准颁布实施。

2. 岩棉板外墙外保温系统的保护层和饰面材料

（1）抗裂防护层

为增加保护层砂浆的抗裂性能，一般使用聚合物改性水泥砂浆，即砂浆中要掺加提高抗裂性的抗裂纤维和聚合物组分。此外，保护层内还需要复合耐碱玻璃纤维网格布进行增强。

在结构设计上，外保温墙面要设置分格缝，缝中用柔性嵌缝膏嵌填密封，以消除部分应力，减少开裂现象。

（2）外饰面

当使用涂料饰面层时，宜选用弹性涂料；此外还可以选用饰面砂浆为饰面层或者使用幕墙饰面。

（3）岩棉板外墙外保温系统的热工影响因素

保温性能是岩棉外保温的主要功能，要做好保温设计，同时要考虑对保温产生影响的各种因素，如锚栓穿过岩棉保温层所形成的热桥和防止保护层开裂渗水等。

**二、岩棉板外墙外保温系统构造及其性能要求**

1. 外墙外保温系统的种类与构造

目前已经研制出多种具有实际使用性能的岩棉板外墙外保温系统：从饰面层的种类来说，有涂料饰面层的，有装饰砂浆饰面的，有幕墙饰面的等等；从岩棉保温板表面的处理来说，有使用保温浆料（胶粉聚苯颗粒保温浆料或无机保温砂浆）进行表面找平的，也有仅用抗裂防护层的薄抹灰系统。而在薄抹灰系统中，又有抗裂防护层中使用单层耐碱玻纤网格布增强的以及使用双层耐碱玻纤网格布增强的情况。

岩棉板外墙外保温系统的构造可分为两大类，一种称为岩棉板复合保温浆料（胶粉聚苯颗粒保温浆料或无机保温砂浆）找平外墙外保温系统，另一种称为岩棉板薄抹灰外墙外保温系统。

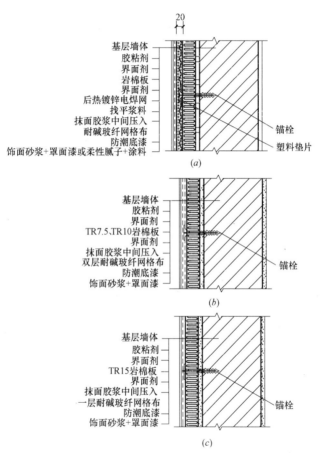

基层墙体
胶粘剂
界面剂
岩棉板
界面剂
后热镀锌电焊网
找平浆料
抹面胶浆中间压入
耐碱玻纤网格布
防潮底漆
饰面砂浆+罩面漆或柔性腻子+涂料

锚栓
塑料垫片

(*a*)

基层墙体
胶粘剂
界面剂
TR7.5、TR10岩棉板
界面剂
抹面胶浆中间压入
双层耐碱玻纤网格布
防潮底漆
饰面砂浆+罩面漆

锚栓

(*b*)

基层墙体
胶粘剂
界面剂
TR15岩棉板
界面剂
抹面胶浆中间压入
一层耐碱玻纤网格布
防潮底漆
饰面砂浆+罩面漆

锚栓

(*c*)

图 3-29　岩棉板外墙外保温系统基本构造

（图中，TR15、TR10 和 TR7.5 分别表示岩棉板的垂直于板表面的抗拉强度≥15kPa、≥10kPa 和≥7.5kPa）

（*a*）复合保温找平层型；（*b*）增强网薄抹灰型（双层耐碱玻纤网格布增强）；

（*c*）增强网薄抹灰型（单层耐碱玻纤网格布增强）

（1）岩棉板复合胶粉聚苯颗粒保温浆料（或无机保温砂浆）外墙外保温系统

该系统采用保温材料找平，其构造由粘结砂浆、岩棉板、热镀锌钢丝网（四角电焊网）、塑料锚栓、岩棉板专用界面砂浆、胶粉聚苯颗粒保温浆料（或无机保温砂浆）、抗裂砂浆复合耐碱网格布和饰面涂料（或饰面砂浆）组成，岩棉板采用锚栓配合钢丝网机械固定和辅助粘贴相结合的方式固定，系统基本构造见图3-29（a）。

（2）岩棉板薄抹灰外墙外保温系统

该种系统不使用钢丝网固定岩棉板于基层墙体，表面也不使用胶粉聚苯颗粒保温浆料或者保温砂浆找平，仍然采用粘贴和锚栓固定相结合的方法进行固定。但不同的是，锚栓固定是主要的，而粘贴是辅助的。即先用胶粘剂将岩棉板粘贴于墙面，然后安装部分锚栓；接着在施工抗裂防护层时，再安装部分锚栓和铺设耐碱网格布。该系统构造由粘结层、岩棉板保温层、抗裂面层、锚栓和饰面层等构成，基本构造见图3-29（b）、（c）。

2. 外墙外保温系统性能要求

不管是哪一种岩棉板外墙外保温系统，其在实际应用中都必须能够满足一些基本的性能要求，这些要求是和一般外墙外保温系统（例如前面介绍的发泡水泥保温板外墙外保温系统）基本相同。

岩棉板外墙外保温系统性能要求见表3-17的规定。

岩棉板外墙外保温系统性能指标　　　　表3-17

| 序号 | 试验项目 | 性能指标 | |
|------|----------|----------|---|
| 1 | 耐候性 | 经80次高温(70℃)～淋水(15℃)循环和5次加热(50℃)～冷冻(−20℃)循环后不得出现饰面层起泡或脱落，不得产生渗水裂缝。 | |
| 2 | 吸水量(g/m²)（浸水1h） | ≤1000 | |
| 3 | 抗冲击强度 | P型 | 3J冲击合格 |
| | | Q型 | 10J冲击合格 |

| 序号 | 试验项目 | 性 能 指 标 |
|---|---|---|
| 4 | 抗风压值 | 不小于工程项目的风荷载设计值 |
| 5 | 耐冻融 | 10 次循环表面无裂纹、空鼓、起泡、剥离现象 |
| 6 | 水蒸气湿流密度 [g/(m² · h)] | ≥0.85 |
| 7 | 不透水性 | 试样防护层内侧无水渗透 |
| 8 | 耐磨损(500L 砂) | 无开裂、龟裂或表面保护层剥落、损伤 |
| 9 | 火反应性 | 不应被点燃,试验结束后试件厚度变化不超过 10% |

### 三、系统构成材料性能要求

1. 粘结砂浆（胶粘剂）

其性能指标应符合表 3-18 的要求。

**粘结砂浆（胶粘剂）性能指标**  表 3-18

| 项目 | | 性 能 指 标 |
|---|---|---|
| 拉伸粘结强度(MPa) (与水泥砂浆) | 标准状态 | ≥0.7 |
| 拉伸粘结强度 (与岩棉板) (kPa) | 标准状态 | ≥15.0 且破坏面在岩棉板内(涂料饰面岩棉板保温系统) |
| | | ≥10.0 且破坏面在岩棉板内(涂料饰面岩棉板保温系统) |
| | | ≥7.5 且破坏面在岩棉板内(幕墙饰面岩棉板保温系统) |
| 可操作时间(h) | | 1.5~4.0 |

2. 岩棉板

其性能指标应符合表 3-19 的要求。

**岩棉板性能指标**  表 3-19

| 项 目 | 岩棉板性能指标 | |
|---|---|---|
| | 涂料饰面 | 幕墙饰面 |
| 密度(kg/m³) | ≥160 | ≥120 |
| 导热系数[W/(m · K)] | ≤0.045 | ≤0.040 |
| 垂直于板面方向的抗拉强度(kPa) | ≥10 | ≥7.5 |

| 项　　目 | | 岩棉板性能指标 | |
|---|---|---|---|
| | | 涂料饰面 | 幕墙饰面 |
| 尺寸稳定性(%) | | ≤0.5 | ≤1.0 |
| 质量吸湿率(%) | | ≤1.0 | ≤1.0 |
| 憎水率(%) | | ≥98.0 | ≥98.0 |
| 酸度系数 | | ≥1.8 | ≥1.6 |
| 压缩强度(≥50mm)(kPa) | | ≥50 | ≥40 |
| 吸水量(kg/m²) | 24h | ≤1.0 | ≤1.0 |
| | 28d | ≤3.0 | ≤3.0 |
| 渣球含量(%) | | ≤10 | ≤10 |
| 燃烧性能 | | A1(A级) | A1(A级) |

### 3. 岩棉板专用界面砂浆

岩棉板专用界面砂浆的性能应符合表 3-20 的要求。

**岩棉板专用界面砂浆的性能指标**　　　　表 3-20

| 项　　目 | | | 指　　　标 |
|---|---|---|---|
| 低温贮存稳定性(液料) | | | 3 次实验后,无结块、凝聚及组成物的变化 |
| 耐水性 | | | 168h 无异常 |
| 拉伸粘结性能 | 与水泥砂浆(14d) | 标准状态 | ≥0.7MPa |
| | | 浸水后 | ≥0.5MPa |
| | 与岩棉板与胶粉聚苯颗粒试块 | 标准状态 | 岩棉板破坏时,专用界面砂浆与岩棉板的粘结界面完好 |
| | | 浸水后 | ≥0.10MPa,或胶粉聚苯颗粒试块破坏时,喷砂界面完好 |
| | | 标准状态 | |
| | | 浸水后 | |

### 4. 抗裂砂浆（抹面胶浆）

抗裂砂浆（抹面胶浆）的性能指标应符合表 3-21 的要求。

### 5. 热镀锌电焊网

热镀锌电焊网性能应符合表 3-22 要求，并应符合 QB/T

3897—1999 的相关要求。

**抗裂砂浆（抹面砂浆）的性能指标**　　表 3-21

| 项 目 | | 性 能 指 标 |
|---|---|---|
| 拉伸粘结强度（与水泥砂浆）（MPa） | 干燥状态 | ≥0.6 |
| | 浸水 48h，取出后 2h | ≥0.4 |
| 拉伸粘结强度（与岩棉板）（kPa） | 干燥状态 | ≥10.0 且破坏面在岩棉板内；或岩棉板破坏时，抗裂砂浆与岩棉板的粘结界面完好 |
| | 浸水 48h，取出后 2h | |
| | 冻融后 | |
| 柔韧性(抗压强度/抗折强度) | | ≤3 |
| 可操作时间(h) | | 1.5～4.0 |

**热镀锌电焊网性能指标**　　表 3-22

| 序号 | 试验项目 | 性能指标 |
|---|---|---|
| 1 | 工艺 | 热镀锌 |
| 2 | 丝径(mm) | 1.20±0.05 |
| 3 | 网孔大小(mm) | 35×35；40×40 |

6. 锚栓

塑料锚栓性能应符合表 3-23 要求。

**塑料锚栓性能指标**　　表 3-23

| 试验项目 | 性 能 指 标 | | |
|---|---|---|---|
| | 混凝土（C25）中 | 蒸压加气混凝土中 | 其他砌体中 |
| 有效锚固深度(mm) | ≥25 | ≥50 | ≥50 |
| 单个锚栓抗拉承载力标准值（kN） | ≥0.80 | ≥0.3 | ≥0.40 |
| 单个锚栓对系统传热增加值[W/(m²·K)] | ≤0.004 | | |

7. 其他

岩棉板复合胶粉聚苯颗粒保温浆料（或无机保温砂浆）外墙

外保温系统中还使用无机保温找平砂浆（或找平用胶粉聚苯颗粒保温浆料）、耐碱网格布、柔性耐水腻子和饰面涂料等材料。这些材料的技术性能要求和其他外墙外保温系统的要求是相同的，这里不再一一列表详述，仅在表 3-24 中予以说明。

岩棉板外墙外保温系统中某些材料的性能要求　　表 3-24

| 序号 | 材料名称 | 技术性能指标要求 |
|---|---|---|
| 1 | 无机保温找平砂浆 | 满足 GB/T 20473—2006 中Ⅰ型产品的要求（见本书第一章表 1-14） |
| 2 | 找平用胶粉聚苯颗粒保温浆料 | 满足 JG 158—2004 中 5.2 条中表 7 的要求 |
| 3 | 耐碱网格布 | 满足 JG 158—2004 的要求（见本书第一章表 1-17） |
| 4 | 柔性耐水腻子 | 满足 JG 158—2004 的要求（见本书第一章表 1-19） |
| 5 | 饰面涂料 | 满足 JG 158—2004 的要求（见本书第一章表 1-20） |

### 四、岩棉板外墙外保温系统的工程节能设计

下面参照山东省工程建设标准《岩棉板外墙外保温系统应用技术规程》DBJ/T 14-073—2010 介绍有关岩棉板复合保温找平层外墙外保温系统的设计、施工和工程验收等应用问题。

1. 基本要求

进行岩棉板外墙外保温系统的工程节能设计时首先应满足如下的一些基本要求：

① 岩棉板外墙外保温系统的设计应满足国家及地方有关建筑节能规定的要求，并不得更改系统构造和组成材料。

② 岩棉板保温层内表面温度应高于 0℃。

③ 应做好外保温工程的密封和防水构造设计，确保水不会渗入保温层及基层，重要部位应有详图。水平或倾斜的挑出部位以及延伸至地面以下的部位应做防水处理。在外墙外保温系统上安装的设备或管道应固定于基层上，并应做密封和防水设计。

④ 岩棉板与墙体的连接采用粘贴和机械固定结合的连接方式，固定件的数量依据建筑物高度确定；设计中应明确固定件的数量和位置。对轻质墙体或比较特殊的墙体，必须对粘结砂浆与

基层墙体的拉伸粘结强度和固定件的抗拉承载力进行实测，以便具体设计外保温系统同墙体的连接方案。

⑤岩棉板外墙外保温系统应包裹门窗框外侧洞口、女儿墙、檐口、勒脚、挑窗台、空调机搁板以及阳台等热桥部位。外门窗外侧洞口保温层厚度不应小于20mm。应对装饰缝、门窗四角和阴阳角等处进行加强处理，变形缝处应做好防水和构造处理。

⑥岩棉板外墙外保温系统底部第一排岩棉板的下侧板端与散水的间距应不小于200mm，且不宜大于600mm，并采用EPS保温板或XPS保温板或硬泡聚氨酯保温板等进行保温处理，勒脚部位应使用镀锌膨胀锚栓安装经防腐处理的金属托架。

2. 岩棉板薄抹灰外墙外保温系统抗裂防护层厚度要求

对于岩棉板薄抹灰外墙外保温系统，内铺单层耐碱网格布的抗裂防护层厚度宜为3~6mm，内铺双层耐碱网格布的抗裂防护层厚度宜为6~8mm。

3. 岩棉板热工设计取值

进行岩棉板外墙外保温系统的热工和节能设计时，岩棉板的导热系数计算取值为 $0.045W/(m \cdot K)$，蓄热系数取值为 $0.075W/(m^2 \cdot K)$，修正系数取值为 $1.1$。

4. 系统变形缝设置

应在以下位置设置系统变形缝：

（1）基层墙体设有伸缩缝、沉降缝和防震缝处；

（2）预制墙板相接处；外保温系统与不同材料相接处；墙面的连续高度、宽度超过 6m 处和建筑体形突变或结构体系变化处。

**五、岩棉板外墙外保温系统的施工**

1. 有关施工的一般要求

（1）承担岩棉板外墙外保温系统墙体节能工程的施工企业应具备相应的资质；施工现场应建立相应的质量管理体系、施工质量控制和检验制度，具有相应的施工技术标准。

（2）施工前，施工单位应编制墙体节能工程专项施工方案，并经监理（建设）单位审查批准后方可实施；施工单位应对施工作业的人员进行技术交底和必要的实际操作培训，作业人员应经过培训并考核合格后方可上岗，并做好技术交底和培训记录。

（3）岩棉板外墙外保温系统的工程质量检测应由具备资质的检测机构承担。

（4）应按照经审查合格的设计文件、经批准的施工方案的要求和 DBJ/T 14-073—2010 规程及相关标准的规定进行施工。设计变更不得降低建筑节能效果。当设计变更涉及建筑节能效果时，应经原施工图设计审查机构审查，并在实施前办理设计变更手续和获得监理和建设单位的确认。

（5）应在现场采用相同材料和工艺制作样板件，并由具备相应资质的检测机构进行现场见证检测，符合设计文件和 DBJ/T 14-073—2010 规程及相关标准要求后，经建设、设计、监理和施工等单位的项目负责人对样板件进行验收确认，方可进行工程施工。

（6）岩棉板在粘贴施工前双面满涂岩棉板专用界面砂浆。

（7）对空心类基层墙体，如多孔砖（砌块）、空心砖（砌块）等，应采用有回拧机构的固定件。

（8）材料进场验收应符合下列规定：

① 对材料的品种、规格、包装、外观和尺寸等进行检查验收，并经监理工程师（建设单位代表）确认，形成相应的验收记录。

② 对材料的质量证明文件进行核查，并经监理工程师（建设单位代表）确认，纳入工程技术档案。进入施工现场用于岩棉板外墙外保温系统的材料均应具有出厂合格证、中文说明书及相关型式检验报告。

③ 应按 DBJ/T 14-073—2010 规程和《建筑节能工程施工质量验收规范》GB 50411 的规定，在施工现场对材料进行抽样复验，复验应为见证取样送检。

2. 施工准备

（1）施工条件准备

① 岩棉板外墙外保温系统的施工，应在基层墙体及水泥砂浆找平层的施工质量验收合格后进行。找平层应与基层墙体粘结牢固，不得有脱层、空鼓、裂缝，其表面层不得有粉化、起皮、爆灰等现象。其强度、平整度、垂直度、阴阳角方正应符合设计要求和 DBJ/T 14-073—2010 规程及相关标准的规定。基层墙体、水泥砂浆找平层允许偏差值应符合表 3-25 的规定。

基层墙体、水泥砂浆找平层允许偏差值　　　　　表 3-25

| 项次 | 项　　目 | 允许偏差（mm） |
|------|----------|----------------|
| 1 | 表面平整度 | 4 |
| 2 | 立面垂直度 | 4 |
| 3 | 阴阳角方正 | 4 |

② 岩棉板外墙外保温系统施工前，外门窗洞口应验收合格，洞口尺寸、位置应符合设计和相应的专业施工质量验收规范要求，门窗框或副框应安装完毕，外门窗框或副框与洞口之间的空隙应考虑预留出保温层的厚度，缝隙应采用弹性闭孔材料填充饱满，安装质量应符合设计和相关专业施工质量验收规范要求。

③ 施工前，外墙面上的消防梯、雨水管卡、预埋件、支架、各种进户管线和设备穿墙管道等应安装到位，并预留出外保温系统的厚度。对空调等设备的穿墙孔应事先装好预埋套管。

④ 外脚手架或操作平台、吊篮应验收合格，满足施工作业和人员安全要求。

（2）施工工具

① 主要施工工具　抹子、齿形镘刀、压子、阴阳角捋子、托线板、开槽器、壁纸刀、电动螺丝刀、钢锯条、剪刀、电动搅拌器、塑料搅料桶、冲击钻、电锤、刷子、粗砂纸等。

② 主要测量工具　2m 靠尺和塞尺、2m 垂直检测尺、直角检测尺、5m 钢卷尺、经纬仪、2m 托线板、直尺等。

③ 其他　吊篮、外墙施工脚手架、水平、垂直运输工具等。

（3）材料运输

① 岩棉板应侧立搬运，水平放置；在运输过程中应贴实放置，用宽扁形包装带固定好，严禁烟火或化学溶剂；不得重压、扔摔或利器碰撞或穿刺，以免破坏或变形。

② 粘结砂浆、抗裂砂浆采用托盘放置，运输过程中应防止挤压、碰撞、雨淋、日晒等。

③ 组成系统的其他材料在运输、装卸过程中，应整齐放置；包装和标志不得破损，不得使其受到扔摔、冲击、日晒、雨淋。

（4）材料堆放

① 岩棉板应成包平放，避免雨淋。

② 所有系统组成材料的存放场地应干燥、通风、防冻，不宜露天长期曝晒。

③ 所有材料应按型号、规格分类挂牌堆放，贮存期不得超过材料保质期。其中粘结砂浆、抗裂砂浆要放在阴凉、通风、干燥处，并注意防雨防潮，在施工现场的贮存期不宜超过 3 个月；耐碱网格布和固定件应防雨存放。

（5）施工环境条件

岩棉板外墙外保温系统的施工现场环境温度和墙体表面温度在施工及施工后 24h 内，基层及环境空气温度不应低于 5℃。夏季应避免阳光曝晒，必要时在脚手架上搭设临时遮阳设施，遮挡墙面。在 5 级以上大风天气和雨天不得施工，如施工中突遇降雨，应采取有效遮盖措施，防止雨水冲刷墙面。

3. 施工工艺流程

（1）岩棉板复合保温找平层外墙外保温系统的施工工艺流程见图 3-30。

（2）岩棉板薄抹灰外墙外保温系统施工工艺流程见图 3-31。

4. 施工与控制

（1）基层处理

① 岩棉板外墙外保温系统施工前应检查基层是否满足设计和施工方案要求。基层应坚实、平整、无灰尘、无污垢、无油

渍、无残留灰块，并已验收合格。

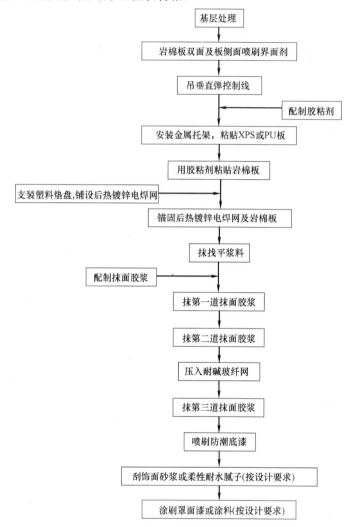

图 3-30 岩棉板复合保温找平层外墙外保温系统施工工艺流程示意图

② 对既有建筑保温改造工程，施工前应按照设计文件和相关标准的规定进行专门处理，经建设、设计、监理和施工等单位的项目负责人验收合格后方可进行保温系统工程施工。

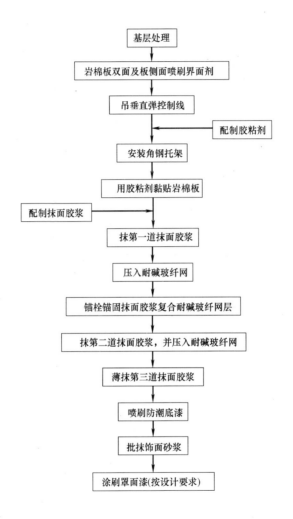

图 3-31　岩棉板薄抹灰外墙外保温系统施工工艺流程示意图

　　③ 保温系统工程施工前应检查基层附着力，保证附着力符合岩棉板粘贴要求。

　　（2）弹控制线

① 根据建筑立面设计和外墙外保温技术要求，在外门窗洞口、外墙阴阳角、系统变形缝、墙身变形缝及其他必要处弹水平、垂直控制线。

② 施工过程中每层应挂水平、垂直线，以控制岩棉板粘贴的垂直度、平整度和阴阳角方正。

③ 系统变形缝的设置：对外保温墙面的高、宽不大于 6m 处，应设置系统变形缝。宜采用不大于 20mm 宽、大于或等于保温层厚度的硬塑方条预固定在设缝处，待防水施工时取出。

（3）配制粘结砂浆

粘结砂浆应按设计或试验室给出的配合比配制。当未给出配合比时，应按施工方案或产品说明书配制。配制的粘结砂浆应均匀，稠度满足施工要求，无气泡。配制后应适当静置 5min 再搅拌即可使用，并在产品说明书要求的时间内用完。

（4）粘贴岩棉板

① 粘贴岩棉板前，应首先检查岩棉板是否干燥，表面是否平整、清洁，不得使用潮湿、表面不平整或有污染的岩棉板。

标准岩棉板尺寸为 1200mm×600mm。非标准尺寸和局部不规则处可用工具刀现场切割，切割尺寸允许偏差为 ±1.5mm，大小面应垂直。墙面边角处应用最小尺寸超过 300mm 的岩棉板。

② 将配制好的粘结砂浆涂抹在岩棉板粘贴面，涂抹厚度以使粘结砂浆经粘贴挤压后厚度约为 3mm 为准。粘贴方法可采取框点法或条粘法，涂粘结砂浆的面积应在岩棉板面积的 50%以上。

③ 在外墙面沿散水标高 20mm 的位置用墨线弹出水平线（增加水平控制要求）。当需设置系统变形缝时，应在墙面相应位置弹出变形缝及宽度线，标出岩棉板粘贴位置，并应视墙面洞口分布进行岩棉板排板、基层上弹线。系统底部第一排岩棉板的下侧板端与散水的间距不小于 200mm，并采用 EPS 保温板或 XPS 保温板或硬泡聚氨酯保温板等进行保温处理，勒脚部位应安装经

防腐处理的金属托架，其节点细部处理如图 3-32 所示。

④ 岩棉板自下而上沿水平方向铺设粘贴，竖缝应逐行错缝 1/2 板长，在墙角处应交错互锁，并应保证墙角垂直度。岩棉板墙体排板及在墙角处转角排板可参考图 3-33 进行。

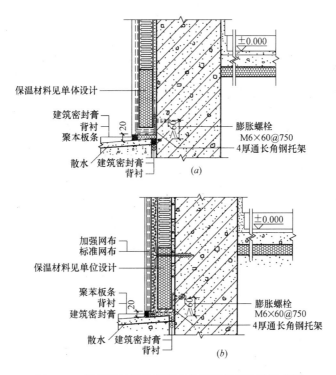

图 3-32 岩棉板外墙外保温系统勒脚保温构造示意图
(a) 岩棉板薄抹灰外墙外保温系统；(b) 岩棉板外墙外保温系统

⑤ 岩棉板粘贴宜采用条粘法，涂抹粘结砂浆面积不得小于 50％。岩棉板上涂抹完粘结砂浆后，应先将岩棉板下端与墙面粘贴，然后自上而下均匀挤压、调整就位。粘贴时应随时用 2m 靠尺和托线板检查平整度和垂直度。注意清除板边溢出的粘结砂浆，板的侧边不得粘有粘结砂浆。相邻岩棉板应紧密对接，板间高差应不大于 1.5mm。

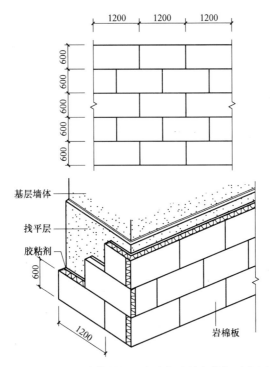

图 3-33　岩棉板墙体排板及在墙角处转角排板示意图

⑥ 门窗洞口粘贴岩棉板时，排板按图 3-34 所示进行。门窗口内壁面粘贴岩棉板，其厚度视门窗框与洞口间隙大小而定，一般不小于 20mm。

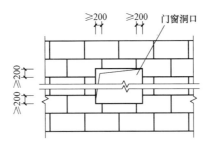

图 3-34　门窗洞口粘贴岩棉板时的排板示意图

230

（5）岩棉板安装

根据定位线安装岩棉板，岩棉板要错缝拼接，并在岩棉板上铺设热镀锌电焊网，再用锚栓固定岩棉板和热镀锌电焊网。

施工时，先将岩棉板预固定在基层墙体上，通常采用粘结砂浆粘贴固定，然后安装岩棉板塑料垫盘，铺设热镀锌电焊网，将热镀锌电焊网片垫起 5mm，再使用锚栓锚固。门窗侧壁及墙体底部用预制的 U 形热镀锌电焊网片包边，墙体转角处用预制的 L 形热镀锌电焊网片包边，包边网片要同岩棉板一起由锚栓定位。热镀锌电焊网搭接处不应少于 2 个网格（或不小于 100mm），并用低碳钢丝将搭接处绑扎好，每米绑扎不得少于 4 处。

（6）锚栓的安装

锚栓应从距离墙角、门窗侧壁 100～150mm 及从檐口与窗台下方 150mm 处开始安装。锚栓的数量应根据岩棉板的厚度和抗风压值计算后确定，但每平方米墙面不得少于 6 个，按梅花状分布。沿着窗户四周，每边至少要设置 3 个锚栓。镶嵌用的窄条岩棉板上应至少有 1 个锚栓穿过。锚栓的有效锚固深度在混凝土墙中不小于 25mm，在砌体墙中不小于 50mm。

（7）专用界面砂浆施工

岩棉板安装固定后进行专用界面砂浆施工。专用界面砂浆由液料和粉料构成，使用前按照说明书混合均匀。可以采用辊涂或者喷涂方法施工，施工应均匀，不得有漏涂现象。

（8）找平层施工

对于岩棉板复合保温找平层外墙外保温系统，岩棉板安装固定并施工专用界面砂浆后，用胶粉聚苯颗粒保温浆料（或无机保温砂浆）对岩棉板表面进行找平处理，除产生找平作用外，还具有保温功能。在找平施工前，应弹出找平层厚度控制线，用无机保温砂浆做标准厚度灰饼。无机保温砂浆抹灰可一遍完成，抹灰厚度可略高于灰饼厚度，然后用杠尺刮平并修补墙面，以达到平整度要求。找平施工时，应注意阴阳角和门窗洞口的垂直度和平整度。

（9）抗裂防护层施工

找平层施工完成3～7d、经验收合格后，即可进行抗裂防护层施工。抗裂防护层施工应符合下列条件：

① 抹抗裂砂浆前应根据设计要求做好滴水槽。

② 在门窗洞口沿着45°方向铺贴一层300mm×200mm耐碱玻纤网格布进行加强，在二层及二层以上墙面阳角处铺贴一层400mm耐碱玻纤网格布。门窗洞口耐碱玻纤网格布加强处理如图3-35所示。

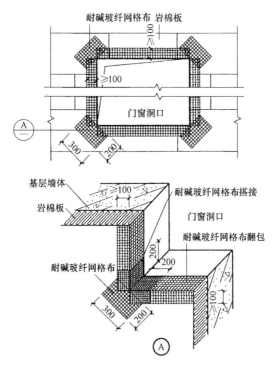

图3-35　门窗洞口耐碱玻纤网格布加强处理示意图

③ 按层高、窗台高和过梁高裁剪好耐碱玻纤网格布备用，长度宜为3000mm左右，耐碱玻纤网格布的包边应剪掉。

④ 在找平层表面抹第一道抗裂砂浆，静停 12h，然后在其表面再抹第二道抗裂砂浆。将耐碱玻纤网格布压入第二道抗裂砂浆中，铺贴要平整、无皱折，然后在其表面抹第三道抗裂砂浆，涂抹厚度以面层凝固后露出耐碱玻纤网格布暗格为宜。抗裂防护层总厚度宜控制在：普通型 3~5mm，加强型 4~6mm。

⑤ 耐碱玻纤网格布应自上而下铺设，左右搓接宽度不小于 100mm，上下搓接宽度不小于 80mm。

⑥ 首层墙面应铺贴加强型耐碱玻纤网格布，第一层铺贴应采用对接，对接点不得在阴阳角处且偏离阴阳角不小于 150mm。抹抗裂砂浆后进行第二层网格布铺贴，第二层铺贴应采用搭接，并禁止干搭接。两层网格布之间抗裂砂浆应饱满，严禁干贴和干搭接。

⑦ 抗裂砂浆施工间歇应在自然断开处，以方便后续施工的搭接。在连续墙面上如需要停顿，第二道抗裂砂浆不应完全覆盖已铺好的耐碱玻纤网格布，需与耐碱玻纤网格布、第二道抗裂砂浆形成台阶形坡搓，留搓间距不小于 150mm。

⑧ 抗裂砂浆施工完后，应检查平整度、垂直度和阴阳角方正，不符合要求的应使用抗裂砂浆进行修补。严禁在此层面上抹普通水泥砂浆腰线、窗口套线等。

⑨ 抗裂砂浆和耐碱玻纤网格布铺设、施工完毕后，不得挠动，静止养护不少于 24h 方可进行下道工序的施工，在寒冷潮湿天气还需要适当延长养护时间。

（10）饰面层施工　涂料饰面应采用柔性耐水腻子和弹性涂料。弹性底涂应涂刷均匀，不得漏涂。柔性耐水腻子应在抗裂防护层干燥后刮批，应做到光洁平整。饰面涂料应涂刷均匀、粘结牢固，不得漏涂、透底、起皮和掉粉。涂料饰面施工和验收按照《建筑装饰装修工程质量验收规范》GB 50210 进行。

（11）墙身变形缝处理

① 墙身变形缝的金属盖缝板应在岩棉板粘贴前按设计定位，并采用塑料锚栓将其牢固地固定在基层墙体上。

② 在墙身变形缝内填塞低密度岩棉板，填缝深度应大于缝宽 3 倍，且不小于 100mm。

③ 在金属盖缝板与岩棉板相接处应填嵌耐候密封膏（背衬聚乙烯发泡棒），密封膏填嵌应饱满、密实、平顺，并应注意不要污染周边墙体面层。变形缝细部处理如图 3-36 所示。

（12）女儿墙

应按设计文件要求进行女儿墙的保温工程施工。女儿墙的保温处理可参考图 3-37 进行。

（13）凸窗

凸窗框四周缝隙应采用弹性闭孔材料嵌填，保温系统与窗框四周外侧边的接缝缝隙应为 5mm，并用耐候密封胶嵌缝。凸窗的保温处理可参考图 3-38 进行。

（14）空调机搁板

① 空调机搁板与基层墙面间所形成的阴角处，基层墙面上保温系统的抹面层应延伸到空调机搁板上下表面 100mm。

② 空调机搁板的饰面层面不得具有形成积水的可能。空调机搁板的保温处理可参考图 3-39 进行。

（15）穿墙管孔洞处理

① 根据穿墙管外径 $R$，在保温层上开取 $R+(2\sim5)$mm 的圆孔，孔内壁做好防水处理。

② 用耐候密封胶将穿墙管与保温层之间的接缝密封压实。穿墙管孔洞处的保温处理可参考图 3-40 进行。

（16）补洞及修理

① 当脚手架与墙体的连接拆除后，基层墙体及找平层的施工单位应及时修补孔洞，对于墙体孔洞应使用与基层墙体相同的材料进行填补，并用 1:3 水泥砂浆找平。处理并验收合格后交付墙体保温工程的施工单位进行下道工序施工。

② 根据孔洞尺寸切割岩棉板，修整其边缘部分，使之能严密封堵于孔洞处，并在岩棉板两面刷专用界面砂浆。

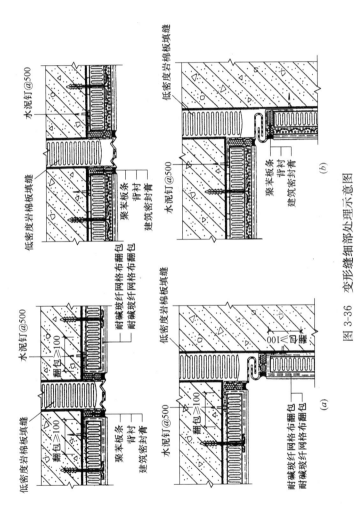

图 3-36 变形缝细部处理示意图

(a) 岩棉板薄抹灰外墙外保温系统；(b) 岩棉板复合胶粉聚苯颗粒保温浆料（或无机保温砂浆）外墙外保温系统

235

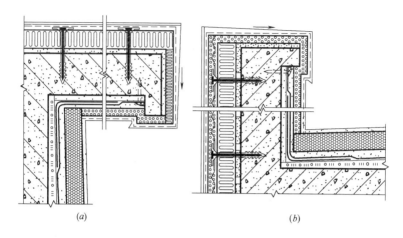

(a)

(b)

图 3-37　女儿墙的保温处理示意图

（a）岩棉板薄抹灰外墙外保温系统；（b）岩棉板复合胶粉聚苯颗粒<br>保温浆料（或无机保温砂浆）外墙外保温系统

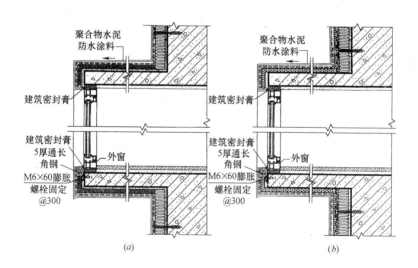

(a)

(b)

图 3-38　凸窗的保温处理示意图

（a）岩棉板薄抹灰外墙外保温系统；（b）岩棉板复合胶粉聚苯颗<br>粒保温浆料（或无机保温砂浆）外墙外保温系统

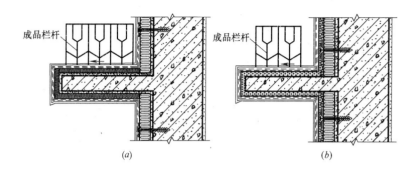

图 3-39　空调机搁板的保温处理示意图

(a) 岩棉板薄抹灰外墙外保温系统；(b) 岩棉板复合胶粉聚苯颗
粒保温浆料（或无机保温砂浆）外墙外保温系统

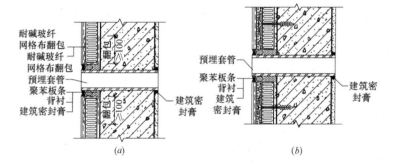

图 3-40　穿墙管孔洞的保温处理示意图

(a) 岩棉板薄抹灰外墙外保温系统；(b) 岩棉板复合胶粉聚
苯颗粒保温浆料（或无机保温砂浆）外墙外保温系统

③ 待孔洞水泥砂浆凝固后，将此岩棉板背面满涂 10mm 厚的粘结砂浆，将岩棉板塞入孔洞中，岩棉板四周边沿不得涂粘结砂浆。

④ 裁剪一块面积大小能覆盖整个修补区域并保证与周边的耐碱玻纤网格布至少搭接 80mm 的耐碱玻纤网格布。

⑤ 在岩棉板表面涂抹底层抗裂砂浆，压入修补的耐碱玻纤网格布，待表面干至不粘手时，再涂面层抗裂砂浆，厚度应与周

边一致。

5. 安全文明施工和成品保护

（1）安全文明施工

① 各类材料应分类存放并挂牌标识，不得错用。

② 每日施工完毕后，应及时将现场施工产生的垃圾及废料清理干净，剩余物资放回仓库，以保持干净卫生的施工环境。

③ 搅拌粘结砂浆和抗裂砂浆时必须用电动搅拌器，用毕及时清理干净。

④ 不允许在施工工地上倾倒和燃烧垃圾，以保持良好的施工环境。

⑤ 工地现场负责人对施工现场的安全负责，应对施工人员进行安全教育，提高对安全工作的认识。

⑥ 专用作业吊篮和施工脚手架的安装以及登高作业，必须符合国家相关规范的要求，经检查验收合格和调试运行可靠后才能使用。

⑦ 使用电动工具和机械设备时，必须符合现行《施工现场临时用电安全技术规范》JGJ 46 和《建筑机械使用安全技术规程》JGJ 33 的要求。

⑧ 应按规定佩戴劳动保护用品，使用喷涂工艺时，必须佩戴防护口罩及防护眼镜。

（2）消防安全

① 施工现场确保防火通道畅通，必须按照防火规范布置相应的设备。

② 任何有明火的地方都应配备必要的灭火设备。

③ 施工工地应配备专业电工，任何配电装置、用电设备及连接电源等涉及电工的操作，必须由专业电工进行，并且必须与易燃易爆物品隔离或采取可靠的安全防护措施。

④ 不准在易燃易爆物品和岩棉板堆放场地进行焊接工作（包括气焊、电焊等各种焊接）。

⑤ 施工工地的易燃易爆物品，必须有专门存放仓库，并指

派专人看管。

⑥ 施工设施应满足有关部门制定的消防安全标准要求。

⑦ 施工现场配备的消防设备应安全、可靠，配备位置应能够保证存放、拿取便捷。

（3）成品保护

① 加强成品保护教育，提高施工人员的成品保护意识。

② 施工中各专业工种紧密配合，合理安排工序，严禁颠倒工序作业。

③ 抹灰时，严禁踩踏窗台，防止破坏窗台保温层。

④ 外墙外保温饰面工程施工前，应将已安装在外墙面的管道、门窗框等相关设施保护好，每道工序完成后，应及时清理残留物。

⑤ 严禁在地面和楼层上直接搅拌粘结砂浆和抗裂砂浆，喷涂作业应有防风措施，防止污染作业环境和周边环境。

⑥ 对抹完抗裂砂浆的保温墙体，不得随意开凿孔洞，如确因需要，应按照设计要求进行处理。施工中应防止重物撞击墙面，损坏处应切割成形状比较规则的洞口，另切割一块形状完全相同岩棉板，按 DBJ/T 14-073—2010 规程的有关规定进行修补。

**六、岩棉板外墙外保温系统的工程验收**

1. 一般规定

（1）岩棉板外墙外保温系统工程应按现行国家标准《建筑节能工程施工质量验收规范》GB 50411、《建筑工程施工质量验收统一标准》GB 50300 和 DBJ/T 14-073—2010 规程的规定进行施工质量验收。

（2）岩棉板外墙外保温系统施工过程中应及时进行质量检查、隐蔽工程验收和检验批验收，施工完成后应进行分项工程验收，主要验收内容包括：基层、岩棉板、钢丝网、保温找平砂浆、防水层、抗裂防护层、变形缝和饰面层。

（3）岩棉板外墙外保温系统的所有组成材料应由系统供应方成套供应，并提供有效、完整的系统型式检验报告，型式检验报告应包括系统及其组成材料全部性能指标。

（4）岩棉板复合无机保温砂浆外墙外保温工程应对下列部位或内容进行隐蔽工程验收，隐蔽工程验收不仅应有详细的文字记录，还应有必要的图像资料，图像资料包括隐蔽工程全貌和有代表性的局部（部位）照片。其分辨率以能够表达清楚受检部位的情况为准。照片应作为隐蔽工程验收资料与文字资料一同归档保存。当施工中出现本条未列出的内容时，应在施工组织设计、施工方案中对隐蔽工程验收内容加以补充。

① 保温层附着的基层及其表面处理；

② 岩棉板的厚度、粘结和固定；

③ 锚栓；

④ 钢丝网铺设和锚固；

⑤ 耐碱网格布铺设；

⑥ 找平保温层施工；

⑦ 系统变形缝、墙身变形缝。

（5）岩棉板在施工过程中应采取防潮、防水等保护措施。

（6）岩棉板外墙外保温系统工程验收的检验批划分规定：

① 采用相同工艺、施工做法的墙面，每 $500\sim1000m^2$ 面积划分为一个检验批，不足 $500m^2$ 也为一个检验批。

② 检验批的划分也可根据与施工流程相一致且方便施工与验收的原则，由施工与监理（建设）单位共同商定。

（7）岩棉板外墙外保温系统工程的检验批质量验收合格，应符合下列规定：

① 检验批应按主控项目和一般项目验收；

② 主控项目应全部合格；

③ 一般项目应合格；当采用计数检验时，至少应有 $90\%$ 以上的检查点合格，且其余检查点不得有严重缺陷；

④ 应具有完整的施工操作依据和质量验收记录。

（8）岩棉板薄抹灰外墙外保温分项工程质量验收合格，应符合下列规定：

240

① 分项工程所含的检验批均应合格；

② 分项工程所含检验批的质量验收记录应完整。

（9）岩棉板外墙外保温系统工程施工完成后，应对其外墙节能构造进行现场实体检测。其检测应符合《建筑节能工程施工质量验收规范》GB 50411 和 DBJ/T 14-073—2010 规程的规定。

（10）岩棉板外墙外保温系统工程验收时应对下列资料进行核查，并纳入竣工技术档案。

① 设计文件、图纸会审记录、设计变更和洽商记录；

② 施工方案和施工技术交底；

③ 型式检验报告、主要组成材料和构件的产品合格证、出厂检验报告和进场验收记录、进场复验报告、见证试验报告；

④ 隐蔽工程验收记录和相关图像资料；

⑤ 施工记录、检验批验收记录；

⑥ 系统构造现场实体检验记录；

⑦ 其他必须提供的资料。

2. 主控项目

（1）用于岩棉板外墙外保温系统的材料、构件等，其品种、规格应符合设计要求和相关标准及 DBJ/T 14-073—2010 规程的规定，不得随意改变和替代。

检验方法：观察、尺量检查；核查质量证明文件。

检查数量：按进场批次，每批随机抽取 3 个试样进行检查；质量证明文件应按照其出厂检验批进行核查。当能够证实多次进场的同种材料属于同一生产批次时，可按该材料的出厂检验批次和抽样数量进行检查。如果发现问题，应扩大抽查数量，最终确定该批材料、构件是否符合设计要求。

（2）岩棉板外墙外保温系统使用的保温隔热材料的导热系数、密度、压缩（抗压）强度、燃烧性能应符合 DBJ/T 14-073—2010 规程和设计要求。

检验方法：核查质量证明文件及进场复验报告。

检查数量：全数检查。

（3）岩棉板外墙外保温系统采用的岩棉板、粘结砂浆、抗裂砂浆、耐碱玻纤网格布、钢丝网、无机保温找平砂浆应符合设计要求，进场时应对其下列性能进行复验，复验应为见证取样送检。

① 岩棉板的导热系数、密度、压缩强度；

② 粘结砂浆、抗裂砂浆的拉伸粘结强度原强度和浸水48h的拉伸粘结强度；

③ 无机保温找平砂浆的导热系数、密度和抗压强度；

④ 耐碱玻纤网格布的耐碱断裂强力、耐碱断裂强力保留率、抗腐蚀性能；

⑤ 防水涂料的不透水性。

检验方法：随机抽样送检，核查复验报告。

检查数量：同一厂家同一品种的岩棉板、无机保温找平砂浆、粘结砂浆、抗裂砂浆、耐碱玻纤网格布，当单位工程建筑面积在 20000m² 以下时各抽查不少于 3 次；当单位工程建筑面积在 20000m² 以上时各抽查不少于 6 次。同一厂家同一品种的防火隔离带保温材料各抽查不少于 1 次。

（4）岩棉板外墙外保温系统施工前应按照设计和施工方案的要求对基层进行处理，处理后的基层应符合岩棉板外墙外保温系统施工方案的要求。

检验方法：对照设计和施工方案观察检查；核查隐蔽工程验收记录。

检查数量：全数检查。

（5）岩棉板外墙外保温系统各层构造的做法应符合设计要求，并应按照经过审批的施工方案施工。

检验方法：对照设计和施工方案观察检查；核查隐蔽工程验收记录。

检查数量：全数检查。

（6）岩棉板外墙外保温系统的施工，应符合下列规定：

① 岩棉板的厚度必须符合设计要求，不得有负偏差。

② 岩棉板与基层及各构造层之间的粘结和锚固连接必须牢固，粘结强度、粘结面积和连接方式应符合设计及 DBJ/T 14-073-2010 规程要求。岩棉板与基层的粘结强度应做现场拉拔试验。

③ 锚栓数量、位置、锚固深度和拉拔力应符合设计及 DBJ/T 14-073—2010 规程要求。后置锚栓应进行锚固力现场拉拔试验。

检验方法：观察；手扳检查；岩棉板厚度采用钢针插入或剖开尺量检查；粘结强度和锚固力核查试验报告；核查隐蔽工程验收记录。

检查数量：每个检验批抽查不少于 3 处。

(7) 岩棉板外墙外保温系统饰面层的基层及面层施工，应符合设计要求以及《建筑装饰装修工程质量验收规范》GB 50210 的要求，并应符合下列规定：

① 饰面层施工的基层应无脱层、空鼓和裂缝，基层应平整、洁净，含水率应符合饰面层施工的要求；

② 饰面层不得开裂、渗漏；

③ 保温层及饰面层与其他部位交接的收口处，应采取密封措施。

检验方法：观察检查；核查试验报告和隐蔽工程验收记录。

检查数量：全数检查。

(8) 外墙或毗邻不采暖空间墙体上的门窗洞口四周的侧面、凸窗四周的侧面和底面，应按设计要求采取隔断热桥或节能保温措施。

检验方法：对照设计要求观察检查，必要时抽样剖开检查；核查隐蔽工程验收记录。

检验数量：每个检验批抽查 5%，并不少于 5 个洞口。

3. 一般项目

(1) 岩棉板外墙外保温系统及防火隔离带的组成材料与构件的外观和包装应完整无破损，符合设计要求和产品标准的规定。

检验方法：观察检查。

检查数量：全数检查。

（2）耐碱玻纤网格布、热镀锌钢丝网的铺贴、对接或搭接应符合设计、专项施工方案的要求及 DBJ/T 14-073—2010 规程的规定；找平保温层施工应平整，无岩棉板裸露；耐碱玻纤网格布水平方向搭接宽度不得小于 100mm，垂直方向不得小于 80mm。抗裂砂浆总厚度宜控制在：普通型 3～5mm，加强型 4～6mm。抗裂砂浆抹压应密实，不得空鼓，耐碱玻纤网格布不得皱褶、外露。

检验方法：观察检查；核查隐蔽工程验收记录。

检查数量：每个检验批抽查不少于 5 处，每处不少于 $2m^2$。

（3）设置空调的房间，其外墙热桥部位应按设计要求采取隔断热桥措施。

检验方法：对照设计和施工方案观察检查；核查隐蔽工程验收记录。

检查数量：按不同热桥种类，每种抽查 10%，并不少于 5 处。

（4）施工产生的墙体缺陷，如穿墙套管、脚手眼、孔洞等，应按照施工方案采取隔断热桥措施，不得影响墙体热工性能。

检验方法：对照施工方案观察检查。

检查数量：全数检查。

（5）岩棉板接缝方法应符合施工方案和 DBJ/T 14-073—2010 规程要求，接缝应平整严密。

检验方法：观察检查；核查隐蔽工程验收记录。

检查数量：每个检验批抽查 10%，并不少于 5 处。

（6）墙体上容易碰撞的阳角、门窗洞口及不同材料基体的交接处等特殊部位，其保温层应采取防止开裂和破损的加强措施。

检验方法：观察检查；核查隐蔽工程验收记录。

检查数量：按不同部位，每类抽查 10%，并不少于 5 处。

（7）岩棉板外墙外保温系统保温层垂直度和尺寸允许偏差应

符合现行国家标准《建筑装饰装修工程质量验收规范》GB 50210 要求，并应符合表 3-26 的规定。

岩棉板安装允许偏差     表 3-26

| 项目 | 允许偏差（mm） | 检查方法 |
|------|------|------|
| 表面平整度 | 4 | 用 2m 靠尺和塞尺检查 |
| 立面垂直度 | 4 | 用 2m 垂直检测尺检查 |
| 阴阳角方正 | 4 | 用直角检测尺检查 |
| 接缝高差 | 1.5 | 用直尺和塞尺检查 |

检验方法：观察检查；核查隐蔽工程验收记录。

检查数量：按检验批抽样检查，每个检验批应抽查 10％并不少于 5 件（处）。

（8）建筑物的变形缝的保温构造做法应符合设计和 DBJ/T 14-073—2010 规程要求。

检验方法：对照设计和 DBJ/T 14-073—2010 规程观察检查；核查隐蔽工程验收记录。

检查数量：按检验批抽样检查，每个检验批应抽查 5％，并不少于 5 件（处）。

## 第四节　挤塑聚苯板薄抹灰外墙外保温系统应用技术

### 一、挤塑聚苯板薄抹灰外墙外保温系统应用技术要点

1. 挤塑聚苯板在薄抹灰外墙外保温系统中的适用性

与膨胀聚苯板相比，挤塑聚苯板的导热系数更低，强度相对较高，用途也比膨胀聚苯板更为广泛。但是，挤塑聚苯板在外墙外保温系统中应用，也有其不利的方面：一是挤塑聚苯板更易产生较大的变形；二是挤塑聚苯板表面致密、光滑，不易粘结。

挤塑聚苯板薄抹灰外墙外保温系统已经具有相当的工程应用量，也应用了一定的时间，这就是说挤塑聚苯板是可以在薄抹灰外墙外保温系统中应用的。但在应用时，应采取措施克服挤塑聚苯板变形大和表面不易粘结这两方面的固有不足，保证应用效果

和工程质量。

2. 解决挤塑聚苯板变形的措施

通常，可以通过采取延长陈化时间和使用密度大的挤塑聚苯板等措施克服其变形大的不足。此外，在夏热冬暖和夏热冬冷地区，还可以通过采用建筑反射隔热涂料作为系统的饰面层，以降低夏季系统表面可能达到的最高温度和可能出现的最大温度变化来减小挤塑聚苯板的变形。

3. 挤塑聚苯板薄抹灰外墙外保温系统的防火问题

可从提高挤塑聚苯板本身的阻燃性和系统构造两个方面解决系统的防火安全问题。

（1）挤塑聚苯板的阻燃性

在薄抹灰外墙外保温系统中，应使用阻燃型挤塑聚苯板，即所使用的挤塑聚苯板按 GB 8624—1997 的燃烧性能分级应达到 $B_2$ 级及以上。

（2）系统构造

必须按建筑防火设计要求，对楼层之间进行防火隔离带设计，防火隔离带应沿楼板位置设置宽度不小于 300mm 的 A 级不燃保温材料。防火隔离带与墙面应进行全面积粘贴。

公安部、住房和城乡建设部于 2009 年 9 月发布的《民用建筑外保温系统及外墙装饰防火暂行规定》（［2009］46 号）从建筑物种类和高度对外保温防火问题作了严格规定，如表 3-27 所示。

对建筑物墙体外保温防火安全规定　　　　表 3-27

| 建筑物种类 | 类别 | 建筑物高度 | 保温材料燃烧性能要求 | 补充规定 |
|---|---|---|---|---|
| 非幕墙式建筑 | 住宅建筑 | 大于等于100m | 应为 A 级 | — |
| | | 大于等于60m小于100m | 不应低于$B_2$级 | 采用 $B_2$ 级保温材料时,每层应设置水平防火隔离带 |
| | | 大于等于24m小于60m | 不应低于$B_2$级 | 采用 $B_2$ 级保温材料时,每两层应设置水平防火隔离带 |
| | | 小于24m | 不应低于$B_2$级 | 当采用 $B_2$ 级保温材料时,每三层应设置水平防火隔离带 |

| 建筑物种类 | 类别 | 建筑物高度 | 保温材料燃烧性能要求 | 补充规定 |
|---|---|---|---|---|
| 非幕墙式建筑 | 其他民用建筑 | 大于等于50m | 应为A级 | — |
| | | 大于等于24m 小于50m | 应为A级或B<sub>1</sub>级 | 采用B<sub>1</sub>级保温材料时,每两层应设置水平防火隔离带 |
| | | 小于24m | 不应低于B<sub>2</sub>级 | 当采用B<sub>2</sub>级保温材料时,每层应设置水平防火隔离带 |
| 幕墙式建筑 | | 大于等于24m | 应为A级 | — |
| | | 小于24m | 应为A级或B<sub>1</sub>级 | 采用B<sub>1</sub>级保温材料时,每层应设置水平防火隔离带 |

对于非幕墙式建筑,46号文同时还规定:"外保温系统应采用不燃或难燃材料作防护层。防护层应将保温材料完全覆盖,首层的防护层厚度不应小于6mm,其他层不应小于3mm"。

对于幕墙式建筑,46号文规定:"保温材料应采用不燃材料作防护层。防护层应将保温材料完全覆盖,防护层厚度不应小于3mm"。

4.挤塑聚苯板薄抹灰外墙外保温系统的基本应用要求

应使用表观密度较大(例如≥30kg/m$^3$)的挤塑聚苯板和不带表皮的挤塑聚苯板;挤塑聚苯板的粘贴和涂抹抹面胶浆的两表面应施涂界面剂;系统应使用外墙涂料或装饰砂浆饰面;应采用锚栓进行辅助机械固定;用于粘贴挤塑聚苯板的胶粘剂、抹面胶浆,其与挤塑聚苯板的拉伸粘结强度原强度、耐水试验后的强度和耐冻融试验后的强度都必须≥0.22MPa,且破坏面在挤塑聚苯板内等。

作为一种外墙外保温系统,在实际应用中必须能够满足一些基本的性能要求,例如应能适应基层的正常变形而不产生裂缝或空鼓;应能长期承受自重、风荷载和室外气候的长期反复作用而不产生有害的变形和破坏;应与基层墙体有可靠连接,避免在地震时脱落；应具有防止火灾蔓延的能力；应具有防水渗透性能；适当的耐久性（例如正确使用和正常维护的条件下，外墙外保温工程的使用年限不应少于 25 年）；保温、隔热和防潮性能应符合国家和地方现行标准的有关规定等。这些要求和其他类外墙外保温系统都是相同的。

**二、系统及组成材料性能要求**

安徽省的建设行业在挤塑聚苯板薄抹灰外墙外保温系统工程应用方面做了一些工作，例如制定了挤塑聚苯板薄抹灰外墙外保温系统的地方标准，即《挤塑聚苯板薄抹灰外墙外保温系统》DB343/T 1278—2010。安徽省的《挤塑聚苯板薄抹灰外墙外保温系统应用技术规程》早在 2011 年 3 月就通过报批评审。但是，后来因为公安部消防局 2011 年 3 月 14 日《关于进一步明确民用建筑外保温材料消防监督管理有关要求的通知》（65 号文）要求"民用建筑外保温材料采用燃烧性能为 A 级的材料"的规定，而没有完成报批程序。目前，根据建筑外保温材料消防监督管理的有关新规定（民用建筑外保温材料的燃烧性能宜为 A 级，且不应低于 B2 级），安徽省《挤塑聚苯板薄抹灰外墙外保温系统应用技术规程》已经进入报批程序。下面关于挤塑聚苯板薄抹灰外墙外保温系统工程应用技术的介绍，是基于该报批稿以及《挤塑聚苯板薄抹灰外墙外保温系统》DB343/T 1278—2010 的内容。

1. 系统性能要求

挤塑聚苯板薄抹灰外墙外保温系统性能应符合表 3-28 的规定。

挤塑聚苯板薄抹灰外墙外保温系统的性能指标　表 3-28

| 试验项目 | | 性能指标 |
| --- | --- | --- |
| 吸水量（浸水 24h）(g/m²) | | ≤500 |
| 抗冲击强度(J) | 普通型（P 型） | ≥3.0 |
| | 加强型（Q 型） | ≥10.0 |

| 试验项目 | 性能指标 |
|---|---|
| 抗风压值(kPa) | 不小于工程项目的风荷载设计值 |
| 耐冻融 | 表面无裂纹、空鼓、起泡、剥离现象 |
| 水蒸气湿流密度[g/(m² · h)] | ≥0.85 |
| 不透水性 | 试样防护层内侧无水渗透 |
| 耐候性 | 表面无裂纹、粉化、剥落现象 |

## 2. 系统构成材料性能要求

### (1) 挤塑聚苯板

挤塑聚苯板应为阻燃型,按 GB 8624—1997 分级应达到 $B_2$ 级及以上。挤塑聚苯板出厂前应在自然条件下陈化 42d 或在 60℃蒸汽中陈化 5d。挤塑聚苯板的性能指标除应符合表 3-29、表 3-30 的要求外,还应符合 GB/T 10801.2—2002 的要求,并宜使用不带表皮的挤塑聚苯板或者使用经过专门表面处理的挤塑聚苯板。挤塑聚苯板的长度不宜大于 1200mm,宽度不宜大于 600mm。

**挤塑聚苯板主要技术性能指标** 表 3-29

| 试验项目 | 性能指标 |
|---|---|
| 导热系数/[W/(m·K)] | 带表皮:≤0.030;不带表皮:≤0.035 |
| 表观密度(kg/m³) | ≥30 |
| 压缩强度(kPa) | ≥150 |
| 垂直于板面方向的抗拉强度(MPa) | ≥0.22 |
| 体积吸水率(浸水 96h)(%) | ≤1.5 |
| 尺寸稳定性(%) | ≤0.5 |

### (2) 胶粘剂

胶粘剂的技术性能指标应符合表 3-31 的要求。

### (3) 抹面胶浆

抹面胶浆的技术性能指标应符合表 3-32 的要求。

挤塑聚苯板允许偏差 表 3-30

| 试验项目 | 允许偏差 |
|---|---|
| 厚度(mm) | +1.5;0 |
| 长度(mm) | ±7 |
| 宽度(mm) | ±5 |
| 对角线差(mm) | 3 |

注：本表的允许偏差值以 1200×600mm 的挤塑板为基准

**胶粘剂的技术性能指标** 表 3-31

| 试验项目 | | 性能指标 |
|---|---|---|
| 拉伸粘结强度(MPa)（与水泥砂浆） | 原强度 | ≥0.70 |
| | 耐水 | ≥0.50 |
| 拉伸粘结强度(MPa)（与挤塑聚苯板） | 原强度 | ≥0.22,且破坏面在挤塑聚苯板上 |
| | 耐水 | ≥0.22,且破坏面在挤塑聚苯板上 |
| 可操作时间(h) | | 1.5～4.0 |

**抹面胶浆的技术性能指标** 表 3-32

| 试验项目 | | 性能指标 |
|---|---|---|
| 拉伸粘结强度（与挤塑聚苯板）(MPa) | 原强度 | ≥0.22,且破坏面在挤塑聚苯板上 |
| | 耐水 | ≥0.22,且破坏面在挤塑聚苯板上 |
| | 耐冻融 | ≥0.22,且破坏面在挤塑聚苯板上 |
| 柔韧性 | 抗压强度/抗折强度比 | ≤3.0 |
| | 开裂应变（非水泥基）(%) | ≥1.5 |
| 可操作时间(h) | | 1.5～4.0 |

（4）专用界面剂

专用界面剂的性能指标应符合表 3-33 的要求。

（5）耐碱玻纤网格布

挤塑聚苯板薄抹灰外墙外保温系统中使用的耐碱玻纤网格布

的外观应无断经、断纬和破洞，无涂覆不良等质量缺陷，其主要性能指标应符合表 3-34 的要求。

**专用界面剂的性能指标** 表 3-33

| 试验项目 | 性能指标 |
| --- | --- |
| 外观 | 经搅拌后应呈均匀状态，不应有结块性沉淀 |
| 固含量（%） | ≥20 |
| pH 值 | 6～9 |
| 拉伸粘结强度（MPa）（14d） | ≥0.22，且破坏面处于挤塑聚苯板上 |

**耐碱玻纤网格布的主要性能指标** 表 3-34

| 试验项目 | 性能指标 | |
| --- | --- | --- |
| | 普通型 | 加强型 |
| 单位面积质量（g/m²） | ≥130 | ≥300 |
| 耐碱断裂强力（经向、纬向）（N/50mm） | ≥750 | ≥1500 |
| 耐碱断裂强力保留率（经向、纬向）（%） | ≥70 | ≥70 |
| 断裂应变（经向、纬向）（%） | ≤5.0 | ≤5.0 |
| 涂塑量（普通型、加强型）/（g/m²） | ≥20 | |
| 玻璃成分 | 符合 JC 841 的规定，其中 ZrO₂ 14.5±0.8，TiO₂ 6.0±0.5 | |

（6）锚栓

锚栓由螺钉和带圆盘的塑料膨胀套管两部分组成。金属螺钉应采用不锈钢或经过表面防腐蚀处理的金属制成，塑料钉和带圆盘的塑料膨胀套管应采用聚酰胺、聚乙烯或聚丙烯制成。塑料圆盘直径不小于 50mm，套管外径 7～10mm。其主要性能指标要求见上一节表 3-23。

（7）拌合用水

掺合在胶粘剂和抹面胶浆中的拌合用水，应为符合国家标准的生活用水。

（8）饰面涂料

饰面选用的水性弹性建筑涂料或合成树脂乳液砂壁状建筑涂料或复层建筑涂料，性能应分别符合《弹性建筑涂料》JG/T 172、《合成树脂乳液砂壁状建筑涂料》JG/T 24 和《复层建筑涂料》GB/T 9779 标准要求。腻子性能应符合《建筑外墙用腻子》JG/T 157—2009 标准中 R 型（柔性）或 T 型（弹性）产品要求；装饰砂浆性能应符合《墙体饰面砂浆》JC/T 1024 标准要求。

（9）嵌缝材料和附件

嵌缝所用建筑密封胶应具有耐候性，可采用聚氨酯密封胶或硅酮建筑密封胶，其技术性能应符合《聚氨酯建筑密封胶》JC／T 482 和《硅酮建筑密封胶》GB/T 14683 的要求。密封胶的背衬材料采用发泡聚乙烯实心棒，其直径为缝宽的 1.3 倍。

（10）其他

在系统中采用的附件，包括托架、包角条、包边条、盖口条、防水涂膜等，应分别符合相应产品标准的要求。

**三、系统构造与设计**

1. 系统构造

挤塑聚苯板薄抹灰外墙外保温系统由阻燃型挤塑聚苯板保温层、薄抹灰层和饰面层构成，挤塑聚苯板采用胶粘剂粘贴和辅助锚栓机械固定相结合的方式固定在基层墙体上，薄抹灰层中满铺耐碱网格布，系统基本构造如图 3-41 所示。

2. 设计

（1）基本要求

设计挤塑聚苯板薄抹灰外墙外保温系统时，应满足国家及地方有关建筑节能规定的要求，并不得更改系统构造和组成材料。

（2）热工设计取值

挤塑聚苯板薄抹灰外墙外保温系统的热工和节能设计应符合下列规定：

① 保温层内表面温度应高于 0℃；

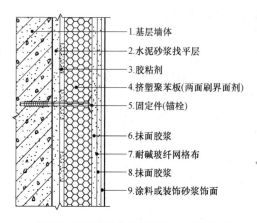

1. 基层墙体
2. 水泥砂浆找平层
3. 胶粘剂
4. 挤塑聚苯板(两面刷界面剂)
5. 固定件(锚栓)
6. 抹面胶浆
7. 耐碱玻纤网格布
8. 抹面胶浆
9. 涂料或装饰砂浆饰面

图 3-41  挤塑聚苯板薄抹灰外墙外保温系统构造示意图

② 挤塑聚苯板的热工设计取值见表 3-35。

挤塑聚苯板的热工设计取值                表 3-35

| 热工性能项目 | 设计取值 | |
|---|---|---|
| | 带表皮 | 不带表皮 |
| 修正系数 | 1.1 | |
| 导热系数 λ[W/(m·K)] | 0.030 | 0.035 |
| 蓄热系数 S[W/(m²·K)] | 0.36 | |

（3）薄抹灰层厚度

挤塑聚苯板薄抹灰外墙外保温系统首层的薄抹灰层厚度应不小于 6mm，并且不宜大于 8mm，其他层厚度应不小于 4mm，并且不宜大于 6mm。

（4）防水设计

应做好外保温工程的密封和防水构造设计，确保水不会渗入保温层及基层，重要部位应有详图。水平或倾斜的挑出部位以及延伸至地面以下的部位应做防水处理。在外墙外保温系统上安装的设备或管道应固定于基层上，并应做密封和防水设计。

应对装饰缝、门窗四角和阴阳角等处进行加强处理，变形缝处应做好防水和构造处理。

（5）固定方式

挤塑聚苯板与墙体的连接采用粘贴和辅助机械固定结合的连接方式，固定件的数量依据建筑物高度确定；设计中应明确固定件的数量和位置。对轻质墙体或比较特殊的墙体，必须对胶粘剂与基层墙体的拉伸粘结强度和固定件的抗拉承载力进行实测，以便具体设计外保温系统同墙体的连接方案。

（6）系统变形缝

应在以下位置设置系统变形缝：

① 基层墙体设有伸缩缝、沉降缝和防震缝处；

② 预制墙板相接处；外保温系统与不同材料相接处；墙面的连续高度、宽度超过 6m 处和建筑体形突变或结构体系变化处。

（7）包裹部位

挤塑聚苯板薄抹灰外墙外保温系统应包裹门窗框外侧洞口、女儿墙、檐口、勒脚、挑窗台、空调机搁板以及阳台等热桥部位。外门窗外侧洞口保温层厚度不应小于 20mm。

（8）防火要求

必须按建筑防火设计要求，对楼层之间进行防火隔离带设计，防火隔离带应沿楼板位置设置宽度不小于 300mm 的 A 级不燃保温材料，构造细部应满足有关标准的规定。防火隔离带与墙面应进行全面积粘贴。

挤塑聚苯板薄抹灰外墙外保温系统的应用高度应符合国家相关防火规定，并应小于下列限值：

① 对于非幕墙式住宅建筑，其应用高度应小于 100m。

② 对于非幕墙式其他民用建筑，其应用高度应小于 50m。

**四、挤塑聚苯板薄抹灰外墙外保温系统的施工**

1. 一般规定

（1）承担挤塑聚苯板薄抹灰外墙外保温系统墙体节能工程的施工企业应具备相应的资质；施工现场应建立相应的质量管理体

系、施工质量控制和检验制度，具有相应的施工技术标准。

（2）施工前，施工单位应编制墙体节能工程专项施工方案，并经监理（建设）单位审查批准后方可实施；施工单位应对施工作业的人员进行技术交底和必要的实际操作培训，作业人员应经过培训并考核合格后方可上岗，并做好技术交底和培训记录。

（3）挤塑聚苯板薄抹灰外墙外保温系统的工程质量检测应由具备资质的检测机构承担。

（4）应按照经审查合格的设计文件、经批准的施工方案的要求和安徽省《挤塑聚苯板薄抹灰外墙外保温系统应用技术规程》及相关标准的规定进行施工。设计变更不得降低建筑节能效果。当设计变更涉及建筑节能效果时，应经原施工图设计审查机构审查，并在实施前办理设计变更手续和获得监理和建设单位的确认。

（5）应在现场采用相同材料和工艺制作样板件，并由具备相应资质的检测机构进行现场见证检测，符合设计文件和安徽省《挤塑聚苯板薄抹灰外墙外保温系统应用技术规程》及相关标准要求后，经建设、设计、监理和施工等单位的项目负责人对样板件进行验收确认，方可进行工程施工。

（6）挤塑聚苯板在粘贴施工前双面满涂界面剂。

（7）对空心类基层墙体，如多孔砖（砌块）、空心砖（砌块）等，应采用有回拧机构的固定件。

（8）材料进场验收应符合下列规定：

① 对材料的品种、规格、包装、外观和尺寸等进行检查验收，并经监理工程师（建设单位代表）确认，形成相应的验收记录。

② 对材料的质量证明文件进行核查，并经监理工程师（建设单位代表）确认，纳入工程技术档案。进入施工现场用于挤塑聚苯板薄抹灰外墙外保温系统的材料均应具有出厂合格证、中文说明书及相关型式检验报告；进口材料应按规定进行入境商品检验。

③ 应按安徽省《挤塑聚苯板薄抹灰外墙外保温系统应用技术规程》和《建筑节能工程施工质量验收规范》GB 50411 的规定，在施工现场对材料进行抽样复验，复验应为见证取样送检。

2. 施工准备

(1) 施工条件

① 挤塑聚苯板薄抹灰外墙外保温系统的施工，应在基层墙体及水泥砂浆找平层的施工质量验收合格后进行。找平层应与基层墙体粘结牢固，不得有脱层、空鼓、裂缝，其表面层不得有粉化、起皮、爆灰等现象。其强度、平整度、垂直度、阴阳角方正应符合设计要求和安徽省《挤塑聚苯板薄抹灰外墙外保温系统应用技术规程》及相关标准的规定。基层墙体、水泥砂浆找平层允许偏差值应符合表 3-36 的规定。

基层墙体、水泥砂浆找平层允许偏差值　　　　表 3-36

| 项次 | 项目 | 允许偏差 |
|------|------|----------|
| 1 | 表面平整度（mm/2m） | 4 |
| 2 | 立面垂直度（mm/2m） | 4 |
| 3 | 阴阳角方正（mm） | 4 |

② 挤塑聚苯板薄抹灰外墙外保温系统施工前，外门窗洞口应验收合格，洞口尺寸、位置应符合设计和相应的专业施工质量验收规范要求，门窗框或副框应安装完毕，外门窗框或副框与洞口之间的空隙应考虑预留出保温层的厚度，缝隙应采用弹性闭孔材料填充饱满，安装质量应符合设计和相关专业施工质量验收规范要求。

③ 施工前，外墙面上的消防梯、雨水管卡、预埋件、支架、各种进户管线和设备穿墙管道等应安装完毕，并预留出外保温系统的厚度。对空调等设备的穿墙孔应事先装好预埋套管。

④ 外脚手架或操作平台、吊篮应验收合格，满足施工作业和人员安全要求。

（2）施工工具与机具准备

① 主要施工工具　抹子、齿形镘刀、压子、阴阳角捆子、托线板、开槽器、壁纸刀、电动螺丝刀、钢锯条、剪刀、电动搅拌器、塑料搅料桶、冲击钻、电锤、刷子、粗砂纸等。

② 主要测量工具　2m靠尺和塞尺、2m垂直检测尺、直角检测尺、5m钢卷尺、经纬仪、2m托线板、直尺等。

③ 其他　吊篮、外墙施工脚手架、水平、垂直运输工具等。

（3）材料运输

① 挤塑聚苯板应侧立搬运，水平放置；在运输过程中应贴实放置，用宽扁形包装带固定好，严禁烟火或化学溶剂；不得重压、扔摔或利器碰撞或穿刺，以免破坏或变形。

② 胶粘剂、抹面胶浆采用托盘放置，运输过程中应防止挤压、碰撞、雨淋、日晒等。

③ 组成系统的其他材料在运输、装卸过程中，应整齐放置；包装和标志不得破损，不得使其受到扔摔、冲击、日晒、雨淋。

（4）材料堆放

① 挤塑聚苯板应成包平放，避免阳光直射；并应远离火源和有明确的"严禁烟火"标志，严禁与化学品接触，尤其是石油烃类溶剂。

② 所有系统组成材料应防止与腐蚀介质接触，远离火源，存放场地应干燥、通风、防冻，不宜露天长期曝晒。

③ 所有材料应按型号、规格分类挂牌堆放，贮存期不得超过材料保质期。其中胶粘剂、抹面胶浆要放在阴凉、通风、干燥处，并注意防雨防潮，在施工现场的贮存期不宜超过3个月；耐碱网格布和固定件应防雨存放。

（5）施工环境条件

挤塑聚苯板薄抹灰外墙外保温系统的施工现场环境温度和墙体表面温度在施工及施工后24h内，基层及环境空气温度不应低于5℃。夏季应避免阳光曝晒，必要时在脚手架上搭设临时遮阳设施，遮挡墙面。在5级以上大风天气和雨天不得施工，如施工中突遇降雨，应采取有效遮盖措施，防止雨水冲刷墙面。

3. 施工工艺流程

挤塑聚苯板薄抹灰外墙外保温系统的施工工艺流程见图 3-42。

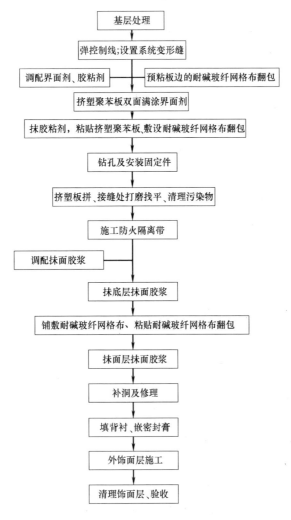

图 3-42 挤塑聚苯板薄抹灰外墙外保温系统施工工艺流程示意图

4. 施工与控制

（1）基层处理

① 挤塑聚苯板薄抹灰外墙外保温系统施工前应检查基层是否满足设计和施工方案要求。基层应坚实、平整、无灰尘、无污垢、无油渍、无残留灰块，并已验收合格。

② 对既有建筑保温改造工程，施工前应按照设计文件和相关标准的规定进行专门处理，经建设、设计、监理和施工等单位的项目负责人验收合格后方可进行保温系统工程施工。

（2）弹控制线

① 根据建筑立面设计和外墙外保温技术要求，在外门窗洞口、外墙阴阳角、系统变形缝、墙身变形缝及其他必要处弹水平、垂直控制线。

② 施工过程中每层应挂水平、垂直线，以控制挤塑聚苯板粘贴的垂直度、平整度和阴阳角方正。

③ 系统变形缝的设置：对外保温墙面的高、宽不大于 6m 处，应设置系统变形缝，缝宽不大于 20mm。

（3）配制胶粘剂

胶粘剂应按设计或试验室给出的配合比配制。当未给出配合比时，应按施工方案或产品说明书配制。配制的胶粘剂应均匀，稠度满足施工要求，无气泡。配制后应适当静置再使用，并在产品说明书要求的时间内用完。

（4）粘贴翻包耐碱玻纤网格布

门窗洞口、系统变形缝两侧、墙身变形缝、不同材质的防火隔离带接缝、檐口和勒脚处的基层上预粘耐碱玻纤网格布，网格布裁剪宽度为 180mm 加上挤塑聚苯板板厚，翻包部分宽度为 80mm。其具体做法为：首先在翻包部位抹宽度为 80mm、厚度为 2mm 的胶粘剂，然后压入 80mm 宽的耐碱玻纤网格布，余下的甩出备用。施工时应按照设计文件中翻包部位设计详图进行粘贴。

（5）挤塑聚苯板涂界面剂

安装前，应对挤塑聚苯板双面满涂界面剂，待界面剂晾干至不粘手后方可涂抹胶粘剂。

（6）涂胶粘剂、粘贴挤塑聚苯板

① 标准挤塑聚苯板尺寸为 1200mm×600mm。非标准尺寸和局部不规则处可用工具刀现场切割，切割尺寸允许偏差为±1.5mm，大小面应垂直。墙面边角处应用最小尺寸超过 300mm 的挤塑聚苯板。

② 将配制好的胶粘剂涂抹在挤塑聚苯板粘贴面，涂抹厚度以使胶粘剂经粘贴挤压后厚度约为 3mm 为准。粘贴方法可采取框点法或条粘法，涂胶粘剂的面积应为挤塑聚苯板面积的 50% 以上。

③ 抹好胶粘剂的挤塑聚苯板应立即粘贴在墙面上，以防止胶粘剂表面结皮而失去粘结作用。不得在挤塑聚苯板接缝处的侧面涂抹胶粘剂。

④ 挤塑聚苯板粘贴宜分段自下而上沿水平方向横向铺贴，上下两排挤塑聚苯板宜竖向错缝 1/2 板长，局部最小错缝不得小于 200mm。

⑤ 挤塑聚苯板粘贴上墙后，应用 2m 靠尺压平，保证其平整度及粘贴牢固。板与板之间要挤紧，不得留有缝隙，板缝超出 1.5mm 时应用挤塑聚苯板片填塞。板与板之间接缝高差不大于 1.5mm，否则应用打磨器打磨平整。每贴完一块挤塑聚苯板，应及时清除挤出的胶粘剂。因切割不方正形成的缝隙，应用挤塑聚苯板条填塞严实并打磨平整。

⑥ 在墙体拐角处，应先排好尺寸，再裁切挤塑聚苯板，使其粘贴时垂直交错互锁，保证拐角处顺直。

⑦ 门窗洞口四角处挤塑聚苯板不得拼接，应采用整块挤塑聚苯板切割成形，挤塑聚苯板接缝应离开角部至少 200mm。施工前，应先弹出基准线，作为控制阳角上下顺直的依据。

（7）钻孔及安装固定件

① 在胶粘剂初凝后开始安装固定件。应按设计要求的位置

用冲击钻钻孔，孔径 10mm，在混凝土基层内的锚固深度不小于25mm；在填充墙砌体内的锚固深度不小于 50mm。钻孔深度根据保温层厚度采用相应长度的钻头。设计有明确要求的，应按设计文件施工。

② 固定件位置和数量应按设计文件要求设置。当设计无要求时，按下列数量设置：建筑物高度 7 层及 7 层以下，每平方米设置 5 个；建筑物高度 8 至 18 层（含 18 层），每平方米设置 7 个；建筑物高度 19 至 28 层（含 28 层），每平方米设置 9 个；建筑物高度 28 层以上，每平方米设置 12 个。在阳角、檐口下、孔洞四周，固定件应加密，其间距不大于 300mm，但距挤塑聚苯板边缘不小于 60mm。

③ 对于回拧式固定件，自攻螺钉应用电动螺丝刀拧紧，并使钉帽与挤塑聚苯板表面齐平或略拧入一些，确保膨胀钉尾部回拧，使其与基层墙体充分锚固。对于敲击式固定件，敲击时应注意力度，避免将钉帽敲入挤塑聚苯板面太深或损伤板面。

（8）打磨找平

① 挤塑聚苯板接缝不平处应用粗砂纸打磨，打磨动作宜为轻柔的圆周运动，不要沿着与挤塑聚苯板接缝平行的方向打磨。

② 打磨后应用刷子或压缩空气将打磨操作产生的碎屑、其他浮灰清理干净。

（9）防火隔离带施工

按设计文件要求设置防火隔离带时，防火隔离带材料进场后应进行见证取样送检。当防火隔离带材料为板材时，应保证其与基层满粘贴。

（10）装饰线施工

① 根据设计要求用墨线弹出需做线脚的位置，并进行水平和竖向校正。

② 凹线脚使用开槽器在挤塑聚苯板的适当位置切出凹口，凹口处挤塑聚苯板的厚度不得小于 15mm。

③ 凸线脚应按设计尺寸切割后，在线脚和对应挤塑聚苯板

的两板面均应涂刷界面剂两道，晾干后，再满涂胶粘剂，使其粘贴牢固，并辅以锚栓固定。

（11）抹底层抹面胶浆

① 抹面胶浆应按照设计或试验室给出的配合比配制；当未给出时，应按照施工方案和产品说明书配制。

② 挤塑聚苯板安装上墙后表面不得长时间裸露，应及时清理挤塑聚苯板表面杂物，将配制好的抹面胶浆均匀地涂抹在挤塑聚苯板上，厚度约为 2mm。

（12）敷设耐碱玻纤网格布

① 抹底层抹面胶浆后立即敷设耐碱玻纤网格布。

② 耐碱玻纤网格布应按工作面的长度要求剪裁，并留出搭接长度。耐碱玻纤网格布的剪裁应顺经纬向进行。

③ 对门窗洞口、变形缝两侧、檐口、勒角、系统分隔缝两侧、挤塑板端头处的挤塑聚苯板正面和侧面应涂抹抹面胶浆，将预先甩出的耐碱玻纤网格布沿板厚翻转，并压入抹面胶浆中。在外门窗洞口四角应附加一层 300mm×200mm 耐碱玻纤网格布，铺贴方向为 45°。大面耐碱玻纤网格布应在门窗洞口周边翻包及附加耐碱玻纤网格布之上。

④ 将大面耐碱玻纤网格布沿水平方向绷直绷平，并将耐碱玻纤网格布内曲的一面朝里，用抹子由中间向上、下两边将耐碱玻纤网格布抹平，使其紧贴抹面胶浆底层。耐碱玻纤网格布水平方向搭接宽度不少于 100mm，垂直方向搭接宽度不少于 80mm。搭接处可用抹面胶浆补充底层抹面胶浆空缺处，不得使耐碱玻纤网格布皱褶、空鼓、翘边。

⑤ 在凹凸线条处，应将窄幅耐碱玻纤网格布埋入抹面胶浆内。大面耐碱玻纤网格布应压在窄幅耐碱玻纤网格布之上，搭接宽度不少于 80mm。

⑥ 在墙面施工预留孔洞四周 100mm 范围内仅抹底层抹面胶浆并压入耐碱玻纤网格布，暂不抹面层抹面胶浆，待大面施工完毕后再进行修补。

⑦ 在墙身阴、阳角处两侧耐碱玻纤网格布双向绕角相互搭接，各侧搭接宽度不少于 200mm。

（13）抹面层抹面胶浆

① 抹完底层抹面胶浆并压入耐碱网格布后，待抹面胶浆凝固至表面不粘手时，开始抹面层抹面胶浆，涂抹厚度以覆盖住耐碱网格布为准，抹面胶浆层总厚度为 4～6mm。

② 在涂料饰面的首层外墙面和需要提高外墙抗冲击能力的部位，应加铺一层加强型耐碱玻纤网格布进行加强。第一层铺贴加强型耐碱玻纤网格布应采用对接方法，抹上抹面砂浆后进行第二层铺贴，第二层铺贴普通型耐碱玻纤网格布应采用搭接方法，耐碱玻纤网格布左右搭接宽度不少于 100mm，上下搭接宽度不少于 80mm，两层网格布之间抹面胶浆应饱满，严禁干贴。

③ 在同一墙面上，加强层与标准层间宜留设伸缩缝或设置装饰线条。伸缩缝处应使用耐候密封胶密封。

（14）墙身变形缝处理

① 墙身变形缝的金属盖缝板应在挤塑聚苯板粘贴前按设计定位，并采用塑料锚栓将其牢固地固定在基层墙体上。

② 在墙身变形缝内填塞挤塑聚苯板，填缝深度应大于缝宽 3 倍，且不小于 100mm。

③ 在金属盖缝板与挤塑聚苯板相接处应填嵌耐候密封膏（背衬聚乙烯发泡棒），密封膏填嵌应饱满、密实、平顺，并应注意不要污染周边墙体面层。

（15）补洞及修理

① 当脚手架与墙体的连接拆除后修补孔洞，对于墙体孔洞应使用与基层墙体相同的材料填补，并用 1∶3 水泥砂浆找平，处理并验收合格后方可进行下道工序施工。

② 根据孔洞尺寸切割挤塑聚苯板，打磨其边缘部分，使之能严密封堵于孔洞处，并在挤塑聚苯板两面刷界面剂。

③ 待孔洞水泥砂浆凝固后，将此挤塑聚苯板背面满涂胶粘剂，将挤塑聚苯板塞入孔洞中，挤塑聚苯板四周边沿不得涂胶

粘剂。

④ 裁剪一块面积大小能覆盖整个修补区域、并保证与周边的耐碱玻纤网格布至少搭接 80mm 的耐碱玻纤网格布。

⑤ 在挤塑聚苯板表面涂抹底层抹面胶浆，压入修补的耐碱玻纤网格布，待表面干至不粘手时，再涂面层抹面胶浆，厚度应与周边一致。

（16）外饰面施工

① 外饰面选用的涂料和装饰砂浆，其性能指标应符合安徽省《挤塑聚苯板薄抹灰外墙外保温系统应用技术规程》及国家有关规范和标准要求。

② 待基层墙面达到涂料或装饰砂浆产品说明书对施工的要求时，方可进行涂料或装饰砂浆的施工。

5. 细部处理

（1）勒脚

① 在无地下室的情况下，散水与保温层的收口接缝处应采用耐候密封胶嵌缝。

② 在有不保温地下室或室内外高差较小的情况下，散水与保温层、薄抹灰层之间的接缝间隙为 20mm，先压入聚乙烯泡沫塑料棒，然后用耐候密封胶嵌缝。

③ 在有保温地下室情况下，保温板的设置及墙面防水层做法应做具体设计，施工时应符合设计要求。

（2）女儿墙

① 应按设计文件要求进行保温工程施工。

② 对于采用混凝土压顶的女儿墙，其混凝土顶板的下底面与外保温系统的薄抹灰层之间的接缝应采用耐候密封胶嵌缝。

（3）外窗

① 窗框四周缝隙应采用弹性闭孔材料嵌填，保温系统与窗框四周外侧边的接缝缝隙应为 5mm，并用耐候密封胶嵌缝。

② 窗口应做滴水条（宽×深＝10mm×10mm），做法如下：根据设计图纸所示窗的位置，在距薄抹灰层 20～30mm 水

平距离处弹出滴水条的位置，用壁纸刀或开槽机沿弹好的滴水线开出凹槽（宽 12mm，深 12mm），将抹面胶浆填满凹槽，将滴水条嵌入凹槽中，与抹面胶浆粘结牢固，并用该胶浆抹平槎口。

（4）系统变形缝

在系统变形缝内填嵌耐候密封膏（背衬聚乙烯发泡棒）。耐候密封膏填嵌应饱满、密实、平顺。

（5）空调机搁板

① 空调机搁板与基层墙面间所形成的阴角处，基层墙面上保温系统的抹面层应延伸到空调机搁板上下表面 100mm。

② 空调机搁板的饰面层面不得具有形成积水的可能。

③ 空调机搁板下表面应做滴水条，具体做法与上面"（3）外窗"中的第②条相同。

（6）落水管管箍固定件的处理

落水管管箍固定件采用塑料膨胀螺栓，应锚入基层墙体内，固定应牢固。固定件四周应采用耐候密封胶密封严密。

（7）穿墙管孔洞处理

① 根据穿墙管外径 R，在保温层上开取 R＋(2～5)mm 的圆孔，孔内壁做好防水处理。

② 用耐候密封胶将穿墙管与保温层之间的接缝密封压实。

6. 安全文明施工和成品保护

（1）安全文明施工

① 各类材料应分类存放并挂牌标识，不得错用。

② 每日施工完毕后，应及时将现场施工产生的垃圾及废料清理干净，剩余物资放回仓库，以保持干净卫生的施工环境。

③ 搅拌胶粘剂和抹面胶浆时必须用电动搅拌器，用毕及时清理干净。

④ 不允许在施工工地上倾倒和燃烧垃圾，以保持良好的施工环境。

⑤ 应对施工人员进行安全教育，提高对安全工作的认识。

⑥ 专用作业吊篮和施工脚手架的安装以及登高作业，必须

符合国家相关规范的要求，经检查验收合格和调试运行可靠后才能使用。

⑦ 使用电动工具和机械设备时，必须符合现行《施工现场临时用电安全技术规范》JGJ 46 和《建筑机械使用安全技术规程》JGJ 33 的要求。

⑧ 应按规定佩戴劳动保护用品，使用喷涂工艺时，必须佩戴防护口罩及防护眼镜。

（2）消防安全

① 施工现场确保消防通道畅通，必须按照防火规范布置相应的设备。

② 施工现场应配备灭火器材。

③ 施工工地应配备专业电工，任何配电装置、用电设备及连接电源等涉及电工的操作，必须由专业电工进行，并且必须与易燃易爆物品隔离或采取可靠的安全防护措施。

④ 不准在易燃易爆物品和挤塑聚苯板堆放场地以及作业区进行焊接工作（包括气焊、电焊等各种焊接）。

⑤ 施工工地的易燃易爆物品，必须有专门存放仓库，并指派专人看管。

⑥ 施工设施应满足有关部门制定的消防安全标准要求。

⑦ 施工现场配备的消防设备应安全、可靠，配备位置应能够保证存放、拿取便捷。

⑧ 保温材料进场后，要远离火源。露天存放时，应采用不燃材料安全覆盖，或将保温材料涂抹防护层后再进入施工现场。

⑨ 保温材料的施工要分区段进行，各区段应保持足够的防火间距。未涂抹防护层的保温材料的裸露施工高度不能超过 3 个楼层，并做到及时覆盖，减少保温材料的裸露面积和时间，减少火灾隐患。

⑩ 严格动火操作人员的管理。动用明火必须实行严格的消防安全管理，动火部门和人员应当按照用火管理制度办理相应手续，电焊、气焊、电工等特殊工种人员必须持证上岗。动火作业

前应对现场的可燃物进行清理，并安排动火监护人员进行现场监护；动火作业后，应检查现场，确认无火灾隐患后，动火操作人员方可离开。

（3）成品保护

① 加强成品保护教育，提高施工人员的成品保护意识。

② 施工中各专业工种紧密配合，合理安排工序，严禁颠倒工序作业。

③ 抹灰时，严禁踩踏窗台，防止破坏窗台保温层。

④ 外墙外保温饰面工程施工前，应将已安装在外墙面的管道、门窗框等相关设施保护好，每道工序完成后，应及时清理残留物。

⑤ 严禁在地面和楼层上直接搅拌胶粘剂和抹面胶浆，喷涂作业应有防风措施，防止污染作业环境和周边环境。

⑥ 对抹完抹面胶浆的保温墙体，不得随意开凿孔洞，如确因需要，应按照设计要求进行处理。施工中应防止重物撞击墙面。损坏处应切割成形状比较规则的洞口，另切割一块形状完全相同挤塑聚苯板，按安徽省《挤塑聚苯板薄抹灰外墙外保温系统应用技术规程》的有关规定进行修补。

7. 工程验收

（1）一般规定

① 挤塑聚苯板薄抹灰外墙外保温系统工程应按现行国家标准《建筑节能工程施工质量验收规范》GB 50411、《建筑工程施工质量验收统一标准》GB 50300 和安徽省《挤塑聚苯板薄抹灰外墙外保温系统应用技术规程》的规定进行施工质量验收。

② 挤塑聚苯板薄抹灰外墙外保温系统施工过程中应及时进行质量检查、隐蔽工程验收和检验批验收，施工完成后应进行分项工程验收，主要验收内容包括：基层、挤塑聚苯板、抹面层、变形缝和饰面层。

③ 挤塑聚苯板薄抹灰外墙外保温系统的所有组成材料应由系统供应方成套供应，并提供有效、完整的系统型式检验报告，

型式检验报告应包括系统及其组成材料全部性能指标。

④ 挤塑聚苯板薄抹灰外墙外保温工程应对下列部位或内容进行隐蔽工程验收，隐蔽工程验收不仅应有详细的文字记录，还应有必要的图像资料，图像资料包括隐蔽工程全貌和有代表性的局部（部位）照片。其分辨率以能够表达清楚受检部位的情况为准。照片应作为隐蔽工程验收资料与文字资料一同归档保存。当施工中出现本条未列出的内容时，应在施工组织设计、施工方案中对隐蔽工程验收内容加以补充。

　　a. 保温层附着的基层及其表面处理；

　　b. 挤塑聚苯板的厚度、粘结或固定；

　　c. 锚栓；

　　d. 耐碱玻纤网格布铺设；

　　e. 墙体热桥部位处理；

　　f. 墙体防火隔离带；

　　g. 系统变形缝、墙身变形缝。

⑤ 挤塑聚苯板在施工过程中应采取防火、防潮、防水等保护措施。

⑥ 挤塑聚苯板薄抹灰外墙外保温系统工程验收的检验批划分规定：

　　a. 采用相同工艺、施工做法的墙面，每 $500\sim1000m^2$ 面积划分为一个检验批，不足 $500m^2$ 也为一个检验批。

　　b. 检验批的划分也可根据与施工流程相一致且方便施工与验收的原则，由施工与监理（建设）单位共同商定。

⑦ 挤塑聚苯板薄抹灰外墙外保温系统工程的检验批质量验收合格，应符合下列规定：

　　a. 检验批应按主控项目和一般项目验收；

　　b. 主控项目应全部合格；

　　c. 一般项目应合格；当采用计数检验时，至少应有 90% 以上的检查点合格，且其余检查点不得有严重缺陷；

　　d. 应具有完整的施工操作依据和质量验收记录。

268

⑧ 挤塑聚苯板薄抹灰外墙外保温分项工程质量验收合格应符合下列规定：

a. 分项工程所含的检验批均应合格；

b. 分项工程所含检验批的质量验收记录应完整。

⑨ 挤塑聚苯板薄抹灰外墙外保温系统工程施工完成后，应对其外墙节能构造进行现场实体检测。其检测应符合《建筑节能工程施工质量验收规范》GB 50411 和安徽省《挤塑聚苯板薄抹灰外墙外保温系统应用技术规程》的规定。

⑩ 挤塑聚苯板薄抹灰外墙外保温系统工程验收时应对下列资料进行核查，并纳入竣工技术档案：

a. 设计文件、图纸会审记录、设计变更和洽商记录；

b. 施工方案和施工技术交底；

c. 型式检验报告、主要组成材料和构件的产品合格证、出厂检验报告和进场验收记录、进场复验报告、见证试验报告；

d. 隐蔽工程验收记录和相关图像资料；

e. 施工记录、检验批验收记录；

f. 系统构造现场实体检验记录；

g. 其他必须提供的资料。

（2）主控项目

① 用于挤塑聚苯板薄抹灰外墙外保温系统及防火隔离带的材料、构件等，其品种、规格应符合设计要求和相关标准及安徽省《挤塑聚苯板薄抹灰外墙外保温系统应用技术规程》的规定，不得随意改变和替代。

检验方法：观察、尺量检查；核查质量证明文件。

检查数量：按进场批次，每批随机抽取 3 个试样进行检查；质量证明文件应按照其出厂检验批进行核查。

② 挤塑聚苯板薄抹灰外墙外保温系统及防火隔离带使用的保温隔热材料的导热系数、密度、压缩（抗压）强度、燃烧性能应符合安徽省《挤塑聚苯板薄抹灰外墙外保温系统应用技术规程》和设计要求。

检验方法：核查质量证明文件及进场复验报告。

检查数量：全数检查。

③ 挤塑聚苯板薄抹灰外墙外保温系统采用的挤塑聚苯板、胶粘剂、抹面胶浆、耐碱玻纤网格布及防火隔离带采用的保温隔热材料应符合设计要求，进场时应对其下列性能进行复验，复验应为见证取样送检：

a. 挤塑聚苯板的导热系数、密度、压缩强度、燃烧性能；

b. 胶粘剂、抹面胶浆的拉伸粘结强度原强度和浸水 48h 拉伸粘结强度；

c. 耐碱玻纤网格布的耐碱断裂强力、耐碱断裂强力保留率、抗腐蚀性能；

d. 防火隔离带保温隔热材料的导热系数、密度、抗压强度或压缩强度、燃烧性能。

检验方法：随机抽样送检，核查复验报告。

检查数量：同一厂家同一品种的挤塑聚苯板、胶粘剂、抹面胶浆、耐碱玻纤网格布，当单位工程建筑面积在 20000m² 以下时各抽查不少于 3 次；当单位工程建筑面积在 20000m² 以上时各抽查不少于 6 次。同一厂家同一品种的防火隔离带保温材料各抽查不少于 1 次。

④ 挤塑聚苯板薄抹灰外墙外保温系统施工前应按照设计和施工方案的要求对基层进行处理，处理后的基层应符合设计和挤塑聚苯板薄抹灰外墙外保温系统施工方案的要求。

检验方法：对照设计和施工方案观察检查；核查隐蔽工程验收记录。

检查数量：全数检查。

⑤ 挤塑聚苯板薄抹灰外墙外保温系统各层构造及防火隔离带的做法应符合设计要求，并应按照经过审批的施工方案施工。

检验方法：对照设计和施工方案观察检查；核查隐蔽工程验收记录。

检查数量：全数检查。

⑥ 挤塑聚苯板薄抹灰外墙外保温系统的施工应符合下列规定：

a. 挤塑聚苯板的厚度必须符合设计要求，不得有负偏差。

b. 挤塑聚苯板与基层及各构造层之间的粘结或连接必须牢固。粘结强度、粘结面积和连接方式应符合设计及安徽省《挤塑聚苯板薄抹灰外墙外保温系统应用技术规程》要求。挤塑聚苯板与基层的粘结强度应做现场拉拔试验。

c. 锚栓数量、位置、锚固深度和拉拔力应符合设计及安徽省《挤塑聚苯板薄抹灰外墙外保温系统应用技术规程》要求。锚栓应进行锚固力现场拉拔试验。

检验方法：观察；手扳检查；挤塑聚苯板厚度采用钢针插入或剖开尺量检查；粘结强度和锚固力核查试验报告；核查隐蔽工程验收记录。

检查数量：每个检验批抽查不少于3处。

⑦ 挤塑聚苯板薄抹灰外墙外保温系统饰面层的基层及面层施工，应符合设计要求以及《建筑装饰装修工程质量验收规范》GB 50210 的要求，并应符合下列规定：

a. 饰面层施工的基层应无脱层、空鼓和裂缝，基层应平整、洁净、含水率应符合饰面层施工的要求。

b. 饰面层不得开裂、渗漏。

c. 保温层及饰面层与其他部位交接的收口处应采取密封措施。

检验方法：观察检查；核查试验报告和隐蔽工程验收记录。

检查数量：全数检查。

⑧ 外墙或毗邻不采暖空间墙体上的门窗洞口四周的侧面，凸窗四周的侧面和底面，应按设计要求采取隔断热桥或节能保温措施。

检验方法：对照设计要求观察检查，必要时抽样剖开检查；核查隐蔽工程验收记录。

检验数量：每个检验批抽查5%，并不少于5个洞口。

⑨ 设置空调的房间，其外墙热桥部位应按设计要求采取隔断热桥措施。

检验方法：对照设计和施工方案观察检查；核查隐蔽工程验收记录。

检查数量：按不同热桥种类，每种抽查 10%，并不少于 5 处。

（3）一般项目

① 挤塑聚苯板薄抹灰外墙外保温系统及防火隔离带的组成材料与构件的外观和包装应完整无破损，符合设计要求和产品标准的规定。

检验方法：观察检查。

检查数量：全数检查。

② 耐碱玻纤网格布的铺贴、对接或搭接应符合设计、专项施工方案的要求及安徽省《挤塑聚苯板薄抹灰外墙外保温系统应用技术规程》的规定；耐碱玻纤网格布水平方向搭接宽度不得小于 100mm，垂直方向不得小于 80mm。抹面胶浆总厚度宜控制在 4～6mm。抹面胶浆抹压应密实，不得空鼓，耐碱玻纤网格布不得皱褶、外露。

检验方法：观察检查；核查隐蔽工程验收记录。

检查数量：每个检验批抽查不少于 5 处，每处不少于 2m²。

③ 施工产生的墙体缺陷，如穿墙套管、脚手眼、孔洞等，应按照施工方案采取隔断热桥措施，不得影响墙体热工性能。

检验方法：对照施工方案观察检查。

检查数量：全数检查。

④ 挤塑聚苯板接缝方法应符合施工方案和安徽省《挤塑聚苯板薄抹灰外墙外保温系统应用技术规程》要求，接缝应平整严密。

检验方法：观察检查；核查隐蔽工程验收记录。

检查数量：每个检验批抽查 10%，并不少于 5 处。

⑤ 墙体上容易碰撞的阳角、门窗洞口及不同材料基体的交

接处等特殊部位，其保温层应采取防止开裂和破损的加强措施。

检验方法：观察检查；核查隐蔽工程验收记录。

检查数量：按不同部位，每类抽查10％，并不少于5处。

⑥ 挤塑聚苯板薄抹灰外墙外保温系统保温层垂直度和尺寸允许偏差应符合现行国家标准《建筑装饰装修工程质量验收规范》GB 50210规定，并应符合表3-37的规定。

**挤塑聚苯板安装允许偏差**　　　　　　表3-37

| 项目 | 允许偏差(mm) | 检查方法 |
|------|-------------|---------|
| 表面平整度 | 4 | 用2m靠尺和塞尺检查 |
| 立面垂直度 | 4 | 用2m垂直检测尺检查 |
| 阴阳角方正 | 4 | 用直角检测尺检查 |
| 接缝高差 | 1.5 | 用直尺和塞尺检查 |

检验方法：观察检查；核查隐蔽工程验收记录。

检查数量：按检验批抽样检查，每个检验批应抽查10％并不少于5件（处）。

⑦ 保温系统变形缝及墙身变形缝的保温构造做法应符合设计和安徽省《挤塑聚苯板薄抹灰外墙外保温系统应用技术规程》要求。

检验方法：对照设计和安徽省《挤塑聚苯板薄抹灰外墙外保温系统应用技术规程》观察检查；核查隐蔽工程验收记录。

检查数量：按检验批抽样检查，每个检验批应抽查5％并不少于5处。


# 第五节　酚醛泡沫板在建筑节能中的应用技术

## 一、酚醛泡沫的特性

酚醛泡沫塑料保温材料常简称酚醛泡沫，也简称为PF泡沫。酚醛泡沫是以酚醛树脂为主要原材料，加入固化剂、发泡剂和其他辅助组分，在树脂交联固化的同时，发泡剂产生气体而均匀的分散于物料中而形成的泡沫塑料。

酚醛泡沫具有如下一些优异的性能和不足。

① 具有均匀的闭孔结构，导热系数低，绝热性能好，与聚氨酯相当，优于聚苯乙烯泡沫。

② 在火焰直接作用下具有结碳、无滴落物、无卷曲、无熔化现象，火焰燃烧后表面形成一层"石墨泡沫"层，有效地保护层内的泡沫结构，抗火焰穿透时间可达 1h。

③ 适用的温度范围大，短期内可在 $-200\sim200℃$ 下使用，$140\sim160℃$ 下可长期使用，优于聚苯乙烯泡沫（80℃）和聚氨酯泡沫（110℃）。

④ 酚醛分子中只含有碳、氢、氧原子，受到高温分解时，除了产生少量 CO 气体外，不会再产生其他有毒气体，最大烟密度为 5.0%。25mm 厚的酚醛泡沫板在经受 1500℃ 的火焰喷射10min 后，仅表面略有炭化却烧不穿，既不会着火更不会散发浓烟和毒气。

⑤ 酚醛泡沫除了可能会被强碱腐蚀外，几乎能够耐所有无机酸、有机酸、有机溶剂的侵蚀，长期暴露于阳光下，无明显老化现象，因而具有较好的耐老化性。

⑥ 具有良好的闭孔结构，吸水率低，防蒸汽渗透力强，在作为隔热目的（保冷）使用时，不会出现结露。

⑦ 尺寸稳定，变化率小，在使用温度范围内尺寸变化率小于 4%。

⑧ 酚醛泡沫的成本低，仅相当于聚氨酯泡沫的 2/3。

⑨ 酚醛泡沫保温材料存在着脆性大、强度差的缺点。针对酚醛泡沫这两方面的性能不足所进行的增韧和提高力学性能的改性，以使之能够很好地用于建筑外墙外保温薄抹灰系统。

**二、酚醛泡沫在外墙内保温中的应用**

酚醛泡沫的阻燃性和无毒无害的特性，使之能够安全地应用于外墙内保温、隔热顶棚、各类房屋及吊顶隔板等。下面介绍其在外墙内保温中的应用。

1. 基本构造

以酚醛泡沫板为保温措施的外墙内保温系统的基本构造如图 3-43 所示。

2. 施工流程

墙面清理→弹线、分档、拉水平控制线→粘贴保温板→贴灰饼→第一遍罩面→贴耐碱玻璃纤维增强网格布→刮腻子、做踢脚。

3. 施工工艺与技术要点

（1）用扫帚或者钢丝刷清理墙面浮灰，混凝土墙面必须做拉毛处理，拉毛的毛钉高度不大于 4mm。

（2）以 50cm 线为基准线弹出垂直中心线；用吊锤找出垂直，

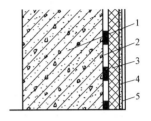

图 3-43　酚醛泡沫板外墙内
保温系统的基本构造
1—基层墙体；2—粘结层；3—酚
醛泡沫保温板；4—罩面层；
5—饰面层

并以门窗为基准，向两侧按照保温板宽度分别弹出垂直分档线；按照保温层厚度，在墙、顶、地面上弹出保温墙面的边线，在保温墙面四角分别打入水泥钉，根据边线拉出贴板的水平控制线。

（3）采用点框粘贴的方式，在保温板的四边分别打 6～10cm 宽的粘贴带，并在其余部位均匀分布 6 个粘贴点，粘贴带和粘贴点的胶粘剂厚度应为 3～4mm，且粘贴带要留出 8～10cm 的出气孔。此外，可以参照膨胀聚苯板薄抹灰外墙外保温系统施工时粘贴面积不小于聚苯板的 40% 的要求，应保证酚醛泡沫板具有一定的粘贴面积。

（4）以 90cm 线为基准线，窗口以下从中心线向两侧贴板，窗口以上从窗楣向两侧贴板。贴板时要适当用力将保温板贴实，并利用水平控制线控制整个保温面的平整度。板与板之间不留缝隙。

（5）贴完保温板 5h 后，在保温层上贴 5cm×5cm 的灰饼，灰饼间距应在 1.5～2.0m。

（6）在保温板粘贴24h后，进行第一次罩面作业，第一次罩面材料的调制要稀一些，抹涂的厚度为2～3mm，作业范围应在2m×2m，抹灰时要用力压实。

（7）在第一遍罩面完成后即进行第二遍罩面。罩面厚度为2～3mm，作业范围与第一遍相同，用大杠找平。

（8）在每一个作业范围罩面找平后即进行贴耐碱玻纤网格布，要求耐碱玻纤网格布横贴，先用木抹子揉搓，将耐碱玻纤网格布压入罩面石膏浆体内，阴阳角、墙与顶、门窗洞口周边耐碱玻纤网格布均长出5～10cm包至非保温作业面，耐碱玻纤网格布之间应有不小于5cm的接槎，门窗洞口的45°方向上均加贴一块200mm×300mm的耐碱玻纤网格布。

（9）在罩面层固化后，刮1～3mm厚的防水腻子，然后用聚合物水泥砂浆做出与罩面层厚度相同的平踢脚，并将长出的5～10cm网格布压入踢脚内。

### 三、酚醛泡沫板薄抹灰外墙外保温系统应用技术

（一）系统及组成材料性能要求和系统构造

1. 系统性能

酚醛泡沫板薄抹灰外墙外保温系统作为一种外墙保温系统，和前几节介绍的发泡水泥保温板、挤塑聚苯板等薄抹灰外墙外保温系统一样，在实际应用中都必须能够满足一些基本的性能要求，这些要求是和一般外墙外保温系统一样的，此不赘述。酚醛泡沫板薄抹灰外墙外保温系统的性能指标也和岩棉板复合保温层外墙外保温系统、挤塑聚苯板薄抹灰外墙外保温系统的性能指标一样（分别见本章表3-17和表3-28），此不重复。

2. 系统组成材料

（1）酚醛泡沫板

其主要物理力学性能应符合表3-38要求，几何尺寸偏差和前述的挤塑聚苯板的尺寸允许偏差（表3-30）基本相似，此不重复。

酚醛泡沫板的主要性能指标　　　表 3-38

| 检验项目 | 性能要求 |
|---|---|
| 表观密度(kg/m³) | ≥48 |
| 导热系数[W/(mk)] | ≤0.033 |
| 压缩强度(MPa) | ≥0.15 |
| 垂直于板面方向抗拉强度(MPa) | ≥0.10 |
| 尺寸稳定性(%) | ≤1.5 |
| 燃烧性能 | B 级 |
| 吸水率(%) | ≤10.0 |
| 水蒸气渗透系数[ng/(m·s·Pa)] | 2.0~8.0 |
| 弯曲强度(MPa) | ≥0.2 |
| 甲醛释放量(Mg/L) | ≤1.5 |

（2）胶粘剂

胶粘剂的技术性能指标应符合表 3-39 的要求。

胶粘剂的技术性能指标　　　表 3-39

| 试验项目 | | 性能指标 |
|---|---|---|
| 拉伸粘结强度(MPa)<br>(与水泥砂浆) | 原强度 | ≥0.70 |
| | 耐水 | ≥0.50 |
| 拉伸粘结强度(MPa)<br>(与挤塑聚苯板) | 原强度 | ≥0.10,且破坏面在挤塑聚苯板上 |
| | 耐水 | ≥0.10,且破坏面在挤塑聚苯板上 |
| 可操作时间(h) | | 1.5~4.0 |

（3）抹面胶浆

抹面胶浆的技术性能指标应符合表 3-40 的要求。

抹面胶浆的技术性能指标　　　表 3-40

| 试验项目 | | 性能指标 |
|---|---|---|
| 拉伸粘结强度<br>(与挤塑聚<br>苯板)/(MPa) | 原强度 | ≥0.10,且破坏面在挤塑聚苯板上 |
| | 耐水 | ≥0.10,且破坏面在挤塑聚苯板上 |
| | 耐冻融 | ≥0.10,且破坏面在挤塑聚苯板上 |

| 试验项目 | | 性能指标 |
|---|---|---|
| 柔韧性 | 抗压强度/抗折强度比 | ≤3.0 |
| | 开裂应变(非水泥基)(%) | ≥1.5 |
| 可操作时间(h) | | 1.5~4.0 |

（4）专用界面剂

专用界面剂的性能指标应符合表3-41的要求。

**专用界面剂的性能指标**　　　　表3-41

| 试验项目 | 性能指标 |
|---|---|
| 外观 | 经搅拌后应呈均匀状态，不应有结块性沉淀 |
| 固含量(%) | ≥20 |
| pH | 6~9 |
| 拉伸粘结强度(MPa)(14d) | ≥0.10；且破坏面处于挤塑聚苯板上 |

（5）系统中的其他材料

除了酚醛泡沫板以外，酚醛泡沫板薄抹灰外墙保温系统中还需要使用耐碱玻纤网格布、锚栓和饰面涂料，以及嵌缝材料（耐候性建筑密封胶）和附件（包括发泡聚乙烯实心棒、托架、包角条、包边条、盖口条、防水涂膜等），对其技术性能指标的要求和前面介绍的挤塑聚苯板薄抹灰外墙外保温系统的要求是一样的，此不赘述。

3. 系统构造

酚醛泡沫板薄抹灰外墙外保温系统由基层墙体、找平层、粘结层、界面层、酚醛泡沫板（PF板）、界面层、抹面胶浆层（内嵌耐碱玻纤网格布增强）和饰面涂料层或饰面砖等构成。其基本构造见图3-44。

（二）酚醛泡沫板薄抹灰外墙外保温系统设计技术要点

1. 基层墙体

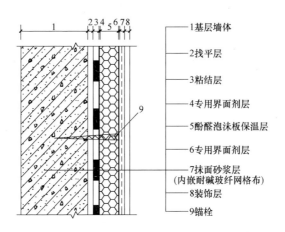

图 3-44  酚醛泡沫板薄抹灰外墙外保温系统构造示意图

酚醛泡沫板薄抹面外保温工程的基层墙体应符合《混凝土结构工程施工质量验收规范》GB 50204 和《砌体工程质量验收规范》GB 50203 的要求。基层墙体的平整度、垂直度允许偏差应符合表 3-42 的规定，当不能符合表 3-42 的规定时，应采用水泥砂浆找平层进行处理。

基层墙体平整度、垂直度允许偏差　　　　　表 3-42

| 墙体系列 | 检验项目 | | | 允许偏差(mm) |
|---|---|---|---|---|
| 砌体工程 | 墙面垂直度 | 每层 | | ≤5 |
| | | 全高 | ≤10m | ≤10 |
| | | | >10m | ≤20 |
| | 表面平整度 | | | ≤5 |
| 混凝土工程 | 墙面垂直度 | 层高 | ≤5 | ≤8 |
| | | | >5m | ≤10 |
| | | 全高 | | H/1000 且≤30 |
| | 表面平整度 | | | ≤8 |

## 2. 酚醛泡沫板几何尺寸

酚醛泡沫板长度不宜大于1200mm,宽度不宜小于600mm。

3.门窗洞口保温构造

建筑物门窗洞口部位外保温构造应符合以下规定:

(1)门窗外侧洞口四周墙体,酚醛泡沫板的厚度不应小于20mm。

(2)门窗洞口死角处的酚醛泡沫板铺贴时应采用整块板切割成型,不得拼接。板与板接缝距洞四周距离不得小于200mm。

(3)洞口四边板材宜采用锚栓辅助固定。

(4)铺设耐碱玻纤网格布时,应在门窗洞口死角处45°斜角加贴200×300mm的标准耐碱玻纤网格布。

4.酚醛泡沫板的粘贴和锚栓固定要求

(1)粘贴要求

粘贴酚醛泡沫板时,酚醛泡沫板两面应用专用界面剂横、竖满涂两遍,两遍施工间隔大于1h。然后将专用胶粘剂刮涂在板的背面,涂胶粘剂面积不得小于酚醛泡沫板面积的70%。

(2)锚栓固定要求

酚醛泡沫保温板的固定,从首层开始采用以粘结为主锚栓固定为辅的粘锚结合的施工方案,锚栓每平方米不宜少于5个(面砖饰面时为每平方米不宜少于8个),锚栓在墙体转角、门窗洞口边缘的水平、垂直方向应加密处理,其间距不大于300mm,锚栓距墙体边缘应不小于60mm。

锚栓在系统构造层的设置位置应符合以下规定:锚栓宜在粘结砂浆初凝前在酚醛泡沫板的板面上按规定的数量进行钻孔安装,然后进行抹面砂浆施工。

5.变形缝处理

酚醛泡沫板薄抹灰外保温系统在建筑物变形缝处应做保温处理,其保温构造见图3-45,并应符合以下规定:

(1)变形缝处应填充泡沫塑料,填塞深度应大于缝宽的3倍;

(2)金属盖缝板宜采用合金铝板或不锈钢板;

（3）变形缝处应做包边处理，包边宽度不得小于100mm，玻纤网布翻包长度应≥150mm。

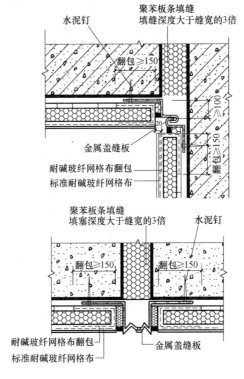

图 3-45  变形缝保温构造示意图

6.肋脚保温构造

建筑物的肋脚部位的外保温构造做法（图 3-46 和图 3-47）应符合以下规定：

（1）肋脚部位的外保温与室外地面散水间应预留不小于20mm 缝隙。

（2）缝隙内宜填充泡沫塑料，外口应设聚乙烯塑料棒背衬材，并用建筑密封胶封堵。

（3）肋脚处端部应采用标准网布、加强网布做好包边处理，包边宽度不得小于100mm。

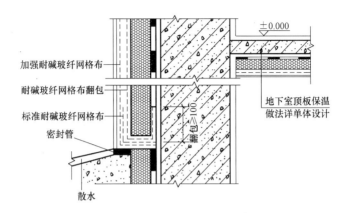

图 3-46　有地下室肋脚部位外保温构造示意图

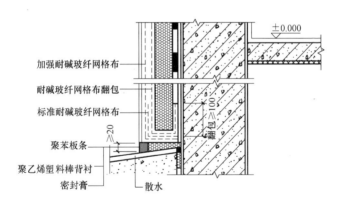

图 3-47　无地下室肋脚部位外保温构造示意图

7. 檐口、女儿墙保温构造

酚醛泡沫板薄抹灰外保温工程在建筑物檐口、女儿墙部位应采用 PF 板全包覆做法，以防止产生热桥。当有檐沟时，应保证檐沟混凝土顶面有不小于20mm 厚度的 PF 保温层（图 3-48）。

8. 抗裂防护层厚度

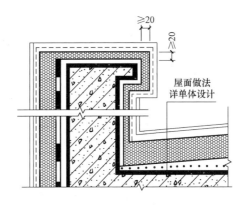

图 3-48　檐口、女儿墙保温构造示意图

酚醛泡沫板薄抹灰系统首层的薄抹灰厚度宜控制为 5～7mm，其他层为 3～5mm。

（三）施工技术

1. 一般规定

（1）酚醛泡沫板外墙外保温系统应由专业施工队伍施工，施工单位应具有健全的质量管理体系、施工质量控制和检验制度。

（2）施工前应编制施工方案，并经监理（建设）单位批准。施工作业人员上岗前应进行技术交底和必要的专业技术实际操作培训。

（3）系统各组成材料包括专用界面胶粘剂、抗裂砂浆等除按产品要求掺入一定水量拌合外，现场不得掺加任何其他材料。

（4）施工期间及完工后 24h 内，基层及环境空气温度不应低于 5℃；外墙外保温系统的施工，夏季应避免阳光暴晒，在五级以上大风和雨天不得施工。

（5）袋装材料在运输、贮存过程中应防潮、防雨、防暴晒，包装袋不得破损，并应存放在干燥、通风的室内。

2. 施工准备

（1）酚醛泡沫板外墙外保温系统的组成材料进场时应对品

种、规格、包装、外观和尺寸等进行检查验收，并应经监理工程师（建设单位代表）确认，形成相应的验收记录。

进入施工现场的酚醛泡沫板及系统组成材料应附有出厂合格证书和相关性能检测报告，进场后应按相关酚醛泡沫板薄抹灰外墙外保温系统技术导则或技术规程的规定进行复验，复验应见证取样，并做好记录，复验不合格的严禁在工程中使用。

（2）施工前准备工作应满足下列规定：

保温系统施工应在基层墙体水泥砂浆找平层完成，施工质量验收合格后进行。找平层应干燥、坚实、平整，其平整度、垂直度允许偏差不大于 4mm。

施工前门窗洞口应通过验收，洞口尺寸、位置应符合设计和质量要求。门窗框、各种管线、落水管支架、预埋件等构配件应安装完毕，并按保温系统要求预留出保温层厚度。门窗框与墙体的缝隙应采用低导热系数的密封材料填实。

（3）大面积施工前，应在现场采用相同材料、构造做法和工艺制作样板墙，并经有关各方确认后，方可进行施工。

3. 工艺流程

酚醛泡沫板薄抹灰外墙外保温系统施工工艺流程为：基层墙面处理验收 → 吊垂线、套方、弹控制线 → 配制专用酚醛泡沫板界面剂 → 酚醛泡沫板双面满涂界面剂 → 配制胶粘剂 → 粘贴酚醛泡沫板 → 安装锚栓 → 抹底层抗裂砂浆 → 贴压耐碱网格布 → 抹面层抗裂砂浆 → 涂料饰面层施工。

4. 施工要点

（1）基层墙体处理

墙面应清理干净，无浮灰、油污等妨碍粘结的附着物。在基层墙体验收合格后，抹水泥砂浆找平层。找平层抹灰应分层进行，一次抹灰厚度不宜超过 10mm。用 2m 尺检查，最大偏差应小于 4mm，超差部分应剔凿修补平整。

（2）弹控制线

根据建筑立面设计和外墙外保温系统的技术要求，在墙面弹出外门窗水平、垂直及伸缩缝、装饰缝线。

在建筑物外墙阴阳角及其他必要处挂垂直基准控制线，每个楼层适当位置挂水平线，以控制酚醛泡沫板粘贴的垂直度和平整度。

（3）配制专用界面剂

配制专用界面剂应由专人负责，按产品说明书的要求配制，要求搅拌均匀，稠度适中。

将配好的专用界面剂按产品说明书的要求静置一定时间后，再次搅拌方可使用。调好的专用界面剂应在规定时间内用完。

（4）酚醛泡沫板双面涂布专用界面剂

酚醛泡沫板双面横、竖涂布两遍专用界面剂，每遍界面剂要求满涂板面，两遍涂布间隔 1h 以上。使用前通风干燥的环境下静置 1h 以上，让界面剂充分干燥。

（5）配制胶粘剂

配制胶粘剂应由专人负责，按产品说明书的要求配制。要求搅拌均匀，稠度适中，保证胶粘剂有一定的黏度。将配制好的胶粘剂按产品说明书的要求静置一定时间后，再次搅拌方可使用，调好的胶粘剂应在规定时间内用完。

（6）粘结酚醛泡沫板

酚醛泡沫板施工前应按设计要求绘制排版图，确定异型板的规格和数量，并在基层上用墨线弹出板块位置图。现场采用专用切割工具裁切酚醛泡沫板，但必须注意切口与板面垂直。

采用点框法粘贴酚醛泡沫板，即在板面四周抹上专用界面胶粘剂，宽度 50mm，厚度 8~10mm，在板中间均匀布置 6 个点，每点直径 100mm，厚度 10～12mm，点与点之间的中心距 200mm 左右。粘贴面积应大于酚醛泡沫板面积的 60%。

酚醛泡沫板应自下而上、水平粘贴，上下两排酚醛泡沫板宜竖向错缝板长的 1/2，最小错缝尺寸不得小于 200mm。墙角处应交错互锁。门窗洞口四角处的保温板应采用整块板切割成型，不得拼接，接缝距洞口四角距离应大于或等于 200mm。

（7）安装锚栓

锚栓安装应在酚醛泡沫板粘贴后，粘贴砂浆初凝前进行。保温板粘贴牢固后，用冲击钻钻孔，按设计要求安装锚栓。用于外墙的锚栓固定深度进入基层墙体内 50mm，用于内墙的锚栓固定深度 35mm。

锚栓布置的位置及数量应符合设计要求：

① 8 层以下的外墙外保温系统应在单块板的 4 角拼缝处及单板的中心各设置一个锚栓。

② 8～18 层的外墙外保温系统应在单块板的 4 角拼缝处各设置一个锚栓，单板的中心处平均设置 2 个锚栓。

③ 18 层以上的外墙外保温系统应在单块板的 4 角拼缝处各设置一个锚栓，单板的中心处平均设置 2 个锚栓，左右接缝处再设置 2 个锚栓。

④ 在阴阳角、檐口下、孔洞边缘等四周锚栓的加密布置应符合：锚栓间距不大于 300mm，距基层墙体边缘不小于 60mm 的要求。平均分布在单板上，每块板不应少于 5 个锚栓。

（8）抗裂防护层施工

在酚醛泡沫板安装完毕查检验收后，进行砂浆防护层施工。防护层抹灰采用底层和面层两道抹灰法施工。

按设计要求在需要粘贴耐碱玻纤网格布的酚醛泡沫板表面涂抹一层面积略大于一块耐碱玻纤网格布的底层抗裂砂浆，厚度约 3mm，立即将耐碱玻纤网格布敷设其上，并将弯曲的一面朝里，用抹子由中间向四周抹平，使其紧贴底层抗裂砂浆表层。

在底层抗裂砂浆凝结前抹面层抗裂砂浆罩面。面层砂浆切忌不停揉搓，以免形成空鼓。砂浆抹灰施工间歇应在伸缩缝、阴阳角、挑台等自然断开处，以方便后续施工的搭接。在连续墙面上如需停顿，面层砂浆不应完全覆盖已铺好的网格布，需与网格布、底层砂浆呈台阶形坡茬，留茬间距不小于 150mm，以免网格布搭接处平整度超出偏差。

墙体阴阳角、门窗洞口四周、建筑物首层等易受碰撞部位，防护层构造应满足以下要求：

① 墙体阴、阳角部位应采用耐碱玻纤网格布挂贴，并实施交错翻包搭接（每边的翻包搭接宽度均不小于 200mm）；也可先挂贴一道耐碱玻纤网格布，然后再加设一道耐碱玻纤网格布（每边宽度均不小于 200mm）。

② 门窗洞口周边应采用不小于 200mm 宽耐碱玻纤网格布进行包边加强，包入洞口内侧 100mm 宽，并在四角加贴耐碱玻纤网格布，铺贴角度 45°门窗洞口附加耐碱玻纤网格布贴做法和上相同。

③ 酚醛泡沫板挂贴的耐碱玻纤网格布在保温墙面与非保温面交界处，其保温墙面内耐碱玻纤网格布应伸出 100mm 宽与非保温面搭接。

（9）分隔缝处理

按设计要求在保温板上弹出分隔缝的位置，分格条应在进行抹灰工序时就放入，等砂浆初凝后起出，修整缝边。分隔缝应按设计要求做好防水，设计没有要求的用建筑防水密封膏嵌缝。

（10）涂料饰面层施工

抗裂防护层施工完成后，应满批柔性腻子，然后进行涂料饰面施工。

5.成品保护

对安装完保温板的保温墙体，不得随意开凿孔洞，如确实需要，应在胶粘剂达到设计强度后方可进行，安装物件后其周围应恢复原状。

应防止重物撞击墙面和施工污染。

## 参 考 文 献

[1] 安徽世光新型节能建材有限公司.《SG 发泡硅酸盐水泥板外墙外保温系统应用技术导则》[安徽省工程建设新产品应用企业技术导则备案号：WJQD 003-2012（SGJC）].

[2] 湖北省建筑标准设计研究院主编.《泡沫混凝土屋面保温建筑构

造》07ZTJ205.

[3] 陈志锋. 现浇泡沫混凝土隔热层屋面渗漏的处理. 建筑技术，2002，33（7）：516～517.

[4] 任俊，吴纪昌，徐同英. 墙体岩棉外保温技术研究. 新型建筑材料，2003，（1）：27～29.

[5] 山东省工程建设标准《岩棉板外墙外保温系统应用技术规程》DBJ/T 14-073—2010.

[6] 安徽省地方标准《岩棉板外墙外保温系统应用技术规程》DB 34/T 1859—2013.

[7] 北京振利高新技术有限公司，北京振利建筑工程有限公司，龙信建设集团有限公司. 外墙外保温施工工法. 北京：中国建筑工业出版社，2007.

[8] 刘刚，王新民，钱金广. 酚醛泡沫在建筑节能中的应用. 新型建筑材料，2001，（6）：32～33.

# 第四章　新型建筑涂料应用技术

## 第一节　合成树脂乳液内墙涂料（乳胶漆）施工技术

### 一、内墙涂料的选用

选用内墙涂料的先决条件是涂料的环保性，即涂料的有害物质限量是否能够满足国家标准《室内装饰装修材料　内墙涂料中有害物质限量》GB 18582—2008 的规定。其次，内墙涂料的品种比外墙涂料少得多，因而内墙涂料的选用更多的是考虑涂料的装饰效果，而尤以颜色为重要。而对于涂膜的物理性能的要求不必给予过多考虑，只要满足国家标准要求即可。第三，还可以从房间的功能、类型等考虑内墙涂料的选用问题。

1. 从环保性能的要求考虑内墙涂料的选用

人们工作以外的大部分时间在居室内度过，而内墙涂料直接影响居室的空气质量和人体健康。因而，其环保性非常重要。内墙涂料中的有害物质主要指挥发性有机化合物（即通常意义上的各种溶剂和某些助剂）、游离甲醛和重金属等。内墙涂料（包括其涂装配套材料，如腻子、封闭底漆等）中的有害物质限量应能够满足国家标准 GB 18582—2008 的要求（表4-1）。

**GB 18582—2008 对内墙涂料有害物质的限量要求　表 4-1**

| 项目 | | 限量值 | |
| --- | --- | --- | --- |
| | | 水性墙面涂料① | 水性墙面腻子② |
| 挥发性有机化合物含量(VOC) | ≤ | 120g/L | 15g/kg |
| 苯、甲苯、乙苯、二甲苯总和(mg/kg) | ≤ | 300 | |
| 游离甲醛(mg/kg) | ≤ | 100 | |

| 项目 | | 限量值 | |
|---|---|---|---|
| | | 水性墙面涂料① | 水性墙面腻子② |
| 可溶性重金属(mg/kg)≤ | 铅(Pb) | 90 | |
| | 镉(Cd) | 75 | |
| | 铬(Cr) | 60 | |
| | 汞(Hg) | 60 | |

① 涂料产品所有项目都不考虑稀释配比。
② 膏状腻子所有项目都不考虑稀释配比；粉状腻子除了可溶性重金属项目直接测试粉体外，其余三项按产品规定的配比与水或胶粘剂等其他液体混合后测试。如配比为某一范围时，应按照水用量最小、胶粘剂等其他液体用量最大的配比混合后测试。

目前得到广泛应用的内墙涂料是合成树脂乳液类，即通常所说的乳胶漆。该涂料以水为分散介质，其中的挥发性有机化合物（VOC）主要来自于乳液中的游离单体和助剂中的有机挥发物，含量都很低，因而绝大多数商品是能够满足表4-1中的要求的。

甲醛主要来自防霉剂和某些乳液，对于环保型产品，由于在选用防霉剂和乳液时已经考虑到使用环保型防霉剂和乳液，因而多数商品能够满足要求。但是，对于一些质量低劣的乳胶漆，所选用的防霉剂中甲醛的含量可能会很高，有的普通内墙涂料可能就直接选用甲醛作为防霉剂，甲醛超标可能会很高，因而当条件允许时应尽量不选用这类涂料。

对于涂料中的重金属含量来说，白色乳胶漆中含量极低，甚至为微量。但一些色彩鲜艳的乳胶漆由于使用的调色颜料中含有重金属，因而这种情况下应注意该指标是否会超标。

2. 选择内墙涂料时的颜色因素

内墙涂料与个人关系密切，不需要考虑环境对色彩的约束，能够充分体现特性和个人好恶，因而，颜色是选用内墙涂料时需要考虑的重要因素。为了更好地选择内墙涂料的颜色，可能还需要了解不同颜色可能产生的心理效果和色彩所能够产生的联想与色彩的象征等。

不同的颜色能够产生不同的联想形象。这些联想形象有时在世界范围内有其通性。

3. 从装饰质感的角度考虑选用内墙涂料

内墙涂料的选用除了颜色外，还可以从涂膜装饰质感的角度考虑如何选用涂料。例如，除了一般平面型墙面涂料外，可以选用一些装饰质感较强的涂料，如纤维质感涂料、绒面涂料、复层涂料、砂壁状涂料、拉毛涂料等。为了有别于平面涂料，这些涂料所形成的涂层也称花纹涂层。下面介绍采用这些高级装饰或具有特殊装饰质感涂料，可能得到的涂膜的装饰特征。

（1）花纹类涂层　花纹类涂料的涂膜能够根据预先的设计产生随机分布的花纹，除了使涂料的装饰效果更为理想外，也提高涂料的档次，而且能够避免一般内墙中诸如颜色不匀、发花等的涂层缺陷。

（2）纤维状涂层　涂膜能够清晰地显现涂料中的纤维，具有独特的织物感和立体感，其花纹图案表现丰富，吸声和透气效果好，绒面涂层十分高雅，适合于卧室和儿童房间的墙面选用。

（3）浮雕状涂层或拉毛状涂层　可以根据设计要求得到斑点或大或小花纹不同的涂层，涂层的装饰风格粗犷，质感丰满，适用于外墙或空间较大的内墙或顶棚，还能够遮蔽墙体不平整等缺陷，当涂膜用金属光泽涂料罩面后，所得到的装饰性更强。凹凸质感涂层用于内墙装饰不同于外墙装饰，应照顾近观，宜采用凹凸度浅，花纹小的，不宜采用凹凸度深的，花纹大的。

（4）真石漆类涂层　涂膜很像天然的岩石，且比天然岩石的质感更强。应注意用于内墙时不宜选用砂粒大、砂粒颜色少的涂料。

**二、内墙涂料施工程序和操作技术要点**

墙面水性涂料的施工基本上是采用滚涂-刷涂结合的方法或者喷涂的方法涂装。乳胶漆及其他水性薄质涂料的施工基本相同，而乳胶漆涂装时的限制及要求更多一些，例如不能高速搅拌涂料，冬季应当特别注意环境温度等。

1. 施工准备

（1）施工工具准备　扫帚、铲刀、0～2 号砂纸、盛料桶、钢制刮刀、手提式搅拌器、手柄加长型长毛绒辊筒、手柄加长型软纹排笔和毛刷等。

（2）材料准备　检查涂料是否与设计要求的颜色（色卡号）、品牌一致；是否有出厂合格证；是否有法定检测机构的检测合格报告（复制件）以及涂料是否有结皮、结块、霉变和异味等。

（3）基层检查　基层表面是否牢固、表面是否有残留沾染物、是否有裂缝或起壳现象，旧基层是否有粉化、风化现象，并作相应处理。

（4）基层条件　基层条件包括含水率和 pH 值。含水率：溶剂型涂料≤8％；乳胶漆≤10％；pH 值≤10。

2. 基层处理

（1）清理污物　彻底清理基层上的沾污、油污、无机酸和有机酸等杂物的污染；

（2）局部找平　填补凹坑，磨平凸部、棱等以及蜂窝、麻面的预处理等；

（3）保持基层干燥　基层必须干燥才能批刮腻子。

3. 工序衔接

（1）细部及物件　地面、踢角、窗台应已做完，门窗和电器设备应已安装；

（2）物件的预保护　墙面周围的门窗和墙面上的电器等明露物件和设备等应适当遮盖。

4. 批刮腻子

批刮腻子时，要尽量刮得少、刮得薄，并做好两遍腻子之间的填补、打磨等处理，使墙面平整、均匀、光洁。

5. 涂料涂装

（1）操作要点　待腻子层完全干燥（约需 24h）后，用羊毛辊筒滚涂两道涂料，要注意涂刷均匀，不要漏涂。涂装时，一般两人配合，一人滚涂，一人紧接着用软纹排笔顺涂一遍，一般两遍成活，中间间隔应不少于 4h。

（2）注意事项　两道之间后一道涂料要待前一道涂料彻底干燥后再涂刷；对于有配套中涂和面涂的外墙涂料，中涂和面涂要分别涂装两道；施涂时不要蘸涂料太多，以免造成流挂。

6. 其他问题

在冬季涂装乳胶漆时，应当特别引起注意的是乳胶漆的施工温度和环境气温，要按其产品说明书中规定的环境温度施工，以利于操作。

### 三、内墙涂料工程常见质量问题及其防治

乳胶漆及薄质水性涂料在施工时有时可能是因为涂料质量的原因、基层处理不好的原因或者施工问题的原因等而出现施工质量问题，这些问题在施工前经采取适当的措施有时是可以避免的。

1. 流挂（流坠、流淌等）

（1）问题出现的可能原因

①涂料黏度低；②涂层过厚；③涂料中颜、填料量不足；④施工时气温太低，湿度大；⑤喷涂施工时喷枪与墙面距离太近，或涂料未搅匀，上层涂料过稀。

（2）可以采取的防治措施

①要求涂料的黏度合格，颜、填料的配比适当，并在施涂前一定要搅拌均匀；②施工温度 10℃ 以上，相对湿度小于 85%；③涂料每道不可涂装太厚，施工工具（刷子或辊筒）每次蘸涂料量不可太多。

2. 涂膜遮盖力不良

（1）问题出现的可能原因

①涂料本身的遮盖力不良；②涂料黏度低；③对于有沉淀分层的涂料涂装前没有充分搅拌均匀；④底漆或腻子层与面涂料的颜色差别较大。

（2）可以采取的防治措施

①选用遮盖力（对比率）符合质量标准要求的涂料；②对于

有沉淀或分层的涂料在涂装前要充分搅拌均匀；③调整底涂料或腻子的颜色尽量一致，或者多涂装一道面涂料。

3. 涂膜起皮、脱落等

（1）问题出现的可能原因

①涂料本身成膜不好；②涂料中颜、填料含量过高，基料用量低（即 PVC 值过高，超过 CPVC）；③基层疏松，或不干净；④进行基层找平时用的腻子粘结强度低，并在腻子未干就施涂涂料；⑤基材过于平滑，附着力不好。

（2）可以采取的防治措施

①施工温度应在 5℃以上；②生产涂料时选用合适的颜料-基料比；③处理好基层，使其符合涂刷要求。④找平层施工时选用质量符合要求的腻子。

4. 厨房、卫生间墙面涂层开裂、卷皮、脱落

（1）问题出现的可能原因

①涂料本身耐水性差、耐热性差；②腻子耐水性差。

（2）可以采取的防治措施

①选用耐水性好的涂料作为厨房、卫生间用涂料；②选用耐水性好的腻子，如聚合物乳液水泥腻子、粉状聚合物改性水泥腻子等。

5. 新施工的涂膜即泛黄

（1）问题出现的可能原因

①涂料中可能含有灰钙粉等强碱性材料。含有灰钙粉等强碱性材料的乳胶漆，当应用于旧墙面时，一个常见的问题就是涂膜会发生不均匀的泛黄。其原因是基层旧涂膜中的盐类物质或者其他有机物迁移到涂膜表面，与涂膜中的钙离子等发生反应导致涂膜泛黄。②乳胶漆和聚氨酯涂料同时施工。乳胶漆用于涂装墙面，聚氨酯涂料往往用于涂刷木质的墙裙和家具、房门等部位。有的聚氨酯涂料中含有较多的游离甲苯二异氰酸酯（TDI），在涂料干燥过程中，游离甲苯二异氰酸酯（TDI）挥发，这不但会造成室内空气污染，还会导致乳胶漆泛黄。如果两者同时施工，

墙面涂装的乳胶漆的颜色会发生黄变，造成工程质量事故。

（2）可以采取的防治措施

①这种情况下避免泛黄有两种方法，一是采用适当的封闭底漆对旧墙面进行封闭处理，或者在旧墙面批涂一道腻子。前一种方法效果较为可靠。②应避免墙面的乳胶漆和聚氨酯涂料同时施工。最好是在聚氨酯涂料完全干透后再施工乳胶漆，以避免乳胶漆膜泛黄现象。

6. 使用刮涂和滚涂相结合的方法施工内墙涂料

滚涂-刮涂施工方法主要是针对流平性不良、表观黏度稠厚的乳胶漆而采用的一种专用方法。

内墙涂料最常见的施工方法是滚涂和刷涂相结合的施工方法。即，先用长毛辊筒满蘸涂料滚涂，紧接着再用排笔跟着顺涂一道。这对于流平性好的涂料是一种快速有效的施工方法，例如有些墙面溶剂型建筑涂料仍然沿用这种方法施工。但是，对于流平性不良的涂料，例如现在有一些乳胶涂料，使用该方法施工时所得到的涂膜刷痕严重，装饰效果不好。即滚涂后即使再使用排笔顺涂，仍不能够满足流平性要求，在涂膜上留下显眼的刷痕。在这种情况下，可以采用刮涂和滚涂相结合的方法进行施工。

刮涂是对腻子、仿瓷涂料和某些真石漆等厚质涂料所采用的施工方法。将这种方法和滚涂施工相结合，是施工人员根据某些稠厚乳胶涂料的流平性不良所采用的特殊处理措施，经这样施工所得到的涂膜平整度高，质感光滑细腻。

采用这种方法施工时，涂料施工时的黏度需要比滚涂-刷涂法大一些。因而，施工时乳胶漆就不必再用水稀释，而直接进行滚涂即可。对于黏度本来很低，滚涂不能够得到一定厚度涂膜的涂料，则不适宜于采用这种方法施工。

采用滚涂-刮涂法施工时，先用辊筒满蘸涂料滚涂，紧接着不是用排笔顺涂，而是采用塑料刮板或者不锈钢刮板轻轻刮涂一道，即将辊筒滚涂时留下的凹凸斑坑刮平。先用辊筒滚涂的面积不要太大，一般视涂料干燥性能和施工干燥条件，滚涂 $3\sim5m^2$

即需要紧跟着刮涂。

这种施工方法对刮涂技术有一定要求，需要刮涂得轻而均匀。若刮涂时用力太重，可能会导致涂膜太薄，甚至将涂料全部刮掉。

此外，采用这种方法施工时还应注意在刮涂接头处要收好头，不要留下接头痕迹。但要做到这一点需要长时间的施工锻炼和掌握。

## 第二节　几种特殊内墙涂料施工技术

### 一、内墙防霉涂料施工简述

1. 防霉涂料主要品种和应用

内墙防霉涂料的主要品种是合成树脂乳液类涂料，其组成上和普通内墙乳胶漆的差别主要在于防霉剂的选用和用量上，即基本组成和普通内墙乳胶漆相似。因而，涂料组成和防霉要求决定了内墙防霉涂料的涂装技术。

防霉涂料的主要特征是防止霉菌在涂膜表面生长的功能性建筑涂料。在某些场合防霉涂料的应用很重要，例如食品车间、奶制品车间、烟草行业、肉食加工厂车间、冷库等。

防霉涂料既可应用于内墙，也可应用于外墙，但以内墙应用得较多。应用于外墙时主要是针对南方温热气候条件下易生霉长藻的地区，在北方寒冷、干燥地区外墙防霉问题并不存在（应用于外墙面的防霉涂料在涂装技术上没有特殊要求）。

2. 防霉涂料施工前的基层处理

对于应用于内墙面的防霉涂料，特别是对于奶制品车间、食品车间和烟草仓库等易长霉，对防霉要求较严格场合的涂装，和一般内墙乳胶漆的涂装工序有所不同，主要表现在对基层的要求和处理上。

（1）新墙面　新墙面在涂装防霉涂料时，只要基层密实、平整、干燥，无疏松、起壳、脱落等现象即可，最好是水泥砂浆墙面，混合砂浆墙面次之。

新墙面涂装前也要先除去墙面上的污物、浮灰等，并用防霉洗液冲洗。防霉洗液一般是由防霉杀菌剂、表面活性剂、助溶剂和水等配成的浓缩液，使用时应根据墙面的玷污程度将浓缩液和水按比例稀释。

（2）旧墙面　旧墙面尤其是涂装过有机涂料、处于潮湿地区的旧墙面，往往会有霉菌的污染。如果发现或怀疑有霉菌存在，就应该进行彻底的除霉处理。因为只要有一点点地方的霉菌处理不尽，霉菌便会迅速继续蔓延。

除霉方法首先是对长霉部位喷洒消毒剂或者特制的防霉洗液，以防止有生命力的霉菌孢子向四周飞扬。接着，在短时间内对墙面进行彻底清洗。例如，可用含防霉剂的热水洗刷，然后用防霉洗液清理基层，全面喷 1~2 遍。

有些霉菌对粉红、橙黄、棕色和绿色的涂膜会造成污染，并会在涂膜上留下斑迹，即使洗涤也不能够除去。当在污染的涂膜上再涂上一层新涂料时，也会因渗色而变色，因此有时在施涂新涂料前要用漂白剂先洗去玷污点的颜色。

（3）基层处理的劳动保护　虽然尚没有证据说明涂膜上的霉菌对人体有病源危险，但是霉菌对人体的健康风险是应该给予重视的，特别是对于有过敏体质者。例如，有的人接触到霉菌时，会因为过敏而引发哮喘。因此，对于霉菌滋长处进行墙面防霉处理时，必须戴好面罩等劳保用品，做好劳动保护。

3. 防霉涂料配套涂装用腻子

用于与防霉涂料配套使用的腻子，不可采用普通涂料涂装常用的纤维素等材料，而必须采用有防霉性能的建筑胶或防霉型合成树脂乳液加水泥调合腻子，避免基层发生霉变，并使腻子膜具有防霉性能和足够的强度。

4. 防霉涂料涂装

最后一道工序就是涂装防霉涂料，和一般涂料涂装要求一样，要求涂装温度必须高于 5℃。

涂料涂装是在腻子干燥或者基层最后喷涂防霉洗液干燥24h后进行。如果是批涂的防霉腻子，尚需用砂纸将腻子膜打磨平整后涂装涂料。

**二、内墙仿瓷涂料施工技术**

1. 内墙仿瓷涂料特征简介

仿瓷涂料从涂料状态、施工方法到涂膜效果都有其特征。

首先，从涂料状态来说，仿瓷涂料呈稠厚的膏状，在生产时就要求其必须呈"牙膏"状，以便在批刮施工时用批刀（也称刮刀）或抹子挑起涂料时能够成团而不会出现流淌现象。但这种膏状必须具有触变性，即虽然用刮刀挑起时不流淌，但在批刮时却需要轻松，有滑润感，即批刮起来不需要用力，不能有黏滞感。

其次，从施工方法来说，仿瓷涂料目前还只能采用批刮的方法施工，且一般还要经过多道批刮，在最后一道涂膜施工时还需要进行压光，其施工效率很低，一般每人每工只能够施工 $40\sim80m^2$。

第三，从涂膜的效果来说，仿瓷涂料装饰效果细腻，稍有光泽，触感光滑，有类似于瓷砖的感觉。

第四，仿瓷涂料的涂膜是经过多次批涂才完成的，一般较厚，而且仿瓷涂料的组成中基料的比例很少，属于高颜料体积浓度的涂料，其组成中最大量的材料是重质碳酸钙，通常占30％～60％，类似于腻子。因而，涂膜中必然存在有大量孔隙，这些因素赋予涂膜对基层有足够的遮盖力，而无需再使用钛白粉之类昂贵的颜料。若要提高涂料的洁白细腻的装饰感，也可以加入少量的钛白粉。

总的来说，我国以前以及目前使用的仿瓷涂料绝大多数属于低档涂料。从我国实际国情来说，仿瓷涂料是很符合我国县级城市和乡镇的实际经济状况和消费需求以及消费水平的，而特别适合的还是施工技术。因为在这些地区，即使使用中、高档的乳胶漆，其施工技术水平也得不到应有的装饰效果。从消费需求来说，有些情况下人们的认识是仿瓷涂料比中、高档的乳胶漆更好。因而，在这些地区，仿瓷涂料仍然是很有生命力的建筑涂料品种。

2. 施工要点概述

与乳胶漆等薄质涂料相比，仿瓷涂料的施工工序相对简单，只要对基层进行大致的处理，清除明显的疏松物后即可施工涂料。但是，如果是在有旧涂膜的旧墙面上施工，应注意检查旧涂膜。若旧涂膜的强度还很高，表面无粉化现象，则可以直接在旧涂膜表面施工，若旧涂膜已经粉化或强度很低，不耐水，则必须将旧涂膜彻底铲除后再施工涂料。

仿瓷涂料属于厚质涂料，不需要配套的腻子，直接用涂料找平墙面即可，但对于较大的明显孔洞，仍应在涂料施工前预先修补。

仿瓷涂料主要以批涂方法施工，批涂工具根据施工者的习惯可以是钢质刮刀，也可以是泥刀（也称抹子、钢板等）。批涂方法使用文字不容易叙述得清楚，但通过实际观察可以一目了然。不过真正熟练的掌握尚需实际操作，逐步熟练后即可得心应手。下面借助于图 4-1 中的照片对批涂的操作方法试予说明。

图 4-1　用抹子批涂仿瓷涂料的操作示意图

图 4-1 批涂操作的照片中使用的是抹子，施工时，首先用抹子挑起一团涂料，将抹子面与墙面成一定角度（例如可成 $15°\sim30°$ 的倾斜度），向外抹向前方。在抹子的运动过程中，抹子面上的涂料即能够填补于墙面的凹陷处或孔隙中，使墙面得以平整，多余的涂料则滞留于抹子前面继续随着抹子的运动而前移。抹子推到一次批涂的终端，以同样的倾斜角度反向回推，又将涂料推到新的墙面处，抹子面上的涂料又填补于新墙面处的凹陷处或孔隙中，使之得以平整。多余的涂料依然滞留于抹子前面继续随着抹子的运动而前移。如此往复循环，即

将涂料大面积的施工到墙面上。

仿瓷涂料一般需要三道成活。如果是在旧墙面上施工耐水型仿瓷涂料，则必须待第一道涂料干透后再施涂第二道涂料，待第二道涂料干透后再施工第三倒涂料。这样有利于解决该类涂料的涂膜泛黄问题。

最后一道涂料施工后，待涂膜表干后即可开始压光（也称收光）。操作时，抹子面与涂膜表面的倾斜角度要小（一般不大于15°），抹子对涂膜的压力要大，在涂膜表面的运动速度要快，对同一处需重复几次压光，这样才能够使涂膜产生较高的光泽。

大面施工结束后，应注意对边角及局部进行休整，例如剔除多余的涂料，修补施工缺陷等，保持同一房间的整体效果。

3. 粉状仿瓷涂料常见质量问题及其解决措施

（1）涂膜无光泽

通过批刮施工中的收光操作，仿瓷涂料涂膜表面能够出现目视十分明显的光泽。但有的时候，涂膜可能不出现光泽。光泽低些尚可，但当涂膜一点光泽也没有时，会影响涂膜的装饰效果。

① 出现问题的原因　影响仿瓷涂料涂膜光泽的因素有涂料本身质量问题和施工方法问题。前者，涂料组成成分中，基料（聚乙烯醇或可再分散聚合物树脂粉末）的含量和轻质碳酸钙的用量显著影响涂膜光泽。基料和轻质碳酸钙的量越大，涂膜的光泽越高。有时候，涂料中使用淀粉醚类物质，在膏状涂料中，当涂料中使用了淀粉胶或者羧甲基纤维素时，淀粉胶或者羧甲基纤维素的用量大多会显著影响涂膜的光泽。在粉状涂料中有时候使用淀粉醚或者羧甲基纤维素作为增稠剂或基料的补充，淀粉醚有可能会像膏状涂料中的淀粉胶那样影响涂膜的光泽，因而应当尽量少用；后者，仿瓷涂料的施工也是一个技术性很强的问题，当施工不熟练，对涂料的性能不了解，收光的时间把握不准或收光的操作不当等，都可能使涂膜的光泽降低。

② 防治措施　针对涂膜光泽产生不良影响的诸因素，分析涂膜光泽低的具体原因，并采取相应措施，就能够使涂膜的光泽

明显提高。如果是属于涂料组成材料的配比不当，则应通过调整涂料配方解决之。例如，在涂料配方中适当增加基料或（和）轻质碳酸钙的用量，尽量不用或少用淀粉醚等。如果是属于施工方法不当，则应从施工方法的改进方面予以解决，而正确掌握收光的时间和收光的操作方法对于保证涂膜的光泽是非常重要的。

（2）干燥速度太快

仿瓷涂料施工时，如果干燥太快，就会使施工的涂膜来不及修整就已经干燥，影响涂料的使用和涂膜的质量。涂膜干燥太快，在施工温度低时还不明显，而当气温高、风速大、空气相对湿度低等情况（例如春末和夏季）下，会严重影响涂料的使用，这是这类涂料在实际使用中常常遇到的问题。

① 出现问题的原因　影响粉状仿瓷涂料干燥时间的主要因素是涂料组成材料中保水剂的用量，次要因素是聚乙烯醇类涂料基料的用量。若保水剂的用量少，或者涂料基料的用量太少，都可能对涂膜的干燥时间产生不良影响，导致涂膜的干燥速度过快。

② 防治措施　适当增加配方中保水材料（甲基纤维素醚）的用量。对于聚乙烯醇类涂料，若基料的用量太少，也应适当增加。

（3）批刮性差

施工性能好的仿瓷涂料应当在刮刀挑起时不流淌，在批刮时却轻松、滑润，而没有黏滞感。批刮性差的仿瓷涂料则相反。主要反应在批刮时较黏滞，无滑润感，增加施工时的劳动强度，影响施工速度。

① 出现问题的原因　影响仿瓷涂料批刮性的因素有三个方面，一是保水剂的使用，二是基料的用量，三是配方中填料的合理搭配。从保水剂的使用来说，保水剂的型号使用不当或（和）用量太少都会影响涂料的批刮性。保水剂一般按照黏度型号确定其使用，通常应使用较高黏度型号的产品，黏度型号太低，不能够赋予涂料以比较明显的触变性，而主要靠增加基料（主要是指

301

聚乙烯醇）的用量或者在施工时少加水来使涂料具有所需要的施工稠度，这就导致涂料施工时很黏滞。当仿瓷涂料以粉状聚乙烯醇为基料时，给人的一个错误概念可能是其用量越多越好。对于涂膜的物理力学性能来说通常确实存在着这种趋势，但当超过一定的界限后，就会给涂料的其他性能产生不良影响，例如导致涂料的施工性能不良，当使用的保水剂其黏度型号偏低时这种情况尤其严重。粉状仿瓷涂料不宜使用细度过大的填料，否则会影响涂料的批刮性能。

② 防治措施　针对施工性能不良的具体原因进行防治。就保水剂的正确使用来说，一般应当使用黏度型号为 40000～80000mPa·s 的产品，其在配方中的用量应不低于 0.3％。粉状聚乙烯醇的应用量也不能太多，其在配方中的用量应不高于 6％。如果因为需要提高涂膜的性能而提高基料的用量，则应通过使用可再分散聚合物树脂粉末实现之。仿瓷涂料一般使用细度为 325 目的常规填料即可，一般使用填料的细度超过 600 目时对涂料的施工性能会产生不良影响。

（4）涂膜开裂

涂膜批涂干燥后表面出现粗细和大小不等的裂纹，影响涂膜的装饰效果和物理性能。

① 出现问题的原因　造成这种现象的原因可能有：a. 涂料中基料的用量少；b. 涂料中的灰钙粉用量太多；c. 填料太细；d. 保水剂黏度型号太高。当涂料中的基料用量太少，尤其是不含灰钙粉的普通仿瓷涂料，当基料用量太少时，涂料施工后从湿涂膜状态干燥成为干涂膜，体积收缩，涂膜的拉伸强度不足以抵抗收缩应力而导致开裂。涂料中的灰钙粉用量太多时涂料施工时需要加入的水多，导致涂膜的干缩大，在涂料中基料的用量不足时导致涂膜开裂。同样，填料细度高，施工时的需水量多，湿涂膜的干缩大，导致开裂。保水剂的黏度型号也不能太高（例如有的认为保水剂的黏度型号高对施工性能有利而使用超过 15 万 MPa·s 的特高黏度的产品），太高时同样对涂料的性能不利。

② 防治措施　从上述涂膜开裂的原因分析可见，如果涂膜出现开裂，在分析其原因后，应当从适当增加基料的用量、降低灰钙粉的用量、使用细度适当的填料和黏度型号适当的保水剂等方面着手解决。

（5）涂膜易脱落

仿瓷涂料是厚质涂料，通常不会像薄涂膜那样会出现起皮，而代之以涂膜脱落。例如，有些涂料施工后不久即发现涂膜成片脱落的现象，有时情况很严重，甚至不得不将涂膜铲除重新涂装。

① 出现问题的原因　涂膜脱落可能是涂料质量问题造成的，也可能是施工的原因。因涂料质量的原因有：涂料中基料的用量太少，致使涂膜的物理力学性能差，当涂膜干燥收缩而在界面处受到应力作用，由于涂膜与基层的粘结强度过低，不能承受该应力而导致涂膜开裂。属于施工的原因，则是因为涂料涂装在旧涂膜上，旧涂膜的强度低，甚至已经粉化，施工前没有将旧涂膜彻底铲除，当物理力学性能很好的新涂膜干燥收缩时，新旧涂膜的粘结强度因旧涂膜而导致强度太低，使涂膜脱落。此外，若旧墙面已经被油类物质严重污染，在涂料施工时没有对墙面的油污进行清理或处理，涂料施工后，等于在新旧涂膜之间有一层隔离剂，导致涂膜的附着力降低，也可能谁出现涂膜脱落的现象。

② 防治措施　属于涂料质量的原因，则应增加涂料中基料的用量。不过，有时候使用细度过高的填料也相当于使涂料的基料用量相对降低。因为填料的细度高其比表面必然大，则同样重量的填料就需要更多的基料来予以粘结和包裹。因而，如果是因为基料用量少而且填料的细度又很大，需要同时增大基料的用量和使用普通细度的填料。属于施工的原因，应在施工前彻底清除旧涂膜或者基层的油污，然后再涂装新涂料。应注意，如果是因为施工的原因而导致涂膜开裂，应将已经施工的涂料全部铲除再重新涂装。如果仅作局部的修补，除了起不到根治的目的，这些

新涂装的涂料可能不会过多久就开始脱落。

（6）涂膜硬度低

对于组成材料中含有灰钙粉的耐水型仿瓷涂料，一般能够得到很高硬度的涂膜，这类涂膜的硬度比通常的乳胶漆的涂膜硬度还要高，一般用指甲划是划不出痕迹的。但有时候涂膜的强度并不高，指甲可以容易地在涂膜表面划出痕迹，一般认为是涂料的质量问题。

① 出现问题的原因　耐水型仿瓷涂料涂膜的高硬度是灰钙粉所赋予的，灰钙粉在涂膜中因氢氧化钙与空气中二氧化碳作用生成高硬度的碳酸钙的同时，还与涂料的基料产生作用，生成的碳酸钙填充在基料的大分子网络中，使涂膜更加密实，使涂膜的硬度提高。由于灰钙粉和涂料基料的作用使涂膜的硬度提高，若涂料基料的比例过低，也会使涂膜的硬度降低。

② 防治措施　增大灰钙粉或（和）基料的用量，若使用的是高细度填料，还应将填料换成普通细度的产品。一般地说，耐水型仿瓷涂料中灰钙粉在填料中的比例不能低于20％，应高于25％，最好能够保持在30％～35％的范围。

（7）涂料用于旧墙面产生不均匀的泛黄

耐水型仿瓷涂料用于旧墙面时常常在新施工的墙面出现一块一块的、大小不等的黄斑，此现象通常称之为"泛黄"。泛黄对涂膜的物理力学性能虽然没有影响，但却使涂料的装饰性损失殆尽，是灰钙粉类涂料至今没有解决的问题（有时可以从施工措施上予以解决）。

① 出现问题的原因　对泛黄最普遍的说法是基层中的水分在通过涂膜逸出时，将涂膜中灰钙粉的碱分或其他可溶性盐类带到涂膜表面，水分向空气中蒸发后碱分或其他可溶性盐类滞留于涂膜表面，成为"黄斑"。作者认为这种说法有一定的片面性，准确的解释应是："基层中的水分溶解了一定的有机物，这种溶解有有机物的水分在通过涂膜逸出时，同时使涂膜中的部分氢氧化钙溶解于其中，氢氧化钙对有机物的作用使有机物变黄，在水

分向空气中蒸发后受氢氧化钙作用而变黄的有机物滞留于涂膜表面，使涂膜变黄"。

② 防治措施　耐水型仿瓷涂料用于旧墙面泛黄的问题，由于涂料成本的约束目前尚无法从涂料的质量方面予以解决，有些涂料生产技术虽然宣称解决了该类问题，但实际上并没有真正的解决或者尚未在实际应用中证实。目前较好的解决办法是以施工措施解决，即先刷涂封闭底漆然后再涂装涂料。

若对涂料成本没有太多的限制，可通过增大基料的用量解决泛黄，使涂料的颜料体积浓度低于其临界颜料体积浓度，这样能够得到致密而水分不容易通过的涂膜，有机物不能够以水为载体传输至涂膜表面，从而解决泛黄问题。

还可以通过多涂装一道涂料的方法解决泛黄问题。即待第一道涂料彻底干透后再施工第二道涂料，待第二道涂料彻底干透后再施工第三道涂料，这样能够解决泛黄问题。

### 三、仿大理石涂料施工技术概述

1. 仿大理石涂料基本特征

仿大理石涂料是一种高装饰性建筑涂料，其涂膜对大理石的仿真程度可以达到以假乱真的效果。该涂料通常是将主涂料经过一次喷涂于基层，或者一次喷涂于经处理的基层上而形成酷似大理石装饰的涂膜。

由于仿大理石涂料为水性，无毒、无污染，符合室内有害物质限量要求，因而该涂料可应用于内墙面，其装饰效果远远超过20世纪90年代初流行的多彩花纹内墙涂料。

仿大理石涂料和多彩花纹内墙涂料一样，通过不同的颜色组合，能够得到许许多多种装饰效果与风格迥然不同的涂膜饰面。

2. 仿大理石涂料施工方法简述

(1) 仿大理石涂料基本施工程序　仿大理石涂料施工技术类似于砂壁状建筑涂料，有时根据涂膜效果要求，在砂壁状建筑涂料的基础上再喷涂一道仿大理石涂料即可。由于仿大理石涂料的分散介质中不含颜料和填料，因而其所形成的涂膜是透明且有光泽的。在砂壁状建筑涂料衬底和仿大理石涂膜的双重效果下，显得晶莹柔润，富有装饰性。

仿大理石涂料的基本施工程序为：

墙面找平→喷涂封闭底漆→施涂乳胶涂料中涂层（或喷涂细质地砂壁状建筑涂料)→表面缺陷修整→喷涂仿大理石涂料→表面缺陷修整→养护。

（2）仿大理石涂料施工要点概述　从上面的介绍可见，仿大理石涂料施工技术简单，和砂壁状涂料、复层涂料等高装饰涂料相似，这里不作赘述，仅对几个问题略作提示。

① 仿大理石涂料属于厚质涂料，对于基层情况较好的墙面，不需要使用腻子进行基层处理，但是，需要配套底涂料。

② 仿大理石涂料施工前如有分层，应先采取非机械搅拌的方法搅拌均匀。涂料必须采取喷涂施工，才能得到大理石的效果。仿大理石涂料的配套底涂料是鉴于涂膜效果配套的，因而涂装时应使用与主涂料配套的底涂料，不可随意使用其他涂料。有时为了涂膜效果的需要，有一种配套底涂料是细粒径彩砂的砂壁状涂料，施工时先喷涂该细粒径彩砂的砂壁状涂料，然后再喷涂一道仿大理石涂料。

③ 施工时，先使用常规方法施工底涂料，然后施工仿大理石涂料。

④ 喷涂仿大理石涂料用的喷枪有几种，可以采用砂壁状涂料施工用的喷筒，也可以使用喷涂多彩花纹内墙涂料用的专用喷枪。

⑤ 由于装饰效果的需要，仿大理石涂料很少整个房间大面积使用，往往是应用于局部的装饰点缀，例如电视背景墙、局部假山衬景等。

3. 应用于外墙面时施工的说明

通过调整仿大理石涂料的成膜物质，可以提高涂料的耐候性，使之适用于外墙面装饰。由于模仿大理石装饰的需要，通常很少整个墙面进行喷涂，而是将墙面分成一定大小的分隔块，分隔块之间使用柔性良好的勾缝涂料处理。

通过适当的划缝分割，并配以适当颜色的勾缝剂勾缝，涂膜能够酷似装饰石材，在外墙外保温层表面使用受到欢迎。这种装饰方案解决了人们希望在膨胀聚苯板薄抹灰外墙外保温面层或者胶粉聚苯颗粒外墙外保温面层粘贴装饰石材，而鉴于安全性又受到很多限制的问题。

**四、防结露涂料施工**

1. 涂料基本性能特征

防结露涂料属于厚膜型轻质功能型建筑涂料。通过抹涂或喷涂形成厚质涂层，除了对所涂装的结构部位具有装饰效果外，还能够防止其表面结露。

防结露涂料的防结露性能在于其吸湿性和放湿性。即，防结露涂料所形成的涂膜具备几个特征：一是具有一定的厚度（吸湿体积）；二是涂膜是多孔的，其内部具有连通的孔隙能够容纳表面吸附的凝结水。这样，当空气中的水蒸气因为温差而在涂膜表面凝结时，凝结产生的水分就会被吸附在涂膜中，从而防止了表面露珠的出现而达到防结露的目的。涂膜的吸附性越强，单位体积（面积）所能够容纳的水分越多，其防结露性能越好。储存于涂膜中的吸附水在空气条件发生变化（例如室外环境气温升高，空气中相对湿度减小等）时会从涂膜中通过蒸发而逸入空气中，涂膜逐步处于干燥状态。这样，当结露情况再次出现时，又能够吸附凝结水而防止结露。因而对于结露情况较严重而涂装防结露涂料的建筑物，应当间隔性的保持必要的通风。

2. 基层处理注意事项

（1）对于木质基层，为了防止涂料向基层中渗水，必须用封闭底漆进行基层处理。

（2）对于混凝土基层，经过局部修补而造成的基层不均匀、胶合板模板缺陷、穿墙螺栓及钉子等造成的基层不平整及锈蚀等，应使用封闭底漆进行处理。

（3）对于类似加气混凝土等吸水性能很强的基层，应使用能防止白水泥类防结露涂料干燥过快的封闭底漆进行处理。

（4）为了防止石膏板、石棉板等接缝处开裂以及吸水不均匀，应对基层进行预处理。

（5）对于薄钢板、铁板等金属基层，施工前必须仔细检查，在证实没有结露现象后再进行施工，同时应认真做好防锈处理。

3. 施工简要说明

防结露涂料是厚质涂料，一般采取抹涂或喷涂施工。对于需现场拌合的白水泥类防结露涂料，应注意按生产厂的说明书将粉状料和胶液搅拌均匀。一般采用低速手持搅拌器搅拌以防止将粗质轻填料打碎。

为了防止基层吸收不均匀，涂装前可先用丙烯酸酯乳液封闭底漆或产品指定的其他封闭底漆进行封闭处理。

施工时应注意有没有基层吸收不均匀现象以及流挂、漏涂等施工缺陷。如果设计要求的涂层厚度较大，一次抹涂或喷涂产生流坠时，可分次涂装，但应待前次涂层干燥，并具有一定承受强度再进行后一遍的施工。施工后应保持良好的通风条件，使涂层能够尽快地干燥。

**五、石膏板内隔墙墙面的涂装**

石膏砌块、纸面石膏板和轻质石膏板隔墙是很常用的内隔墙材料或者内装饰材料。这类装饰材料有时也存在表面涂料涂装的问题。在这类基层表面涂装涂料，和普通常见的水泥基材料基层的涂装方法不同，主要差别是在基层处理方面。下面介绍在这类基层上涂装涂料的技术。

1. 石膏板及石膏基材料基层的性能特征

石膏板及石膏基材料基层的表面平滑，吸水率大，碱性低。此外，与水泥基材料的基层不同，石膏基材料的耐水性不良。

2. 对石膏板类基层的处理方法

（1）纸面石膏板接缝　如果对纸面石膏板接缝不进行特殊处理而像一般基层那样进行涂料涂装，则在涂料涂装后有可能会出现裂缝，并影响涂膜，甚至使涂膜表面出现裂缝。

纸面石膏板接缝有明缝做法和无缝做法两种。

明缝做法应在安装石膏板时将接缝留出，缝的位置、宽度都应符合设计要求。石膏板的边角应整齐，不得有大的缺陷。明缝有采用塑料条或者铝合金嵌条压缝的，这种方法应在板面涂饰完了再做压缝。

明缝如果是用石膏灰勾缝的，一般需要先用嵌缝腻子（采用石膏板专用腻子或石膏腻子均可）将两块石膏板板端和缝的底部用专用工具勾成整齐的明缝（必须时需两次勾缝），待明缝干透再随同石膏板板面一同进行下一道工序。

一般石膏板板缝多采用无缝做法。无缝的处理是先用石膏板专用腻子将板缝嵌平，待干燥后贴上约 50mm 宽的穿孔纸带或者涂塑玻璃纤维网格布，再用腻子刮平。无缝做法要注意缝和板面一样平整，缝不能高出纸面石膏板，否则需将整个板面用腻子衬高以保证墙面或者吊顶的质量。

（2）无纸石膏板（圆孔石膏墙板）板缝的处理　无纸圆孔石膏板和纸面石膏板完全不同，圆孔石膏板实际上是一种尺寸较大的砌块，能够独立砌成墙体，而纸面石膏板必须依靠龙骨安装。

圆孔石膏板的板缝一般不做明缝。板缝的处理方法是将板接缝处用胶水涂刷两遍，再用石膏和膨胀珍珠岩粉为主要成分的腻子刮平。如果墙面有防水、防潮要求，也应该在板缝处理之后才能进行。

（3）石膏条板接缝的处理　对于石膏条板接缝，可将接缝处凿成 V 形槽后再使用专用石膏砂浆分多次进行填补处理，并配合使用粘结强度较高的胶粘剂和纤维织物（布）粘贴进行加固处理。

（4）纸面石膏板的防潮处理　对于用在厨房、厕所、浴室的墙面或者吊顶的纸面石膏板，若使用的不是耐水的纸面石膏板时，必须进行防潮处理。防潮处理一般为满涂中性（pH 值为 8）防水涂料。但不提倡使用有机硅类防水剂和脂肪酸类防水剂等，以防止其后批涂腻子的附着力受到严重削弱。

3. 施工腻子和涂料

（1）对于平整度很好，且具有防水、防潮性能的纸面石膏板墙面，可不必批涂腻子，只需要对局部不能够满足涂料施工要求的部位进行适当处理即可直接涂装涂料。

（2）石膏条板和圆孔石膏板（石膏砌块）的墙面，在接缝处理后，就可以批涂腻子。因石膏基材料具有强烈的吸水性，所使用的腻子应具有非常好的保水性，否则腻子难于批涂平整。若使用的腻子保水性不能够满足要求，可预先施涂一道由聚合物乳液为主要成分的封闭剂进行封闭后施工。

腻子干燥后的打磨和普通腻子相同。

（3）涂料施工　对于使用吸水性较大的石膏基腻子，在涂料施工前应先施涂一道封闭底漆，然后再施工涂料。

若采用的腻子是吸水性小的腻子（例如柔性腻子），腻子干燥并打磨平整后即可施工涂料。

石膏板内隔墙墙面涂料的施工方法和普通墙面的相同。施工方法可以采用滚涂和喷涂。若条件许可，最好采用喷涂施工，这种方法能够得到高质量的涂膜。

**六、内墙面施工复层涂料**

内墙面施工复层涂料有两种情况：一是空间很大的场合，例如大厅、会议室、影剧院等；一是家庭居室房间的花样装饰。

空间很大的场合施工复层涂料时，施工技术和外墙涂料基本相同，不是这里要介绍的内容。家庭居室房间施工复层涂料虽然比外墙外保温层表面的施工简单，但也有一些需要注意的问题。

1. 复层涂料和涂膜选择

（1）涂料品种选择　从涂料组成材料来讲，家庭居室房间选择复层涂料时，应选择合成树脂乳液型，且所选择产品的有害物质限量应满足 GB 18582—2008 的要求。

（2）涂膜种类选择　用于装饰家庭居室房间的复层涂料，应选择小斑点、复色复层涂膜，即底涂料和主涂料颜色不一样的涂膜。

因为家庭居室房间一般不大，适宜于涂装小斑点复层涂料，这样能够产生舒适、宜人的效果。反之，若施工成大斑点涂膜，会产生使房间视角变小的效果。而且对于小房间来说，大斑点可能会因为粗犷过度而显得野蛮。

选择复色复层涂膜是因为该种涂膜更富于装饰性，配合以适当的颜色，更能够体现出涂膜的特色。但两种涂料的颜色的对比度不要太大，而且底涂层的颜色最好比斑点的颜色深。

2. 涂料施工

(1) 涂料施工工艺流程　家庭居室房间可以采用如下的工艺流程来施工复层涂料：

施工封闭底漆→施工底涂料→喷涂复层涂料→压平→滚涂罩光剂。

(2) 施工实施说明　封闭底漆一般为透明型，通常采用辊筒滚涂一道即可。

底涂料一般为彩色乳胶漆。其颜色应该预先根据涂膜样板调配。底涂料的施工应至少在封闭剂施工 3h 后进行。施工时先用辊筒满蘸乳胶漆滚涂，紧接着再用排笔跟着顺涂一道。底涂料的施工道数以能够完全遮盖基层为准，若一道不能完全遮盖，则需要施涂两道或更多道。

(3) 喷涂复层涂料　喷涂时选用的喷嘴直径应为 2mm 或者 4mm，一般不宜再大，否则喷出的斑点过大，喷吐压力调整在 0.4～0.6MPa，复层涂料的喷涂按照本章第七节"外墙外保温系统中复层涂料的施工"中所述的方法进行喷涂施工即可。

(4) 压平　根据涂膜样板的设计，如果需要压平，则待喷涂的斑点已经表干时，即可进行压平以得到扁平效果的彩色花纹斑点。

压平时，使用硬橡胶辊筒蘸松香水或者 200 号溶剂汽油压平，以防在辊压操作时辊筒上粘黏涂料，损坏斑点。

(5) 滚涂罩光剂　罩光剂为合成树脂乳液型透明涂料，罩光后既能够增加涂膜的装饰效果，又能够增加涂膜的耐污染性。一般采用滚涂施工方法施工罩光剂，两道成活。

## 第三节　内墙涂料应用的几个问题

### 一、内墙乳胶漆质量的表观判断方法

要确定内墙乳胶漆的质量，当然准确、可靠的方法是按照国家标准进行性能检测。但是，一方面这里说的是根据乳胶漆的产品外观对乳胶漆的质量进行简单的判断，和按照标准检测不是一个层面上的意义；另一方面有时即使按照标准检测合格的乳胶漆，施工时或者施工后的涂膜还有问题。

实际上，内墙乳胶漆处于户内，对涂膜物理力学性能的要求不像外墙乳胶漆那样严格，更有实际意义的性能指标是涂料的施工性和涂膜的装饰效果，以及涂料的环保性等。正因为如此，国产乳胶漆和国外一些进口优质乳胶漆在涂膜的物理力学性能方面通常没有差距，而在施工性能（特别是喷涂施工）和装饰效果方面往往存在较大差距。

因而，这里介绍一些根据施工经验对乳胶漆的质量进行直观判断的方法，以便在没有检测条件（按照标准检测除了很高的检测费以为，还需要很长的检测周期）的情况下能够判断所用乳胶漆的质量，选择使用优质乳胶漆。

1. 根据"开罐效果"判断

"开罐效果"指的是将处于密封状态的原包装乳胶漆的桶盖打开后给人的直观感觉。质量良好的乳胶漆打开包装盖后，给人的印象极好，如外观细腻、感觉丰满、表层油光发亮（有类似于溶剂型涂料的感觉）、黏度高而均匀、色泽淡雅和柔和等。对于质量不好的乳胶漆，打开包装盖时，往往有极明显的分层，表面是一层清水一样的液体，有时液体表面还漂浮颜色层。

此外，通过搅动可以发现优质乳胶漆的流动性好，将棍棒插入涂料中再提起棍棒，乳胶漆的流动性非常好，蘸在棍棒上的乳

胶漆迅速向下流动，能够形成细而长的流束。

相反，质量不好的乳胶漆经搅动后其流动性差。将乳胶漆的分层状态搅拌均匀后，用棍棒插入乳胶漆中再提起棍棒时，蘸在棍棒上的乳胶漆向下流动缓慢，乳胶漆成团、成块的从棍棒上往下掉，而不能够形成流束；同时乳胶漆看起来粗糙、干涩、无油润感。

2. 施工性

乳胶漆需要通过施工程序才能从涂料状态涂装成具有使用功能的涂膜。乳胶漆的施工性是指乳胶漆涂装的难易程度。

优质乳胶漆施工性好。例如涂料需要稀释时加水易于搅拌均匀；喷涂时涂料雾化效果好，不溅落或者溅落极少；滚涂时感觉滑爽流畅、无黏滞感；乳胶漆的遮盖力强，单位质量的乳胶漆施工的面积大等。质量差的乳胶漆则没有这些施工效果，滚涂时往往手感沉重、黏滞，喷涂时雾化性能不好，以及有时甚至很难搅拌均匀等。

正是鉴于一些乳胶漆的施工性不好，涂装工人发明了滚涂-刮涂相结合的施工方法。

3. 涂膜效果

优质乳胶漆施工出的涂膜流平性好，无刷痕或者基本无刷痕，涂膜平整、光滑、丰满、色泽淡雅、柔和以及污渍易于清除等。而质量差的乳胶漆的装饰效果差是通病，这类乳胶漆按照国家标准《合成树脂乳液内墙涂料》GB/T 9756—2001 检测虽然也能合格，但涂膜粗糙、刷痕明显，甚至有涂刷接头，更谈不上质感丰满，而配制成彩色涂膜时也没有色彩柔和的感觉。

目前国外一些进口名牌乳胶漆，不同程度地，或者集中地体现出优质涂料外观、施工性能和涂膜效果三个方面的优点；而一些国产乳胶漆，特别是有些作坊式小厂，仅根据原材料销售商提供配方生产的乳胶漆，则集中体现劣质乳胶漆外观、施工性能和涂膜效果三方面的缺点。

## 二、内墙涂料的防水性

很多情况下，需要使用具有耐水性能的内墙涂料。例如，应用于厨房、浴室、卫生间等经常可能受到水的侵蚀的墙面的涂料必须具有很好的耐水性。但是，人们通常只说使用"防水涂料"，而很少讲到使用"耐水性"涂料。

实际上，这里的"防水涂料"就是指的涂膜的"耐水性"，"防水性"只是人们的一种习惯说法。因为从内墙涂料对防水性能的要求来说，完全不同于建筑防水领域的"防水性"概念。

建筑防水领域的防水（包括防潮）涂料，要求涂膜能够阻挡水和潮气通过涂膜，即能够将水和潮气阻挡在涂膜以外。内墙涂料中涂膜的"耐水性"，则是指涂膜在受到水的作用或者侵蚀时本身不被破坏的能力。

由于一般内墙对涂膜没有这种"耐水性"的要求，所以国家标准《合成树脂乳液内墙涂料》GB/T 9756—2001 中没有涂膜耐水性的要求。但该标准中规定了涂膜的耐碱性，其测试是以水为介质进行的。因而，只要涂膜能够满足耐碱性要求，则涂膜的耐水性也不会有问题。

需要注意的是，对于需要使用耐水性好的涂料的结构场合，除了选用耐水性优良（例如有憎水效果的防水乳胶漆、溶剂型建筑涂料等）以外，还要重视施工方面容易产生的问题。例如，在涂料施工时必须注意选用耐水性好的腻子，否则，即使涂料的耐水性好，而腻子膜的耐水性不好，腻子膜在遇到水的侵蚀时起皮、鼓胀甚至脱落，必然会导致涂膜的破坏而失去效用。常常能够看到长期受到水蒸气侵蚀的厨房墙面，涂膜易于起皮、脱落，多数情况下是由于腻子膜的耐水性不良引起的。

## 三、内墙封闭底漆的使用问题

过去内墙涂料施工很少使用底漆，随着国外产品进入我国，带动国内涂料产品和施工技术水平的提高。由于使用深色内墙涂料产生的涂膜发花问题的出现，引起对内墙涂料施工使用底漆的重视，内墙底漆的使用已越来越多。

内墙底漆的使用可以弥补内墙腻子碱性强影响面漆性能的问题。同时，内墙底漆和内墙面漆一样，都属于内墙乳胶漆，组成类似，只是功能不同。内墙涂料施工时必须注意底漆的配套性，尽量按照涂料生产厂家提供的配套体系和施工方法进行施工。

下面介绍内墙涂料施工时使用底漆的功能与作用。

1. 抗碱封闭作用

建筑涂料的基层大多数是水泥砂浆和混合砂浆抹灰层以及腻子层等，碱性很强，水分和溶解于其中的碱性成分通过毛细孔作用不断向表面迁移，对涂膜产生破坏作用。

由于水性底漆的使用，一方面通过渗透填充了基层中的部分毛细管，另一方面由于乳液的表面张力低，憎水性比抹灰层高，所以降低了吸水性，并防止碱、盐成分随着水分迁移，具有一定的封闭作用。当然，填充得越致密，聚合物的表面张力越低，憎水性越强，封闭作用就越好，但同时还要兼顾面漆在其上的重涂性和一定的透气性。

2. 加固基层作用

对于较疏松的基层和腻子层，施工底漆后，底漆因渗透和粘结能够对疏松的基层产生加固作用。

3. 降低和平衡基层的吸水性

腻子层通常较疏松，如果直接施工内墙面漆，面漆中的乳液粒子就会被吸入基层中，留在表面的涂料的颜料含量相应变高，形成较高颜料体积浓度的涂膜，影响涂膜的质量。

其次，水分吸收过快，也不利于成膜。基层吸水性不均匀，可能导致涂膜厚度不均匀，并有可能导致色差。施工底漆后，面漆施工在均匀致密的底漆涂膜上，能够形成理想的涂膜。

4. 提高面漆的附着力

涂膜附着力是涂膜起到装饰功能和保护作用的基础。乳胶漆涂膜主要通过机械咬合力和范得华力与基层结合。底漆能够在基层的毛细孔中渗入一定深度，从而产生较强的机械咬合力而增强附着力。

此外，当打磨腻子膜时，难免在腻子膜上留下粉尘，底漆的使用可以加固因打磨而浮在基层上的粉尘。否则，不使用底漆而直接施工面漆则会影响其附着力。

## 第四节　普通外墙面施工建筑涂料的几个问题

### 一、外墙底漆施工问题

1. 底漆的类别与要求

（1）底漆的作用　底漆目前已成为建筑涂料的重要涂装配套材料。底漆是介于外墙水泥砂浆与面涂之间，或者腻子层与面涂之间的一道过渡涂层，具有加固基层、封闭底材和提高面涂附着力等作用。

（2）底漆的种类　建筑用底漆的种类很多，有透明底漆、白色底漆、抗碱底漆、封闭底漆、渗透型底漆等。

① 按照分散介质的不同，底漆可分为溶剂型底漆、水性底漆。

② 按照产品外观的不同，底漆可分为透明底漆和白色底漆。透明底漆一般是未加颜料，施涂后能够清晰显现底材的透明清漆；白色底漆是含有颜料、施涂后涂膜具有一定遮盖力的底漆。

③ 按照成膜物质的不同，底漆可以分为丙烯酸封闭底漆、有机-无机复合型封闭底漆、阳离子丙烯酸酯乳液封闭底漆等。

④ 按照封闭机理，底漆可以分为渗透型底漆和成膜型底漆，前者为毛细管的渗透封堵作用，后者为涂膜的阻隔作用。

⑤ 按照产品形态，底漆可分为单组分底漆和双组分底漆。双组分底漆主要是环氧类。实际中使用的绝大多数是单组分型底漆；环氧类双组分底漆主要用于与溶剂型氟碳漆涂装配套。

2. 性能与技术要求

316

（1）性能要求　对封闭底漆的性能要求如表 4-2 所示。

对封闭底漆的性能要求　　　　表 4-2

| 性能要求 | 意　义　表　述 |
|---|---|
| 耐碱性和抗泛碱性 | 要求封闭底漆有很强的耐碱性是显而易见的,因为外墙基层材料基本上是由水泥和石灰等为主要材料组成的,呈现很高的碱性,封闭底漆直接和这些材料接触,若耐碱性差则不能够满足应有的性能<br>抗泛碱性是底漆能够阻隔来自结构墙体材料中的碱性物质向面漆膜中的迁移,保护面漆免受碱性物质的侵蚀作用 |
| 层间粘结力 | 封闭底漆是基层和后道涂膜之间的过渡层,因而其涂装成膜后对于后道涂料要有很好的再涂性,能够很容易配套其后涂装的水性涂料或溶剂型涂料 |
| 易施工性 | 封闭底漆的施工和干燥最好能够有比较宽的气候条件范围,以便能够适应不同区域、不同季节的施工要求 |
| 抗盐析性 | 盐析现象是造成涂膜泛白发花的重要原因。盐析与泛碱密切相关,在水泥水化过程中产生的氢氧化物,当其迁移到底材表面与空气中的 $CO_2$ 接触后反应生成碳酸盐和水,水挥发后碳酸盐留在底材表面。当未用底漆或者底漆使用不当时,碳酸盐会在涂膜表面析出成为白色颗粒,在颜色深的涂膜表面更显眼,造成涂膜发花。此外,在涂饰工程中使用的水泥砂浆常常会使用高于标准要求的外加剂(大多数为盐类)。随着基层水分的挥发,会将盐类带出并滞留在涂膜表面,造成涂膜发花。因而,要求底漆具有阻隔盐类物质迁移的能力,称为抗盐析性 |
| 较低的透水性 | 较低的透水性直接关系到抗盐析性和抗泛碱性。较低的透水性使外部水分不能进入底漆膜中和通过底漆膜迁移,这样墙体中的可溶性盐和碱性物质就不会带到面漆膜,达到保护面漆的目的 |

（2）技术指标要求　《建筑内外墙用底漆》JG/T 210—2007 对产品技术指标的要求如表 4-3 所示。

JG/T 210—2007 对配套封闭底漆的产品质量要求　　表 4-3

| 项　　目 | 性　能　指　标 | | |
|---|---|---|---|
| | 外墙（Ⅰ类） | 外墙（Ⅱ类） | 内墙 |
| 容器中状态 | 无硬块,搅拌后呈均匀状态 | | |
| 施工性 | 施工无障碍 | | |
| 低温稳定性① | 不变质 | | |

| 项　目 | 性　能　指　标 | | |
|---|---|---|---|
| | 外墙（Ⅰ类） | 外墙（Ⅱ类） | 内墙 |
| 干燥时间（表干）(h) ≤ | 2 | | |
| 涂膜外观 | 正常 | | |
| 耐水性 | 96h 无异常 | | — |
| 耐碱性 | 48h 无异常 | | 24h 无异常 |
| 附着力（级） ≤ | 1 | 2 | 2 |
| 透水性(mL) ≤ | 0.3 | 0.5 | 0.5 |
| 抗泛碱性 | 72h 无异常 | 48h 无异常 | 48h 无异常 |
| 抗盐析性 | 144h 无异常 | 72h 无异常 | — |
| 有害物质限量 | — | — | ② |
| 面涂适应性 | 商定（无油缩，起皱） | | |

① 水性涂料测试此项内容。

② 符合 GB 18582 的技术要求。

### 3. 水性和溶剂型外墙底漆的施工

（1）透明乳胶底漆和水性白色抗碱底漆的施工

首先应按照产品说明书的稀释比例加水稀释，搅拌均匀后使用辊筒滚涂施工。如遇到平整度要求较高的工程，如水性金属漆的施工，也可以喷涂施工底漆。

需要尽量控制施工的温度和湿度，当气温低于 5℃，或者相对湿度高于 85% 时一般不宜施工。对于透明底漆，一般一道施工面积多在 $10 \sim 12 m^2/kg$，如施工时底漆的体积固体含量在 $10\% \sim 15\%$，则底漆的膜厚计算值为 $10 \sim 12 \mu m$。

对于 PVC 值（颜料体积浓度值）为 30% 的水性白色抗碱底漆，如设计配方的体积固体含量为 $35\% \sim 38\%$，施工面积大概在 $7 \sim 10 m^2/kg$，则底漆的膜厚计算值为 $26 \sim 40 \mu m$。可见，白色底漆的干膜厚度是透明底漆的 3 倍左右。

理论上讲，一般透明底漆不含颜料，致密度较高，封闭性能优于白色底漆。但在实际工程中，白色抗碱底漆往往有较好的封闭性能，这正是因为其漆膜厚度较厚的原因。对于透明底漆而言，不能为了增加施工面积而任意增加稀释比例。否则，漆膜太薄，达不到需要的封闭效果。

（2）溶剂型底漆的施工

① 单组分溶剂型透明底漆　可采用喷涂或滚涂方法施工。严格按照涂料的施工涂布率，不宜施工得过厚或者过薄（过厚会影响附着力）。

② 双组分溶剂型透明底漆　严格按照配比进行配漆，充分搅拌均匀并静置适当时间进行施工，可采用喷涂或滚涂方法施工。应注意配制好的双组分涂料的可使用时间，以免影响最终的漆膜效果甚至胶化不能使用。

（3）底漆施工注意事项

底漆施工时，应注意以下事项：

① 除了严格执行合适的施工环境条件外，还应严格按照施工使用说明书进行稀释，不能随意增大稀释比例。如加水过多，或者稀释至黏度过低，很难保证干膜厚度和封闭性能。

② 保证合理的施工重涂时间。根据气候条件一般保证施工间隔为 $2\sim6h$。

③ 底漆施工后应及时施工面漆。

④ 必须遵循确保层间附着力的原则进行产品搭配。首先是尽量避免在水性底漆上施工溶剂型面漆，此种配合一般会发生"咬底"现象，特别是将溶剂型面漆滚涂在透明封闭底漆上，"咬底"最为严重，底漆会受到较大程度的破坏。其次，要避免在双组分的环氧底漆上施涂乳胶漆，以免造成面漆难于附着而产生脱落现象。

⑤ 底漆不需打磨，要注意打磨或者过度打磨会将局部底漆层打磨穿。

**二、碱性偏大基层的处理方法**

水泥混凝土、水泥砂浆等在水化初期，因水泥水化反应释放出大量氢氧化钙，成高碱性。随着基层施工后养护时间的延长，基层中水泥水化产生的氢氧化钙逐渐与空气中的二氧化碳反应生成碳酸钙，碱性逐渐降低，pH 值逐渐降低到涂料施工要求的值，视基层所处的环境温度，该养护时间一般需要 3 周。

（1）基层 pH 值的测定　对已经干燥的基层表面，在局部用水湿润约 $100cm^2$ 的面积，然后，将一张 pH 值测定范围为 8～14 的试纸贴在湿润的基层表面使之湿润，在 5s 内和 pH 值样板比较，读出 pH 值。对尚未完全干燥的表面，则直接将同样测定范围的 pH 值试纸贴在基层表面，使之湿润，在 5s 内和 pH 值样板比较，读出 pH 值。

也可用 pH 试笔通过湿棉测定或者直接测定基层的 pH 值。

（2）碱性偏大的基层的处理　若因工期紧而在基层的碱性还没有降低到施工要求情况下进行涂料施工，则必须采取措施对基层进行降低碱性的处理，即采取中和基层碱性的方法来调整基层的 pH 值。例如，采用经过稀释的盐酸（2％～3％）、磷酸（1％～2％）、醋酸（5％）或硫酸锌（15％～20％）、氟硅酸锌溶液等中和基层的碱性。

基层用酸或酸式盐中和后，应再用水清洗基层表面的中和产物，然后测定 pH 值，符合要求后方可开始施工。

**三、涂料实际用量的测算**

一般的设计手册中给有涂料用量的核算标准，但是和实际用量往往存在较大差距。在涂料实际用量的测算中应考虑以下一些因素。

1. 理论涂布量

理论涂布量主要以涂料的遮盖力测试结果为依据，是涂料能够完全遮盖基层的最小用量，单位为 $g/m^2$.

2. 涂膜寿命

一般的说，涂膜的厚度影响涂膜寿命，即对于同一类型的涂料来说，厚度大的涂膜寿命会更长些，而增大涂膜厚度涂料的用量必然随之增大。所以涂膜使用寿命要求高时，涂膜厚度随之增大，即涂料的实际使用量增大。

3. 功能要求

由于某些涂料有功能要求，如弹性涂料、厚浆涂料和保温隔热涂料等，其涂膜厚度是这些功能的基本保证（即这些涂料需要更厚的涂膜），因而这些涂料比一般涂料的使用量大。表4-4中给出一些涂膜的实际参考使用量。实际上，涂膜可能是表4-4中所示结构，也可能只是由其中某几种涂料构成。

某些涂膜的实际参考使用量　　　表4-4

| 涂膜种类 | 涂料类别 | 用量（m²/kg） |
|---|---|---|
| 平面涂膜 | 封闭底漆 | 8～10 |
| | 底漆 | 4～8 |
| | 中涂料 | 4～5 |
| | 面涂料 | 4～6 |
| | 罩光面漆 | 6～8 |
| 非平面涂膜 | 封闭底漆 | 8～10 |
| | 底漆 | 4～8 |
| | 中涂料 | 0.5～2 |
| | 面涂料 | 2～5 |
| | 罩光面漆 | 3～6 |
| 功能性涂膜 | 封闭底漆 | 8～10 |
| | 底漆 | 4～8 |
| | 中涂料 | 4～5 |
| | 弹性面涂料 | 0.5～1.5 |
| | 厚浆涂料 | 0.5～1.5 |
| | 罩光面漆 | 6～8 |

## 四、旧墙面翻新涂装技术简介

旧墙面翻新涂装主要根据基层的状况和翻新涂装的要求确定。有时基层为涂料，损坏也不严重，翻新涂装一般是平涂类乳胶漆，这种情况下翻新涂装就很简单；有时基层损坏很严重，重涂要求又很高，这种情况下的翻新涂装从对基层的处理和重涂都需要给予高度重视；有时翻新涂装需要保留原有的装饰风貌，这种翻新涂装往往需要采取一些特殊措施。

1. 基层为损坏较轻的旧涂料墙面的翻新涂装

对基层为损坏较轻的旧涂料墙面的情况，涂膜可能已出现光泽下降，有微粉化、褪色和产生明显污染痕迹等。下面介绍在这类墙面上进行平涂乳胶漆的翻新涂装方法。

（1）用钢丝刷、板刷等工具将附着在涂膜表面的污染物、浮浆和局部起皮的涂膜等清除干净；用铲刀清除墙面已经松动的腻子层。对于用铲刀无法清除的腻子层，可以用小锤轻轻敲击，若无空鼓现象并且敲击后仍不松动的地方，可以保留原有的基层。对于粉化的涂膜应彻底清除。

（2）清洗墙面，用洗涤剂溶液将墙面的浮尘、油污彻底清洗干净，再用高压水冲洗。

（3）用外墙柔性耐水腻子对局部损坏部位进行完整修补，再找平整个墙面。

（4）待腻子膜的碱性降低到 pH 值小于 10 后，涂刷一道封闭底漆，注意不要漏涂。

（5）待封闭底漆完全干燥后，可按照正常施工方法进行面涂料施工。

2. 基层为老化较严重的旧涂料墙面的翻新涂装

基层损坏严重的旧涂料墙面，是指墙面普遍出现涂膜粉化、褪色现象，甚至有脱落、开裂等。下面介绍这类旧墙面的翻新涂装。

先将附着在表面的污染物、粉化层和脆弱旧涂层等用电动工具和手动工具彻底清除。然后用水冲洗干净，用高压水冲洗效率最高。

涂膜如有长霉、苔藓时，应在水洗前用漂白剂、防霉剂将有机质清除干净。涂膜如受油类污染严重时，应先用有机溶剂冲洗干净，再用水充分冲洗干净。

如基层有开裂、空鼓情况，应对开裂和空鼓进行可靠的修补；如果墙面出现渗水现象，应先进行可靠的防水处理。

经过上述处理后，可涂布封闭材料，再用聚合物水泥砂浆修补平整，然后用与旧涂料相同的涂料或者新确定的与旧涂膜结合良好的涂料进行翻新施工。

3. 基层为老化和损坏严重的旧涂料墙面的翻新涂装

对于老化和损坏严重的旧涂料墙面，再重新施工涂料，很难与旧涂膜附着牢固，在这种基层上施工的涂膜仍存在脱落的危险，因而必须将旧涂膜全部铲除。一般只用高压水冲洗方法即可清除干净，必要时也可以辅助以电动砂轮等工具。

旧涂膜清除后，可以使用聚合物水泥砂浆满批一遍整个基层，在这种基层上再进行新涂膜体系的施工。

如果钢筋混凝土基层出现钢筋锈蚀情况，则应将钢筋的锈蚀层清除掉，再涂刷防锈漆。然后，再进行基层处理，继而用聚合物水泥砂浆满批整个基层和进行新涂膜体系的施工。

4. 翻新涂装工程实例

（1）工程概况和材料选用

① 工程概况　某大学图书馆的外墙面为 50mm×200mm 的瓷砖饰面，面积约 9000m²。经过 20 多年的使用，已发生老化，并存在部分脱落及空鼓现象。为适应学校整体建筑风格需要，对该外墙面进行整体改造。

改造施工要求不得影响学校的正常教学秩序，不得产生噪声、粉尘及其他污染；翻新涂装后要求外表美观，经久耐用。

外表美观是指将现有部分白色瓷砖改造为红色，保留原瓷砖分缝大小，并统一勾黑缝；经久耐用是指所使用材料耐候性、耐久性优良，使用年限在 15 年以上。

② 材料选用　面漆使用溶剂型氟碳面漆，由聚四氟乙烯树脂、脂肪族聚异氰酸酯、高耐候性耐温颜料、溶剂、助剂等组成；底漆为双组分环氧封闭底漆，由环氧树脂、聚酰胺固化剂、溶剂及助剂组成。

（2）涂料翻新涂装的基层处理

① 将整个外墙瓷砖基面进行逐点检查，对瓷砖脱落、疏松及空鼓等部位进行标记并处理。

② 对于原基面瓷砖局部脱落的部位，重新进行瓷砖粘贴、勾缝处理，恢复至原基面效果。

③ 对于原基面瓷砖疏松及空鼓的部位，将瓷砖全部剔除，以消除安全隐患。然后根据基材情况，重新刮涂抗裂砂浆并复合玻璃纤维网格布，重新恢复至原瓷砖外貌。

④ 局部修整完毕后，用自来水清洗整个瓷砖表面，以除去灰尘、油渍及附着物等，对于附着牢固的油渍及附着物等采用氟碳漆稀释剂进行清洗。同时用防水型瓷砖勾缝剂对外观不平滑的瓷砖缝进行处理，以增加美观性。

⑤ 用 80～120 号砂布对瓷砖表面进行打磨毛化处理，以增加其表面粗糙度，并增强其层间结合力。

（3）涂料翻新涂装施工工艺

① 施工环氧封闭底漆 待基层养护 7d 以上、含水率不大于 10%后，将双组分环氧封闭底漆按规定比例混合搅拌均匀并滚涂于处理好的基层上，起到抗碱及增加层间结合力的作用。涂刷时应自上而下，自左而右，涂刷必须均匀，尤其是阴阳角及瓷砖缝部位不能漏涂。

② 施工氟碳面漆 待底漆干透后（24h 以上），将氟碳面漆的两组分按比例混合搅拌均匀，加入氟碳面漆配套稀释剂，然后静置熟化 15min。之后滚涂氟碳面漆，尽量避免交叉污染。待第一遍氟碳面漆干燥后（24h 后），对局部流挂等缺陷部位进行打磨处理，然后滚涂第二遍。

③ 描缝 待氟碳面漆干燥后，将瓷砖缝隙周围用 1cm 宽纸胶带保护好，用黑色瓷砖描缝氟碳漆对整个瓷砖进行描缝处理，确保缝隙平直，最后除去胶带。

④ 局部修补 对整个墙面进行检查，对局部缺陷部位进行修补。

（4）施工注意事项

① 在空气湿度大于 70%、温度低于 5℃时不能施工，预计 24h 以内有雨也不得施工。遇风沙、下雨或者风力大于 4 级的天气时也不宜施工。

② 对不需要施工的窗户、管线、原外墙石材部分、空调等工程部位，应提前做好成品保护，防止污染。

③ 在图书馆四周、出入口等地提前做好安全防护、成品保护等工作，在整个图书馆周围设置施工作业区隔离带，设置警戒线及警示牌，并设专人看护疏导。

④ 一个工程所需的涂料应根据预定的施工方案备料。同一批号的产品应尽可能一次备足，防止由于批号不同造成色差而影响装饰效果和给施工带来不便。

⑤ 应根据面积计算所需涂料用量，用多少配多少，否则剩余涂料会固化造成浪费。

⑥ 施工完毕后的所有工具应用相应的配套稀释剂清洗干净。

⑦ 施工过程中请注意佩戴眼镜、手套、防毒口罩等防护用品，并尽量避免与皮肤接触以减少有机溶剂对人体的伤害。

⑧ 施工现场注意防火，严禁一切火源。

⑨ 贮运条件：溶剂型涂料应贮存于温度为 0～40℃的库房内，避免阳光直射，远离火源、热源。

（5）质量验收

① 涂刷结束后，涂层厚度要符合要求；滚涂均匀、无遗漏，表面洁净、无色差；淋水后颜色无明显变化。

② 涂刷的墙面每 500～1000m$^2$ 划分为 1 个检验批，不足 500m$^2$ 的也划分为一个检验批。

③ 涂层质量要求颜色均匀一致，无色差；光泽均匀，平整光滑；无流坠、无刷痕等现象；涂膜总厚度达到 $100\pm25\mu m$；涂膜与基层附着牢固。

（6）工艺特点

这种翻新涂装无需剔除原有外墙瓷砖，节省人力物力，缩短工期，也避免产生大量垃圾和粉尘污染，施工难度低、安全系数高；涂料采用滚涂法施工，可减少喷涂噪声污染。这种翻新涂装方法可为瓷砖、马赛克、各种石材、水泥砂浆抹灰等外墙基面的翻新改造提供借鉴。

## 第五节　外墙外保温系统中外饰面涂料的选用

### 一、外墙外保温对其外饰面涂料性能的影响

近年来，外墙外保温技术得到大量应用，这对涂料的选用产生非常重要的影响。就不同品种的建筑涂料本身来说，由于外墙外保温层要求涂膜具有好的柔韧性以产生所要求的抗裂性，使得原来一些性能优异的涂料（例如溶剂型氟碳涂料、有机-无机复合涂料等）现在甚至不能在外墙面应用，或者受到很多限制；就建筑涂料与其他装饰材料的竞争性来说，由于安全性、粘贴难度等因素，对于外墙面砖、饰面石材等应用的严格限制，也使得建筑涂料的应用更具有竞争性。

另一方面，由于外保温隔热体系被置于外墙外侧，直接承受来自自然界的各种因素影响。置于保温层之上的抗裂防护层，对于薄抹面层仅 3~6mm 之间，对于厚抹面为 25~30mm，且保温材料具有较大的热阻，夏季太阳照射到外墙面的热量积累在外保温系统的抗裂防护层中，使其温度上升得更高，而在发生暴雨和大风情况时其温度剧烈下降。这样，在热量相同的情况下，外保温抗裂保护层的温度变化速度比无保温情况时提高 8~30 倍。

在夏热冬暖地区或部分夏热冬冷地区，对于使用聚苯板的外保温，保护层的温度在夏季可达到 80℃，表面的温度变化可达 50℃。因此对抗裂防护层产生更高的要求，当材料性能差或者施工质量有问题时，会导致开裂。因而，外墙外保温所造成的高温和温度变化的冲击对其饰面涂料的应用会产生非常重要的影响。

1. 影响外墙涂料的性能要求

外墙外保温的广泛应用对外墙涂料的性能要求产生重要影响。首先是对涂料耐冷热冲击的要求提高。例如，膨胀聚苯板薄

抹灰外墙外保温在夏热冬暖的夏季墙面所承受的温度变化冲击可达50℃。

其次，由于外墙外保温的抗裂防护层存在开裂的可能性更大，概率更多，因而要求表面使用能够产生遮蔽裂纹功能的弹性涂料。例如，对于应用胶粉聚苯颗粒外墙外保温系统，按照《胶粉聚苯颗粒外墙外保温系统》JG 158—2004标准规定，涂膜需要满足一定的断裂伸长率指标。

第三，建筑涂料要能够满足一定的不吸水性和透气性要求。按《膨胀聚苯板薄抹灰外墙外保温系统》JG 149—2003标准规定，外墙外保温系统5mm厚的防护层，浸水24h，吸水量要求不大于$500g/m^2$。外墙外保温系统防护层和饰面涂层的水蒸气湿流密度要求不小于$0.85g/(m^2 \cdot h)$（规定水蒸气湿流密度的意义是要求涂膜具有一定的透气性）。对于外墙面，就吸水性来说，一般要求外饰涂层的吸水量低于防护层，即涂层吸水量要小于$500g/m^2$，这样才能确保比较少的水进入墙体；一般要求外层水蒸气湿流密度比内层高，也就是说外饰涂层的要求高于防护层，即涂层水蒸气湿流密度要远远大于$0.85g/(m^2 \cdot h)$，这样水蒸气才能畅通无阻地排出。这种吸水量和水蒸气湿流密度的技术指标，要求涂膜具有良好的不透水性、很低的吸水率和良好的透气性。

为此，我国的外墙外保温有关文件规定：为了有利于水蒸气在墙体中的扩散运动，外墙面层涂料的水蒸气渗透阻不应大于$694m^2 \cdot h \cdot Pa/g$或者$0.193m^2 \cdot s \cdot Pa/g$。对于吸水量和不透水性，弹性涂料、有光涂料、水性金属漆等一般均能满足要求。而相当部分外墙涂料达不到该要求。有些涂料要与某些底涂配合使用，才能达到要求。对于透水蒸气性来说，弹性涂料难以达到要求，硅树脂等涂料能符合水蒸气湿流密度的要求。对于外墙外保温体系，吸水量（拒水性）和水蒸气湿流密度（透气性）是要求同时满足的，所以要综合平衡。从拒水透气的角度看，JG 149—2003标准对外墙外保温饰面用涂料的要求比普通外墙涂料高得多，有些符合产品标准要求的外墙涂料却达不到此要求。涂层的透气性太差，能够造成表面色差，甚至导致发霉和热工性能变差，以及造成不同程度的破坏等。

2. 影响适用涂料的品种

JG 149—2003 规定，涂料必须与薄抹灰外保温系统相容，而溶剂型外墙涂料和外保温层的相容性差。外墙外保温体系一般采用膨胀聚苯乙烯泡沫板（EPS 板）、挤塑聚苯乙烯泡沫板（XPS 板）、胶粉聚苯颗粒保温浆料或聚氨酯（PU）等为保温层，涂料中的苯和甲苯等溶剂能溶解聚苯乙烯，醋酸丁酯和二甲苯等则对聚氨酯有一定的溶蚀影响。其次，溶剂型涂料的透气性差，其应用也会使系统的水蒸气湿流密度性能受到影响。虽然溶剂型外墙涂料中有高性能的涂料，但由于外墙保温层的设置使溶剂型涂料的应用受到限制。

3. 影响涂料的应用技术

过去涂料施工面对的是坚实的水泥基材料基层，如混凝土、水泥砂浆等，现在则是面对强度不高、但平整度相对较好的保温层基面，这就对涂料施工技术产生影响。

处于外墙保温层的涂膜在夏季将受到更高温度下的紫外线的强烈作用和更大的冷热冲击，这对以合成树脂为基料的涂料来说，其破坏尤为严重；夏季的持续高温对热塑性涂料的耐玷污性能也将更为不利，对涂料耐久性能产生更重要的影响，这都对涂料的应用产生影响。

4. 影响涂料施工配套材料的应用

过去外墙涂料的品种不同，具有相应不同的涂层结构，例如复层涂料、仿金属幕墙、弹性外墙和普通外墙涂料等。不同的涂层结构使用腻子的品种和数量等都不同。外保温层的设置，既限制了涂料品种的应用，也对涂层结构产生相应要求。例如，JG 158—2004 要求涂层结构中的腻子为柔性耐水腻子，这样的限制，对腻子的品种和施工厚度等都会产生一定影响。可以说，在 JG 158—2004 的外保温层上是不能够使用普通外墙腻子的，直接限制了普通外墙腻子（包括通常的找平腻子、补洞腻子等）的使用。

5. 外墙外保温所带来的供需关系概念的变化

JG 149—2003 所规定的外墙外保温系统是由粘结层、保温层（包括连接件）、薄抹灰增强防护层和饰面层组成的；JG 158—2004 所规定的外墙外保温系统是有界面层、保温层、抗裂防护层和饰面层组成的。构成每个系统所涉及的材料都有很多种。建工行业标准《外墙外保温工程技术规程》JGJ 144—2004 规定："在正确使用和正常维护的条件下，外墙外保温工程的使用年限不应少于 25 年"。这不但要求组成系统的每一种材料能够满足标准规定的要求，而且要求各种材料之间应当相容，组成的系统能够满足标准规定的对外保温系统性能要求。在一些标准、规范和规程中都是将外保温系统作为一个整体考虑的，其设计和安装是遵照系统供应商的设计和安装说明进行的。系统供应商可以只生产其中一种或几种材料，但必须供应整套系统材料，而绝不能仅提供其中一种或者几种材料。系统供应商除了供应整套材料外，还应对外保温系统的所有组成部分作出规定。这里的概念是系统供应商，而不是材料供应商，两者概念完全不同。例如，不管系统供应商生产的仅是聚苯板薄抹灰系统的胶粘剂和抹面胶浆两种材料，还是多种材料，向工程供应的都是整个外保温系统。

**二、外墙外保温饰面涂料的选用**

外墙外保温系统在我国应用时间不长，对表面涂装建筑涂料的有些问题目前还没有取得一致认识（如表面涂装高弹性涂料对系统透气性的影响）。一般认为外保温系统使用的涂料应具有透气好，防水，防裂（有适当的延伸性），同时有很好的耐久性。

1. 从涂料的耐久性考虑选用

《外墙外保温工程技术规程》JGJ 144—2004 规定，外墙外保温工程的使用年限不应少于 25 年，但该规定是不能包括饰面涂层的，因为迄今为止还没有一种现场施工的涂料能够满足这种要求。尽管如此，仍应尽量选择耐久性好的外墙涂料。

外墙涂料使用年限不仅与涂料本身的质量有关，还与基层、施工、使用环境条件和维护保养等因素有关，一般情况下为 5～15 年。当使用彩色涂料时，应优先选择耐晒性、保色性好的无机色浆。选用有机色浆时，也应考虑其耐碱性、耐晒性、保色性等。

2. 从涂料的颜色考虑选用

涂膜的颜色直接关系到对太阳热的吸收和反射。太阳照射到不透明的涂膜表面，一部分能量被吸收，一部分能量被反射，透过的能量极少，可忽略不计。

在夏热冬冷和夏热冬暖地区，应着重考虑夏天反射太阳能的问题。即希望涂施于外墙外保温面层上的涂膜，在夏天能够更多地反射太阳能。而涂膜的颜色越浅，对太阳光的反射能力越强。因而，在可能的情况下，应用于夏热冬冷和夏热冬暖地区外墙外保温系统中的饰面涂料，应优先选择对太阳光反射性能好的浅色涂料。换言之，在夏热冬暖地区和夏热冬冷地区，外墙外保温系统不宜使用深颜色建筑涂料，这是因为颜色较深的涂料比较浅颜色的面层更容易吸收热量，加上保温层良好的隔热性，使热量积聚在保温层表面难于扩散，从而导致深颜色的保温体系的基层产生更高的表面温度。这对于涂料、腻子和抗裂砂浆（抹面胶浆）的老化破坏作用程度比浅颜色涂料更严重一些。

相反，对于寒冷和严寒地区，应着重考虑冬天吸收太阳能的问题。即希望涂施于外墙外保温的涂膜，在冬天能够更多地吸收太阳能。而涂膜的颜色越深，对太阳光的吸收能力越强。因而，在可能的情况下，应用于寒冷和严寒地区外墙外保温系统中的饰面涂料，应优先选择对太阳光吸收性能好的深色涂料。

3. 从涂料的拒水透气性考虑选用

JG 149—2003 规定，外保温系统的薄抹灰层厚度为 3～6mm，浸水 24h 吸水量≤500g/m²；外保温系统防护层和饰面涂层一起水蒸气湿流密度≥0.85g/(m²·h)；JG 158—2004 则规定，外保温系统的防护层厚度为 3～6mm，浸水 24h 吸水量

≤1000g/m²；外保温系统防护层和饰面涂层一起水蒸气湿流密度≥0.85g/（m²·h）。

外墙面的吸水性要求一般是外层比内层低，也就是说外饰涂层要低于防护层，即涂层吸水量要小于500g/m²，这样才能使比较少的水进入墙体。就水蒸气湿流密度来说，一般外层要求比内层高，也就是说外饰涂层要高于防护层，即涂层水蒸气湿流密度要远远大于0.85g/D（m²·h），这样水蒸气才能畅通无阻地排出。

对于吸水量来说，弹性涂料、有光涂料和水性金属漆等一般能够满足标准要求。通常的普通乳胶漆不能满足要求，当多数涂料和性能优良的底涂配合使用时，则能达到要求。

当然，水蒸气湿流密度大小不仅与涂料有关，还与涂膜的厚度成反比。

**4. 从涂料的装饰效果考虑选用**

涂膜的颜色、质感、光泽和线条等综合因素的作用结果就构成了建筑涂料的装饰效果。

其中，线条属于涂装设计范围。建筑涂料的色彩丰富，通常能够满足用户或者设计者的要求。除了一般颜色外，还可以通过添加金属光泽效果来增加涂膜的装饰效果。

还可以通过不同装饰效果涂料的搭配使用得到不同质感和花纹的涂装效果。例如，选用各种质感强的仿面砖、拉毛、仿大理石、仿花岗岩和浮雕涂料等。总的来说，从涂料的装饰效果考虑涂料的选用更主要的是受制于设计师的设计。

**5. 根据墙体实际情况需要选用**

某些情况下，墙体可能已经具有比较高的热阻，基本上能够满足节能设计要求（例如使用各种节能型砌块的墙体）。但是，这类墙体同时可能存在需要处理冷、热桥，露点以及防止开裂等。这种情况下，可以考虑选择具有一定功能性的涂料，例如，使用建筑反射隔热涂料或者防止开裂效果好的厚质弹性涂料、拉毛涂料等。

6. 外墙外保温饰面涂料的选用举例

表 4-5 中根据有关标准和目前一些比较成功的做法，举例说明适用于外墙外保温系统涂装的建筑涂料品种，表 4-5 中所列涂料品种均为水性产品。

适用于外墙外保温系统的涂料品种及其选用　　表 4-5

| 外墙外保温系统 | 复层涂料 | 砂壁状涂料 | 非弹性拉毛涂料 | 普通平面弹性涂料 | 弹性拉毛涂料 | 建筑反射隔热涂料 |
|---|---|---|---|---|---|---|
| 胶粉聚苯颗粒系统、建筑保温砂浆系统 | ◎ | ○ | ○ | ★ | ★ | ★ |
| 膨胀聚苯板薄抹灰、胶粉聚苯颗粒粘贴聚苯板薄抹灰系统、挤塑聚苯板薄抹灰等系统 | ◎ | ◎ | ◎ | ★ | ★ | ★ |
| 现场喷涂聚氨酯系统 | ◎ | ◎ | ◎ | ★ | ★ | ★ |
| 岩棉板外墙外保温系统 | ◎ | ◎ | ◎ | ◎ | ★ | ★ |
| EPS 板无网现浇系统 | ◎ | ◎ | ◎ | ◎ | ★ | ★ |
| 泡沫混凝土板外墙外保温系统 | ◎ | ◎ | ○ | ★ | ★ | ★ |

注：1. ★—特别适用；◎—适用；○—不宜使用。
　　2. 建筑反射隔热涂料仅针对夏热冬暖和夏热冬冷地区的情况。

我国目前应用的外墙外保温系统有十几种之多，表 4-5 中则列入 9 种适宜于使用涂料饰面的系统。

表 4-5 中的建筑反射隔热涂料是一种功能型建筑涂料。在夏热冬暖和夏热冬冷地区，涂覆该涂料后，夏季墙体表面温度比未涂装或涂装普通涂料时温度降低约 15～19℃。这就给外墙外保温表面温度高、可能受到的温差冲击所带来的开裂、涂膜老化加速等问题一个很好的解决途径，其应用技术还将在本章第八节进行专门论述。但寒冷和严寒地区由于夏季气温低、温差小，不适合应用这种涂料。

7. 有些外墙外保温系统不能使用溶剂型建筑涂料

有些涂料，例如溶剂型建筑涂料（包括氟碳涂料、聚丙烯酸酯涂料、硅丙涂料和聚氨酯丙烯酸复合涂料等）过去被认为是高性能外墙涂料。但是，这些涂料不适用于以发泡聚苯颗粒为主导保温隔热材料（如聚苯板）的外墙外保温系统。

试验室试验表明，在养护了 28d 的外保温样板上连续滴醋酸丁酯溶剂，抹面砂浆层没有什么变化。但经过一段时间后，锯开样板，发现砂浆层下被溶蚀出一个洞。由此可见，有机溶剂会透过砂浆层而溶解聚苯乙烯泡沫板。通常溶剂型涂料中常用的溶剂，如甲苯、二甲苯、酯类、酮类都会溶解聚苯乙烯泡沫板或溶蚀聚氨酯发泡材料。挥发越慢的溶剂，越容易往保温层中渗透，对膨胀聚苯板的腐蚀越严重。在实际工程中也发生过抹面胶浆层与膨胀聚苯板脱离的案例，就是因为使用溶剂型涂料引起的。

此外，耐碱玻纤网布上的涂塑层也可能被溶剂溶解，使其耐碱性降低甚至丧失，从而使防护层失去抗裂和抗冲击等性能。可见，对于以涂塑耐碱玻纤网布为抗裂防护层中增强纤维网的外墙外保温系统，也不宜使用溶剂型涂料。

### 三、建筑涂料施工设计和施工验收规程

1. 建筑涂料施工设计

建筑涂料在施工前，根据所用品种和被涂建筑物的特点，对建筑涂料进行必要的施工设计及建筑技术处理，能取得较好的涂装结果。

建筑涂料施工设计的目的是根据用户要求，针对建筑物和周围环境等特点，选用合适的建筑涂料，采用不同的色彩、质感、光泽、线条和分格等，进行合理的基层处理，采用合适的施工步骤，达到预期的涂装效果。

进行建筑涂料施工设计时应注意，外墙面不能作为流水的渠道；外窗盘粉刷层两端应粉出挡水坡端；檐口、窗盘底部必须按技术标准完成滴水线构造措施。对女儿墙和阳台的压顶，其粉刷面应有指向内侧的泛水坡度。分格线做成半圆柱面形，而不是燕尾形，以防横向分格线积灰，下雨时产生流挂。坡屋面建筑物的檐口，应超出墙面，以防雨水污染墙面。

对于涂装面积较大的墙面，可作墙面装饰性分格设计，这既可以得到额外的装饰效果，又能够防止连续涂装过大面积所引起的基层开裂。

对出墙的管道和在外墙面上的设备，如空调室外机组和滴水管，应作合理的建筑处理，以防安装底座的锈迹和滴水污染外墙。

屋顶最好有檐口，这样有利于降低外墙饰面污染。有檐口的外墙涂装工程，往往是比较干净和清洁的。

2. 施工执行标准

建筑涂料的施工和验收所执行的技术规程为《建筑装饰装修工程质量验收规范》GB 50210—2001和《建筑涂饰工程施工及验收规程》JGJ/T 29—2003。此外，各地还根据具体情况指定了一些地方性法规或规程。例如，上海市的《上海市工程建设规范外墙涂料工程应用技术规程》DG/TJ 08-504—2000、北京市的《建筑内外墙涂料应用技术规程》DBJ/T 01-107—2006等。

## 第六节　膨胀聚苯板薄抹灰外墙外保温系统中真石漆的施工

### 一、真石漆特征简介

1. 基本特征

真石漆系涂膜饰面具有像砂壁、石材外观的一类涂料，也称砂壁状建筑涂料、"石头漆"、"仿石涂料"等。真石漆质感丰富、立体感强、外观质朴粗犷，使建筑物颇显华贵、庄重之感，成为当今较为流行的建筑涂料品种之一。

真石漆是使用有机胶粘剂将不同粒径、不同颜色的砂颗粒粘结在一起，其最大的特点是涂膜表面具有粗犷的石质感，在人们追求返璞归真、贴近自然的时代潮流驱动下，使得这类涂料历久不衰。而且随着各种涂料新技术的出现，真石漆也吸收了涂料中的新技术，使之装饰效果更好，物理力学性能更趋于完善。例

334

如，这类涂料因为涂膜表面堆叠着粗糙的砂颗粒，颗粒间的凹穴中极易滞留灰尘、脏物，致使其耐玷污性能不良。现在使用有机硅-丙烯酸酯类罩面涂料进行罩面，或者以氟树脂乳液为粘结料配制涂料，基本上解决了这类涂料耐玷污性能不良的问题。同时，由于新型彩色砂的出现，使其装饰效果也变得更加丰富多彩以及质感多样化。

2. 真石漆涂层结构及作用

真石漆涂膜是由抗碱封闭底漆、真石漆（砂壁状涂料）和罩面层等三道涂层复合。有时可以不进行罩面层的涂层配套，即只有封闭涂层和主涂层两道涂层组成。一般说的真石漆是指主涂层涂料。

封闭底漆虽有溶剂型和水性两种，但溶剂型封闭底漆不能应用于以泡沫聚苯颗粒为主体保温隔热骨料的外墙外保温系统。封闭底漆的作用是封闭基层表面孔隙，使基层表面具有较好的防水性能，以消除基层因水分迁移而引起的泛碱、发花等，同时对基层也起到增强作用，并增加主涂层与基层的附着力。

主涂层是形成真石漆装饰风格的涂层，至关重要。罩面涂层也有溶剂型和水性两种，如双组分聚氨酯罩面漆、双组分氟碳罩面漆、水性单组分硅丙罩面漆等。罩面涂层能够增强主涂层的防水性、耐玷污性、耐紫外线照射等性能，特别是耐玷污性。

3. 真石漆在外墙外保温系统中的应用

外墙面粘贴面砖或者装饰性石材有时是比较流行的做法。但是，由于我国目前大量使用的膨胀聚苯板薄抹灰外墙外保温系统，通常情况下表面粘贴面砖需要一定的技术和材料支撑，需要耗费很大的人力、物力和财力。因而，外墙面粘贴面砖或者装饰性石材的做法受到极大的限制。

由于真石漆的独特装饰效果，使用真石漆并配合一定涂装方法，能够得到酷似装饰石材的涂膜效果。这就满足了人们需要粘贴墙面砖或者装饰石材的心理要求。因而，这类涂料在外墙外保温系统中得到一定程度的推广应用。

此外，真石漆在大量的应用过程中也得到了新的发展。其中最突出的是通过涂料配方的改进，使这类涂料能够适合于批涂施工的真石漆。这除了极大的方便于施工外，更重要的是能够得到新的装饰效果的涂膜。这类涂膜虽然在装饰质感上比喷涂的涂膜差，但涂膜具有细腻的花岗岩或者大理石质感，且更耐污染，同时施工费用降低。

本节主要介绍真石漆饰面的膨胀聚苯板薄抹灰外墙外保温系统施工技术。胶粉聚苯颗粒外墙外保温系统、建筑保温砂浆外墙外保温系统中真石漆的施工技术与之相似。

**二、膨胀聚苯板薄抹灰外墙外保温系统简介**

1. 系统基本构成层次

膨胀聚苯板薄抹灰外墙外保温系统是使用胶粘剂将膨胀聚苯板粘贴于基层墙面，再使用抹面胶浆复合耐碱网格布构成防护层，面层施工饰面涂料而构成的保温装饰系统。

2. 系统基本性能特征

(1) 保温性能 膨胀聚苯板的导热系数≤0.041W/(m·K)，保温隔热性能非常优异，并可以灵活选择板的厚度，能够满足我国各种气候区和各种建筑节能要求，适用范围非常广泛。

(2) 强度性能 膨胀聚苯板垂直于板面方向的抗拉强度≥0.10MPa，强度不高，但能够满足作为外墙外保温系统的结构强度需要。

(3) 与墙体的连接 膨胀聚苯板与墙体的连接不紧密，中间有空腔，因而，系统的抗风压性能不如胶粉聚苯颗粒保温系统。

(4) 施工 系由粘贴和锚栓加固复合施工，施工速度快。

(5) 施工质量控制 只要选择质量可靠的胶粘剂、抹面胶浆和耐碱网格布等材料，质量控制的环节少，工程质量比较容易控制。

可见，膨胀聚苯板薄抹灰外墙外保温系统的保温性能好、适用范围广、造价适中，与墙体的结合存在空腔。

336

### 三、膨胀聚苯板薄抹灰外墙外保温系统中真石漆施工技术

在膨胀聚苯板薄抹灰外墙外保温系统中，真石漆的施工是在外保温系统中的抗裂防护层施工完毕并经验收合格后进行的。

1. 施工准备

（1）施工工具准备

扫帚、铲刀、盛料桶、加料勺、双面胶带纸、手提式搅拌器、手柄加长型长毛绒辊筒、普通喷斗或仿石形彩砂涂料专用喷斗、空气压缩机（压力范围一般为 0.4～1.0MPa，排气量一般应大于 $0.4m^3/min$）。

（2）材料准备

① 检查涂料是否与设计要求的颜色（色卡号）、品牌相一致；

② 检查涂料和配套材料以及其他相关材料是否有出厂合格证；

③ 检查涂料和配套材料是否有法定检测机构的检测合格报告（复制件）或相关的质量合格证明；

④ 检查涂料和配套材料是否有结皮、结块、霉变和异味等；是否处于有效储存期内，超过储存期的材料需经重新检验，性能合格方可使用。

（3）基层检查　按建筑涂料施工要求检查基层并作相应处理，必须符合条件才能施工。

2. 基层处理

（1）基层条件

基层条件包括含水率和 pH 值。含水率≤10%，pH 值≤10。

（2）基层处理

① 检查、处理　按涂料涂装的要求对基层进行检查和处理，待确证符合要求后方可进行涂料的施工；

② 制分割缝　为了提高装饰性能，便于施工接槎，以及加强涂层的整体质感等，可做适当的装饰性分割缝。分割缝的制作

是真石漆施工的重要步骤和内容，直接影响涂料工程质量。其制作原则是尽量与膨胀聚苯板的接缝重合。

3.涂料涂装

（1）施工条件

要在环境、气候和场地等基本施工条件得到满足时才能施工。

（2）涂装底涂料

在基层上滚涂两道耐碱封闭底漆。

（3）涂料施工

① 准备工作　将涂料搅拌均匀；连接好喷斗的气管；装好喷嘴；接好空压机的电源。

② 涂料喷涂　喷涂时空气压缩机的压力通常为 0.6～0.8MPa。喷嘴直径一般为 5～8mm，喷枪口与墙面的距离以 30～40cm 为宜。开喷不要过猛，喷涂时喷嘴轴心线应与墙面垂直，喷枪应平行与墙面移动，移动速度连续一致，见图 4-2。由于中间涂料密，两边涂料稀疏，因此每行需有 1/3 的重复，且在转折方向时不应出现锐角走向。喷斗中无料时要及时关闭阀门。涂层接槎必须留在分割缝处。喷涂一般一道成活，发现漏喷或局部未盖底，尽量在涂层干燥前补喷。涂层厚度约为 2～3mm。

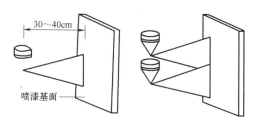

图 4-2　喷枪与墙面距离示意图

仿石型涂料的施工顺序为：

遮盖保护→涂装耐碱性底涂料→喷涂真石漆→涂装罩面涂料（罩光剂）→对不符合部位进行修补。

其中，罩面涂料应在主涂料完全干燥后（约48h）以滚涂或刷涂法涂装，以涂装两道为宜，间隔时间为2h。

③如果手工批涂，则按照分格缝，依照顺序直接批涂即可。有的涂装设计要求涂料在表干后还需要再进行收光操作。收光操作时应细心，不要碰坏分格缝，靠近分格缝处收光操作幅度要小，收光后即可进行罩面涂料施工。

4. 注意事项

①涂料　涂料不能随意加水，若因储存时间过长或其他原因变得太稠，通过适当搅拌可以降低黏度；或按产品说明书要求进行稀释；

②工具　砂壁状涂料的喷涂会对喷枪的喷嘴产生磨损，因而在喷嘴直径磨损变大时，应及时调换；

③勾缝胶带　仿石形涂料需根据预先设计的图形，在喷涂前用勾缝胶带粘贴。单色涂料应在主涂层喷涂结束，涂料未表干时揭去勾缝胶带；套色涂料在喷涂主涂层后随即揭去勾缝胶带的第一层离型纸，待24h后再揭去剩余勾缝胶带。

5. 施工质量要求

建工行业标准《建筑涂饰工程施工及验收规范》JGJ/T 29—2003规定的施工质量要求如表4-6所示。

合成树脂乳液砂壁状建筑涂料的施工质量要求　　表4-6

| 项次 | 项　　　目 | 要　　　求 |
|---|---|---|
| 1 | 漏涂、透底 | 不允许 |
| 2 | 反锈、掉粉、起皮 | 不允许 |
| 3 | 反白 | 不允许 |
| 4 | 五金、玻璃等 | 洁净 |

6. 施工质量问题及其防免

（1）涂层开裂

出现问题的可能原因　①基层开裂；②一次喷涂量太大，涂层太厚；③仿石形涂料喷涂前基层未分割成块，或分割的块太大；④涂料太稠厚，但稀释不当；⑤涂料本身性能有缺陷。

可以采取的防治措施　①检查及处理基层，待符合要求后再施工；②一次喷涂不要太厚，若涂层设计得太厚，可分两道喷涂；③仿石形涂料应做成块状饰面，且块状大小要适当；④正确地稀释涂料；⑤与涂料生产商协商解决。

（2）涂层脱落、损伤

出现问题的可能原因　①基层含水率太高；②外力机械冲撞；③因施工气温太低而造成的涂料成膜不好；④揭去胶带时造成的损伤；⑤外墙底部未做水泥脚线；⑥未使用配套封底涂料，且自行选用时选用不当；⑦使用劣质腻子找平打底。

可以采取的防治措施　①基层含水率符合要求时再施工；②即使涂层完全固化，也不能受较大的外力冲击；③应按照规定的施工气候、环境条件施工；④应小心地、以正确的方法揭去胶带；⑤墙根部应做水泥脚线；⑥应使用配套封底涂料或选用正确的封底涂料；⑦真石漆通常不需要批涂腻子。对于膨胀聚苯板薄抹灰外墙外保温系统，由于使用抹面胶浆施工的抗裂防护层已非常平整，完全能够满足真石漆的施工要求，因而使用腻子打底是错误的操作。

（3）涂层色差

出现问题的可能原因　①涂料储存时分层或表层出现浮色，喷涂前没有充分搅拌均匀；②同一面墙没有使用同一批号的涂料，两批涂料之间存在色差。

可以采取的防治措施　①对于有分层或表面有浮色的涂料，施工前一定要充分搅拌均匀；②同一面墙应使用同一批次的涂料，当同一面墙使用不同批次的涂料且目视可以分辨出涂料存在色差时，在使用前一定要将涂料全部放在大容器中搅拌均匀再喷涂，或与生产厂商协商解决。

（4）涂层不均匀

出现问题的可能原因　①涂料储存时分层，表层出现浮水，喷涂前没有充分搅拌均匀，涂料黏度不同；②喷涂时空气压力不稳；③喷涂时喷枪喷嘴的口径因磨损或错误安装而发生变化；④涂料批号不同时涂料本身黏度不同。

可以采取的防治措施　①对于有分层或表面出现浮水的涂料，施工前一定要充分搅拌均匀；②喷涂作业时一定注意保持空压机的输出压力稳定；③喷涂时注意保持喷嘴口径的一致；④使用同一批号的涂料。

（5）涂层起泡、起鼓

出现问题的可能原因　①涂料施工时基层的含水率过大；②防护抗裂层混凝土基层或因龄期不够，或因养护温度过低而强度不够，混合砂浆基层强度等级设计偏低，或者施工时配比不正确；③涂料的质量不合格；④主涂料还没有完全干燥就涂装罩面涂料；⑤没有使用封闭底涂料。

可以采取的防治措施　①基层含水率符合要求时再施工；②应对基层的强度进行检查验收，如不合格应经过正确的处理而符合要求后再进行涂料的施工；③在涂料施工前注意对涂料质量进行检查验收，对于不合格的涂料应更换，确保涂料的质量合格；④待主涂层完全干燥后才能进行罩面涂料的施工；⑤按要求使用封底涂料。

（6）涂层发白、发花

出现问题的可能原因　①底涂料涂刷不均匀，主涂料喷涂厚度不均匀或厚度不够；②罩面涂料涂刷得不均匀，有漏涂现象或者只涂刷一道；③罩面涂料涂装后还没有充分干燥即受到雨淋或其他情况的水侵蚀；④主涂层还没有完全干燥就涂装罩面涂料；⑤涂料本身质量原因。

可以采取的防治措施　①涂刷底涂料时注意均匀，不要有漏涂现象，喷涂主涂层时注意厚薄均匀，厚度满足要求；②罩面涂料要涂刷得均匀，不要有漏涂现象，并涂刷两道；③注意天气预报，可能出现下雨天气时不要施工或作好防雨措施；注意罩面涂料没有充分干燥前不要受到水的侵蚀；④待主涂层完全干燥再涂装罩面涂料；⑤更换优质涂料。

## 四、砂壁状建筑涂料仿外墙面砖施工技术

### 1. 砂壁状建筑涂料的新发展

砂壁状建筑涂料在近 40 年的应用与发展过程中长盛不衰，并随着时代进展和新材料的出现而不断得到新的发展：性能得到改善，装饰效果提高，施工方法增多，产品品种有所增加。

就涂膜装饰效果的提高来说，可以向砂壁状涂料中引入一种称为"岩片"的材料，使涂膜中出现闪光薄片而能够提高装饰效果；向涂料中引入柔软状态的"彩色颗粒"（通过乳液-颜料混合物破乳而得），使涂膜能够呈现类似大理石的效果，其仿石材效果逼真。采用施工新方法也能够提高涂膜的装饰效果，例如下面重点介绍的仿外墙面砖施工方法，所得到的涂膜仿面砖效果非常逼真。

就施工方法的增多来说，砂壁状建筑涂料的施工方法已由过去单一的喷涂施工发展到喷涂、手工批涂和特殊施工等多种施工方法，即使喷涂施工方法本身也有新的发展。例如，过去往往是大面积喷涂（喷涂一道或多道）同一种涂料，得到单一效果涂膜，而现在可以采用两道或多道喷涂两种或更多种不同涂料，即首次喷涂一种质感强、涂膜粗糙的涂料，而后道喷涂颜色不同、涂膜质感细腻的涂料，这样多道喷涂多种涂料，得到的涂膜仿石材效果惟妙惟肖，装饰效果极好。

近来出现的仿外墙面砖施工，也是该类涂料施工方法的进步，该方法施工出的涂膜弥补了人们青睐面砖饰面，而在外墙外保温系统中面砖饰面又受到限制的缺憾，使砂壁状涂料得到更大量的应用。下面以具体工程的施工为例，介绍这种砂壁状涂料的新型施工技术。

### 2. 工程概况

合肥市某小区两栋 22 层的高层建筑，外墙采用膨胀聚苯板薄抹灰外墙外保温系统，涂料饰面。涂料饰面类型设计为暗红色砂壁状建筑涂料仿外墙面砖，分格缝颜色为黑色。这两栋建筑涂料工程面积 32000 多平方米，于 2011 年 8 月初开始施工，并于

当年施工完毕，通过验收，交付使用。

3. 材料选用和涂层构造

该工程所选用的主涂料是以天然彩砂为原料制成的合成树脂乳液砂壁状建筑涂料（颜色为暗红色）和黑色底涂料。此外，涂料工程系统还需要配套使用柔性耐水腻子、耐碱封闭底漆和防水、耐玷污罩面漆等。

封闭底漆的主要作用是隔绝基面，防止水分从基面渗出，同时增强涂料与基面的附着力，避免剥落或松脱现象。黑色底涂料形成整个仿面砖饰面涂膜的黑色背景，该黑色背景能够免除大量的勾缝操作。当然，根据设计要求，也可以将黑色底涂换成其他颜色。

由砂壁状涂料和黑色底涂构成的主涂料系统具有仿面砖颜色和质地效果。最外层的防水、耐玷污罩面涂料实际上是硅丙类罩光剂，能加强涂料表面防水、防紫外线和耐玷污性能，并便于以后使用过程中的清洗。为了得到典雅的面砖饰面效果，罩光剂中添加了白炭黑消光剂，仿面砖涂膜经过该罩光剂罩光后，手感平滑，又无光泽。

涂料涂层构造（自内到外）为：墙体基层→封闭底漆层→腻子层→底涂层→砂壁状主涂层→罩面涂层。

仿外墙面砖砂壁状涂料工程系统材料的性能要求如表4-7所示。

**仿外墙面砖砂壁状涂料工程系统材料的性能要求**　　表 4-7

| 类别 | 产品名称 | 性 能 要 求 |
|------|----------|-------------|
| 主涂层系统 | 砂壁状建筑涂料 | 满足标准《合成树脂乳液砂壁状建筑涂料》JG/T 24—2000要求；涂膜延伸率满足《胶粉聚苯颗粒外墙外保温系统》JG 158—2004的要求 |
| | 黑色底涂料 | 满足标准《弹性建筑涂料》JG/T 172—2005要求 |
| 配套材料系统 | 柔性耐水腻子 | 满足《建筑外墙腻子》JG/T 157—2009中R型产品的要求 |
| | 封闭底漆 | 满足《建筑内外墙用底漆》JG/T 210—2007中外墙用产品的要求 |
| | 罩面涂料（罩光剂） | 主要物理力学性能指标满足标准《合成树脂乳液外墙涂料》GB/T 9755—200要求 |

除了表 4-7 中的涂料系统材料外，施工中需要使用的材料还有泡沫胶带纸、砂纸等；使用的工具有刮刀、抹子、电动搅拌器、塑料搅料桶、盛料桶、手柄加长型长毛绒辊筒等。

4. 基层条件和施工工序

（1）基层条件

该工程为膨胀聚苯板薄抹灰外墙外保温系统，涂料施工的基层为抹面胶浆复合耐碱网格布的抗裂防护层。因而，施工前保温系统（包括抗裂防护层）已经过验收合格，基本达到清洁无尘、线条平直、平整度和垂直度满足《建筑涂饰工程施工及验收规程》JGJ/T 29—2003 规定的中级涂装要求。

（2）施工工序

仿外墙面砖施工砂壁状建筑涂料施工流程为：基层检查→施涂封闭底漆→刮涂柔性腻子→滚涂黑色底涂料→弹仿面砖分块线→贴分格缝胶带纸→批涂砂壁状主涂料→去除胶带纸→施涂罩面涂料→涂料养护→涂料工程验收。

（3）施工操作要点

① 刷涂封闭底漆　在干燥、平整、清洁的基层上，用羊毛辊筒均匀滚涂水性封闭底漆，使其渗入基面，增加墙面防水效果和抗酸碱性，并提高底涂与基层的粘结强度。封闭底漆涂刷后"指触"干燥即可批涂腻子。

② 批刮腻子　在基面上批刮柔性耐水腻子，所选用的腻子为聚合物水泥基产品，易批涂、固化快、与基层粘结强度高（高于1MPa）。腻子批涂时应力求实、平、光，批涂后 4h 开始打磨。

③ 滚涂黑色底涂料　施工该层涂料的目的是对墙面全面着色，得到仿面砖状砂壁状主涂料所需要的黑色背景涂层。该涂料为高固体组分，能够施工得到较厚的涂膜。

④ 弹分格缝线、贴分格缝泡沫胶带纸　底涂料施工 24h 后，开始弹分格缝线和贴分格缝泡沫胶带纸。该工程设计的仿面砖分格块尺寸为 4cm×24cm 和 5cm×20cm 两种。根据设计要求，弹出分块线，然后在分格缝线上贴 2mm 厚、6～8mm 宽的泡沫胶带纸。

⑤ 批涂砂壁状主涂料底涂料施涂 24h 后，开始手工批涂砂壁状主涂料。批涂时应注意压实、批平，操作中注意不要损伤胶带纸。

⑥ 去除泡沫胶带纸　一般主涂料施工约 30min 后，应及时将胶带纸撕掉，若待涂料完全固化后再撕，则在撕除时，胶带纸可能会对仿面砖分格缝处的涂料产生损伤，使缝上的涂料粗糙。

⑦ 施涂罩面涂料　在砂壁状主涂料施工 12～24h 后进行罩面涂料的施工。施工时，使用羊毛辊筒均匀滚涂罩面涂料，滚涂应均匀，不得漏涂。为了保证罩面涂层厚薄均匀，无漏涂现象，罩面涂料施工两道。

⑧ 涂膜养护　施工完毕，涂膜养护一个星期后，拆除防护设施，进行验收交付。

（4）施工注意事项

① 同一墙面使用的砂壁状主涂料应为同一批次产品，以防出现色差。

② 封闭底漆、黑色底涂料和罩面涂料在施工时应注意施涂均匀，不得有漏涂现象。

③ 批涂腻子和砂壁状主涂料时，应注意用力压实，保证涂膜和基层结合紧密，保证涂膜结构密实，并注意保证表面平整度达到要求。

④ 封闭底漆施工时，抗裂防护层基层的含水率≤10％；pH值≤10。

⑤ 应在涂料表干前及时撕除泡沫胶带纸。

（5）涂料施工效果

经过上述施工得到的仿外墙面砖施工砂壁状涂料，外观极像使用黑色勾缝胶勾缝的暗红色面砖饰面，站在 5m 以外，分辨不出是涂料模仿施工得到的涂层。因而，这种施工方法是成功的。

**五、外墙质感涂料施工技术**

这里的外墙质感涂料，实际上是批涂施工的砂壁状建筑涂料。批涂施工是砂壁状建筑涂料施工方法的重要改进，能够得到不同于喷涂施工的装饰风格。下面根据某工程实例介绍外墙质感涂料施工技术。

1. 外墙质感涂料的主要技术参数

外墙质感涂料的粘结强度大于0.5MPa，产品质量符合《合成树脂乳液砂壁状建筑涂料》JG/T 24—2000标准要求。

外墙质感涂料为粉状，施工前需要加水调拌。调拌时的用水量为16%～20%（视天气及环境条件而异）。

外墙质感涂料的喷涂厚度：仅作饰面为5～8mm，作为抗渗防水装饰为8～12mm；两道涂料喷涂之间的重涂时间：24h。

2. 涂层构造与施工程序

（1）涂层构造

外墙质感涂料的涂层构造如图4-3所示。

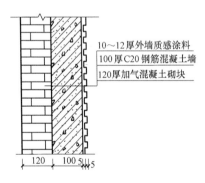

10～12厚外墙质感涂料
100厚C20钢筋混凝土墙
120厚加气混凝土砌块

120  100 5 5

图4-3　外墙质感涂料涂层构造示意图

（2）施工程序

外墙质感涂料的施工程序为：混凝土基面处理→施工抗碱封闭底漆→满批腻子（含铺贴耐碱网格布)→满批外墙质感涂料→施工防污染面漆。

3. 外墙质感涂料的施工

（1）基面处理

所述工程因为地处沿海的山区，风压大，并为台风多发地带，为了有效防止外墙渗漏，外墙采用 100mm 厚 C20 钢筋混凝土清水墙面，涂料直接涂在结构面上，减少一道粉刷层，可以防止因使用外粉刷层时随着使用年限的增加外粉刷层出现空鼓、脱落的问题。基面处理包括以下程序：

① 对外墙立模固定用穿墙螺栓孔凿成 $\phi50mm \times 30mm$ 深的喇叭口，然后用掺膨胀剂的水泥砂浆嵌补密实，修补前用清水冲洗喇叭口，刷素水泥浆一道。

② 吊外墙垂直线，检查外墙墙面，门窗口是否垂直、方正，对超过规范要求的部位进行修补。

③ 铝合金门窗安装完毕后，窗框四周用微膨胀砂浆填塞密实，框边留 5mm 深凹槽打玻璃胶密封，门窗框周边用小锤敲击，以检查塞缝是否密实。

④ 对外墙残留的模板皮进行清理，混凝土浆、灰尘、砂砾、油污等用钢丝刷清刷，并用清水冲洗干净。

⑤ 待混凝土表面清理结束 14d 干燥期，且含水率小于 6%、pH 值小于 10 时，进行下道工序施工。

（2）水性抗碱底漆施工

基层处理后，即可以滚刷抗碱底漆，必须均匀，不得漏刷，不得掺入其他助剂。

（3）腻子施工

① 腻子组成及特点　所选腻子为干粉型，由乳胶粉、普通硅酸盐水泥、无机填料及各种助剂组成，有刮砂型、标准型、细刮砂型等，可广泛应用于混凝土、水泥砂浆、混合砂浆、砖石结构及各种腻子等基面的外墙装饰。其耐水性、耐候性能优异，能承受南北方极端气候变化，确保涂层经久耐用。

腻子的主要技术性能为：密度约 $1.4g/cm^3$；施工性：刮涂无障碍；耐碱性：96h 无异常；干燥时间（表干）：不大于 4h；耐水性：96h 无异常；耐洗刷性：大于 1000 次。

② 施工方法　腻子施工前需要先进行加水调配。调配时，25kg 粉料加 5～6kg 水，用电动搅拌机搅拌均匀直到无颗粒，静

置 5min，再搅拌 1 次即可施工。

腻子的施工可以采用辊筒、喷枪等工具，具体施工效果根据施工工具、施工手法而定，趁腻子未干时，铺贴 1 层耐碱增强玻璃纤维网格布，在此基础上满批第 2 遍腻子，使表面达到平整光滑。

腻子施工时应确保基面牢固，无空鼓、清洁、干燥、基面线条平整垂直。

（4）质感涂料施工

成品腻子经过 24h 干燥后，进行打磨至光滑，用粉状质感涂料刮出设计要求的凹凸效果。粉状质感涂料是一种新型环保装饰材料，由优质水泥、精选骨料、无机颜料及聚合物添加剂复合而成，具有极好粘附力、耐擦洗性及可呼吸性，纹理图案丰富，高弹性能遮盖墙体基面缺陷和裂缝，耐候性好，对建筑物具有长期的保护效果，且造型容易，用户可根据喜好营造出从平面到立体等多种造型。

质感涂料施工前需要先进行加水调配。调配时先将水倒入搅拌桶内，再慢慢加入粉料，用电动搅拌机搅拌至均匀无结块、无沉淀的膏状，静置 10min，再搅拌后才使用。禁止在已干结的料浆中重新加水搅拌后使用。

可根据装饰要求选择相应的施工方法进行质感涂料的施工，用喷涂法或馒抹法，用抹刀将胶浆均匀平整地涂抹于基面上，约 10min 后，根据需要，用工具在表面滚压成各种图案。

（5）施工防污染面漆

质感涂料施工完毕后，可采用滚涂法进行防污染面漆的施工。防污染面漆外观平光，有很强的渗透能力和封闭性能，能有效增强涂层的防污染性能。

# 第七节　外墙外保温系统中复层涂料的施工

**一、概述**

1. 复层涂料主要性能特征

（1）涂料特点

复层涂料又称浮雕涂料、喷塑涂料等。其主涂层靠喷涂施工，一般也呈稠厚的膏状，因涂膜的装饰效果具有古朴、粗犷、质感丰满等特征，是一种使用多年不衰的高装饰性建筑涂料。

复层涂料是由多道涂层组成的复合涂膜装饰体系，其主涂层通过喷涂和滚压，并可经过罩面以增强装饰效果，具有独特的立体效果，且涂膜质感丰满，主要用于外墙面和内墙空间较大的场合（例如影剧院、大型会议厅等公共场所）的装饰，应用于内墙和顶棚时，除了具有装饰效果外，还具有吸声效果。复层涂料在我国的使用已经有 20 多年的时间，一直是很受欢迎的建筑涂料品种。

（2）涂层结构

复层涂料一般由底涂层、主涂层和面涂层组成。底涂层是用于封闭基层和增强主涂料的附着能力的涂层；主涂层是用于形成立体或平状装饰面的涂层，厚度至少 1mm 以上（若为立体状，指凸部厚度）；面涂层是用于增加装饰效果、提高涂膜性能的涂层。其中溶剂型面涂层为 A 型，水性面涂层为 B 型。能够体现复层涂料独特效果的是主涂料，施工前一般呈稠厚的膏状，通过喷涂施工得到具有立体装饰效果的涂层。

（3）复层涂料的种类

国家标准 GB/T 9779—2005 根据基料的不同对复层涂料进行分类，共分为 CE 类、Si 类、E 类和 RE 类等四类。CE 类指的是聚合物水泥系复层涂料，系使用混有聚合物分散剂或可再分散乳化粉状树脂的水泥作为粘结料的涂料；Si 类指的是硅酸盐系复层涂料，使用混有合成树脂乳液的硅溶胶等作为粘结料的涂料；E 类指的是合成树脂乳液系复层涂料，使用合成树脂乳液作为粘结料的涂料；RE 类指的是反应固化型合成树脂乳液系复层涂料，使用环氧树脂或类似系统通过固化反应的合成树脂乳液等作为粘结料的涂料。

聚合物水泥系复层涂料结合了聚合物的粘结强度高、柔韧性好、抗开裂和水泥的耐久性好、成本低、强度高以及对环境的影响小等优点，是一个极好的复层涂料品种，具有良好的喷涂施工型，形成的斑点丰满，装饰效果增强。由于组成材料中增加了水泥，使得涂料的成本降低，涂膜的耐水性、与基层的粘结性和耐老化性显著提高。但因为需要现场调拌涂料，使用不方便。

2. 复层涂料在外墙外保温系统中的应用

复层涂料在外墙外保温中的应用，是由于其涂料物理力学性能和涂膜装饰效果特征决定的。通过适当的配方调整和涂膜组合，能够得到物理力学性能优异的复层涂膜。例如，可以将复层涂料的连续罩面层涂料配制成弹性涂料；可以将复层涂料配制成金属光泽的罩面涂料等。特别是近年来水性金属漆的出现，显著提高了复层涂料的装饰效果，对复层涂料的应用产生很大的推动作用。

复层涂膜质感丰满，再配合不同涂装方法，例如进行适当的分格处理等，能够满足高装饰性要求。因而，外墙施工了保温层后，选用复层涂料既利用涂料的优势，又能够在一定程度上满足类似于贴面材料的高装饰性要求。所以同拉毛涂料、砂壁状涂料等一样，在外墙外保温系统中复层涂料具有很好的应用优势。

**二、复层建筑涂料施工技术**

相对于薄质涂层来说，复层涂料的涂装技术比较复杂，需多次施工才能完成。

（一）涂装前的准备工作

1. 技术准备

了解设计要求，熟悉现场实际情况，编制施工计划，制定出涂料涂装工艺和质量控制程序。施工前对施工班组进行书面技术和安全交底。

2. 材料准备

（1）材料质量标准

① 复层建筑涂料质量必须符合国家标准《复层建筑涂料》GB/T 9779—2005规定的质量指标要求。其中，耐候性应符合

相应的产品等级，即人工加速老化时间合格品的为250h，一等品的为400h，优等品的为600h；应进行初期干燥抗裂性试验，以防喷涂施工时涂膜开裂，影响装饰效果。

外墙复层涂料需要喷涂的斑点往往较大，斑点厚度也随之增加。这种情况下复层涂料的初期干燥抗裂性至关重要。若涂料的初期干燥抗裂性不好，施工时涂膜在干燥过程中可能会出现开裂现象。因而，在施工前可以首先对涂料的初期干燥抗裂性进行实际的试喷涂检验。

对于硅丙乳液复层涂料，质量应符合建工行业标准《外墙外保温用环保型硅丙乳液复层涂料》JG/T 206—2007的要求，耐候性应满足人工加速老化1500h的要求；粘结强度应≥0.6MPa。

② 封闭底漆　封闭底漆应符合建工行业标准《建筑内外墙用抗碱封闭底漆》JG/T 210—2007要求。

（2）进场材料核查

① 涂料产品检查　检查涂料及其配套材料是否与设计要求的品种、品牌、型号、颜色（色卡号）相一致；检查涂料及其配套材料的包装、批号、重量、数量、生产厂名、生产日期和保质期等，以及检查涂料及其配套材料是否有结皮、结块、霉变和异味等不正常状况。

② 核查产品出厂合格证和法定检测机构的性能检测合格报告（复制件）。

3. 施工工具准备

扫帚、铲刀、盛料桶、手提式搅拌器、手柄加长型长毛绒辊筒、喷斗（采用不锈钢或铜质材料制成的较好，既坚固耐用，又不会生锈蚀而产生污染）、空气压缩机（压力范围一般为0.4～1.0MPa，排气量一般应大于0.4m³/min）、硬质橡胶辊筒等。

4. 工序衔接

（1）细部物件　地面、踢角、窗台应已做完，门窗和电器设备应已安装；

（2）物件的预保护　墙面周围的门窗和墙面上的电器等明露

物件和设备等应适当遮盖。

5. 基层检查

对于基层是复合耐碱玻纤网格布的抗裂砂浆层或复合耐碱玻纤网格布抹面胶浆基层，一般仅检查其含水率和 pH 值即可。这些墙面的胶凝材料为聚合物改性水泥，其强度绝大多数情况能够满足涂装要求。

基层条件的含水率≤10%；pH 值≤10。

（二）复层涂料施工工艺

1. 基本施工操作程序

内、外墙面涂装复层涂料的工艺过程稍有不同，分别为：

外墙面涂装复层涂料的工艺程序：

基层修补→清扫→填补缝隙、局部刮腻子、磨平→磨平→施涂抗碱封底涂→施涂主涂料→滚压→第一遍罩面涂料→第二遍罩面涂料

内墙面涂装复层涂料的工艺程序：

基层清扫→填补缝隙、局部刮腻子、磨平→磨平→第一遍满刮腻子→磨平→第二遍满刮腻子→磨平→施涂封底涂料→施涂主涂料→滚压→第一遍罩面涂料→第二遍罩面涂料

应指出的是，在以上内、外墙面复层涂料涂装的工艺过程中，如需要半圆球状斑点时，可不必进行滚压工序；水泥系主涂层喷涂后，应在干燥 24h 后才能施涂罩面涂料。

2. 基层处理

（1）清理污物

新墙面要彻底清理残留砂浆和玷污、油污等杂物的污染，旧墙面应根据旧涂膜种类和已破坏程度确定处理方法：溶剂型旧涂膜用 0～1 号砂纸打磨；乳胶漆类旧涂膜应清除粉化层；水溶性旧涂膜应彻底铲除。

（2）局部找平

填补凹坑，磨平凸部、棱等以及蜂窝、麻面的预处理等。

3. 施工操作细则

（1）封底涂料

从喷涂、滚涂或刷涂三种方法中任选一种方法满涂底涂料。

（2）中（主）涂料涂装

将涂料搅拌均匀，用喷斗喷涂，要求斑点均匀，大小与设计或样板一致。待斑点表干后，用橡皮辊筒蘸松香水或 200 号溶剂汽油滚压斑点，使之表面平整。喷涂时空气压缩机的压力通常为 0.4～0.7MPa。如果喷涂压力过低，则喷得的斑点表面粗大或成堆状；反之，压力过高，喷得的斑点过细、不圆滑。外墙喷涂宜选用大直径（6～8mm）的喷嘴，内墙喷涂宜选用小直径（2～4mm）的喷嘴。也可根据喷涂斑点大小来选用喷嘴和掌握喷涂压力。一般来说，大斑点时用 6～8mm 喷嘴，0.4～0.5MPa 的喷涂气压；中斑点时用直径 4～6mm 的喷嘴，0.5～0.6MPa 的喷涂气压；小斑点时用直径 2～4mm 喷嘴，0.6～0.7MPa 的喷涂气压。喷涂涂装时，视空压机功率的大小，一台空压机可以带一支、两支或更多支喷斗操作。

（3）压平

待喷涂的斑点已经表干时，即可进行压平。压平时，使用硬橡胶辊筒蘸松香水或者 200 号溶剂汽油压平，以防在滚压操作时辊筒上沾黏涂料，损坏斑点。

（4）面涂料涂装

面涂料（包括涂料或罩光剂）宜采用滚涂或刷涂的方法涂装，喷涂易溅落。但是，金属光泽面涂必须采用喷涂。面涂料要求两道成活。因为凹凸斑点的影响，滚涂时应来回往复滚涂，否则墙面易出现漏涂刷现象。

（5）施工注意事项

① 气候条件　除溶剂型涂料外，气温低于 5℃不能施工；外墙在雨天不能施工；大风时不能涂装溶剂型面涂。

② 环境条件　施工现场应干净、整洁、无粉尘。

③ 施工细节　涂装面涂料时，应防止凹陷处漏涂，凸起处流挂；喷涂主涂料时，应根据斑点的设计选择喷嘴口径和喷涂压

力；喷枪口与墙面的距离以 40～60cm（图 4-4a）为宜，喷涂时喷嘴轴心线应与墙面垂直，喷枪应平行与墙面移动，移动速度连续一致，在转折方向时应以圆弧形转折（图 4-4b、c），不应出现锐角走向（图 4-4d）；喷斗中的主层涂料在未用完前就应加料，否则喷涂效果不均匀；喷涂聚合物水泥主涂料时，应在主涂料干燥后，采用抗碱封底涂料封闭，然后再涂装面涂料。外墙的门、窗、落水管等处，内墙的转角、顶板与墙面的接界处等都要用挡板或塑料纸遮盖，以保持喷涂的均匀，如果要做分格，则在喷涂前应预先粘好木格条。

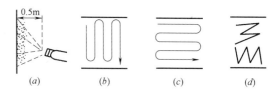

图 4-4　喷枪与墙面的距离和喷枪移动轨迹示意图

（三）涂料施工质量要求

复层涂料的质量应能够满足国家有关的质量验收标准。国家标准《建筑装饰装修工程质量验收规范》GB 50210—2001 规定的复层涂料的施工质量验收标准分主控项目和一般项目。主控项目和水性涂料涂饰工程的主控项目相同，即所用涂料的品种、型号和性能应符合设计要求；涂饰工程的颜色、图案应符合设计要求；应涂饰均匀、粘结牢固，不得漏涂、透底、起皮和掉粉以及应对基层进行适当的处理等；其一般项目如表 4-8 所示。

**复层涂料工程质量要求**　　　　　　　　　　表 4-8

| 项次 | 项　目 | 质量要求 | 检验方法 |
|---|---|---|---|
| 1 | 反碱、咬色 | 不允许 | |
| 2 | 喷点疏密程度 | 疏密均匀，不允许有连片现象 | 观察 |
| 3 | 颜色 | 颜色一致 | |

建工行业标准《建筑涂饰工程施工及验收规范》GJ/T 29—2003 规定的复层涂料的施工质量要求如表 4-9 所示。

复层建筑涂料涂饰工程的质量要求　　　表 4-9

| 项次 | 项目 | 水泥系复层涂料 | 硅溶胶、合成树脂乳液、反应固化型等类复层涂料 |
|---|---|---|---|
| 1 | 漏涂、透底 | 不允许 | 不允许 |
| 2 | 返锈、掉粉、起皮 | 不允许 | 不允许 |
| 3 | 泛碱、咬色 | 不允许 | 不允许 |
| 4 | 喷点疏密程度、厚度 | 疏密均匀、厚度一致 | 疏密度均匀,不允许有连片现象,厚度一致 |
| 5 | 针孔、砂眼 | 允许轻微、少量 | 允许轻微、少量 |
| 6 | 光泽 | 均匀 | 均匀 |
| 7 | 开裂 | 不允许 | 不允许 |
| 8 | 颜色 | 颜色一致 | 颜色一致 |
| 9 | 五金、玻璃等 | 洁净 | 洁净 |

注：开裂是指涂料开裂，不包括因结构开裂引起的涂料开裂。

### 三、两种特殊效果的复层涂料施工方法

上面介绍的是一般复层单色涂料的施工技术。除此之外，实际工程中还常常遇到一些具有特殊要求和装饰效果的复层涂料。例如套色复层涂料和表面为金属罩面的复层涂料等，下面介绍这两种复层涂料的施工技术。

1. 套色复层涂料的施工

套色复层涂料是在单色复层涂料施工的基础上施工的。即是在单色复层涂料饰面完工的基础上，进行下一道较为细致的工序。首先在硬塑料筒芯上套一个薄的尼龙丝网状圆筒，要紧绷在辊子上不能放松，并将两端封好。将要套色的第二种颜色的涂料蘸在辊子上，轻轻按顺序在做好一种颜色的涂膜上进行套色滚涂。这样，凸起的斑点上就滚涂上了要套色的涂料，而平涂部分仍保留原来第一种涂料的颜色，形成双色饰面。

另外还有如下一种更为可行的套色做法。

（1）滚涂能够遮盖基层的白色或者其他颜色的基层封闭涂料。

（2）在封闭涂料上喷涂白色或者其他颜色的主涂料。不同颜色的主涂料可分多道喷涂，每一道喷涂一种颜色。若需要扁平状时可用硬塑料辊将带颜色的斑点压平。

（3）在干燥的复层涂膜上施涂罩光剂，使涂膜有光泽，提高装饰性、耐久性和耐污染性。这样施工就形成了有两种或者多种颜色的复层涂膜饰面。

2. 具有金属光泽的复层涂膜的施工

具有金属光泽的复层涂膜就是在主涂料施工后，再喷涂金属光泽涂料进行罩面，使复层涂膜具有金属光泽效果，增加其装饰性。因而，这种涂膜的施工步骤中，在主涂料及其之前的施工和普通复层涂料是一样的，下面介绍施工步骤。

（1）喷涂主涂料　按照正常方法施工。但由于主涂料施工后还有多道工序，需要注意对于含有水泥组分的双组分主涂料或者粉状主涂料，施工完毕且涂膜干燥后应以水养护至少三遍，并待pH值小于10后方可进行下道工序的施工。

（2）刷涂封闭底涂　封闭底涂一般无需另外加稀释剂进行稀释，一般选用滚涂方法施工，既方便又快捷。

（3）施涂中间漆　待封闭底涂干燥后，施涂一道中间漆。根据待使用的施工方法和产品说明书的说明调整中间漆的施工黏度。为了使涂料具有好的流平性和施工性，施工时一般都需要加入一定量的稀释剂进行稀释。

在喷涂和刷涂时，需要将涂料的黏度调整得低些，稀释剂的添加量可以采用说明书中规定的上限；滚涂施工时，黏度要相对高些。为了保证涂膜具有好的丰满度和避免流挂，应避免稀释剂添加量过大。

（4）喷涂金属面漆和罩面清漆　金属面漆和罩面清漆在施工时，可适量添加稀释剂调整黏度，但应注意尽量保持涂料的施工黏度一致，并将气压、喷嘴和喷涂距离等调整至喷涂最佳状态。

在有大风和空气湿度较大时应停止施工。施工时要确保喷涂均匀，涂膜厚度一致。

### 四、施工质量问题和涂膜病态及其防止

1. 涂膜有气泡

（1）出现问题的可能原因

① 施工时基层过度干燥或过度潮湿；

② 空气湿度高或气候干燥；

③ 滚涂时速度太快；

④ 辊筒的毛太长；

⑤ 涂料本身性能有缺陷。

（2）可以采取的防治措施

① 用水湿润基层或待基层干燥后再施工；

② 选择适当的气候条件施工或者根据气候条件施工或对涂料黏度稍作调整；

③ 调整滚涂速度；

④ 选用短毛辊筒；

⑤ 与涂料生产商协商解决或向涂料中加入消泡剂。

2. 针孔

（1）出现问题的可能原因

① 刷涂、喷涂操作速度太快；

② 基层有孔穴或过于干燥；

③ 涂料黏度过高。

（2）可以采取的防治措施

①调整施工速度；

②采取适当措施处理基层；

③用水或稀释剂稀释涂料。

3. 色差

（1）出现问题的可能原因

① 涂料不是同一批号，本身有色差；

② 涂料有浮色现象，涂装前没有搅拌均匀；

③ 施工时涂膜厚薄不均匀。

（2）可以采取的防治措施

① 用同一批号的涂料统一涂装一道或两道；

② 涂装前将涂料充分搅拌均匀；

③ 增加涂饰道数，保证涂膜的遮盖力。

4. 光泽低

（1）出现问题的可能原因

① 施工时气候干燥多风或气温太高；

② 空气湿度高；

③ 稀释剂使用不当；

④ 涂料涂布不均匀或涂布量不足。

（2）可以采取的防治措施

① 选择适当气候条件施工或选择适当稀释剂调整涂料挥发速度；

② 空气湿度高时不宜施工；

③ 采用与涂料配套的稀释剂或生产商推荐的稀释剂；

④ 保证涂料的足够涂布量；使涂料涂布均匀；增加涂装道数。

5. 光泽不均匀

（1）出现问题的可能原因

① 稀释剂使用不当导致涂料干燥速度慢；

② 涂膜厚薄不均匀。

（2）可以采取的防治措施

① 使用规定的稀释剂；

② 按规定的道数和涂料用量进行均匀喷涂，必要时重新喷涂。

6. 涂膜脱落

（1）出现问题的可能原因

① 基层强度不够；

② 基层未涂封闭剂；

③ 涂料本身质量存在缺陷。

（2）可以采取的防治措施

① 应严格处理基层；

② 应按要求涂饰封闭剂；

③ 更换质量合格的涂料。

7. 涂膜开裂

（1）出现问题的可能原因

① 基层强度低；

② 主涂料质量差；

③ 厚度超过规定；

④ 大风下施工。

（2）可以采取的防治措施

① 正确处理基层；

② 更换质量合格的涂料；

③ 涂膜总厚度或每道施工的涂膜厚度不能太厚；

④ 大风气候下不施工。

8. 成膜不良

（1）出现问题的可能原因

① 水泥系涂料可能因为夏季日光直射、大风、基层未涂刷封闭剂而显著渗吸等原因使涂料干燥过快，因冬季气温过低使涂料固化不良和涂料没有均匀混合而粘结不良等；

② 乳液类涂料可能因为在低于涂料成膜温度的气温下施工；

③ 反应固化型涂料可能因为固化剂加入有误（例如冬期施工时使用夏季使用的固化剂配比）、气温太低等原因。

（2）可以采取的防治措施

① 夏季施工时采取措施避免日光直接照射，大风气候下不施工，用水湿润基层（如使用溶剂型底层涂料时基层不能湿润），混合涂料加足用水量；

② 在低于最低成膜温度的气温下不施工或对涂料采取处理措施；

③ 按规定比例加入固化剂，并充分混合，气温太低时不施工，冬季、夏季施工的涂料配比要分辨准确。

9. 斑点不均匀

（1）出现问题的可能原因

① 喷涂时，压缩空气压力不恒定；

② 喷嘴与墙面的距离、喷涂操作或滚涂操作前后不一致；

③ 主涂层上粘附有喷出物；

④ 在大风气候条件下施工。

（2）可以采取的防治措施

① 调节空气压缩机，使空气压力和排气量保持恒定；

② 按有关规定进行喷涂操作或滚涂操作，并注意保持斑点疏密均匀一致；

③ 保持喷涂压力和涂料黏度均匀一致，减少不必要的重复喷涂；

④ 风力过大时（如超过 5～6m/s 时）停止施工。

**五、膨胀聚苯板薄抹灰外墙外保温系统存在的涂装问题**

目前大多数膨胀聚苯板薄抹灰外墙外保温工程存在不同程度的涂装问题，其中突出的问题是起鼓、剥落、开裂和渗水。

1. 问题及其原因

（1）涂料起鼓、剥落

通常高档涂料出现这个问题的较多，低档涂料很少出现这类问题。剥落主要出现在阳光照射的地方和膨胀聚苯板的接缝处。

这里所谓的高档涂料一般指乳液用量大、成本较高的涂料，如有光涂料、弹性涂料、金属漆等。低档涂料一般是指乳液用量少，成本较便宜的涂料。高档涂料一般颜料体积浓度较低，漆膜很致密；低档涂料颜料体积浓度较高，漆膜结构中存在大量孔隙。高档涂料与低档涂料的主要差别还有涂膜中的空隙率不同，涂膜透气性的差别。

出现这种问题的原因可能在于外墙外保温在寒冷季节可能会在保温层下面结露而产生液态水；或者外保温体系如果施工质量

或材料本身质量原因，吸水率大（例如吸收雨水）。太阳直晒的地方，墙面温度升高，液态水受热变成水蒸气，水蒸气体积膨胀，就会向四处扩散。因为膨胀聚苯板透气性较差，结露生成的水会从膨胀聚苯板之间的接缝处逸出。当涂料的透气性较差时，在膨胀聚苯板接缝处首先出现起鼓，再经过冻融循环，涂膜就会出现剥落。因此，弹性乳胶漆等低 PVC 值（即颜料体积浓度值）涂料的透气性差是外墙外保温涂料鼓泡、起皮、剥落的主要原因。

（2）涂料渗水、泛碱、发花等

这类问题主要在使用低档涂料的外墙外保温系统中出现。

出现这种问题的原因可能在于低档涂料乳液用量少，孔隙率高，透气性好，所以不会出现起皮、剥落现象。但其耐水性、耐候性差，易泛碱，容易褪色和粉化，且其耐久性也很差。

2. 解决问题的措施

无论如何不能使用劣质涂料。劣质涂料引起的渗水、泛碱、发花等问题，是很难再处理和解决的。这是涂料的固有缺陷，不但如此，还会给重涂带来很大麻烦。

此外，对于起鼓、剥落问题，由于涂料性能中吸水率和透气性的矛盾，使得问题解决起来比较复杂。就目前的一些涂料品种来说，透气性好的涂料，其吸水率难以满足要求；反之亦然。最好的解决方案是选用透气性好、吸水率低的涂料品种，例如既具有良好的透气性，又具有憎水功能的硅树脂改性涂料。

# 第八节　建筑反射隔热涂料应用技术

## 一、建筑反射隔热涂料的应用

1. 基本应用原理

建筑反射隔热涂料也称反射太阳热型绝热涂料，其基本原理是通过涂膜的反射作用将日光中的红外辐射反射到外部空间，从而避免物体自身因吸收辐射导致的温度升高。

建筑反射隔热涂料在建筑工程领域中主要应用于隔热用途，即在外墙表面采用高反射性隔热涂料，减少建筑物对太阳辐射热的吸收，阻止建筑物表面因吸收太阳辐射热导致的温度升高，减少热量向室内的传入。

在我国夏季气温过高的夏热冬暖、夏热冬冷气候区，该涂料除了具有普通外墙涂料的装饰效果外，还能够反射太阳辐射热而降低涂膜表面温度，并减轻因夏季涂膜表面温度过高而带来的一系列问题，例如减少热量向室内的传入，消除或缓解外墙外保温系统中因夏季墙面温度高、温度变化冲击大等原因带来的开裂和渗水现象，以及改善涂膜本身的热老化环境状况，延长使用寿命等。

2. 建筑反射隔热涂料的应用方式

和普通外墙装饰涂料不同，建筑反射隔热涂料除了满足装饰效果外，还需要实现节能目的，因而其应用方式非常重要。首先，该涂料只适合于在夏热冬暖、夏热冬冷气候区应用；其次，其在夏热冬冷地区不应作为独立的外墙节能材料应用，否则，不能满足国家对建筑节能 50%的要求。

下面介绍建筑反射隔热涂料适合于在夏热冬冷地区的应用方式。

（1）无抗裂防护层的保温砂浆-建筑反射隔热涂料涂层系统

在夏热冬冷地区，建筑反射隔热涂料应当配合适当的保温措施应用于墙体节能系统。在其应用于外墙外保温系统中时，由于涂料的等效热阻，可以适当减薄保温层的厚度。但是，由于使用聚苯板类外保温系统时，根据节能要求，聚苯板的厚度本来要求就不高，因而减薄聚苯板厚度的意义不大。从更好的应用建筑反射隔热涂料的意义来说，应当配套新的外墙外保温系统更为合理。

无抗裂防护层的保温砂浆-建筑反射隔热涂料涂层系统就是一个非常合理的实用系统。该系统以建筑保温砂浆为保温层，建筑反射隔热涂料为饰面层。

建筑保温砂浆-建筑反射隔热涂料涂层系统通过提高保温砂浆物理力学性能而取消抗裂防护层；通过适当提高普通外墙外保温系统中使用的柔性腻子的批涂厚度，能够达到更好的抗裂效果，而且可消除因耐碱玻纤网格布耐碱性不良导致的一些弊端。这种做法具有一定优势，如材料层之间界面减少，保温砂浆性能得到提高，保温层施工时表面更容易抹平，以及外保温系统的材料费用基本上都花费在保温材料上。同时，因取消了抗裂防护层，具有构造简化，施工工期缩短，工程造价降低，耐久性延长等。

保温层表面配套涂装建筑反射隔热热涂料，能阻止建筑物表面因吸收太阳辐射导致的温度升高，减少热量向室内的传入，改善涂膜本身的热老化环境状况，同时大大降低夏季墙体表面向室内传导的热量，提高节能效果。

（2）在有自保温性能的外墙表面应用

应用于有自保温性能的墙体，增加节能效果。这里的自保温墙体，是指砌体材料本身具有较好的热工性能，所得到的墙体热阻较大，能够满足建筑节能要求的砌体墙体。这类墙体如加气砌块墙体、芯孔中插聚苯保温板的空心砌块砌体等。通常，这类砌体墙体的开裂问题也是很常见的，在其表面涂装反射隔热涂料，能够降低墙体温度和温度骤变的冲击，减少开裂的可能性以及降低夏季热量通过墙体向建筑物内的传导，增加节能效果。

实际涂装时，可以按照一般建筑涂料的施工方法，即施涂底漆→批涂柔性腻子（弹性耐水腻子）→涂装反射隔热涂料。

自保温砌块墙体虽然具有很好的保温效果，但还不能够满足节能设计要求，而需要再额外设置辅助外保温层时，可以使用保温腻子作为保温层材料，在这种情况下，保温腻子的使用还能够解决梁、柱节点冷、热桥的处理问题。

实际涂装时，施工工艺为：施涂弹性底涂→批涂保温腻子→批涂柔性腻子→施涂底漆→涂装反射隔热涂料。

**二、建筑反射隔热涂料在外墙外保温-涂层系统中应用的性能要求**

1. 系统组成材料

（1）建筑反射隔热涂料

建筑反射隔热涂料的技术性能应符合《建筑用反射隔热涂料》GB/T 25261—2010 和《建筑反射隔热涂料》JG/T 235—2008 等标准的规定。

（2）封闭底漆

其主要技术性能指标应符合《建筑内外墙底漆》JG/T 210—2007 的规定。

（3）保温腻子

当系统中如果使用保温腻子时，保温腻子的技术性能指标应满足表 4-10 的要求。

保温腻子的技术性能指标　　　　表 4-10

| 项　　目 | | 技　术　指　标 |
|---|---|---|
| 容器中状态 | | 无结块、均匀 |
| 施工性 | | 刮涂无障碍 |
| 干燥时间（表干）(h) | ≤ | 5 |
| 初期干燥抗裂性（6h） | | 无裂纹 |
| 打磨性 | | 手工可打磨 |
| 耐碱性（48h） | | 无异常 |
| 耐水性（96h） | | 无异常 |
| 粘结强度（MPa）<br>标准状态<br>冻融循环（5 次） | ≥ | 0.6<br>0.4 |
| 低温储存稳定性 | | −5℃冷冻 4h 无变化，刮涂无困难 |
| 复合涂料层的耐水性（96h） | | 无异常 |
| 复合涂料层的耐冻融性（5 次） | | 无异常 |
| 导热系数[W/(m·K)] | ≤ | 0.100 |

（4）其他

柔性耐水腻子在建筑反射隔热涂料涂层系统中是必须使用的涂装配套材料，其技术性能应符合《胶粉聚苯颗粒外墙外保温系统》JG 158—2004 的要求；有些情况下还需要使用耐碱玻纤网格布，其技术性能指标应符合《玻璃纤维耐碱网格布》JC/T 841—1999 的要求（其在建筑工程中应用时的主要技术指标见本书第一章表 1-17）。

2. 系统技术性能要求

（1）外墙外保温-建筑反射隔热涂料涂层系统

当建筑反射隔热涂料在无机保温砂浆外墙外保温系统（或其他外墙外保温系统）中应用时，所形成的建筑反射隔热涂料-外墙外保温系统的技术性能应符合表 4-11 的要求，并应满足《无机保温砂浆墙体保温系统》DB 34/T 1279—2010 或其他现行技术标准的规定。

外墙外保温-建筑反射隔热涂料涂层系统的技术性能指标　　表 4-11

| 试验项目 | 性能指标 | |
|---|---|---|
| 耐候性 | 经 80 次高温(70℃)—淋水(15℃)循环和 5 次加热(50℃)—冷冻(—20℃)循环后不得出现饰面层起泡或脱落，不得产生渗水裂缝。抗裂防护层与保温层的拉伸粘结强度不小于 0.12MPa，且破坏部位应位于保温层内 | |
| 吸水量(g/m²)(浸水 1h) | ≤1000 | |
| 抗冲击强度 | 普通型(单网) | 3J 冲击合格 |
| | 加强型(双网) | 10J 冲击合格 |
| 抗风压值 | 不小于工程项目的风荷载设计值 | |
| 耐冻融 | 10 次循环试验后表面无裂纹、空鼓、起泡、剥离现象 | |
| 水蒸气湿流密度(g)(m²·h) | ≥0.85 | |
| 不透水性 | 试样防护层内侧无水渗透 | |
| 耐磨损(500L 砂) | 无开裂、龟裂或表面保护层剥落、损伤 | |
| 系统抗拉强度(MPa) | ≥0.12，且破坏部位不得位于各层界面 | |

（2）保温腻子-建筑反射隔热涂料涂层系统

当建筑反射隔热涂料在无需外墙外保温系统的节能型砌块

365

（如芯孔插保温板混凝土砌块、加气混凝土砌块等）墙体上配合保温腻子应用时，所形成的保温腻子-建筑反射隔热涂料涂层系统的技术性能应符合表4-12的要求。

保温腻子-建筑反射隔热涂料涂层系统的技术性能指标

表4-12

| 试验项目 | 性 能 指 标 | |
|---|---|---|
| 耐候性 | 经80次高温(70℃)—淋水(15℃)循环和5次加热(50℃)—冷冻(−20℃)循环后不得出现饰面层起泡或脱落，不得产生渗水裂缝 | |
| 吸水量(浸水 1h)(g/m²) | ≤1000 | |
| 抗冲击强度 | 普通型(单网) | 3J 冲击合格 |
| | 加强型(双网) | 10J 冲击合格 |
| 耐冻融 | 10 次循环试验后表面无裂纹、空鼓、起泡、剥离现象 | |
| 不透水性 | 试样防护层内侧无水渗透 | |
| 耐磨损(500L 砂) | 无开裂、龟裂或表面保护层剥落、损伤 | |

### 三、建筑节能工程应用中建筑反射隔热涂料涂层系统的设计与构造

1. 设计

（1）涂料等效热阻取值

设计建筑反射隔热涂料涂层时，不得更改系统构造和组成材料。采用建筑反射隔热涂料的建筑物传热阻值应符合《夏热冬冷地区居住建筑节能设计标准》JGJ 134、《公共建筑节能设计标准》GB 50189、《安徽省居住建筑节能设计标准》DB 34/1466—2011 和《安徽省公共建筑节能设计标准》DB 34/1467—2011 等节能设计标准的要求。设计时应进行热工计算，并应考虑建筑反射隔热涂料对墙体传热阻值的贡献。这种贡献以建筑反射隔热涂料所能够产生的等效热阻值为计算根据。建筑反射隔热涂料的等效热阻值应根据国家标准GB/T 25261—2010 附录 A 中公式 A.1进行计算。当不具备条件进行计算时，涂料等效热阻值可以取0.16m² • K/W。

（2）热惰性指标

在建筑节能计算时，不考虑建筑反射隔热涂料对热惰性指标的贡献。

（3）涂膜厚度要求

建筑反射隔热涂料的涂膜设计厚度不应小于 $100\mu m$。

（4）保温腻子层厚度要求

当建筑反射隔热涂料在无需外墙外保温系统的节能型砌块（如芯孔插保温板混凝土砌块、加气混凝土砌块等）墙体上配合保温腻子应用时，保温腻子层的设计厚度应不小于 6mm，不大于 15mm；当保温腻子层的设计厚度大于 10mm 时，保温腻子层中应设置耐碱网格布。

（5）防水设计

应做好建筑反射隔热涂料涂装基层的密封和防水构造设计，确保水不会渗入涂装基层系统，重要部位应有详图。水平或倾斜的出挑部位以及延伸至地面的部位应做防水处理。穿过涂层系统安装的设备或管道应固定于基层上，并应做密封和防水设计。

（6）变形缝设计

建筑反射隔热涂料涂层应配合外墙保温系统设置变形缝，变形缝处应做好防水和构造处理。

2. 建筑反射隔热涂料涂层构造

（1）外墙外保温-涂层系统

建筑反射隔热涂料涂层由保温层、底涂层、柔性耐水腻子层和建筑反射隔热涂料涂层构成，如图 4-5 所示。

（2）保温腻子涂层系统

当建筑反射隔热涂料在无需外墙外保温系统的节能型砌块（如芯孔插保温板混凝土砌块、加气混凝土砌块等）外墙上配合保温腻子应用时，所形成的保温腻子-建筑反射隔热涂料涂层系统由保温腻子层、底涂层、柔性耐水腻子层和建筑反射隔热涂料涂层构成，如图 4-6 所示。

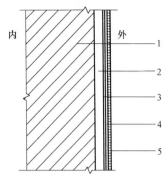

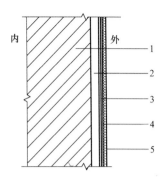

图 4-5　建筑反射隔热涂料涂
层构造示意图

1—基层墙体（混凝土墙或各种砌体墙）；
2—配套有抗裂防护层的保温层〔即界面
（粘结）层＋保温层＋抗裂防护层〕；
3—底涂层（封闭底漆涂层）；4—柔性耐水
腻子层；5—建筑反射隔热涂料涂层

图 4-6　保温腻子-建筑反射隔
热涂料涂层系统构造示意图

1—基层墙体（混凝土墙或各种砌体
墙）；2—保温腻子层；3—底涂层
（封闭底漆涂层）；4—柔性耐水腻
子层；5—建筑反射隔热涂料涂层

### 四、建筑反射隔热涂料涂层的施工

**1. 工程施工的一般规定**

（1）施工企业应建立相应的质量管理体系、施工质量控制和检验制度，具有相应的施工技术标准。

（2）施工前，施工单位应编制建筑反射隔热涂料涂层工程专项施工方案，并经监理（建设）单位审查批准后方可实施；施工单位对施工作业的人员应做好技术交底和交底记录。

（3）应按照设计文件、专项施工方案的要求及相关标准的规定进行施工。

（4）应在现场采用和工程中使用的相同材料和工艺制作样板件，样板件经建设、设计、监理和施工等单位的项目负责人验收确认后，方可进行工程施工。

制作样板件时，应根据所选定的施工方法确定施工建筑反射隔热涂料时达到涂膜设计厚度所需要的涂装道数。

（5）材料进场验收应符合下列规定：

① 对材料的品种、型号、包装和数量等进行检查验收，并经监理工程师（建设单位代表）确认，形成相应的验收记录。

② 对材料的质量证明文件进行核查，并经监理工程师（建设单位代表）确认，纳入工程技术档案。进入施工现场用于建筑反射隔热涂料涂层系统的材料均应具有出厂合格证、中文说明书及相关型式检验报告；进口材料应按规定进行入境商品检验。

（6）建筑反射隔热涂料进场验收应进行见证取样送检复验。

2. 施工准备

（1）施工条件

① 建筑反射隔热涂料的施工，应在保温层与保温抹面层的施工质量验收合格后进行。

② 外脚手架或操作平台、吊篮应验收合格，满足施工作业和人员的安全要求。

（2）施工工具与机具准备

① 毛刷、排笔、盛料桶、天平、磅秤等刷涂及计量工具。

② 羊毛辊筒、配套专用辊筒及匀料板等滚涂工具。

③ 无气喷涂设备、空气压缩机、手持喷枪、各种规格口径的喷嘴、高压胶管等喷涂机具。

（3）材料准备

建筑反射隔热涂料涂层使用的材料和存放应符合下列要求：

① 应根据选定的品种、工艺要求，结合实际面积及材料单位用量和损耗，确定材料用量。

② 应根据选定的色卡颜色订货。超过色卡范围时，应由设计者提供颜色样板，并取得建设方认可后订货。

③ 材料应存放在指定的专用仓库，并按品种、批号、颜色分别堆放。专用仓库应阴凉干燥且通风，温度在 $5 \sim 40℃$ 之间。

④ 材料应有产品名称、执行标准、种类、颜色、生产日期、保质期、生产企业地址、使用说明书和产品合格证，并具有出厂检验报告、型式检验报告。

（4）施工环境要求

在施工时及施工后 24h 内，建筑反射隔热涂料的施工现场环境温度和墙体表面温度不应低于 5℃。夏季应避免阳光曝晒，必要时在脚手架上搭设临时遮阳设施，遮挡墙面。在 5 级以上大风天气和雨天不得施工，如施工中突遇降雨，应采取有效遮盖措施，防止雨水冲刷墙面。

3. 建筑反射隔热涂料施工工序

建筑反射隔热涂料涂层的施工工序见表 4-13。

建筑反射隔热涂料涂层的基本施工工序 表 4-13

| 项次 | 工 序 名 称 | 施工工序① |
|------|------------|-----------|
| 1 | 基层清理 | √ |
| 2 | 填补缝隙、局部刮腻子找平、磨平 | √ |
| 3 | 施涂底涂层（两道） | √ |
| 4 | 刮第一道柔性耐水腻子 | √ |
| 5 | 磨平 | √ |
| 6 | 刮第二道柔性耐水腻子 | √ |
| 7 | 磨平 | √ |
| 8 | 复补腻子 | △ |
| 9 | 磨平 | △ |
| 10 | 弹分色线 | △ |
| 11 | 第一道涂料 | √ |
| 12 | 第二道涂料 | √ |
| 13 | 涂膜保养固化 | √ |

① 表中"√"号为应进行的工序；"△"号为选择工序，即根据具体工程情况确定是否进行。

4. 建筑反射隔热涂料施工技术

（1）一般要求

① 一般情况下，建筑反射隔热涂料宜按"两底两面"的要求施工。后一道涂料的施工必须在前一道涂料干燥后进行。涂料应施涂均匀，涂料层与层之间必须结合牢固。对有特殊要求的工程可增加涂层施工道数。

② 建筑反射隔热涂料涂层中，封闭底漆应施工两道，并不

得有漏涂现象；建筑反射隔热涂料涂层施工厚度应满足设计要求。

③ 施工过程中，应根据涂料品种、施工方法、施工季节、温度等条件严格控制，并有专人按说明书要求负责涂料和柔性耐水腻子的调配。配料及操作场所应经常清理，保持整洁和良好的通风条件。未用完的涂料应密封保存。施工现场不应使用机械对建筑反射隔热涂料进行搅拌。

④ 同一墙面同一颜色应使用相同批号的涂料，当同一颜色的涂料批号不同时，应预先混匀，以保证同一墙面不产生色差。

⑤ 施工过程中应采取措施防止对周围环境的污染。

⑥ 施工后应采取必要的措施进行成品保护。

（2）建筑反射隔热涂料涂层施工

① 基层清理与处理　清理基层并局部找平；用柔性耐水腻子对基层局部低凹不平处进行修补，干燥后用砂纸打磨。

② 施涂底涂层　应采用滚涂或喷涂方法施涂底涂层。底涂层应施涂均匀，不得漏涂；底涂层应施工两道，两道之间的间隔时间不少于 2h。

③ 第一道满刮柔性耐水腻子　批刮柔性耐水腻子，待干燥后，用砂纸将腻子残渣、斑迹磨平、磨光，然后将打磨粉尘清扫干净。

④ 第二道满刮柔性耐水腻子　在刮第二遍腻子之前，可根据情况对局部进行填补、打磨等处理，使墙面平整、均匀、光洁，然后满刮柔性耐水腻子，并待腻子膜干燥后磨平。

⑤ 复补腻子、磨平　对不能满足涂装要求的局部进行复补腻子，并待干燥后打磨平整。

⑥ 弹分色线　若墙面设计上布置有分格缝，应在喷涂涂料前弹分色线，并根据设计的分格缝颜色涂刷涂料，待干燥后粘贴防污染胶带。

⑦ 涂料施工　待腻子层完全干燥（约需 24h）后施工涂料。建筑反射隔热涂料应采用喷涂或滚涂方法施工，喷涂应按照制作

样板件时确定的方法（包括喷枪的喷嘴口径、喷涂压力等）操作。喷涂时，应先调整好气压，作好试喷，然后喷涂。喷涂时每道不宜喷涂得太厚，以防流坠。喷枪口与墙面的距离以 30～60cm 为宜，喷嘴轴心线应与墙面垂直，喷枪应平行于墙面移动，移动速度平稳、连续一致。喷涂时的转折方向不应出现锐角走向。两道喷涂之间的间隔时间宜在 4h 左右。一般喷涂两道，但以涂膜达到要求厚度和装饰效果为止。第二道涂料的施工应待第一道涂料干燥后进行。喷涂时应有防风措施，防止污染作业环境和周边环境。

滚涂施工时，每次辊筒蘸料后宜在匀料板上来回滚匀或在筒边刮均匀，滚涂时涂膜不应过薄或过厚，应充分盖底，不透虚影、针眼、气孔等，表面均匀。

⑧ 涂膜的保养固化 涂料经过最后一道施工工序后，要经过一定时间的保养固化，保养固化时间视不同的涂料或气候条件而有所差别，一般夏季应不少于 1 个星期，冬季不少于 2 个星期。

**五、建筑反射隔热涂料工程验收**

1. 一般规定

（1）建筑反射隔热涂料施工过程中应及时进行质量检查和隐蔽工程验收，并留有文字记录和影像资料。隐蔽工程项目包括基层处理和底涂层施工。

（2）分项工程质量验收应在建筑反射隔热涂料检验批全部验收合格的基础上，进行质量记录检查，确认达到验收条件后方可进行。

（3）建筑反射隔热涂料检验批应按下列规定划分：

① 采用相同施工工艺的墙面，每 500～1000m² 面积划分为一个检验批，不足 500m² 也为一个检验批。

② 检验批的划分也可根据与施工流程相一致且方便施工与验收的原则，由施工与监理（建设）单位共同商定。

每个检验批每 100m² 应检查 1 处，每处不少于 10m²。

（4）检验批质量验收合格，应符合下列规定：

① 检验批应按主控项目和一般项目验收。

② 主控项目应符合要求。

③ 一般项目应合格。当采用计数检验时，至少应有80％以上的检查点合格，且其余检查点不得有严重缺陷。

④ 应具有完整的施工操作依据和质量检查记录。

（5）分项工程质量验收合格，应符合下列规定：

① 分项工程所含的检验批应符合合格质量的规定。

② 分项工程所含的检验批的质量验收记录应完整。

（6）验收时应检查下列资料：

① 设计文件、图纸会审记录、设计变更和节能专项审查文件。

② 设计与施工执行标准、文件。

③ 产品合格证、型式检验报告及进场验收记录等。

④ 材料进场抽检复验报告。

⑤ 检验批、分项工程验收记录。

⑥ 施工记录。

⑦ 质量问题处理记录。

⑧ 其他必须提供的资料。

2. 主控项目

（1）建筑反射隔热涂料的性能应符合设计要求。

检验方法：检查产品合格证、型式检验报告、复验报告、进场验收记录。

（2）建筑反射隔热涂料进场应进行复检，复检项目包括耐碱性、拉伸强度、断裂伸长率和隔热温差衰减。同一厂家、同一型号产品复检不少于1组。

检验方法：核对复验报告。

（3）建筑反射隔热涂料的颜色、图案应符合设计要求。

检验方法：观察

（4）建筑反射隔热涂料应涂饰均匀、粘结牢固，不得漏涂、透底、起皮和掉粉。

检验方法：观察；手摸检查。

（5）封闭底漆应施工两道。

检验方法：检查施工记录。

3．一般项目

（1）建筑反射隔热涂料的涂刷质量和检验方法应符合表4-14的规定。

建筑反射隔热涂料层的涂饰质量和检验方法　　表 4-14

| 项次 | 项　目 | 涂刷质量 | 检验方法 |
|------|--------|----------|----------|
| 1 | 颜色 | 颜色一致 | 观察 |
| 2 | 光泽、光滑 | 光泽均匀一致、光滑 | 观察、手摸检查 |
| 3 | 刷纹 | 无明显刷纹 | 观察 |
| 4 | 挂棱、流坠、皱皮 | 不允许 | 观察 |
| 5 | 装饰线、分色线直线度允许偏差 | 1mm | 拉 5m 线检查,不足 5m 拉通线,用钢直尺检查 |

（2）建筑反射隔热涂料层与其他装修材料和设备衔接处应吻合，界面应清晰。

检查方法：观察。

# 第九节　隧道防火涂料喷涂施工

## 一、概述

隧道和地铁工程是随着城市用地日益紧张、城市间交通迅速发展和隧道施工技术的进步而得到快速发展的。隧道不仅是交通运输的通道，而且还是光纤、电力，以及输油、输水管道的通道。隧道和地铁建筑结构复杂，环境密闭，加上人员密集，在这种有限的空间内一旦发生火灾，由于烟雾大，温度高，排烟困难，人员不易疏散，因而火灾扑救难度很大，往往会造成重大的人员伤亡或（和）财产损失。因而隧道和地铁的防火受到高度重视，隧道防火涂料也因此得到应用和发展。

1. 隧道砌体的耐火特性

隧道砌体一般多为钢筋混凝土结构。钢材和混凝土的耐火性能都差，在高温下其力学性能都会明显下降。

未加保护的裸钢结构的耐火极限约 15min；温度达到 250℃时钢材的抗拉强度提高，塑性和冲击韧性降低，出现"蓝脆"现象；温度达到 300℃时，钢材的弹性模量、弹性极限急剧降低，屈服平台消失；温度达到 400℃时，钢材的屈服应力开始急剧降低；温度达到 600℃时，钢材的屈服应力和极限应力下降到常温时的 1/3 以下，钢材已经遭到破坏。

混凝土在高温下则会因产生裂纹和强度丧失而破坏。当温度在 300℃以下时，混凝土强度变化不大；当温度高于 300℃时混凝土的强度随温度的升高而降低；当温度升到 600℃时混凝土的强度下降约 50％。这是因为，随着温度的升高，混凝土中的水泥石和骨料等发生物理和化学的变化；当温度升到 200℃左右时，水化硅酸盐胶体的结晶水开始脱出，体积收缩，混凝土整体热膨胀和收缩达到相对平衡状态；当温度升到 300℃时，铝酸三钙的结晶水开始脱出，水泥石的收缩进一步扩大；当温度升到 400℃左右时，水合氧化钙开始脱水，混凝土的收缩加剧。上述这些变化都会对混凝土的强度造成损失。提高混凝土的耐火等级，就是尽可能地保持其在火灾中的强度，即尽可能阻止外界热量向混凝土的传递，而在混凝土表面涂装防火涂料是隧道、地铁工程的一种有效防火方法。遇火时防火涂膜能够起到防火保护作用，而在平时则能够起装饰作用，若表面做成颗粒状还可起到吸声作用以及能够突出主体结构建筑艺术上的造型美。

2. 隧道及地下工程对防火涂料的要求

隧道和地下工程的特点是环境湿度大，混凝土结构因施工模板、施工质量等其他因素而造成表面粗糙、凹凸不平，有些隧道和地下工程长度大，通风条件较差，噪声、烟尘和气味难于散发，回声大。

隧道和地下工程对防火涂料的要求是涂膜的防火隔热效果要好，隧道和地下砌体工程工期紧，施工量大，涂料要能够施工方便，既可以人工抹涂，也可以机械喷涂；由于隧道或地下砌体中在车辆通过时会产生强风和振动，因而涂料对混凝土表面附着力要强，涂膜的各种物理力学性能应很优良；涂料应无毒、无气味，环保性能要好，经施工能够遮蔽混凝土的粗糙表面，具有适当的装饰性能；最好能够通过施工措施（例如喷涂成颗粒状）而具有吸声功能。

3. 喷涂施工隧道防火涂料工程的相关术语

（1）衬砌　为控制和防止围岩的变形或坍落，确保围岩的稳定，或为处理涌水或漏水，或为隧道的内空整齐或美观等目的，将隧道的周边的围岩覆盖起来的结构体。

（2）隧道二衬　隧道二衬是隧道在围岩及初期支护变形基本稳定后进行的第二次衬砌支护，是穿行式全断面液压模板台车整体浇筑的钢筋混凝土结构，如图4-7所示。

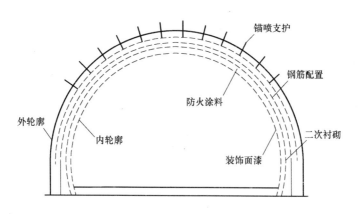

图4-7　隧道二衬构造

（3）喷涂表面　隧道的主体结构或二衬结构的表面。

（4）喷涂表面增强剂　喷涂表面增强剂是以聚合物乳液、多种添加剂混合而成的液体基层增强处理材料。

（5）错台　在隧道二衬混凝土的接缝或施工缝处，两板体产生相对竖向位移的现象。

（6）施工缝　分层分块浇筑混凝土时，在各浇筑层块之间设置的临时性的或永久性的环向缝。

（7）防火涂料涂层　又叫防火层，是将隧道防火涂料喷涂在隧道混凝土内表面而形成的耐火隔热保护层。

（8）饰面涂料涂层　又叫颜色层或面层，是喷涂在防火涂料涂层表面的具有阻燃性能的水性涂料。

喷涂施工是隧道防火涂料重要的施工方法，具有施工速度快、施工质量高、涂膜质量能够得到可靠的保证等优势。本节介绍隧道防火涂料工程喷涂施工技术。

**二、喷涂施工隧道防火涂料工程的材料要求**

1. 一般规定

（1）隧道防火涂料工程所用的材料必须符合设计要求，其质量应符合国家或行业现行有关标准的规定。材料应具有出厂合格证、质量证明书以及使用说明书等。

（2）隧道防火涂料工程应选用专用隧道防火涂料，其生产企业必须经过国家或行业主管部门的批准。

（3）隧道饰面涂料应选用具有防火功能，阻燃型的水性涂料，技术性能应符合相关产品标准的要求。其生产企业应具有国家或行业主管部门相应的生产许可。

（4）隧道防火涂料和隧道饰面涂料产品包装上应注明生产企业名称、地址、产品名称、型号规格、执行标准号、生产日期或批号、产品保质贮存期，包装应能防雨防潮。

（5）隧道防火涂料和隧道饰面涂料产品运输时应防止雨淋、曝晒；并应存放在通风、干燥的场所，其堆码高度不超过 3m。

隧道防火涂料包装袋一经打开随即使用，受潮结块或过期涂料严禁使用。

2. 材料验收和检验

（1）隧道防火涂料进场后，应检查生产企业的相关资质和材料的出厂合格证、质量证明书、使用说明书及包装等。

（2）隧道防火涂料进场后必须进行抽样检测，抽样检测应符合下列规定：

① 隧道防火涂料按每 500t 为一批抽样，不足 500t 按一批进行。

② 材料抽样为现场随机抽取，抽样数量应能满足理化性能试验的要求。现场抽样及送检过程须由第三方见证。

③ 抽样材料的检测机构应具有国家或行业规定的相应检测资质。

④ 抽样材料的试验结果必须达到产品标准、设计及相应规范所规定的技术要求。

### 三、隧道防火涂料喷涂施工

1. 一般规定

（1）隧道防火涂料喷涂施工的企业必须取得国家或行业主管部门颁发的消防设施工程施工企业资质。

（2）隧道防火涂料喷涂作业应由经过培训合格的操作人员施工。

（3）施工中的安全技术和劳动保护等要求，应按国家现行有关规定执行。

（4）隧道二衬施工完毕经验收合格后，方可进行防火涂料施工。

（5）隧道防火涂料喷涂施工期间以及施工后的 24h 内，施工现场环境温度宜为 5～35℃，相对湿度宜为 40%～85%，通风良好。

（6）严禁在隧道洞壁表面有结露或潮湿的情况下进行喷涂作业。

（7）隧道防火涂料的搅拌宜采用低速搅拌。

（8）隧道防火涂料的喷涂宜用空气喷涂机从隧道的腰部向顶部进行喷涂。

（9）隧道防火涂料喷涂应在管道、设备工程安装前进行，必须同步进行的应采取保护措施，避免污染。

（10）喷涂总厚度由隧道防火涂料产品特性、设计耐火极限和抽样送检结果而确定，喷涂总厚度的设定值等于检测厚度＋2mm。隧道防火涂料应分层喷涂，第一遍喷涂厚度不得大于4mm，且最后一遍厚度不得大于5mm，其他每遍厚度宜在5～8mm。喷涂总遍数不宜超过4遍。前一遍喷涂干燥固化后方可进行下一遍喷涂施工，其间隔时间为12～24h。

（11）施工工程中应及时进行隐蔽工程检验，并做好相关记录。对检查结果和涂装中每一道工序完成后的检查结果都需作工作汇总。汇总内容应包括工作环境温度、涂刷遍数、涂料种类、配料及厚度等。

2. 施工准备

（1）施工前应对喷涂表面进行检查和验收，验收结果应符合以下要求：

① 喷涂表面应无浮尘、无混凝土松动部分、无疏松物、无油污；

② 喷涂表面无渗水、无漏水；

③ 错台不得超过5mm。

（2）喷涂表面检查不能达到要求的，应进行专业处理，使之满足要求。

（3）喷涂表面验收合格后用高压水枪将洞壁冲洗干净。

（4）喷涂表面增强剂喷涂施工应在洞壁清洗晾干后进行。

3. 防火涂料喷涂

（1）隧道防火涂料工程喷涂施工的流程为：

施工准备→隧道防火涂料配制→防火涂料喷涂→表面修整→施工面层装饰涂料。

（2）隧道防火涂料的配制应满足下列要求：

① 根据隧道防火涂料的性能及使用说明书确定配合比，并在现场醒目标示。设专人掌握配合比和统一配料，且计量准确。

② 对于双组分隧道防火涂料，配制时先将涂料倒入搅拌机内加水搅拌2min后，再加胶粘剂充分搅拌3～5min，再静置

5min，使其充分混合均匀。对于单组分隧道防火涂料，配制时先将涂料倒入搅拌机内，再加水充分搅拌，直至混合均匀。

③ 隧道防火涂料应随配随用，搅拌好的浆料宜在 2h 内用完，不得二次加水或存放时间过长后再次使用。喷涂过程中散落回弹的涂料不得回收利用。

（3）防火涂料喷涂应符合下列要求：

① 施工准备工作检查验收合格后，方可进行防火涂料喷涂。

② 隧道防火涂料喷涂一般采用的是空气喷涂法。喷涂设备宜采用专用喷涂配套设备。喷嘴直径 4～6mm，空气压力0.4～0.6MPa。喷涂时喷枪宜垂直于被喷表面，喷嘴与被喷表面的距离一般以 60～80cm 为宜。

③ 涂层厚度控制方法：隧道防火涂料喷涂前，应在被喷涂表面上设置喷涂厚度标志桩点进行厚度控制；标志桩每 $4m^2$ 设置一个，喷涂过程中应监测喷涂厚度，确保达到分层厚度要求。

④ 喷涂时每一喷涂条带的边缘应与上一喷涂条带边缘充分接触为宜。喷枪的运动速度和方向应保持均匀一致。

（4）涂料的养护

① 待前一遍喷涂完成后，宜在 12～24h 后再进行下一遍喷涂，直至达到设定的喷涂厚度。

② 隧道防火涂料喷涂达到设定厚度后，宜采用喷雾养护防止涂层失水过快而开裂。养护期间，不得受冻，并应防止碰撞和用水冲刷。

③ 隧道防火涂料喷涂达到设定厚度后的养护期一般为7～10d。

④ 隧道防火涂料喷涂达到设定厚度后须沿着二衬施工缝切割一条防火涂料涂层施工缝，宽度不宜小于 3mm，切缝深度应超过防火涂料涂层厚度，切缝要整齐圆顺。

⑤ 隧道防火涂料涂层喷涂施工过程中，应分层检验，并做好相应记录。

⑥ 隧道防火涂料涂层养护完成后，应进行施工质量检查和验收，并做好检查验收记录。

4. 饰面涂料喷涂

（1）喷涂施工

隧道防火涂料喷涂施工质量验收合格后，即可喷涂饰面涂料。喷涂饰面涂料时应采用高压无气喷涂，空气压力为 0.4～0.6MPa，喷枪口直径宜为 1.5～2.0mm，喷涂时喷枪宜垂直于被喷表面，喷枪嘴与被喷表面的距离一般以 60～80cm 为宜。

饰面涂料的配制应符合设计及产品说明书的规定。设专人掌握配合比和统一配料，且计量准确。

（2）注意事项

① 饰面涂料喷涂时环境湿度不得大于 80％。

② 喷枪的运行速度应保持均匀一致。喷涂施工一般应连续进行，一次成活。不喷涂料的部位应认真遮挡。

③ 喷涂施工应指定专人操作，以便操作手法一致。喷涂过程中应保持喷涂厚度一致，避免喷涂厚度不均匀和发花现象。

④ 在饰面涂料喷涂期间和完成后，应注意涂层的保护，避免撞击和摩擦。

⑤ 在饰面涂料喷涂完成后，应及时进行检查验收。

5. 安全及文明施工

（1）一般规定

① 施工前对操作人员进行安全技术知识教育和安全技术交底工作，配备专职安全管理人员，并应对施工现场进行核查。

② 施工中，严禁擅自改动隧道的承重结构、防水结构。

③ 喷涂作业时，作业平台应粘贴反光安全警示标志，对隧道进行交通管制，确保洞内作业安全。

④ 施工现场必须设置充分的照明。

（2）用电

施工现场用电应符合《施工现场临时用电安全技术规范》中的规定。柴油发电机系统应配备安全防护罩。

（3）作业平台

喷涂施工应配备安全可靠的专用作业平台，专用平台使用前应经验收合格。

（4）劳动防护

施工人员应佩戴个人防护用品。

（5）现场环境

文明施工和现场环境应符合下列要求：

① 应控制粉尘、污染物、噪声、振动等对相邻居民、居民区和城市环境的污染及危害。工程垃圾宜密封包装，并放在指定垃圾堆放地。

② 工程废水不得直接排入河流、湖泊。不得堵塞、破坏隧道内排水设施。

③ 喷涂前对半成品做好保护，特别是临近喷涂部位用塑料布包好。

④ 喷涂、养护施工结束后，及时请相关单位检查验收，确认合格后，拆除机具设备，打扫施工现场，保护好周围环境。

**四、喷涂施工隧道防火涂料工程质量验收**

1. 一般规定

隧道防火涂料喷涂工程验收时应填写质量验收记录表。质量验收记录表见表 4-15～表 4-17。

（1）验收时应检查下列文件和记录：

① 工程施工图纸、设计说明等文件；

② 材料的产品合格证书、质量保证书、使用说明书及进场验收记录等；

③ 现场抽样送检的隧道防火涂料检测报告；

④ 隐蔽工程验收记录；

⑤ 施工记录；

⑥ 其他必须提供的资料。

（2）下列施工过程或内容应进行隐蔽工程验收，并作详细的文字记录。

① 喷涂表面处理；

② 基层喷涂施工。

## 基层涂料喷涂检验批质量验收记录表    表 4-15

编号_____

| 隧道名称 | | 耐火极限 | | 验收部位 | |
|---|---|---|---|---|---|
| 喷涂遍数 | | 施工时间 | | 检查时间 | |
| 施工单位 | | 项目经理 | | 专业工长(施工员) | |
| 分包单位 | | 分包项目经理 | | 施工班组长 | |
| 施工执行标准名称及编号 | | | | | |

| 质量验收规定 | | | 施工单位自检记录 | 监理(建设)单位验收记录 |
|---|---|---|---|---|
| 主控项目 | 1. 各分层厚度 | 第一层不大于 4mm | | |
| | | 第二层 5～8mm | | |
| | | 第三层 5～8mm | | |
| | 2. 基层检查内容 | 附着力 | | |
| | | 空鼓 | | |
| | | 基层总厚度 | | |
| 一般项目 | 1. 喷涂表面要求 | | | |
| | 2. 涂层表面要求 | | | |

| 质量检查记录 | | |
|---|---|---|
| 施工单位检查评定结果 | 项目专业质量检查员:<br>项目专业质量(技术)负责人:<br>年    月    日 | |
| 监理(建设)单位验收结论 | 监理工程师(建设单位项目技术负责人):<br>年    月    日 | |

注:本表由施工单位项目专业质量检查员填写,监理工程师(建设单位项目技术负责人)组织项目专业质量(技术)负责人等进行验收。

383

## 基层涂料喷涂分项工程质量验收记录表 表 4-16

编号＿＿＿＿＿＿＿＿＿

| 隧道名称 | | 结构类型 | | 检验批数 | |
|---|---|---|---|---|---|
| 施工单位 | | 项目经理 | | 项目技术负责人 | |
| 分包单位 | | 分包单位负责人 | | 分包项目经理 | |

| 序号 | 检验批部位、区段 | 施工单位检查评定结果 | 监理（建设）单位验收结论 |
|---|---|---|---|
| 1 | | | |
| 2 | | | |
| 3 | | | |
| 4 | | | |
| 5 | | | |

| 检验批质量检查记录 | |
|---|---|
| 备注 | |

| 施工单位检查检查结果 | 项目专业技术负责人：<br>年　月　日 |
|---|---|
| 监理（建设）单位验收结论 | 专业监理工程师（建设单位项目专业技术负责人）：<br>年　月　日 |

注：本表由施工单位项目专业技术负责人填写，专业监理工程师（建设单位项目专业技术负责人）组织项目专业质量（技术）负责人等进行验收。

## 饰面涂料喷涂质量验收记录表 表 4-17

编号＿＿＿＿＿＿＿＿＿

| 隧道名称 | | 检查时间 | | 验收部位 | |
|---|---|---|---|---|---|
| 施工单位 | | 项目经理 | | 项目技术负责人 | |
| 分包单位 | | 分包单位负责人 | | 分包项目经理 | |

| 序号 | 施工验收规定 | | 施工单位检查评定结果 | 监理（建设）单位验收结论 |
|---|---|---|---|---|
| 1 | 饰面外观、转角处及结合处 | 饰面外观平整、均匀、转角处及结合处细部严密 | | |

384

| 隧道名称 | | | 检查时间 | | | 验收部位 | |
|---|---|---|---|---|---|---|---|
| 施工单位 | | | 项目经理 | | | 项目技术负责人 | |
| 分包单位 | | | 分包单位负责人 | | | 分包项目经理 | |
| 序号 | 施工验收规定 | | | 施工单位检查评定结果 | | 监理（建设）单位验收结论 | |
| 2 | 涂层表面厚度和色泽、气泡、针孔、裂缝等缺陷 | 涂层表面应厚度和色泽均匀、无气泡、无针孔、无裂缝等缺陷 | | | | | |
| 3 | 涂料起层、脱落、厚度 | 涂料不起层、不脱落、整体平整、厚度符合图纸要求 | | | | | |
| 4 | 表面颜色，接槎，漏涂、透底和流坠 | 表面颜色一致，不显接槎，无漏涂、透底和流坠 | | | | | |
| 施工单位检查检查结果 | 项目专业技术负责人：　　　　　　　　　　　　　年　　月　　日 | | | | | | |
| 监理（建设）单位验收结论 | 专业监理工程师（建设单位项目专业技术负责人）：　　　　　　　　年　　月　　日 | | | | | | |

注：本表由施工单位项目专业技术负责人填写，专业监理工程师（建设单位项目专业技术负责人）组织项目专业质量（技术）负责人等进行验收。

### 2. 防火涂料喷涂验收主控项目

（1）在基层的各分层喷涂施工过程中应对其每层喷涂厚度及时进行检测，每层厚度应符合前面三、"1. 一般规定"中第（10）条的要求，并做好记录。

检测方法：使用精度值为 0.01mm 的测厚探针或测厚卡尺现场测量，测厚探针及涂层厚度测量示意图见图 4-8。

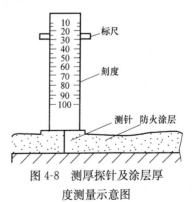

图 4-8　测厚探针及涂层厚度测量示意图

检测频率：沿隧道横向每 100m 随机抽取 2m×2m 的检查面作为一个检验批，在此范围内随机抽取 20 个点进行测量，求平均值。

（2）隧道防火涂料涂层喷涂施工完成后，应进行施工质量检查验收，验收内容、方法应符合表 4-18 中的要求：

隧道防火涂料涂层喷涂施工检查内容 表 4-18

| 序号 | 项目 | 质量要求及允许偏差 | 验 收 方 法 | | |
|---|---|---|---|---|---|
| | | | 量具 | 检测方法 | 验收数量 |
| 1 | 附着力 | ≥0.1MPa | 现场拉拔仪、抗拉试验夹具 | 将抗拉试验夹具现场粘结到防火涂料涂膜表面，切割后拉拔 | 沿隧道长度每 100m 随机测量 1 个检查面 |
| 2 | 空鼓 | 不允许 | 0.75～1kg 小木锤 | 敲击 | 沿隧道长度每 100m 随机测量 5 个检查点 |
| 3 | 基层总厚度 | 设定值 +2mm | 精度值为 0.01mm 的测厚仪 | 按图 4-8 所示测量 | 沿隧道长度每 100m 范围内随机抽取 20 个测量点进行测量，求平均值 |

（3）质量判定

① 附着力各测量点不得低于 0.1MPa，每出现一点不合格的，应在该检查区域内增加 5 倍检查点进行复查，仍有不合格现象，判定此区域为不合格；该隧道的其他区域也必须扩大检查。

② 不得出现空鼓，否则判定此区域为不合格。

③ 基层总厚度的测量平均值不得低于设定值 ±2mm，否则判定为不合格。

（4）在验收中判定该项工程的不合格项，施工方应进行整改，然后对该整改项目进行复检，直至符合要求。

3. 防火涂料喷涂验收一般项目

（1）喷涂施工前应对喷涂表面检查和验收，喷涂表面应无浮尘、疏松物、假皮、油污和污渍等杂物，错台不大于 5mm，应无渗水、漏水的现象。

检查方法：检查隧道二衬验收记录、施工记录；目测、钢尺测量。

（2）隧道防火涂料的基本要求：涂层表面无粉化、松散、浮浆、流挂、脱粉、露底、明显裂缝、明显不平整等缺陷。

4. 饰面涂料喷涂验收

（1）饰面外观平整、均匀，转角处及结合处细部严密。涂层表面厚度和色泽应均匀，无气泡、针孔、裂缝等缺陷。涂料无裂缝、不起层、不脱落、整体平整、厚度符合图纸要求。表面颜色一致，不显接槎，无漏涂、透底和流坠。

检验方法：观察、手摸。

（2）质量判定

在验收中发现该项工程不符合验收要求时，应及时进行整改，然后对该整改项目进行复验，直至符合要求。

5. 缺陷修复

（1）施工过程自检发现的缺陷，应及时修补。

（2）全面验收时发现的缺陷，应分析原因，制定修补方案，并经原设计单位确定或审核后实施。

（3）修复工程完成后应及时进行复检验收。

# 第十节　防静电环氧自流平地坪涂料应用技术

## 一、概述

1. 防静电地坪涂料的应用

现代工业技术的高度专业化给其生产环境带来更加高的和多样化的要求，洁净化生产成为制造完善品质产品的必要条件。在工业地坪领域，防静电地坪涂料既能避免静电对敏感电子设备的电干扰，也避免由于静电的积累而产生火花造成火灾和爆炸，同时还能够对区域内工作人员起重要的保护作用，因而得到很多应用。

防静电地坪涂料得以应用与发展的背景首先是导电涂料的发

展与应用，其次是现代生产、生活和商业活动对地面的防静电要求越来越高。由于高分子材料越来越多地应用于工业生产和日常生活的各个方面，但高分子材料产生的静电极其静电荷的积累所带来的不利影响也越来越严重，因而越来越受到重视。另一方面，环氧地坪涂料已经在电子、制衣、化工、制药、通信、计算机等场所应用。环氧地坪涂料也属于高分子材料，能够产生和积累静电荷。在电子、通信等领域，这种积聚的大量静电易引起对电子、通信或计算机的干扰，影响设备的使用性能；在化工领域，静电积聚引起的放电甚至会造成火灾、爆炸等安全事故。因而，能够排泄积累静电荷而具有防静电性能的环氧地坪涂料应需而用，并被越来越多的应用场合所接受。下面介绍防静电环氧自流平地坪涂料施工技术。

2. 防静电环氧自流平地坪涂料的特点及适用范围

（1）防静电环氧自流平地坪涂料的特点

① 防静电环氧自流平地坪涂料为无溶剂、无挥发性物质、无污染、无毒，符合环保要求。

② 防静电环氧自流平地坪表面平整、光滑、美观，可获镜面效果。

③ 防静电环氧自流平地坪涂料耐酸、碱、化学试剂、溶剂、油类等，耐蚀性能优良。

④ 防静电环氧自流平地坪涂料附着力强、耐磨、耐划伤、强度高。

⑤ 防静电环氧自流平地坪涂料防静电效力持久，能及时释放静电，不受时间、温度、湿度的影响。

（2）适用范围

适用于对静电敏感的元器件和电子设备、仪器的研制、生产、检测、维修及使用等高清洁防静电地面工程。

（3）涂层体系构成

防静电环氧自流平地坪涂料主要由底涂层、中涂层、面涂层和接地导电网构成。为适应防静电需求，在各层涂料选用上均为导电材料，底涂层也称渗透层，完全浸润基层，达到附着；中涂层涂料流动性好，能够加强层间粘结性；面涂层涂料的流动性更好，流平性更强，以达到防静电、防尘、易清洁及平滑无缝的美观效果。

底涂层的涂料应选用渗透性强的涂料，不能片面追求封闭性，以避免涂层起壳。如一道渗透底涂不能封闭，则应涂装第二道。绝缘层（找平层）施工时，要注意最终表面的光滑性和平整度。光滑性和平整度越高，导电自粘铜箔越能很好地粘附。

### 二、防静电环氧自流平地坪涂料施工技术

1. 施工工艺流程

施工准备→基层处理→涂刷环氧底涂层→铺设铜箔网、接地→涂刮环氧树脂中涂层→镘涂防静电自流平面涂层→养护。

2. 材料与工具准备

（1）机械设备

低速带式搅拌机、磨平机、无尘打磨机、水平测量仪、吸尘器、运料车及度量衡器具。

（2）工具准备

刮板镘刀、消泡辊筒、鬃毛刷。

（3）材料要求

底涂层选用高渗透性防静电底漆、导电铜箔规格为 15～20mm 宽，0.05～0.08mm 厚。导电中层涂料严格按厂家配料混合并搅拌均匀，防静电面涂层涂料严格按厂家配料混合及搅拌均匀，使用前过 100～120 目铜网筛，不同批次料液色泽应一致。

以上各层材料进场使用前，须由厂家委托国家化学建筑材料测试中心进行性能检测并提供合格测试报告。

（4）施工准备

熟悉设计施工图，勘测施工现场，制定施工方案。

检查现场环境是否符合施工材料及工艺的要求，施工现场内装修工程应基本完工，地面基层应施工完毕。

3. 施工要点

（1）基层处理

① 基层要求　防静电环氧自流平地坪涂料要求水泥基层的强度等级不低于 C20，基层含水率低于 8％，地面下部防水层保证完好，水泥基层平整度偏差达到小于 2mm 的要求（用 2m 靠尺和塞尺检查），其表面不能被油品、胶漆残渣等污染。

② 固砂、修补　若局部基层存在裂缝，可采用环氧树脂对地面的孔隙进行修补，以利自流平的正常施工。

③ 基层打磨、清理　施工前将施工区域与非施工区域用纸胶带隔离；将待处理地面上的垃圾清理干净，对表层积水、油污或其他化学物品污染、旧油漆等进行干燥、打磨或化学处理。对基面高低不平处，可进行局部打磨，用手磨机或砂纸或钢丝刷对打磨机无法达到的区域或无法处理干净的地方进行再处理。打毛所有水泥基面，使基面局部平整，以增强树脂与基面的结合力。清理时采用吸尘器，清理后的地面应及时封闭保护。

④ 基层含水率测定　水泥基层含水率对防静电地坪施工品质有极大影响，含水率应控制在 8％ 以下。采用专用仪器测定，每 $10m^2$ 测定 2 点。若含水率大于 8％，应进行复测并标志区域面积；对含水率超标的小面积地面，可采用喷灯烘干。

（2）涂刷环氧底涂层

防静电自流平涂料施工时，不同时间施工的区域也用纸胶带隔离，以免产生不规则接口而影响美观；配制打底料，采用滚涂或刮涂的方法打底，满涂封闭表面，使打底料渗透基层，固化时间在 8h 以上；对粉化地面需打底 2～3 道，以增加地面强度；固化期间禁止人员出入。

（3）铺设铜箔网和接地措施

待底涂层干燥后，用导电胶粘贴导电铜箔网，导电箔宽15mm，厚度为 0.08mm，按 6m×6m 网格铺设于底涂层面。铜箔粘贴应平整牢固，铜箔网格须与房间内接地端子连接。

（4）涂刮环氧树脂中涂层

用自流平防静电中层涂料作中涂层，严格按厂家配比及投料顺序配料。开动搅拌机将料搅拌均匀，应正向搅拌 1min 后再反向搅拌 1.5min。将搅拌完成的料放入桶内，用运输车迅速运至现场，运料时不得超过 5min。刮涂时应先里后外，逐层退至房间出口处，最后施工人员退出房间，将剩余部分施工完毕。刮涂过程中刮板走向应一致，刮涂速度应均匀，两批料液衔接时间应少于 15min。刮涂 5min 后应进行消泡操作，消泡使用鬃毛刷，操作时来回刷扫地面，用力应均匀，走向应有规律，不可漏消。

（5）镘涂防静电自流平面层涂料

中层涂料干燥 8h 后可进行面涂层施工，严格按厂家要求配制面层涂料。搅拌均匀后用 100 目铜网筛过滤；用专用带齿镘刀刮涂配成的自流平面层涂料，应先均匀铺设料液，根据刮涂走向，按每人 1.5m 的宽度刮涂。要求刮涂均匀，多人同时操作，交接处不得留有痕迹。用消泡辊筒对刮涂完成的自流平面层涂料进行消泡。

（6）养护

完工 24h 内地面禁止行人，关紧门窗，严禁灰尘及飞虫进入。常温下完工 24h 后，工作人员可脱鞋进入场地。完工 4～6d 后可进入载重物体。养护时严禁明火、蒸汽及日晒雨淋，严禁重压。

### 三、质量验收标准、成品保护和安全文明施工

1. 物理性能标准

防静电环氧自流平地坪涂料应待完全固化（约 7d）后，方可进行地面测试验收，测试环境温度应在 15～30℃间，相对湿度应小于 70%。防静电性能测试应符合《电子产品制造防静电系统测试方法》的要求，具体物理性能验收标准如表 4-19 所示。

2. 防静电自流平地坪表面观感质量标准

防静电自流平地面的外观要求（距地面 1.5m 正视）为：

（1）表面应无裂纹、分层现象；

（2）与基层粘合不得有明显凹凸和皱包；

（3）搭接缝应平直；

| 项目 | 指标 |
|---|---|
| 粘结强度（MPa） | $\geqslant 3$ |
| 耐酸性（$H_2SO_4$,7d） | 无剥落、起皱、起泡、轻微变色和失光 |
| 耐碱性（40%NaCl,7d） | 无剥落、起皱、起泡、变色和失光 |
| 耐盐水性（3%NaCl,7d） | 无剥落、起皱、起泡、变色和失光 |
| 铅笔硬度 | $\geqslant 3H$ |
| 耐磨性（750g,1000r,失重） | $\leqslant 0.02$ |
| 体积电阻、表面电阻（$\Omega$） | $10^6 \sim 10^9$ |

（4）自流平地坪表面气泡和缩孔每 $10m^2$ 面积中不超过 5 个；

（5）地面的平整度偏差用 2m 靠尺检查，不得大于 2mm。

3. 成品保护

（1）施工后表面硬化期间（24h）禁止人员进入，以免留下痕迹。

（2）配料场地地面应用纸板或胶纸覆盖，以防地板材料污染地面。

（3）每道工序须遵守相应的工艺规定，下道工序施工前应检查并确认上一道工序保质保量圆满完成。尤其是底层涂料施工时，因其所含溶剂完全挥发后方可进行施工，以防起泡。

（4）材料调配时应避免任何一种材料单独滴于地上，以防产生不干现象，若已滴于地上应立即擦去，涂布时发现砂粒或其他杂物应立即清除。

（5）清扫地面可用柔软扫帚或抹布水洗。

4. 安全文明施工措施

（1）施工现场要做好物料的存放工作，环氧树脂、固化剂等须放于阴凉通风处，不可置于高温或阳光直射的场所并远离火源。

（2）施工人员必须佩戴防护器材（如手套、口罩等），若不慎接触眼睛，必须用清水冲洗 15min 以上再就医。

（3）施工现场必须严禁烟火，严禁闲杂人员进出。

（4）施工现场必须通风良好。

（5）工程完工后，应打扫干净方可离场。

## 参 考 文 献

[1] 石伟国，高原，袁帮权. 外墙质感涂料施工技术. 新型建筑涂料，2008，35（8）：85～86.

[2] 徐峰. 关于建筑反射隔热涂料应用中的几个问题. 现代涂料与涂装，2011，14（8）：12～16.

[3] 安徽省地方标准《建筑反射隔热涂料应用技术规程》DB34/T 1505—2011.

[4] 何世家. 钢筋混凝土耐火特性和隧道砌体用防火涂料. 涂料工业，2002，（9）：11～12.

[5] 倪建春等. 浅谈防火涂料在隧道等地下工程中的应用. 涂料工业，2003，（5）：42～43.

# 第五章　新型石膏基建筑工程材料应用技术

## 第一节　石膏内墙粉刷材料

### 一、石膏内墙粉刷材料的性能特征

石膏胶凝材料具有凝结硬化快、硬化时体积膨胀、硬化后孔隙率较大、表观密度低、防火性能良好、具有一定的调温和调湿作用等特性，其不足之处是强度较低，耐水性、抗冻性和耐热性差，因而非常适合于制作内墙材料。其中，应用于抹灰工程的粉刷石膏是石膏基建材在内墙中应用量最大的材料。

1. 组成与种类

（1）基本组成

石膏内墙粉刷材料在实际应用中通常称为粉刷石膏。粉刷石膏主要是以建筑石膏（或硬石膏或各种再利用石膏）、添加剂（或称外加剂）和砂等材料混合而成的粉状材料。其中，建筑石膏是粉刷石膏的基本胶凝材料，对粉刷石膏性能的影响至关重要；添加剂（或称外加剂）主要有缓凝剂、保水剂、增塑剂等。

（2）粉刷石膏的种类

粉刷石膏主要有单相型粉刷石膏和混合相型粉刷石膏两种。单相型粉刷石膏主要是指以半水石膏为主的粉刷石膏；混合相型粉刷石膏则是指以半水石膏和Ⅱ型无水石膏为主的粉刷石膏。

2. 粉刷石膏的性能特征

同普通水泥砂浆和水泥石灰砂浆抹灰材料相比，粉刷石膏性能特征明显。

（1）保温隔热和隔声性

粉刷石膏硬化体是一种多孔质材料，其气孔结构细微均匀，

导热系数一般在 $0.35 \sim 0.56 W/(m \cdot K)$，其保温隔热能力在相同厚度条件下比红砖和混凝土好。保温型粉刷石膏的导热系数更小，一般为 $0.14 W/(m \cdot K)$，或者更低，符合当前建筑节能的发展趋势和政策要求。同时，粉刷石膏硬化体可衰减声压，防止声能透射，隔声性能良好。

（2）防火性能

粉刷石膏中结晶水含量占整个分子量 20.9%，只要墙面抹灰层中石膏所含水分没有全部释放和蒸发，墙面温度就不会超过 $40℃$。因此，建筑物发生火灾时可延缓墙体升温时间，对火灾具有一定的控制作用。

（3）粘结性能好、强度高

粉刷石膏的和易性与料浆流动性好，易渗透到墙壁或顶棚的孔隙及凹凸纵横的缝隙中，硬化后体积膨胀，提高了抹灰层与承受墙面的粘结强度。粉刷石膏的粘结强度一般达到 $0.5 \sim 1.5$ MPa，因此，粉刷石膏在光滑的混凝土表面上无需凿毛可直接抹灰；粉刷石膏也可以应用于加气混凝土砌体墙面。粉刷石膏不但粘结力强，早期强度和后期强度也高。有的面层型粉刷石膏抗压强度平均为 7.5 MPa，底层型抗压强度平均为 6.0MPa，保温型抗压强度平均大于 3.0MPa。

（4）能够自动调节室内湿度

粉刷石膏具有"呼吸"功能。当室内环境湿度增加时，能自动吸湿；反之，它也能自动释放吸收储存的水分；当墙体表面出现冷凝水时，它还能将水分吸收，待室内干燥时，再自动释放出来。所以说粉刷石膏能自动调节室内湿度，具有防结露涂料的性能。

（5）施工性能好

粉刷石膏抹灰与水泥砂浆相比，料浆可塑性好、施工方便、速度快、工效高；冬季依然可施工。粉刷石膏水化速度不因气温低而明显减慢，只要其拌合水不结冰，即可早强快硬；施工时落地灰少，材料损耗小；粉刷石膏抹灰工程质量好，表面光滑细腻、不空鼓、无裂缝、不掉灰，可提高抹灰档次。

一般地说，粉刷石膏可应用于工业与民用建筑。对于一般住宅、办公楼及综合楼等现浇混凝土楼板，因平整度好，可采用面层粉刷石膏净浆刮腻子法施工，刮平刮光一次成活，厚度不超过2.0mm为宜；对于装饰要求高的建筑，可使用面层粉刷石膏与石膏砂浆替代水泥砂浆抹灰。

有关标准详细规定了石膏内墙粉刷材料工程应用中的有关问题，如材料性能要求、设计问题、粉刷层构造、施工和验收等。本节介绍以天然无水石膏为胶凝材料的粉刷石膏应用技术，其他类型的粉刷石膏与此相似。

**二、粉刷石膏抹灰工程的性能指标要求**

1. 适用于粉刷石膏的标准

国家建材行业标准《粉刷石膏》JC/T 517—2004 规定了粉刷石膏的术语和定义、分类和标记、技术要求、试验方法、检验规则以及包装、标志、运输、贮存。该标准适用于在建筑物室内各种墙面和顶棚上进行底层、面层及保温层抹灰的粉刷石膏。

2. 适用于粉刷石膏的几个术语

（1）面层粉刷石膏

用于底层粉刷石膏或其他基底上的最后一层石膏抹灰材料。通常不含骨料，具有较高的强度。

（2）底层粉刷石膏

用于基底找平的石膏抹灰材料，通常含有骨料。

（3）保温层粉刷石膏

一种含有轻骨料、其硬化体体积密度不大于 $500kg/m^3$ 的石膏抹灰材料，具有较好的热绝缘性。

（4）可操作时间

粉刷石膏浆体在初凝以前，可进行施工操作的时间。

（5）保水率

新拌制的浆体在吸收性基底上，经毛细作用后保留的水量，以原始含水量的百分数表示。

3. 技术要求

粉刷石膏的性能指标见表 5-1。

粉刷石膏的性能指标 表 5-1

| 项目 | | 性能指标 | | |
| --- | --- | --- | --- | --- |
| | | 面层粉刷石膏 | 底层粉刷石膏 | 保温层粉刷石膏 |
| 细度（%） | 1.0mm 方孔筛筛余 | 0 | — | — |
| | 0.2 mm 方孔筛筛余 | ≤40 | — | — |
| 凝结时间 | 初凝（min） | ≥60 | ≥60 | ≥60 |
| | 终凝（h） | ≤8 | ≤8 | ≤8 |
| 可操作时间（min） | | ≥30 | ≥30 | ≥30 |
| 保水率（%） | | ≥90 | ≥75 | ≥30 |
| 抗折强度（MPa） | | ≥3.0 | ≥2.0 | — |
| 抗压强度（MPa） | | ≥6.0 | ≥4.0 | ≥0.6 |
| 剪切粘结强度（MPa） | | ≥0.4 | ≥0.3 | — |
| 体积密度（kg/m³） | | — | — | ≤500 |

### 三、粉刷石膏抹灰工程的设计

1. 基本规定

（1）粉刷石膏抹灰工程分普通抹灰和高级抹灰。

（2）轻质保温粉刷石膏适用于墙体保温的补充。

（3）设计轻质保温粉刷石膏时，不得更改构造和组成材料。轻质保温粉刷石膏外墙保温系统的传热系数，应满足相关建筑节能设计标准的有关规定。

（4）轻质保温粉刷石膏的热工和节能设计应符合下列规定：

① 保温层内表面温度应高于 0℃；

② 轻质保温粉刷石膏设计取值见表 5-2。

轻质保温粉刷石膏设计取值表 表 5-2

| 热工性能项目 | 设计取值 |
| --- | --- |
| 修正系数 | 1.15 |
| 导热系数 $\lambda$[W/(m·K)] | 0.10 |
| 蓄热系数 $D$[W/(m²·K)] | 4 |

（5）轻质保温粉刷石膏设计厚度应满足现行节能标准的要求，且厚度不宜大于 40mm。

2. 粉刷石膏抹灰工程的构造

（1）基本构造

普通粉刷石膏抹灰的构造如图 5-1 和图 5-2 所示；轻质保温粉刷石膏抹灰构造见图 5-3。

（2）热桥处理构

轻质保温粉刷石膏抹灰热桥处理构造见图 5-4 和图 5-5。

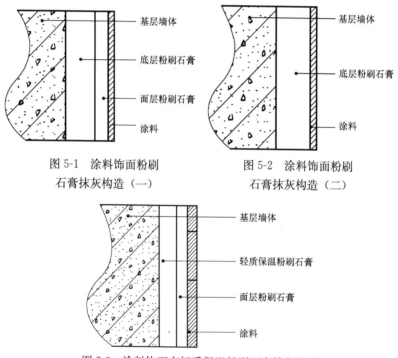

图 5-1 涂料饰面粉刷
石膏抹灰构造（一）

图 5-2 涂料饰面粉刷
石膏抹灰构造（二）

图 5-3 涂料饰面有轻质保温粉刷石膏抹灰构造

3. 粉刷石膏抹灰工程的计算指标

（1）墙体的热阻 $R$（或传热系数 $K$）、热惰性指标 $D$ 应符合相关标准要求。

（2）墙体的热阻 $R$（或传热系数 $K$）、热惰性指标 $D$ 应按

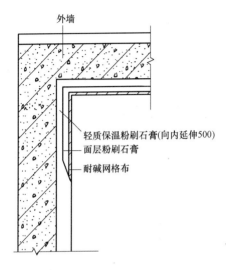

图 5-4　轻质保温粉刷石膏墙体热桥处理构造

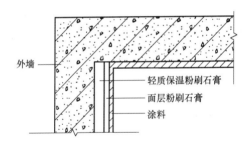

图 5-5　轻质保温粉刷石膏顶棚热桥处理构造

《民用建筑热工设计规范》GB 50176 的有关规定进行计算。

（3）不同厚度轻质保温粉刷石膏热阻 $R$、热惰性指标 $D$ 参考值见表 5-3。

**四、粉刷石膏抹灰工程的施工**

1. 一般规定

（1）承担粉刷石膏抹灰工程施工的单位应具备相应的资质，并应建立质量管理体系。施工单位应编制施工组织设计，按经审定的施工技术方案施工，并全过程实行质量控制。

**不同厚度轻质保温粉刷石膏热阻 *R* 和热惰性指标 *D* 参考值**

表 5-3

| 指标 | 10mm | 15mm | 20mm | 25mm | 30mm | 35mm | 40mm |
|------|------|------|------|------|------|------|------|
| 热阻 $R$(m² · K/W) | 0.087 | 0.130 | 0.174 | 0.217 | 0.261 | 0.361 | 0.348 |
| 热惰性指标 $D$ | 0.348 | 0.522 | 0.696 | 0.870 | 1.043 | 1.217 | 1.391 |

注：1. 节能设计计算中，轻质保温粉刷石膏的蓄热系数为 4，单位为 W/(m²·K)，其修正系数取 1.15。

2. 面层粉刷石膏的蓄热系数为 12W/(m²·K)。导热系数取 0.38W/(m·K)，其修正系数取 1.15。厚度按 3mm 计算，其热阻 $R=0.0069$m²·K/W，热惰性指标 $D=0.0828$。

3. 以上计算均为单一材料 $R$ 值，不包含内、外表面换热阻。

（2）承担粉刷工程施工的人员应具备相应的资格或技能，并需对其进行技术交底。

（3）施工单位应遵守有关施工安全、劳动保护、防火和防毒的法律法规，建立相应的管理制度，并配备必要的设备器具和标识。

（4）粉刷石膏抹灰工程应在基层的质量验收合格后施工，对既有建筑，施工前应对基层进行处理并达到安徽省地方标准 DB34/T 1504—2011 的要求。

（5）大面积应用粉刷石膏抹灰前，宜先制作样板，符合要求后，方可大面积作业。

（6）管道设备的安装及调试，应在粉刷石膏抹灰工程施工前完成。当必须同步进行时，应在饰面层施工前完成。

（7）粉刷石膏抹灰工程施工期间以及完工后 24h 内，基层及施工环境温度不应低于 5℃，当必须在低于 5℃气温下施工时，应按冬期施工相关要求执行。

（8）粉刷石膏抹灰工程施工过程中应做好半成品、成品的保护，防止污染和损坏。

（9）粉刷石膏抹灰工程验收前应将施工现场清理干净。

2. 粉刷石膏施工工艺流程

（1）粉刷石膏墙面抹灰工艺流程。

施工准备→基层处理→弹线→贴灰饼→水泥砂浆做踢脚线→水泥砂浆做墙、柱的护角及窗台→墙面冲筋→底层粉刷石膏打底找平→面层粉刷石膏罩面。

（2）粉刷石膏顶棚抹灰工艺流程

施工准备→基层处理→弹线→贴灰饼→粘贴下靠尺→粘贴上靠尺→底层粉刷石膏打底找平（或直接罩面）→面层粉刷石膏罩面。

3. 施工准备

（1）粉刷石膏抹灰工程施工前，主体结构验收合格。门窗洞口尺寸、位置应符合设计文件和相关施工质量验收规范要求，门窗框或辅框，伸出墙面的各种预埋件、连接件、管道、线盒等应安装完毕，并验收合格。

（2）材料准备　按工程设计要求选用粉刷石膏产品类型，并准备水、耐碱网格布等。

（3）施工应准备以下主要机具和设备：

扫帚、水桶或水管；腻子刮刀；抹子，包括不锈钢抹子、木抹子、阴阳角抹子、塑料抹子；塑料或木制托灰板；铝合金刮尺（H 形刮尺），长 2200mm；木制靠尺和线坠（托板线），长 2～3m；喷雾器（农用手提式）；搅拌工具：人工搅拌常用的工具有铁锹、灰镐、灰耙、灰叉子；机械搅拌常用手提电动搅拌器或小型搅拌机；拌灰和抹灰时用铁板或橡胶板和拌灰桶（槽）以及架板及其支架等。

（4）为防止抹灰过程中污染和损坏已完工的成品，抹灰前应确定防护的具体项目和措施，或对相关部位进行遮挡和包裹。

① 抹灰前应对门窗框进行防护。

② 当布设和移动输浆管时，应注意对门窗口和柱面等阳角处加以防护。

③ 已装饰的楼面要用塑料布等遮盖。

④ 设有变形缝和分隔缝的楼地面、顶棚处，抹灰前应对变形缝和分隔缝加以遮挡。

⑤ 抹灰前应对基层上的管道、防火箱、电气开关箱、预埋件和设备等采取防护措施。

⑥ 对已安装的栏杆、扶手板等应用塑料胶纸或塑料布包裹。

⑦ 严禁在楼（地）面上拌合料浆。

4. 基层处理

（1）施工前，应事先将基层表面的灰尘、污垢清扫干净。对墙体基层表面凹凸不平部位应认真剔平或补平；对有外露的钢筋头必须割掉，采取防腐措施后用砂浆盖住断口，以免在此处出现锈斑；对砂浆残渣、油漆、隔离剂等污垢必须清除干净。

（2）施工时，基层无需洒水。当室温超过 30℃ 时，基层墙体抹灰前应适量洒水湿润，润湿均匀，但墙体表面不能有明水，施工时地面应洁净干燥。

（3）在墙体不同基材的连接处或墙体阴角处应先粘贴耐碱网格布，搭接宽度应从相接处起不小于 150mm。

（4）门窗框与墙面缝隙根据不同材质的门窗分别嵌填密实。

（5）基层墙体允许偏差值应符合表 5-4 的规定。

基层墙体允许偏差值　　　表 5-4

| 项次 | 项目 | | 允许偏差（mm） |
|---|---|---|---|
| 1 | 表面平整度 | | 8 |
| 2 | 垂直度 | ≤3m | 5 |
| | | >3m | 10 |
| 3 | 阴阳角垂直度 | | 4 |

5. 料浆制备

（1）应按照每次施工量及产品的可操作时间，确定每次所需料浆搅拌量，料浆应在初凝前用完，使用过程中严禁加水，对于已凝结的料浆严禁再继续加水使用。底层粉刷石膏宜采用石膏砂浆成品料，不宜现场加砂配制。

（2）底层粉刷石膏的制备：宜采用机械搅拌，用小型搅拌机按产品说明书要求的水灰比进行强力搅拌。底层粉刷石膏的质量

水灰比约为 (0.13～0.15)∶1。

当采用人工拌灰时，将定量的底层粉刷石膏砂浆倒在拌灰板上，加入适量水，用铁锹充分拌匀，静置 4～5min 后再次拌匀即可使用。遇夏季高温天气时，可适度调整水灰比，但应避免在38℃以上的环境条件下施工。

(3) 面层粉刷石膏的制备：宜采用机械搅拌，先将水加入搅拌桶内，再加入粉料，用手提式电动搅拌器搅拌 2～5min，使料浆达到施工所需的稠度，静置 5min 再进行二次搅拌，拌匀后使用，搅拌好的料浆内不应出现未搅开的颗粒。

面层粉刷石膏的质量水灰比为 (0.24～0.27)∶1。

(4) 轻质保温粉刷石膏的制备：轻质保温粉刷石膏质量水灰比为 (0.39～0.45)∶1；调配方法同面层粉刷石膏。

6. 施工注意事项

(1) 施工时应根据抹灰部位确定抹灰路线和顺序。一般按先顶棚后墙面，先上后下，从门口一侧开始，另一侧退出，整个墙面连续作业。

(2) 根据墙面基层平整度及装饰要求，应设置标筋，层高3m 以下时横标筋宜设两道，层高 3m 以上时，需增加一道；竖筋距离宜为 1.5m，宽度为 30～50mm。

(3) 在较为平整的墙面上抹灰时，抹灰层厚度一般在 8mm左右，可一次抹灰完成，也可分层抹灰。如因墙面不平或其他要求，抹灰层厚度大于 8mm、小于等于 30mm 时，应分层施工，第二层要在第一层料浆初凝后方可进行。防止几层湿浆合在一起，砂浆内部产生松动，造成收缩率过大而产生空鼓或裂缝。当抹灰层厚度大于 30mm，应采取加强措施，加钉钢丝网。

(4) 按设计要求厚度打底找平后，在底层料浆终凝前进行压光作业，先用 H 形尺或木制刮尺紧贴标筋，上下左右刮平，然后用木抹子轻轻搓光后，再用不锈钢抹子或其他能满足饰面要求的抹子进行压光，但应避免在同一部位反复压光；也可用木抹子用力搓揉，以免强度下降。底层粉刷石膏抹灰应与基层结合牢固。

（5）面层粉刷石膏抹灰应在底层粉刷石膏终凝后即可罩面抹灰，不宜在底层料浆完全干燥后进行。

（6）面层抹灰厚度不得小于 0.5mm，一般在 2～3mm，可一次完成；对于基材表面较为平整的顶棚、混凝土基材面，当无特殊要求时，可直接用面层粉刷石膏罩面，厚度不大于 5mm。

（7）面层抹灰时应由阴、阳角处开始，先竖着（横着）薄薄刮一遍底，再横着（或竖着）抹第二遍找平；阴、阳角分别用阳角和阴角抹子捋光。

（8）罩面抹灰的表面压光应在终凝前用不锈钢抹子或其他能满足饰面要求的抹子顺抹子纹压光，并随时用靠尺检查墙面是否平整，以利找补。粉刷石膏抹灰应做到大面平整，小面方正，阴阳角顺直，不得有空鼓、粉化、裂缝等缺陷。

（9）抹灰过程中清理的落地灰以及修整过程中刮落的料浆不宜回收使用。

（10）轻质保温粉刷石膏适用于墙体自保温体系或设计中有一定保温要求的工程。其施工条件和操作要求可按底层粉刷石膏的施工工艺进行。

（11）粉刷石膏抹灰养护及成品保护：

① 在粉刷石膏抹灰层未凝结硬化前，应尽可能遮挡门窗口，避免由于已抹墙面受到干风吹袭，失水过快产生掉粉、风裂现象，保证石膏充分水化；

② 当粉刷石膏凝结硬化以后，应保持通风良好，使其尽快干燥，达到使用强度；

③ 应避免抹灰层受磕碰、锤击和刮划；

④ 新抹灰的墙面不允许被热源烘烤。

7. 冬期施工

（1）当室外日平均气温连续 5d 稳定低于 5℃时，应按冬期施工规定执行。

（2）冬期施工应对原材料、机械设备和作业场所采取保温防冻措施。粉刷石膏及砂子等材料应提前放置室内备用，不得使用含冰、雪的砂子。料浆搅拌机及喷涂机应放置在室内。

（3）冬期室内抹灰施工，室内环境温度应在 0℃ 以上，应对门窗或其他洞口进行遮挡；若已安装了门窗扇，应遮挡防护。料浆的温度应在 0℃ 以上，必须保证料浆在不结冰的情况下使用。

（4）冬期施工料浆搅拌时间比常温略长，料浆随拌随用。工作结束后，及时清除设备、料斗和管道内残存料浆。

（5）抹灰前，墙面必须清理干净，不得在冻结的基层上施工。

（6）施工过程中，应设专人每天对气温、原材料、料浆温度和室温进行测试，每 4h 测一次，并做好记录。

（7）抹灰结束后，粉刷石膏未硬化前不得受冻。

**五、粉刷石膏抹灰工程质量验收**

1. 一般规定

（1）粉刷石膏抹灰工程验收时应按表 5-5 和表 5-6 填写质量验收记录表。

（2）粉刷石膏抹灰工程验收时应检查下列文件和记录：

① 工程施工图、设计说明或其他设计文件。

② 原材料的产品合格证书和性能检测报告、进场验收记录和复验报告。

③ 隐蔽工程验收记录。

④ 抹灰工程施工记录。

⑤ 其他必须提供的资料。

（3）粉刷石膏抹灰工程应对下列部位或内容进行隐蔽工程验收，并应有详细的文字记录和必要的图像资料：

① 基层及其表面处理。

② 粉刷石膏施工。

③ 耐碱网格布、热镀锌电焊网铺设。

④ 被封闭的粉刷石膏厚度。

⑤ 墙体热桥部位处理。

⑥ 阴阳角、门窗洞口保温层的加强处理。

⑦ 其他必须提供的资料。

（4）粉刷石膏抹灰工程验收前，应按相同材料、工艺的每50个自然间（大面积房间和走廊按抹灰面积 $30m^2$ 为一间）划分为一个检验批，不足 50 间也划分为一个检验批。

（5）每个检验批的检查数量至少抽查 10%，并不得少于 3 间；不足 3 间时应全数检查。

（6）粉刷石膏抹灰工程的检验批质量验收合格，应符合下列规定：

① 检验批应按主控项目和一般项目验收。

② 主控项目应全部合格。

③ 一般项目应合格；当采用计数检验时，至少应有 80% 以上的检查点合格。

④ 应具有完整的施工操作依据和质量验收记录。

（7）粉刷石膏抹灰工程的分项工程质量验收合格，应符合下列规定：

① 分项工程所含的检验批应合格。

② 分项工程所含检验批的质量验收记录应完整。

**无水型粉刷石膏抹灰工程检验批质量验收记录表**　　表 5-5

编号：

| 工程名称 | | 分项工程名称 | | 验收部位 | |
|---|---|---|---|---|---|
| 施工单位 | | 项目经理 | | 专业工长（施工员） | |
| 分包单位 | | 分包项目经理 | | 施工班组长 | |
| 施工执行标准名称及编号 | | | | | |
| 质量验收规定 | | 施工单位自检记录 | | 监理（建设）单位验收记录 | |
| 主控项目 | 1 基层表面要求 | | | | |
| | 2 原材料质量 | | | | |
| | 3 分层抹灰及其加强措施 | | | | |
| | 4 层间粘结及面层质量 | | | | |
| | 5 轻质保温粉刷石膏质量 | | | | |
| 一般项目 | 1 表面质量 普通抹灰 | | | | |
| | 高级抹灰 | | | | |
| | 2 护角、孔洞、槽、盒周围的表面质量 | | | | |
| | 3 抹灰层的总厚度 | | | | |

| 工程名称 | | | 分项工程名称 | | 验收部位 | |
|---|---|---|---|---|---|---|
| 施工单位 | | | 项目经理 | | 专业工长(施工员) | |
| 分包单位 | | | 分包项目经理 | | 施工班组长 | |
| 施工执行标准名称及编号 | | | | | | |
| 质量验收规定 | | | 施工单位自检记录 | | 监理(建设)单位验收记录 | |
| 一般项目 | 4 允许偏差 (mm) | 表面平整度 | 普通抹灰 | 4 | | |
| | | | 高级抹灰 | 3 | | |
| | | | 保温层 | 5 | | |
| | | 立面垂直度 | 普通抹灰 | 4 | | |
| | | | 高级抹灰 | 3 | | |
| | | | 保温层 | 5 | | |
| | | 阴、阳角方正 | 普通抹灰 | 4 | | |
| | | | 高级抹灰 | 3 | | |
| | | | 保温层 | 5 | | |
| | | 分格条(缝)直线度 | 普通抹灰 | 4 | | |
| | | | 高级抹灰 | 3 | | |
| | | | 保温层 | 5 | | |
| | | 墙裙、勒脚上口直线度 | 普通抹灰 | 4 | | |
| | | | 高级抹灰 | 3 | | |
| | | | 保温层 | 5 | | |
| | | 保温层厚度 | 不应有偏差 | | | |
| 质量检查记录 | | | | | | |
| 施工单位检查评定结果 | | 项目专业质量检验员: 项目专业质量(技术)负责人: 月 日 | | | | |
| 监理(建设)单位验收结论 | | 监理工程师(建设单位项目技术负责人): 月 日 | | | | |

注：本表由施工项目专业质量检查员填写，监理工程师（建设单位项目技术负责人）组织项目专业质量（技术）负责人等进行验收。

2. 主控项目

（1）基层表面的尘土、污垢、油渍等应清除干净。

检验方法：检查施工记录。

（2）抹灰所用材料的品种和性能应符合设计和安徽省地方标准 DB34/T 1504—2011 规程的规定。

**无水型粉刷石膏抹灰工程分项工程质量验收记录表  表 5-6**

编号：

| 工程名称 | | 结构类型 | | 检验批数 | |
|---|---|---|---|---|---|
| 施工单位 | | 项目经理 | | 项目技术负责人 | |
| 分包单位 | | 分包单位负责人 | | 分包项目经理 | |
| 序号 | 检验批部位、区段 | 施工单位检查评定结果 | | 监理(建设)单位验收结论 | |
| 1 | | | | | |
| 2 | | | | | |
| 3 | | | | | |
| 4 | | | | | |
| 5 | | | | | |
| 检验批质量检查记录 | | | | | |
| 备注 | | | | | |
| 施工单位检查结论 | | 项目专业技术负责人：<br><br>　　　　　　　年　月　日 | | | |
| 监理(建设)单位验收结论 | | 专业监理工程师(建设单位项目专业技术负责人)：<br><br>　　　　　　　年　月　日 | | | |

注：本表由施工项目专业技术负责人填写，专业监理工程师（建设单位项目专业技术负责人）组织项目专业质量（技术）负责人等进行验收。

检验方法：检查产品合格证书、进场验收记录、复验报告。

（3）抹灰工程应分层进行。当抹灰总厚度大于或等于 30mm 时，应采取敷设镀锌钢丝网或双层玻纤网格布等加强措施。不同基材交接处表面的抹灰，应采取防止开裂的加强措施，玻纤网与各基体的搭接宽度应不小于 150mm。

检验方法：检查隐蔽工程验收记录和施工记录。

（4）抹灰层与基层之间及各抹灰层之间必须粘结牢固，抹灰层无脱层、空鼓，面层无爆灰和裂缝。

检验方法：观察，用小锤轻击。

3．一般项目

（1）粉刷石膏抹灰工程的表面质量应符合下列规定：

① 普通抹灰表面应光滑、洁净、接槎平整，分隔缝应清晰。

② 高级抹灰表面应光滑、洁净、颜色均匀、无抹纹，分隔缝和灰线应清晰美观。

检验方法：观察，手摸检查。

（2）护角、孔洞、槽、盒周围及与各构件交接处的粉刷石膏抹灰表面应整齐、光滑，管道后面的抹灰表面应平整。

检验方法：观察。

（3）粉刷石膏抹灰层的总厚度应符合设计要求。粉刷石膏不得与水泥砂浆层、石灰砂浆层等互用。

检验方法：检查施工记录。

（4）粉刷石膏抹灰工程质量允许偏差和检验方法应符合表5-7的规定。

**粉刷石膏抹灰工程质量允许偏差和检验方法**　　表5-7

| 项次 | 项目 | 允许偏差（mm） | | | 验收方法 |
| --- | --- | --- | --- | --- | --- |
| | | 抹面层 | | 保温层 | |
| | | 普通抹灰 | 高级抹灰 | | |
| 1 | 表面平整度 | 4 | 3 | 5 | 用2m靠尺和塞尺检查 |
| 2 | 立面垂直度 | 4 | 3 | 5 | 用2m托线板检查 |
| 3 | 阴、阳角方正 | 4 | 3 | 5 | 用直角检测尺检查 |
| 4 | 分格条（缝）直线度 | 4 | 3 | 5 | 拉5m线，不足5m拉通线，用钢直尺量检查 |
| 5 | 墙裙、勒脚上口直线度 | 4 | 3 | 5 | 拉5m线，不足5m拉通线，用钢直尺量检查 |
| 6 | 保温层厚度 | 按设计厚度不应有负偏差 | | | 用棒针插入和尺量检查 |

注：1. 普通抹灰，阴角方正可不检查。

　　2. 顶棚抹灰，表面平整度可不检查，但应平顺。

　　3. 砖墙及加气混凝土墙面普通抹灰时，阴阳角方正可不检查，但应找平。

　　4. 混凝土基层抹灰按高级抹灰要求。

## 第二节 磷石膏玻化微珠内墙保温砂浆制备及应用技术

### 一、磷石膏简介

磷石膏是磷酸厂、磷肥厂和洗涤剂厂等排出的工业废渣，每生产 1t 磷酸约排放出 5t 磷石膏。随着化学工业的发展，磷石膏的排放量很大，因此回收和综合利用磷石膏意义重大。

磷石膏的主要成分是二水石膏（$CaSO_4 \cdot 2H_2O$），其含量约 $64\% \sim 69\%$。除此之外，还含有磷酸约 $2\% \sim 5\%$，氟（F）约 $1.5\%$，以及游离水和不溶性残渣等，是带酸性的粉状物料。由于磷石膏含有害物质，其大量排放，不仅增加费用，占用场地，而且污染环境，给人类健康和生态环境带来危害。因此，各国都非常重视磷石膏的开发利用，各种磷石膏制品也纷纷应市。磷石膏除了能代替天然石膏生产硫酸铵以及农业肥料外，对于符合国家标准《建筑材料放射卫生防护标准》GB 6566—86 和《建筑材料用工业废渣放射性物质限制标准》GB 6763—86 的磷石膏，也可以作为水泥的缓凝剂，还可以用于生产石膏胶凝材料及制品。

实际上，人们对于使用磷石膏生产建筑工程材料已经进行了很多研究，例如使用磷石膏生产建筑石膏、制备石膏空心砌块、配制内墙腻子和自流平地坪材料等，都取得一定的效果。这里介绍以经预处理的磷石膏为胶凝材料、膨胀玻化微珠为保温隔热轻骨料制备的磷石膏玻化微珠内墙保温砂浆及其施工技术。

### 二、磷石膏玻化微珠内墙保温砂浆的原材料、配方和制备

配方及制备程序

（1）原材料和配方 制备磷石膏玻化微珠内墙保温砂浆的原材料、配方见表 5-8。

（2）制备程序 磷石膏玻化微珠内墙保温砂浆的制备工艺见图 5-6。

制备磷石膏玻化微珠内墙保温砂浆的原材料与配方　表 5-8

| 原材料名称 | 功能或作用 | 用量(质量比) |
|---|---|---|
| 磷石膏 | 胶凝材料,赋予保温砂浆力学强度和粘结性能 | 90.0～90.4 |
| 缓凝剂 | 胶凝材料改性材料,减缓磷石膏加水拌合后的凝结硬化速度,延长凝结时间,使保温砂浆具有适当的可操作时间 | 0.2～0.4 |
| 甲基羟乙基纤维素醚 | 保水剂,赋予保温砂浆施工性、保水性和提高施工时的抗垂坠性 | 0.3～0.5 |
| 可再分散乳胶粉 | 增强保温砂浆的柔性,提高抗折、抗拉强度和与基层的粘结强度 | 3～5 |
| 木质纤维素 | 降低保温砂浆的干燥收缩,赋予保温砂浆抗裂性,并提高和易性 | 0.3～0.5 |
| 填料 | 重质碳酸钙粉末,提高保温砂浆的密实度 | 1.0～3.0 |
| 膨胀玻化微珠 | 轻骨料,增大保温砂浆的体积,赋予保温隔热性能 | 50.0～55.0 |

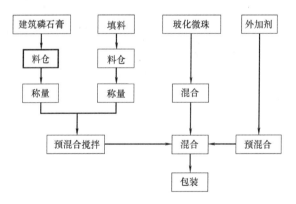

图 5-6　磷石膏玻化微珠内墙保温砂浆的制备工艺示意图

## 三、磷石膏玻化微珠内墙保温砂浆施工工艺

### 1. 磷石膏玻化微珠内墙保温砂浆施工工序

施工工序为：基层墙面清理→润湿墙面→吊垂直、套方、弹抹灰厚度控制线→涂刷界面剂→做灰饼、冲筋→抹磷石膏玻化微珠内墙保温砂浆→保温层验收→抹石膏抗裂砂浆同时压入耐碱玻纤网格布→验收→抹面层粉刷石膏→抹平压光→验收。

2. 磷石膏玻化微珠内墙保温砂浆施工技术

（1）基层处理

① 基层清理　清理主体施工时墙面遗留的钢筋头、废模板，填堵施工孔洞；清扫墙面浮灰，清洗油污；墙表面突起物不小于10mm时应剔除；施工前一天应润湿表面，如天气干燥、气温过高，则在当天抹灰前应再次湿润，但抹灰时墙面不得有明水。

② 界面处理：用辊刷将界面剂均匀涂刷于基层表面。

③ 吊垂直、套方找规矩、弹厚度控制线；根据墙面基层平整度及保温层厚度要求弹出抹灰控制线；按厚度控制线用保温砂浆做标准厚度灰饼、冲筋。

（2）磷石膏玻化微珠内墙保温砂浆的调配　将水加入容器中（用水量可按砂浆稠度仪锥入度为 70～80mm 为宜），再加入保温砂浆干粉料，搅拌 3～5min，使料浆成均匀膏状体，并且静置3～5min 再次搅拌即可使用。料浆必须随配随用，一定要在初凝前用完，使用过程不允许加水，已凝结的灰浆决不能再次加水使用。

（3）磷石膏玻化微珠内墙保温砂浆的施工　磷石膏玻化微珠内墙保温砂浆的施工应分层进行，配好的保温砂浆第一遍抹灰时应在涂刷界面砂浆后的基层墙体上进行，由左至右、由上至下进行，抹灰厚度不宜大于10mm；第二遍抹灰应在第一遍抹灰初凝之后进行，直至达到灰饼冲筋厚度，并用大杠搓平。保温砂浆在抹灰操作中按压应适度，既要保证与基层墙面的粘结，又不能影响抹灰层的保温效果，保温层的抹灰表面无需压光。

（4）保温层验收　抹完保温层后，用检测工具进行检验，保温层应垂直、平整、阴阳角方正、顺直，对保温层厚度不符合前一节表 5-7 中"按设计厚度不应有负偏差"要求的墙面，应进行修补。

（5）抹石膏抗裂砂浆和粉刷石膏面层　在保温层固化干燥后，抹石膏抗裂砂浆 2～3mm 厚，不得漏抹，同时在刚抹好的砂浆上压入裁好的耐碱玻纤网格布，要求耐碱玻纤网格布横向绷紧铺贴并全部压入石膏抗裂砂浆内。耐碱玻纤网格布不得有干贴现象，粘贴饱满度应达到100%，搭接宽度不应小于100mm，2层搭接网格布之间要布满石膏抗裂砂浆，严禁干槎搭接。在阳角处加贴2层耐碱玻纤网格布条，在门窗洞口的四角处还应以45°斜向加铺1道耐碱玻纤网格布，耐碱玻纤网格布尺寸宜为400mm×300mm。抹完石膏抗裂砂浆层，应检查垂直、平整和阴阳角方正，对不符合前一节表5-7中"抹面层"要求的墙面进行修补。

当石膏抗裂砂浆终凝后，再抹面层粉刷石膏，并在面层粉刷石膏接近终凝时压光。

3. 施工注意事项

（1）保温浆料的施工宜自上而下进行；保温层固化干燥后（用手掌按不动表面）后方可进行下道工序的施工。

（2）踢脚其他接点处理方法

做木踢脚时需要剔洞（$\phi$30mm），然后嵌入木垫块（中距600mm），并用强力胶或用聚合物水泥基胶粘剂将木踢脚板粘贴于墙面。然后，用钉子将木踢脚板钉于木垫块上，背面衬一层油纸。

做地砖踢脚板时，可用墙力胶直接粘贴，或用聚合物水泥基胶粘剂粘贴。

做水泥踢脚时，用聚合物水泥砂浆打底并施工。

其他节点处理　按照设计要求进行。


# 第三节　石膏砌块应用技术


## 一、石膏砌块的特性与应用

石膏砌块是以建筑石膏和水为主要原料，经搅拌、浇注成型和干燥制成。石膏砌块生产时可以加轻骨料以降低其重量和提高保温隔热性能；或加水泥、外加剂等以提高其耐水性和强度。石膏砌块尺寸精度高，表面光洁平整，四边企口和榫槽配合精密，

413

施工精确度高，墙面不需要抹灰，墙体无空鼓、开裂现象，是一种性能良好的非承重内隔墙材料。

1. 石膏砌块的特点

（1）耐火性好　石膏砌块具有石膏建筑材料的固有特点。石膏砌块的耐火性好，80mm 厚的石膏砌块分解时间需近 4h，其耐火性能优越。

（2）透气、吸湿性　石膏砌块具有"呼吸功能"。石膏建材的"呼吸功能"源于它的多孔性。石膏砌块的水膏比一般在 0.6～0.8 之间，水化硬化后的大量游离水将被蒸发，在制品中留下大量孔隙。这些孔隙在室内湿度大时，可将水分吸入，反之可将水分释放出来，能自动调节室内湿度，使人感到舒适。

（3）保温隔热性能和防霉性　石膏材料的导热系数根据体积密度不同在 0.20～0.28W/(m·K) 之间，与木材的平均导热系数相近。导热系数小，传热速度慢，人体接触时感觉"暖"。

石膏砌块的 pH 值为 5～6，墙体表面不存水，可大大抑制霉菌的生长。

（4）施工效率高　石膏砌块的施工属干作业，砌块的四周有企口和榫槽，砌筑速度很快，墙面不需抹灰，局部找平后即可进行装饰，与传统墙面比较，可缩短工期。

（5）环保性好　石膏建材节能、节材、可利废、可回收利用、卫生、不污染环境。

（6）体积稳定，不易开裂　石膏砌块本身变形性小。其胀缩率在相等的条件下是水泥及硅酸盐类产品的 1/20。砌筑砌块的粘结剂也可以采用石膏基材料，体积胀缩率与砌筑砌块相同，在榫槽咬合的作用下形成的墙体不易开裂。

（7）加工性好　石膏砌块可锯、可刨、可钉挂，使用户做室内装饰造型时非常方便。墙体可以轻易地开槽走管线、安线盒，只要按正确的施工方法施工，走管线的部位将像加强筋一样成为墙体中最牢固的地方。如因特殊情况出现墙体破坏，修补时也十分方便快捷。此外，石膏砌块墙面平整，节省精装修费用。

414

（8）可回收利用　建筑石膏是由二水石膏烧制而成的，水化后又变成二水石膏。如果石膏砌块的配方中只有建筑石膏和水，废弃的石膏砌块经破碎、再煅烧后又可作为生产石膏建材的原料。因此，石膏砌块是一种可循环利用的建材。

2. 石膏砌块的种类、规格

（1）种类　国家建材行业标准《石膏砌块》JC/T 698—1998 按不同分类方法对石膏砌块进行分类，如表5-9所示。

石膏砌块的分类与种类　　　　表5-9

| 分类方法 | 类　别 | 特　征 | 代号 |
|---|---|---|---|
| 按砌块的结构分类 | 石膏空心砌块 | 带有水平或垂直方向的预制孔洞 | K |
| | 石膏实心砌块 | 无预制空洞 | S |
| 按所用石膏来源分类 | 天然石膏砌块 | 用天然石膏砌块作原料制成 | T |
| | 化学石膏砌块 | 用化学石膏作原料制成 | H |
| 按砌块的防潮性能分类 | 普通石膏砌块 | 在成型过程中未做防潮处理 | P |
| | 防潮石膏砌块 | 在成型过程中经防潮处理,具有防潮性能 | F |

（2）规格　石膏砌块外形为长方体，纵横边缘分别设有头和槽，其规格为：

① 长度为 666mm；

② 高度为 500mm；

③ 厚度为 60mm、80mm、90mm、100mm、110mm、120mm。

此外，可根据用户要求生产其他规格的产品，其质量符合《石膏砌块》JC/T698—1998 标准的要求。

3. 石膏砌块的应用

（1）应用范围　石膏胶凝材料的强度较低，耐水性较差，因而其使用宜以室内和非承重用途为主。石膏砌块主要用于非承重内隔墙、外墙的内侧与室内贴面墙、竖井墙和室内钢结构耐火包覆等。

（2）石膏砌块选用注意事项　选用石膏砌块应注意的问题有以下几个：

① 耐水性　由于石膏砌块的耐水性较差，不适用于湿度长期大于90％或有水长期浸泡或有流动水的地方。在可能与水接触的地方，须采取严密的防水措施。如生产砌块时，在配料中加防水剂或防水掺合料，根据可能与水接触的范围，在隔墙上作局部或全部的防水贴面或涂层；缝隙与孔洞必须用密封膏封严；除此之外，还可在砌筑隔墙之前，做一个砖或混凝土墙垫。

② 墙体裂缝预防　各种轻质隔墙的板缝开裂已成为通病。其主要原因有材质问题、隔墙构造问题和隔墙与主体结构的连接问题等。石膏砌块在环境温湿度变化时体积变化较小，且与板材相比，石膏砌块隔墙的砌筑缝较短，因而只要接缝材料选用得当，施工方法正确，石膏砌块隔墙的裂缝问题可以避免的。

③ 石膏砌块隔墙的隔声性　在住建部组织编制的"住宅部品非承重内隔墙技术条件"中规定：分户隔墙的空气声计权隔声量，实验室测量值不应小于50dB，现场测量值不应小于45dB。套内分室隔墙的空气声计权隔声量，实验室测量值不应小于35dB，现场测量值不应小于30dB。现有的非承重内隔墙难以满足分户墙的要求，需要采取必要的技术措施，如双层做法，在隔墙上加隔声层等。

**二、石膏砌块工程应用的材料性能要求**

1. 石膏砌块

现行地方标准详细规定了石膏砌块工程应用中的有关问题，如材料性能要求、设计、细部构造、施工和验收等，本节以此为依据介绍石膏砌块的应用技术。

石膏砌块的物理力学性能应满足建材行业标准 JC/T 698 的要求。

（1）表观密度　实心砌块的表观密度应不大于 $1000kg/m^3$，空心砌块的表观密度应不大于 $700kg/m^3$。单块砌块的重量应不大于 30 kg。

（2）平整度　石膏砌块表面应平整，平整度应不大于 1.0mm。

（3）断裂荷载　石膏砌块应有足够的机械强度，断裂荷载值应不小于 1.5kN。

（4）软化系数　石膏砌块的软化系数应不低于 0.6。该指标仅适用于防潮石膏砌块。

2. 其他材料

（1）耐碱玻璃纤维网格布技术性能应符合现行行业标准《耐碱玻璃纤维网格布》JC/T 841 的规定。

（2）石膏基粘结浆的技术性能应符合现行行业标准《粘结石膏》JC/T 1025 的规定，其物理力学性能见表 5-10。

粘结石膏的物理力学性能指标　　　　　　表 5-10

| 项　　目 | | | 指标 | |
|---|---|---|---|---|
| | | | R（快凝型） | G（普通型） |
| 1.18mm 筛网筛余 | | | 0 | |
| 150μm 筛网筛余 | | ≤ | 1 | 25 |
| 凝结时间（h） | 初凝 | ≥ | 5 | 25 |
| | 终凝 | ≤ | 20 | 120 |
| 绝干强度（MPa） | 抗折 | ≥ | 5.0 | |
| | 抗压 | ≥ | 10.0 | |
| | 拉伸 | ≥ | 0.70 | 0.50 |

（3）水泥基粘结浆的物理力学性能指标应符合表 5-11 的规定。

水泥基粘结浆的物理力学性能指标　　　　　表 5-11

| 项目 | 指标 | 试验方法 |
|---|---|---|
| 稠度（mm） | 70～90 | |
| 湿密度（kg/m³） | ≤2000 | |
| 分层度（mm） | ≤20 | |
| 凝结时间（h） | 贯入阻力达到 0.5MPa 时,2.5～4.0 | JGJ/T 70 |
| 抗压强度（MPa） | ≥5.0 | |
| 收缩性能（%） | ≤0.25 | |
| 拉伸粘结强度（MPa） | ≥0.20 | JC890 |

### 三、石膏砌块墙体的构造设计

1. 基本规定

（1）石膏砌块砌体不得用于下列部位：

① 防潮层以下部位；

② 长期处于浸水或化学侵蚀的环境。

（2）石膏砌块砌体底部应设置高度不小于 200mm 的 C20 现浇混凝土或预制混凝土、砖砌墙垫，墙垫厚度应为砌体厚度加 10mm。厨房、卫生间等有防水要求的房间应采用现浇混凝土墙垫。

（3）厨房、卫生间砌体应采用实心石膏砌块，砌体内侧应采取防水砂浆抹灰或防水涂料涂刷等有效的防水措施。

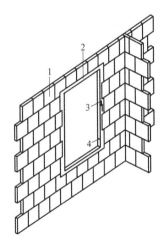

图 5-7　洞口边框示意图
1—石膏砌块砌体；2—洞口边框；
3—边框宽度；4—边框厚度

（4）窗洞口四周 200mm 范围内的石膏砌块砌体的孔洞部分应采用粘结石膏填实，门洞口和宽度大于 1500mm 的窗洞口应加设钢筋混凝土边框，边框宽度不应小于 120mm，厚度应同砌体厚度（图 5-7），边框混凝土强度等级不应小于 C20，纵向钢筋不应小于 2φ10，箍筋宜采用 φ6mm，间距不应大于 200mm。

2. 隔声性能

石膏砌块砌体的隔声性能应符合现行国家标准《民用建筑隔声设计规范》GBJ 118 的要求。

3. 拉结措施

石膏砌块砌体与主体结构之间应采取可靠的拉结措施，并应符合下列规定：

（1）石膏砌块砌体与主体结构梁或顶板之间宜采用柔性连接；当主体结构刚度相对较大可忽略石膏砌块砌体的刚度作用

时，石膏砌块砌体与主体结构梁或顶板之间可采用刚性连接（图5-8 和图 5-9）。

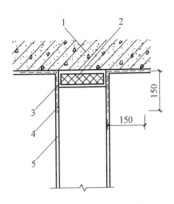

图 5-8 砌体与梁（顶板）
柔性连接示意

1—梁（顶板）；2—用粘结石膏在梁（顶板）下粘贴 10～15mm 厚泡沫交联聚乙烯，宽度＝墙厚－10mm；3—粘结石膏嵌缝抹平；4—粘贴耐碱玻璃纤维网格布；5—装饰面层

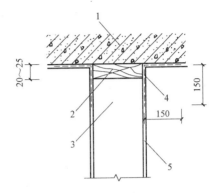

图 5-9 砌体与梁（顶板）
刚性连接示意

1—梁（顶板）；2—顶层平缝间用木楔挤实，每砌块不少于 1 副木楔；3—石膏砌块砌体；4—粘贴耐碱玻璃纤维网格布；5—装饰面层

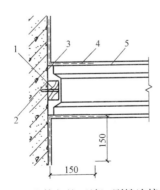

图 5-10 砌体与柱（墙）刚性连接示意

1—防腐木条用钢钉固定，钢钉中矩≤500mm；2—柱（墙）；3—粘结浆填实补齐；4—粘贴耐碱玻璃纤维网格布；5—装饰面层

419

（2）石膏砌块砌体与主体结构柱或墙之间应采用刚性连接（图 5-10）。

（3）除宽度小于 1.0m 可采用配筋砌体过梁外，门窗洞口顶部均应采用钢筋混凝土过梁。

（4）主体结构柱或墙应在石膏砌块砌体高度方向每皮水平灰缝中设 2φ6 拉结筋，拉结筋应深入砌体内，末端应有 90°弯钩。拉结筋的深入砌体内的长度应符合下列规定：

①当抗震设防烈度为 6、7 度时，深入长度不应小于砌体长度的 1/5，且不应小于 700mm。

②当抗震设防烈度为 8 度时，宜沿砌体两侧主体结构高度每皮设置拉结筋，拉结筋与两端主体结构柱或墙应连接可靠，并沿砌体全长贯通。

（5）当石膏砌块砌体长度大于 5m 时，砌体顶与梁或顶板应有拉结；当砌体长度超过层高 2 倍时，应设置钢筋混凝土构造柱；当砌体高度超过 4m 时，砌体高度 1/2 处应设置与主体结构柱或墙连接且沿砌体全长贯通的钢筋混凝土水平系梁。

当设置钢筋混凝土构造柱或水平系梁时，混凝土强度等级不应低于 C20；构造柱截面宽度不应小于 120mm，厚度应同砌体厚度，纵向钢筋不应小于 4φ12，箍筋宜采用 φ6mm，间距不应大于 100mm；水平系梁截面高度不应小于 120mm，厚度应同砌体厚度，纵向钢筋不应小于 4φ8，箍筋宜采用 φ6mm，间距不应大于 200mm。

4. 加强措施

石膏砌块砌体与不同材料的接缝处和阴阳角部位，应采用粘结石膏粘贴耐碱玻璃纤维网格布加强带进行处理。

**四、石膏砌块墙体施工技术**

1. 一般规定

（1）石膏砌块运输时宜有专门包装，搬运或安装时应轻拿轻放。

（2）石膏砌块宜室内存放，严禁淋雨受潮，应避免碰撞。石

420

膏砌块存放时，应保持垂直方向，下部应采用垫木架空，最高码放高度不应超过 4 层。不同规格型号的石膏砌块应分类堆放，并应根据试验状态标识型号。

（3）在砌筑石膏砌块砌体时，石膏砌块含水率不应大于 8％。

（4）粘结浆的品种和强度等级应符合设计要求，并应通过试配确定配合比。

（5）石膏砌块砌体内不得混砌黏土砖、蒸压加气混凝土砌块、混凝土小型空心砌块等其他砌体材料。

2. 施工准备

（1）除通用砌筑工具外，施工时还应配备刀锯、切割机、橡皮锤、电钻、冲击电锤等工具。

（2）砌筑工程所使用的材料进场时，应查验产品合格证书、产品性能检测报告，对石膏砌块、水泥、钢筋、砂石、粘结石膏、耐碱玻璃纤维网格布、外加剂等材料应进行复验。

（3）石膏砌块砌体施工前宜按照设计施工图绘制石膏砌块立面排块图。排列时应根据石膏砌块规格、灰缝厚度和宽度、门窗洞口尺寸、过梁与水平系梁的高度、构造柱位置、预留洞大小等进行错缝搭接排列。当顶端或墙边不足整块时，可将砌块切锯成所需的规格，其最小规格尺寸不得小于整块的 1/3。

（4）石膏砌块砌筑前应检查基层。基层表面应平整、不得有污染杂物，现浇混凝土墙垫的强度应达到 1.2MPa。

（5）在石膏砌块砌筑前应按照施工图画砌体位置线，在砌体阴阳角处应设立皮数杆，皮数杆的间距不宜大于 15m。

3. 砌筑施工要求

（1）石膏砌块砌筑时应上下错缝搭接，搭接长度不应小于石膏砌块长度的 1/3，石膏砌块的长度方向应与砌体长度方向平行一致，榫槽应向下。砌体转角、丁字墙、十字墙连接部位应上下搭接咬砌。

（2）石膏砌块砌体灰缝应符合下列规定：

① 砌体的水平和竖向灰缝应横平、竖直、厚度均匀、密实饱满，不得出现假缝。

② 水平灰缝的厚度和竖向灰缝的宽度应控制在 7~10mm。

③ 在砌筑时，粘结浆应随铺随砌，水平灰缝宜采用铺浆法砌筑，当采用石膏基粘结浆时，一次铺浆长度不得超过两块石膏砌块的长度，铺浆应满铺。竖向灰缝应采用满铺端面法。

（3）粘结浆应符合下列规定：

① 当采用石膏基粘结浆时，应在初凝前使用完毕，硬化后不得继续使用。

② 当采用水泥基粘结浆时，拌合时间自投料完算起不得少于 3min，并应在初凝前使用完毕。当出现泌水现象时，应在砌筑前再次搅拌。

（4）石膏砌块砌体与主体结构梁或顶板的连接应符合下列规定：

① 当石膏砌块砌体与主体结构梁或顶板采用柔性连接时，应采用粘结石膏将 10~15mm 厚泡沫交联聚乙烯带粘贴在主体结构梁或顶板底面，石膏砌块应砌筑至泡沫交联聚乙烯带，泡沫交联聚乙烯带宽度宜为砌体厚度减去 10mm。

② 当石膏砌块砌体与主体结构梁或顶板采用刚性连接时，砌块砌筑至接近梁或顶板底面处宜留置 20~25mm 空隙，在空隙处应打入木楔挤紧，并应至少间隔 7d 后用粘结浆将空隙嵌填密实。木楔应经过防腐处理，每块石膏砌块不得少于一个用于挤紧的木楔。

（5）当石膏砌块砌体与主体结构柱或墙采用刚性连接时，应先将木构件用钢钉固定在主体结构柱或墙侧面，钢钉间距不得大于 500mm，然后应在石膏砌块断面凹槽内满铺粘结浆，通过石膏砌块凹槽卡住木构件。木构件应经过防腐处理。

（6）砌入石膏砌块砌体内拉结筋应放置在水平灰缝的粘结浆中，不得外露。

（7）砌入石膏砌块砌体的转角处和交接结构宜同时砌筑。在需要留置的临时间断处，应砌成斜槎；接槎时，应先清理基面，并应填实粘结浆，保持灰缝平直、密实。

（8）施工中需要在砌体中设置的临时施工洞口的侧边距端部不应小于600mm。洞口宜留置成马牙槎，洞口上部应设置过梁，过梁的设置应符合《石膏砌块技术规程》JGJ/T 201—2010 第4.0.7 的规定。

（9）石膏砌块砌体不得留设脚手架眼。

（10）石膏砌块砌体每天的砌筑高度，当采用石膏基粘结浆砌筑时，不宜超过 3m，当采用水泥基粘结浆砌筑时不宜超过 1.5m。

（11）石膏砌块砌筑过程中，应随时用靠尺、水平尺和线坠检查，调整砌体的平整度和垂直度，不得在粘结浆初凝后敲打校正。

（12）石膏砌块砌体砌筑完成后，应用石膏基粘结浆或石膏腻子将缺损或掉角处修补平整，砌体面应用原粘结浆作嵌缝处理。

（13）对设计要求或施工所需的各种孔洞，应在砌筑时进行预留，不得在已砌筑的砌体上开洞、剔凿。

（14）管线安装应符合下列规定：

① 在砌体上埋设管线，应待砌体粘结浆达到设计要求的强度等级后进行；埋设管线应使用专用开槽工具，不得用人工敲凿。

② 埋入砌体内的管线外表面距砌体面不应小于4mm，并应与石膏砌块砌体固定牢固，不得有松动、反弹现象。管线安装后空隙部位应采用原粘结浆填实补平，填补表面应加贴耐碱玻璃纤维网格布。

4. 构造柱施工要求

（1）设置钢筋混凝土构造柱的石膏砌块砌体，应按绑扎钢筋、砌筑石膏砌块、支设模板、浇筑混凝土的施工顺序进行。

（2）石膏砌块砌体与构造柱连接处应砌成马牙槎，从每层柱脚开始，砌体应先退后进，并应形成 100mm 宽、一皮砌块高度的凹凸槎口。在构造柱与砌体交接处，沿砌体高度方向每皮石膏砌块应设 2φ6 拉结筋，每边伸入砌体内的长度应符合设计要求。

（3）构造柱两侧模板应紧贴砌体面，模板支撑应牢固，板缝不得漏浆。

（4）构造柱在浇筑混凝土前，应将砌体槎口凸出部位及底部落地灰等杂物清理干净，然后应先注入与混凝土配合比相同的 50mm 厚水泥砂浆，再浇筑混凝土。凹形槎口的腋部及构造柱顶部与梁或顶板间应振捣密实。

5. 砌体面装饰层施工要求

（1）在砌体面装饰层施工前，应清理砌体表面浮灰、杂物，设备孔洞、管线槽口周围应用石膏基粘结浆批嵌刮平。

（2）在刮腻子前，应先刷界面剂一度，随后应满批腻子二度共 3～5mm 厚，最后施工装饰面层。

（3）石膏砌块砌体与其他材料的接缝处和阴阳角部位应采用粘结石膏粘贴耐碱玻璃纤维网格布加强带进行处理，加强带与各基体的搭接宽度不应小于 150mm，耐碱玻璃纤维网格布之间搭接宽度不得小于 50mm。

（4）厨房、卫生间等粘贴瓷砖施工应按下列工序进行：

① 先满贴耐碱玻璃纤维网格布或满铺镀锌钢丝网；

② 再刷界面剂一度；

③ 然后水泥砂浆打底后施工防水层；

④ 最后粘贴瓷砖面层。

6. 冬期、雨期施工要求

（1）当室外日平均气温连续 5d 低于 5℃时，石膏砌块砌体工程应采取冬期施工措施。

（2）石膏砌块砌体工程冬期施工应编制相应的施工方案。

（3）冬期施工所用的材料应符合下列规定：

① 当石膏砌块砌筑采用水泥基粘结浆时，应采用普通硅酸盐水泥拌制，砂不得含有冰块和冻结块；当采用石膏基粘结浆

时，应采用快凝型粘结石膏。

② 不得使用已冻结的粘结浆。

③ 石膏砌块不得遇水浸冻。

④ 现场运输与储存粘结浆应采取保温措施。

(4) 石膏砌块砌体砌筑后应及时用保温材料对砌体进行覆盖，砌筑面不得留有粘结浆。

(5) 当采用水泥基粘结浆时，应采用防冻水泥基粘结浆，且粘结浆强度等级应比施工时提高一级，粘结浆使用时的温度不应低于5℃。

(6) 当水泥基粘结浆中掺外加剂时，其掺量应由试验确定，并应符合现行国家标准《混凝土外加剂应用技术规程》GB 50119 的有关规定。

(7) 当采用暖棚法施工时，石膏砌块和粘结浆在砌筑时的温度以及距离所砌的结构底面 500mm 处的棚内温度不应低于5℃。

(8) 在暖棚内的砌体养护时间，应根据棚内温度按表 5-12 确定。

**暖棚法砌体养护时间**　　　　　　　表 5-12

| 暖棚内温度(℃) | 5 | 10 | 15 | 20 |
|---|---|---|---|---|
| 养护时间(d) | ≥6 | ≥5 | ≥4 | ≥3 |

(9) 雨期施工应符合下列规定：

① 雨期施工时，石膏砌块应设置严密的覆盖设施，严禁淋雨受潮。

② 当采用水泥基粘结浆砌筑时，粘结浆稠度应根据实际情况适当减小。

③ 雨期不宜进行室内腻子施工作业。

7. 验收

(1) 一般规定

① 石膏砌块砌体工程应对下列隐蔽工程进行验收，且隐蔽工程验收记录应符合表 5-13 的规定。

a. 石膏砌块砌体底部的现浇混凝土或预制混凝土、砖砌墙垫；

b. 石膏砌块砌体与主体结构间的连接构造措施；

c. 石膏砌块砌体内设置的拉结筋规格、位置、间距、埋置长度；

d. 过梁及钢筋混凝土水平系梁、构造柱；

e. 门窗洞口的加强处理措施；

f. 石膏砌块砌体与其他材料的接缝处和阴阳角部位加强带处理措施。

② 石膏砌块砌体工程验收前，应提供下列文件和记录：

a. 原材料的出厂合格证及产品性能检测报告；

b. 粘结浆及石膏砌块的进场复验报告；

c. 混凝土试块抗压强度试验报告；

d. 砌体工程施工记录；

e. 石膏砌块砌体工程各检验批质量验收报告；

f. 分项工程验收记录；

g. 隐蔽工程验收记录；

h. 冬期、雨期施工记录；

i. 重大技术问题的处理或修改设计的技术文件；

j. 其他必须检查的项目；

k. 其他有关文件和记录。

③ 石膏砌块砌体工程检验批质量验收记录应符合表 5-14 的要求，分项工程质量验收记录应符合要求（可参考第四章中"表 4-16　基层涂料喷涂分项工程质量验收记录表"）。

**隐蔽工程验收记录**　　　　　　　　　　　表 5-13

| 单位工程名称 | | 项目经理 | |
|---|---|---|---|
| 分项工程名称 | | 专业工长 | |
| 隐蔽工程项目 | | | |
| 施工单位 | | | |
| 施工执行标准名称及编号 | | | |
| 施工图名称及编号 | | | |

| 隐蔽工程部位 | 质量要求 | 施工单位自查记录 | 监理(建设)单位验收记录 |
|---|---|---|---|
|  |  |  |  |
|  |  |  |  |
|  |  |  |  |
|  |  |  |  |
|  |  |  |  |
|  |  |  |  |
|  |  |  |  |
|  |  |  |  |
| 施工单位自查结论 | 施工单位项目技术负责人：　　　　　年　月　日 | | |
| 监理(建设)单位验收结论 | 监理工程师(建设单位项目负责人)：　年　月　日 | | |

## 检验批质量验收记录　　　　　表 5-14

| 单位(子单位)工程名称 | | | |  |  |
|---|---|---|---|---|---|
| 分部(子分部)工程名称 | | | |  | 验收部门 |  |
| 施工单位 | | | |  | 项目经理 |  |
| 施工执行标准名称及编号 | | | |  |  |  |
| 施工质量验收标准的规定 | | | 施工单位检查评定记录 | | 监理(建设)单位验收记录 |
| 主控项目 | 1 | 块材规格、型号，粘结浆品种、强度等级 |  |  |  |
|  | 2 | 构造柱、水平系梁设置 |  |  |  |
|  | 3 | 砌体与主体结构连接构造措施 |  |  |  |
|  | 4 | 门窗洞口加强技术措施 |  |  |  |

| 施工质量验收标准的规定 | | | 施工单位检查评定记录 | 监理(建设)单位验收记录 |
|---|---|---|---|---|
| 一般项目 | 1 | 灰缝厚度、宽度 | | |
| | 2 | 灰缝密实情况 | | |
| | 3 | 拉结筋设置 | | |
| | 4 | 砌块不得有裂损30mm×30mm缺角 | | |
| | 5 | 砌体转角和交接处搭接咬砌 | | |
| | 6 | 无混砌现象 | | |
| | 7 | 错缝搭砌 | | |
| | 8 | 耐碱玻璃纤维网布搭接宽度≥150mm | | |
| | 9 | 轴线位移≤5mm | | |
| | 10 | 立面垂直度≤4mm | | |
| | 11 | 表面平直度≤4mm | | |
| | 12 | 阴阳角方正≤4mm | | |
| | 13 | 门窗洞口高、宽±5mm | | |
| | 14 | 水平灰缝平直度≤7mm | | |
| 施工单位检查评定结果 | | | 专业工长(施工员) | 施工班组长 |
| | | | 项目专业质量检查员:　　年　月　日 | |
| 监理(建设)单位验收结论 | | | 监理工程师(建设单位项目专业技术负责人):　　年　月　日 | |

(2) 主控项目

① 石膏砌块规格、型号和粘结浆的品种、强度等级应符合设计要求。

抽检数量:

a. 石膏砌块应按批检验,同一生产厂家每一万块同规格、型号的石膏砌块为一批，不足 1 万块时应按一批计。普通石膏砌块应从每批中抽取 3 块作为一组试样，防潮实心砌块应抽取 6 块为一组试样。

b. 石膏基粘结浆应按批检验，同一生产厂家每 60t 为一批，不足 60t 应按一批计。每批中抽取 5 袋，每袋抽取 3kg，总量不应少于 15kg。

c. 水泥基粘结浆每一检验批砌体（且不超过 250m³ 砌体）至少应取样一次，每次不得少于 3 组。

检验方法：检查石膏砌块和粘结浆的性能试验报告。

② 石膏砌块砌体钢筋混凝土构造柱及水平系梁设置应符合设计要求。

抽检方法：全数检查。

检验方法：观察检查。

③ 石膏砌块砌体与主体结构梁或顶板、柱或墙的连接构造措施应符合设计要求。

抽检数量：全数检查。

检验方法：检查隐蔽工程验收记录及施工记录。

④ 石膏砌块砌体门窗洞口加强技术措施应符合设计要求。

抽检数量：全数检查。

检验方法：检查隐蔽工程验收记录及施工记录。

（3）一般项目

① 石膏砌块砌体水平灰缝厚度和竖向灰缝的宽度应为 7～10mm。

抽检数量：在检验批的标准间抽查 10%，且不少于 3 间，每间抽取不少于 5 处。

检验方法：用尺量 5 皮石膏砌块的高度和水平方向连续 3 块石膏砌块的长度折算。

② 石膏砌块砌体水平灰缝和竖向灰缝应密实。

抽检数量：在检验批的标准间中抽查 10%，且不应少于 3 间，每间抽取不少于 5 处。

检验方法：目测检查。

③ 石膏砌块砌体内设置的拉结筋位置应与石膏砌块皮数相符合，拉结筋应置于灰缝中，拉结筋数量、埋置长度应符合设计要求。

抽检数量：在检验批中抽查 20％，且不应少于 5 处。

检验方法：观察、尺量检查。

④ 石膏砌块砌体不得有裂损，不得有大于 30mm×30mm 的缺角。

抽检数量：在检验批的标准间中抽查 10％，且不少于 3 间，每间抽取不少于 5 处。

检验方法：观察、尺量检查。

⑤ 石膏砌块砌体转角处和交接处砌块应相互搭接并同时砌筑，临时间断处应砌成斜槎，斜槎水平投影长度不应小于高度的 2/3。

抽检数量：每检验批抽查 10％接槎，且不应少于 5 处。

检验方法：观察检查。

⑥ 石膏砌块砌体与其他材料的接缝处和阴阳角部位应采用粘结石膏粘贴耐碱玻璃纤维网格布加强带进行处理，加强带与基体的搭接宽度不应小于 150mm，耐碱玻璃纤维网格布间搭接宽度不得小于 50mm。

抽检数量：在检验批的标准间中抽查 10％，且不少于 3 片墙。

检验方法：检查隐蔽工程验收记录及施工记录。

⑦ 石膏砌块砌体尺寸的允许偏差应符合表 5-15 的规定。

石膏砌块砌体尺寸的允许偏差 表 5-15

| 项目 | 允许偏差(mm) | 检验方法 |
| --- | --- | --- |
| 轴线位移 | 5 | 用尺量检查 |
| 立面垂直度 | 4 | 用 2m 拖线板检查 |
| 表面平整度 | 4 | 用 2m 靠尺和楔形塞尺检查 |
| 阴阳角方正 | 4 | 用直角检测尺检查 |
| 门窗洞口高、宽 | ±5 | 用尺量检查 |
| 水平灰缝平直度 | 7 | 拉 10m 线和尺量检查 |

抽检数量：在检验批的标准间中抽查 10％，且不应少于 3 间；大面积房间和楼道按两个轴线或每 10 延长米按一标准间计数，每间检验不应少于 3 处。

⑧ 石膏砌块砌体不得与其他块材混砌。

抽检数量：在检验批中抽查 20％，且不少于 5 片墙。

检验方法：外观检查。

⑨ 石膏砌块砌体砌筑时，石膏砌块应上下错缝搭接，搭接长度不应小于石膏砌块长度的 1/3。

抽检数量：在检验批的标准间中抽查 10％，且不应少于 3 片墙。

检验方法：观察和用尺检查。

# 第四节　其他石膏基建筑工程材料应用技术

## 一、石膏内墙腻子施工技术

1. 石膏内墙腻子施工对新鲜基层的要求

（1）新抹水泥灰浆的基层在通风良好的状况下，夏季应干燥 14d，冬季应干燥 21d 以上；

（2）面层坚实、颜色基本一致，所有的缺陷（如裂缝、坑洞、空穴、凹陷等）已经预先进行了处理；

（3）面层无油脂及其他松脱物，无霉菌生长；

（4）墙体含水率小于 10％；pH 值小于 10，无泛碱发花现象。其中，墙体含水率可用专用测湿仪进行测试，测试方法是将测湿仪的探针插入墙体直接读数即可；墙体 pH 值可用广泛 pH 试纸测试，测试方法是先将墙体及试纸用纯净水润湿，再将试纸贴于墙体表面，根据试纸颜色的变化并与样板颜色比较即可得出墙体的 pH 值。

（5）遵循《建筑涂饰工程施工及验收规范》JGJ/T 29—2003，未经过验收合格的基层不得施工。

2. 混凝土面层常见的处理方法

① 较大的凹陷使用聚合物水泥砂浆抹平，并待其干燥；较小的裂缝、孔洞使用弹性腻子修补；

② 使用高压水枪冲洗；

③ 使用铲刀、钢丝刷和砂纸等进行处理；

④ 使用洗涤剂清洗油脂和模板隔离剂等；

⑤ 使用杀霉菌水溶液或漂白粉清除霉菌；

⑥ 若基层出现泛碱发花时应使用5%浓度的草酸水溶液刷洗，再用清水冲洗干净，干燥后使用抗碱封闭底漆进行封闭处理；

⑦ 打磨旧涂膜并检验相容性；

⑧ 使用界面剂处理表面，然后再用砂浆找平；

⑨ 对基层原有的缺陷应根据具体情况区别对待：疏松、起壳、脆裂的旧涂膜应进行彻底铲除；粘附牢固的旧涂膜使用砂纸打磨；不耐水的涂膜也应彻底铲除。

3. 基面处理不当可能给涂装系统带来的问题

当基面处理不当时可能给涂装带来质量问题，常见处理不当及其可能带来的涂装质量问题如表5-16所示。

基面处理不当可能给涂装系统带来的问题 表5-16

| 基面存在问题 | 可能带来的涂装问题 |
| --- | --- |
| 含水率高，可能是由于养护期短，或者养护期处于雨季潮湿天气或者有漏水等原因所造成 | 造成涂膜起泡、脱落等 |
| 裂缝未作处理 | 涂膜沿裂缝出现较多的泛碱、色差等 |
| 碱性高或者泛碱 | 涂膜光泽不均匀 |
| 基层较疏松 | 涂膜难以牢固的附着于基面 |
| 存在有油脂或模板隔离剂 | 涂膜附着不牢甚至脱落 |

4. 石膏内墙腻子的施工

（1）腻子的批刮　腻子通常采用刮涂法施工，即采用抹子、刮刀或油灰刀等刮涂腻子。刮涂的要点是实、平和光。即腻子与

432

基层结合紧密，粘结牢固，表面平整光滑。刮涂腻子时应注意以下一些问题：

①当基层的吸水性大时，应采用封闭底漆进行基层封闭，然后再批刮，以免腻子中的水分和胶粘剂过多地被基层吸收，影响腻子的性能；

②掌握好刮涂时的倾斜度，刮涂时用力要均匀，保证腻子膜饱满；

③为了避免腻子膜收缩过大，出现开裂，一次刮涂不可太厚，根据不同腻子的特点，一次刮涂的腻子膜厚度以 0.5mm 左右为宜；

④不要过多次地往返刮涂，以避免出现卷落或者将腻子中的胶粘剂挤出至表面并封闭表面使腻子膜的干燥较慢；

⑤根据涂料的性能和基层状况选择适当的腻子及刮涂工具，使用油灰刀填补基层孔洞、缝隙时，食指压紧刀片，用力将腻子压进缺陷内，要填满、压实，并在结束时将四周的腻子收刮干净，消除腻子痕迹。

（2）腻子的打磨　打磨是使用研磨材料对被涂物面进行研磨的过程。打磨对涂膜的平整光滑、附着和基层棱角都有较大影响。要达到打磨的预期目的，必须根据不同工序的质量要求，选择适当的打磨方法和工具。腻子打磨时应注意以下一些问题：

①打磨必须在基层或腻子膜干燥后进行，以免粘附砂纸影响操作；

②不耐水的基层和腻子膜不能湿磨；

③根据被打磨表面的硬度选择砂纸的粗细，当选用的砂纸太粗时会在被打磨面上留下砂痕，影响涂膜的最终装饰效果；

④打磨后应清除表面的浮灰，然后才能进行下一道工序；

⑤手工打磨应将砂纸（布）包在打磨垫上，往复用力推动垫块，不能只用一两个手指压着砂纸打磨，以免影响打磨的平整度。机械打磨常用电动打磨机打磨，将砂纸（布）夹紧于打磨机的砂轮上，轻轻在基层表面推动，严禁用力按压，以免电机过载

受损；

⑥ 检查基层的平整度，在侧面光照下无明显凹凸和批刮痕迹、无粗糙感觉、表面光滑为合格。

腻子膜经过批刮并打磨合格后即可进行下道工序，即涂料的涂装。

对于作为面层装饰的腻子，除了按照上面的施工工序施工外，通常还应相应的多施工一道，即对面层进行精施工。因为作为面层装饰的腻子膜和作为涂料基层的腻子膜的平整度、光洁度和细腻程度等的要求是不一样的。

5. 石膏内墙腻子应用中的常见问题

（1）腻子的施工性能差

好的腻子应该有良好的批刮性，刮涂轻松，无黏滞感。施工性能差则有两种现象，一种情况是腻子的干燥速度快；二是腻子批刮时手感太重，发黏。

① 出现问题的原因　第一种情况是由于保水剂的用量低，第二种情况是腻子中的聚乙烯醇微粉的用量偏高。当配方中没有使用适当的触变性增稠材料时会使情况变得更为严重。

② 防治或解决措施　腻子干燥过快时应当增加甲基纤维素甲醚类保水剂的用量；太黏滞时应降低聚乙烯醇微粉的用量。同时，也不能够忽视增稠剂的使用。例如在同样的配方中只要适当使用淀粉醚或膨润土，就能够使原有手感黏滞的腻子的施工性能变好。但是，增稠剂没有保水性能，不能够解决因为保水剂用量低时干燥快的问题。

（2）腻子膜粗糙

虽然腻子表面还需要涂装涂料，但腻子膜也不能够太粗糙，否则会影响涂料的装饰效果或者增加涂料的用量。好的腻子膜仍然需要光洁、平滑，质感细腻。

① 出现问题的原因　造成腻子膜粗糙问题的原因可能是因为填料的细度太低或者保水剂的使用不当。虽然在前面的有关内容中都提到腻子不需要使用高细度的填料，但同时也不能够使用

细度太低的填料，即填料的细度应适当，即一般在 $180\sim250$ 目左右的细度即可。

就保水剂的使用来说，不能够使用羧甲基纤维素作为保水剂，羧甲基纤维素虽然也有一定的保水作用，但这类产品的质量不稳定，有些产品的常温水溶性尤其是速溶性差，没有充分溶解的成分留在涂料中，使涂膜变得粗糙。此外，羧甲基纤维素和石膏会产生化学反应而出现凝聚现象，使腻子膜变得粗糙。

② 防治措施　生产腻子时使用的填料细度要适当；不能使用羧甲基纤维素作为保水剂。

(3) 腻子膜脱粉

这里的腻子膜脱粉指的是有些商品房，在销售时只批刮腻子，不再涂装涂料，并要求腻子膜能够在半年左右的时间内不脱粉。这种情况下使用的腻子，因为要求低，成本也低，多数情况下在两个月左右的时间内表面即会干擦脱粉。

① 出现问题的原因　实际这类问题不属于技术问题，主要是使用的腻子的质量太差，腻子中的胶结料少，大量的使用重质碳酸钙，没有胶结性。实际上，以这种目的使用的腻子，其质量应当更高，而不应使用劣质的腻子。因为所批涂的腻子膜既需要在不涂装涂料的情况下经历一定的时间（有的可达一年），又要在其后涂装涂料时成为新涂装涂料的基层。如果使用劣质腻子，在业主装修时可能会不予以铲除而直接涂装涂料，则造成的问题会更多、更严重。

② 防治措施　使用符合建工行业关于建筑室内用腻子标准中耐水型腻子的质量要求的产品。如果需要保持腻子较低的成本，则应在优选腻子材料组分的基础上，在合理的限度内降低成本，不能以牺牲质量来求得低价。腻子中的石膏粉的用量应不少于 40%；石膏粉的质量也应有所保证。

(4) 腻子膜的打磨性差

一般的说，腻子膜的打磨性和其物理力学性能是一对矛盾，即腻子膜的打磨性好，其物理力学性能就差。例如，通常胶结料用量很少的情况下打磨性很好。但是，通过优化材料组成，能够相对的缓解这种矛盾。

① 出现问题的原因　施工反映的腻子膜的打磨性差可能是属于腻子组成材料的问题，也可能是属于施工时打磨时间掌握不好的原因。

② 防治措施　属于腻子组成材料的问题时，应对腻子的配方进行调整。在组成材料中，腻子批刮的一定时间内，由于石膏的强度还没有充分增长，比较易于打磨；乳胶粉也需要一定的成膜时间才能具有充分的强度，而聚乙烯醇类材料的成膜时间最短，在很短的时间内就能够达到最终强度，因而最容易造成打磨性不良的问题，在高质量的腻子中应当少用或不用。属于施工打磨时间掌握不好的，应当在腻子批刮的表干而没有实干的时间段内及时打磨。但具体到不同的腻子其最佳打磨时间又不相同，有的要求批刮后4～8h内必须进行打磨，有的商品则称在48h内具有良好的打磨性。

（5）腻子的干燥时间过长

腻子在批刮后长时间不能干燥，影响下一道工序的进行，在冬季还会因为长时间得不到干燥而影响腻子膜的抗冻性能，使腻子膜的物理力学性能受到影响。

① 出现问题的原因　腻子配方中的甲基纤维素醚的用量太高；缓凝剂的用量过大；施工调拌腻子时的用水量太大。

② 防治措施　降低腻子中的甲基纤维素醚和缓凝剂的用量；在施工时正确加水调拌。

（6）腻子黏稠

腻子在施工调拌时黏度很高，不易拌制和施工。

① 出现问题的原因　腻子配方中的甲基纤维素醚或者聚乙烯醇的用量太高；轻质碳酸钙的用量过大。

② 防治措施　降低腻子中的甲基纤维素醚和轻质碳酸钙的用量，或者根本不使用轻质碳酸钙。

## 二、应用粉刷石膏解决加气混凝土墙面粉刷层空鼓和开裂

1. 加气混凝土墙体粉刷层空鼓开裂原因

加气混凝土墙面粉刷层空鼓、开裂严重影响加气混凝土的工程质量，制约加气混凝土的应用。加气混凝土墙体与砖墙一样，一般都采用水泥砂浆做墙面粉刷层。为了保证水泥砂浆在粉刷上墙后有足够的水供水泥水化，加气混凝土砌块砌筑粉刷前需采取浇水措施。因加气混凝土虽然吸水率高，但吸水速度慢，特别是对已砌好的墙面，需多次浇水。如砌块吸水不足，水泥砂浆粉刷层中的水泥因水化不充分、粘结不好而导致空鼓、开裂。并且水泥砂浆强度等级越高或水泥用量越多，空鼓、开裂越严重。为了解决这一问题，在浇水湿润前提下，采用水泥∶熟石灰∶砂＝1∶1∶（3～6）的质量比配成粉刷砂浆。由于配方中减少了水泥用量并增加了熟石灰（消石灰），其中熟石灰已含有一定水分，又不需再消化吸水，基本上解决了加气混凝土墙面粉刷层空鼓、开裂现象。

但是，近年来建筑现场已很少使用或基本不用熟石灰，而采用粉刷石膏作为加气混凝土墙体抹灰材料，粉刷石膏几乎与各种墙体基材都能很好地粘结，对于加气混凝土墙体效果尤其明显，墙面抹灰层不会出现空鼓、开裂现象。

2. 粉刷石膏作加气混凝土墙面抹灰层的施工

（1）材料　施工主要材料是粉刷石膏，此外还有一些配套材料。其具体材料为：

① 用于表层饰面层粉刷石膏；

② 底层粉刷石膏（砂子做骨料，用于抹底层灰）；

③ 玻纤网格布（网眼尺寸为 4mm×4mm，幅宽 200mm，材质中碱，涂胶大于 20g，单位面积质量大于 160g/m²）；

④ 粘结石膏。

（2）施工工具　施工工具包括墙体基层预处理工具、施工工具施工辅助工具等。

① 扫帚、水桶或水管；

② 腻子刮刀；

③ 不锈钢钢板（抹子）；

④ 阴阳角抹子；

⑤ 两种塑料抹子（360mm×120mm），一种是板面粘贴厚5~10mm 的毡子，一种是板面粘贴厚 10mm 左右的硬质聚氨酯泡沫塑料；

⑥ 450mm×200mm×10mm 的塑料或木制托灰板；

⑦ 截面 25mm×70mm×1.2mm、长 2200mm 的铝合金刮尺（H 形刮尺）；

⑧ 2~3m 木制靠尺和线锤（托线板）；

⑨ 油刷或排笔；

⑩ 喷雾器（农用手提式）；

⑪ 拌灰用铁板或橡胶板、拌灰桶（槽）；

⑫ 拌灰用铁锹；

⑬ 冲筋条（用塑料板自制，厚 2.5mm、宽 30mm、长短不一的板条）；

⑭ 橡胶板（厚 2mm 左右、宽 600mm，铺设在抹灰墙沿地面，用来收集落地灰。如楼地面已施工完毕，也可不设此板）；

⑮ 架板及其支架。

（3）施工条件　需要具备以下条件才能进行抹灰层施工。

① 主体工程或楼屋面已施工完毕；

② 基层墙材（加气混凝土）的含水率必须小于 15%，墙体砌筑后 21d 以上；

③ 水电或其他各种管线必须安装完毕，并堵好管洞（包括脚手架孔洞）；

④ 如门窗框已安装完毕，需进行遮盖保护，以免抹灰时污染和损坏。门窗扇宜抹灰后再安装；

⑤ 对各类相关部位的预留口，应进行临时封堵，并做出标志；

⑥ 对其他已施工完毕，并需要防护的部位进行妥善的遮盖。

（4）施工流程

清除污垢→湿润墙面→贴耐碱玻纤网格布→找方冲筋→制底层浆→底料抹灰→刮板找平→取冲筋条→修补平整→阴阳角处理→制面层浆→面层涂刮→压光→清洗工具→成品保护。

（5）基层处理

① 对基层墙体表面凸凹不平部位应认真刮平或用砂浆补平；对一些外露的钢筋头必须打掉，并用水泥砂浆封闭抹平，以免墙面出现锈斑；对砂浆残渣、油漆、隔离剂等污垢必须清除干净（油污可用洗衣粉或碱的溶液清除并用清水冲刷干净）。

② 用喷雾器对墙面均匀喷水，因加气混凝土的吸水速度很慢，需间隔地反复喷 2～3 次，保证其吸水深度达 10mm 以上。但在开始抹灰时，墙面不能有明水。

③ 在与其他不同基材（如：混凝土、砖等）的联结处应先用粘结石膏粘贴耐碱玻纤网格布，搭接宽度从相接处起两边应不小于 80mm。

（6）操作工序

① 冲筋　根据墙面基层平整度及抹灰层厚度的要求，先找出间距，用粘结石膏粘贴冲筋条作为标筋。层高 3m 以下时设 2 道横标筋，层高 3m 及 3m 以上时再增加 1 道标筋。

② 抹灰前，应在墙沿地面铺设橡胶板（如已做混凝土地面，也可不铺橡胶板，但必须打扫干净），可将抹灰过程掉下的落地灰收回继续使用。但已凝结或将要凝结的料浆决不可再使用，因此在抹灰时必须随时把落地灰收回使用，以免浪费。

③ 制备料浆　按粉刷石膏的可使用时间，确定每次搅拌料浆量，不可太多（一定要在初凝前用完，使用过程中不允许陆续加水，对于已凝结的灰浆决不能再加水搅拌使用）。将定量的底层粉刷石膏倒在拌灰板上（小量抹灰时，如面层粉刷石膏，可用搅拌桶或槽，此时应先加水，后加粉刷石膏粉，浸湿后再搅拌）加适量水（粉刷石膏对加水量较敏感，水量

过大不仅出现流挂从而影响抹灰操作，同时降低抹灰层的强度；水量过小会加快凝结，缩短可使用时间，造成浪费）。用铁锹在 3～5min 内拌匀，备用。一般静置 3～5min 后再次搅拌即可抹灰使用。遇夏季高温天气，抹灰浆稠度要比正常时稀一点。

④ 在加气混凝土墙面上用粉刷石膏抹灰，其灰层厚度一般达 8mm 即可。底层粉刷石膏可一次抹成，如因墙面不平或其他原因，抹灰层超过 8mm 的，应分层施工。下层要在上一层料浆初凝后方可进行。

⑤ 一人用托灰板盛料浆，以 30°～40° 的斜度用抹子由左至右、由下往上将料浆涂于墙上。另一人（也可同一人，视工程量而定）随后用 H 形刮板紧贴上、下冲筋条面由左往右刮去多余料浆，同时补上不足部分。本工序在料浆初凝前可反复多次，直至墙面平整，取掉冲筋条并补平。

⑥ 待底层灰终凝后进行面层粉刷石膏抹灰，此时层厚按设计要求达 1～3mm，用铁抹子或刮刀进行纵横不同方向涂刮抹灰 2 遍以上，约过 40min 左右在料浆终凝前（现场可用手指按压，当略感干硬，但仍可压出指印时），即可用抹子（可按不同饰面要求选用不同的抹子，如钢、塑料等抹子）压光。在压光过程中料浆硬化、出现石膏毛刺时，可用排笔或毛刷蘸水，往料浆面层边刷边压光，或用泡沫塑料抹子蘸水配合，边搓边压，压光时应尽量避免在一个部位反复多次压抹，或用力拿木抹子搓揉，以免使强度降低、表面掉粉。与其他不同基材连接的阴角处，在面层压入一层两边搭接 80mm 的耐碱玻纤网格布。

⑦ 为了使门窗口阳角更加结实，在阳角处贴耐碱玻纤网格布条一层来提高抗碰撞性能。

⑧ 按施工程序抹水泥踢脚线（板）、门窗口、窗台以及阳角处的护角等。

（7）施工注意事项

① 袋装粉刷石膏在运输和储存过程中，应防止受潮，如发

现有少量结块现象，应过筛把块状物除去；如结块大且量多，应禁止使用。

② 掌握每批粉刷石膏的凝结时间，正确控制抹灰料浆的拌合量，以免石膏凝结后不能使用而造成浪费。

③ 为了使粉刷石膏内的外加剂得以充分溶解，一定要保证料浆制备过程的静置时间，避免上墙后因外加剂溶解不完全而使抹灰层出现气泡、空鼓等质量问题。

④ 避免在墙面温度变化剧烈的环境下抹灰（如夏季太阳直射施工墙面使墙面温度较高时），冬季要在料浆不结冰的情况下施工，施工的环境温度要高于−5℃。

⑤ 在粉刷石膏抹灰层未凝结硬化前，应尽可能地遮挡封闭门窗口，避免通风使石膏失去足够水化的水。但当粉刷石膏凝结硬化以后，就应保持通风良好，使其尽快干燥，达到使用强度。

⑥ 在抹灰层干燥前不得磕碰，不能受锤击和刮划。

⑦ 不允许用水冲刷（包括由门窗口淋进的雨水）新抹墙面，也应避免地面有积水而影响抹灰层的干燥。

⑧ 新抹墙面不允许被热源直接烘烤。

⑨ 拌制料浆的容器及使用工具，在每次使用后都应洗刷干净，以免在下次的料浆制备时有大块的砂石和石膏的硬化颗粒混入，影响施工及效果。

⑩ 粉刷石膏层不宜在经常与水接触的部位使用。

3. 质量控制及验收标准

质量标准：

① 抹灰工程质量等级应符合现行行业标准《建筑装饰工程施工及验收规范》的有关规定。

② 粉刷石膏抹灰质量除与基层应结合牢固外，不得有空鼓、粉化、裂缝缺陷。

③ 抹灰层允许偏差应符合表5-17的规定。

④ 抹灰面应平整、光滑、洁净。

| 项　目 | 允许偏差（mm） | | 检　验　方　法 |
|---|---|---|---|
| | 中级 | 高级 | |
| 表面平整 | 4 | 2 | 用 2m 直尺和楔形塞尺检查 |
| 阴阳角垂直 | 4 | 2 | 用 2m 托线板和尺检查 |
| 立面垂直 | 5 | 3 | 用 2m 托线板和尺检查 |
| 阴阳角方正 | 4 | 2 | 用 200mm 方尺检查 |

### 三、石膏嵌缝料

1. 石膏胶凝材料作为嵌缝胶结料的原理

我们知道，石膏基材料凝结硬化时间短，强度增长速度快；石膏基材料从膏状的拌合料到凝结硬化成硬化体，体积不但不会像水泥那样收缩，甚至会略有增大；而且通过采取一定的技术措施，可以使石膏基材料最终达到所需要的强度要求。这三方面的性能正是石膏嵌缝料的应用基础，作为嵌缝粘结材料必须具有的性能。非但如此，石膏基胶凝材料还具有成本低、环保性好等特点。因而，石膏胶凝材料是制造嵌缝料很好的胶结料。

2. 石膏嵌缝料的性能要求

作为一种好的嵌缝料，应该能够满足施工性要求，即具有良好的和易性，黏稠适中、易批嵌；可操作时间长，一次能够批嵌的体积相对大（即能够批嵌的裂缝宽）；此外，嵌缝料还应有凝结硬化速度快，强度增长迅速，干燥硬化后不收缩，不会因为开裂而出现裂缝。而作为粉状材料，在使用时还应当易于调制、安全、不腐、储存不霉变。由于石膏基材料加水后在极短的时间内就会凝结硬化，即使加入缓凝剂，也只能有限的延长凝结硬化时间，与作为商品需要的储存时间相差深远，因而石膏嵌缝料只能制成粉状材料，在施工时加水调合成膏状。

3. 石膏嵌缝料的适用范围

石膏嵌缝料也称为嵌缝石膏粉、嵌缝石膏和石膏嵌缝腻子等，通常是一种室内装潢装饰的配套材料。石膏嵌缝料为粉状，在使用前加水搅拌成可操作的腻子状嵌膏。石膏嵌缝料适用于建筑墙体板缝填充，例如水泥板、石膏板、顶板和钉孔以及其他需要嵌填部位等的填充和粘结找平等，能够充分嵌填饱满不同厚度的板间缝隙。此外，石膏嵌缝料还可以用来修补大的孔洞或填平板材之间的高差。

4. 配方举例和产品性能要求

（1）组成材料　石膏嵌缝料由半水石膏粉为主要原材料，加入聚合物增强材料（胶粘剂）和添加剂（例如缓凝剂、保水剂等）配制而成。

和上一章中的腻子等材料一样，制备石膏嵌缝料时应选用强度高的建筑石膏。但是，与腻子等材料相比，由于嵌缝操作的膜更厚，也不需要反复批涂，因而保水剂的用量可以减少，但应使用黏度型号高一些的产品，例如使用8万mPa·s的羟丙基甲基纤维素。缓凝剂亦如此，即不需要腻子那样长的缓凝时间，用量可相对降低。

聚合物增强剂（乳胶粉）是提高嵌缝料粘结强度、降低材料内部应力和弹性模量的关键材料，也显著地影响嵌缝料成本，其用量根据对材料质量的要求和成本的限制而进行综合平衡。当然，当乳胶粉的用量太低时，嵌缝料的粘结强度必然不能够满足要求，特别是受到温度应力时会影响粘结而可能出现裂缝。

为了降低嵌缝料干燥过程中的体积变化，配方中还使用少量的惰性填料，一般粒径不宜太细，细度在160～250目为宜。

（2）石膏嵌缝料参考配方

① 参考配方　表5-18给出石膏嵌缝料的参考配方。

② 配方分析与调整　表5-18中嵌缝料的组成均以石膏为主要材料，其用量占50％以上。当对嵌缝料的粘结强度要求高时，可以采用较高用量的乳胶粉和较低用量的石膏粉（反之亦然），并以重质碳酸钙进行配方平衡。

嵌缝料需要具有较好的触变性才能填补较宽的缝隙。因而，保水剂甲基纤维素醚的选用以较高黏度型号产品为好，一般应使用4～8万mPa·s或更高的产品，但用量通常不宜太高。

石膏嵌缝料参考配方　　　　　　　表 5-18

| 原材料名称 | 用量(质量%) | |
| --- | --- | --- |
| | 配方 1 | 配方 2 |
| 石膏粉 | 60.0～80.0 | 55.00 |
| 熟石灰 | — | 30.00 |
| 重质碳酸钙(200 目) | 15.0～35.0 | 15.00 |
| 甲基纤维素醚(保水剂) | 0.3 | 0.40～0.70② |
| 可再分散聚合物树脂粉末(乳胶粉) | 1.5～3.5 | 0～1.00 |
| 木质纤维素 | — | 0～0.50 |
| 柠檬酸钠① | 0.1～0.3 | — |
| 酒石酸(或其他缓凝剂) | — | 0.02～0.05 |

① 为石膏缓凝剂,也可以使用其他商品石膏缓凝剂。

② 可以使用拜尔公司的 Walocel MKX 20000 PF 20 型商品。

5. 产品质量要求

嵌缝料目前尚无国家或行业标准,表 5-19 中给出某商品石膏嵌缝料的企业标准及其性能。

某石膏嵌缝料的企业标准及其性能检测结果举例　表 5-19

| 检测项目 | 标准指标 | 检测值 |
| --- | --- | --- |
| 初凝时间 | ≥1h | 1h15min |
| 终凝时间 | ≤8h | 1h30min |
| 抗折强度(MPa) | ≥2.5 | 3.7 |
| 抗压强度(MPa) | ≥4.0 | 9.6 |
| 裂纹试验 | — | 合格 |

6. 施工方法

(1) 环境条件与基层要求

① 施工温度　石膏嵌缝料应在 5～40℃之间温度施工;

② 基层要求　各种板材应固定牢固,拼缝处理的部位没有灰尘、污垢及其他酥松的材料等。

(2) 石膏嵌缝料的调合与备料

① 石膏嵌缝料的调合　石膏嵌缝料一般为粉料,施工前应

先调合。调合时，在调料桶中倒入适量的清水，将粉状石膏嵌缝料倒入水中并搅拌充分。石膏嵌缝料与水之间的质量比控制在3～4：1左右，主要参考搅拌后的效果，用料刀提起搅拌好的浆料呈膏状，易挑起、不流淌为宜。

② 石膏嵌缝料的使用时间　石膏嵌缝料为粉料，加水调合成膏状后，应在一定的时间内使用完。一般的与产品随行的说明书中对调合后的有效使用期限会有明确说明（例如有的说明书规定加水后的使用时间包括搅拌时间为 45～60min），应参考说明书，在规定的时间内将调合的石膏嵌缝膏使用完。

（3）施工使用方法　下面介绍使用石膏嵌缝料施工石膏板接缝的方法。

① 施工前先进行板缝的表面处理，除去浮灰、疏松物及各种不利于粘结的物质。然后用泥刀将调合好的石膏嵌缝膏抹在楔形边缘接缝处。确定接缝纸带的位置，再用泥刀将接缝纸带在上端粘牢。

② 然后用泥刀自上向下挤出多余的石膏嵌缝膏，使纸带牢牢地与石膏板粘牢，将纸带的中心线与板缝对齐。用泥刀将石膏嵌缝膏薄薄地涂抹在接缝纸带表面，将接缝纸带完全涂满。用批刀刮掉多余的接缝膏。凝固后如需要可用细砂纸进行打磨平整。

③ 用泥刀抹上薄薄的第二层石膏嵌缝膏，两边分别宽出第一层约 50mm，干燥后再用细砂纸打磨平整。

④ 在阴角的两边均匀地抹上石膏嵌缝膏。对折接缝纸带后贴到阴角内，使它紧紧地嵌入石膏嵌缝膏。同平面接缝一样用泥刀自上向下挤出多余的嵌缝膏。粘牢纸带并薄薄地抹上一层接缝膏，干燥后用细砂纸打磨平整。然后，涂上一层薄薄的嵌缝膏，两边分别宽出上一层 50mm，干燥后用细砂纸打磨平整。

⑤ 在阳角的两边均匀地抹上嵌缝膏。将护角纸带对折后，金属条向内压在阳角上，同平面接缝一样用泥刀自上向下挤出多余的接缝膏，粘牢护角条并薄薄地抹上一层嵌缝膏，干燥后用细砂纸打磨平整，使它嵌入接缝膏中。然后，涂上一层薄薄的嵌缝

膏，两边分别宽出上一层 50mm，干燥后再用细砂纸打磨平整。

⑥ 施工注意事项　使用前，石膏嵌缝料必须存放在清洁、干燥封闭的场所内，以防受潮和受雨雪、湿度过大等的影响，并保证在产品的保质期内使用；接缝部位必须正确使用配套接缝系统产品。此外，在进行接缝施工前必须保证接缝部位的石膏板已牢固安装。

**四、纸面石膏板的性能特征、品种和应用发展**

1. 纸面石膏板的性能特征

纸面石膏板是以石膏料浆为夹芯，两面用粘贴护面纸而制成的轻质板材。纸面石膏板于 1890 年由美国发明生产，1917 年传入欧洲，由于其具有质轻、保温隔热、防火、隔声、施工方便、绿色环保等诸多优点，纸面石膏板在建筑中的应用得到迅速发展，产量不断增长。纸面石膏板能得到广泛应用，与其性能特征密切相关。

（1）生产能耗低，生产效率高　生产同等单位的纸面石膏板的能耗比水泥节省 78%，且投资少，生产能力大，便于大规模生产，国外已经有年生产量可达到 4000 万 $m^2$ 以上的生产线，我国将建年生产能力达 5000 万 $m^2$ 的生产线。

（2）轻质　用纸面石膏板作空心隔墙，重量仅为同等厚度砖墙的 1/15，砌块墙体的 1/10，有利于结构抗震，并可有效减少基础及结构主体造价。

（3）保温隔热　由于石膏板的多孔结构，其保温隔热性能较好。

（4）防火性能好　由于石膏芯本身不燃，且遇火时在释放化合水的过程中会吸收大量的热，延迟周围环境温度的升高。因此，纸面石膏板具有良好的防火阻燃性能。纸面石膏板隔墙耐火极限可达 4h。

（5）隔声性能好　纸面石膏板隔墙具有独特的空腔结构，大大提高了系统的隔声性能。

（6）装饰功能好　纸面石膏板表面平整，板与板之间通过接缝处理形成无缝表面，表面可直接进行装饰。

（7）可施工性好　仅需裁纸刀便可随意对纸面石膏板进行裁切，施工非常方便，用它做装饰，可以摆脱传统的湿法作业，极大地提高施工效率。

（8）绿色环保　纸面石膏板采用天然石膏及纸面作为原材料，不含对人体有害物质，环保健康。

2. 纸面石膏板的主要品种

我国纸面石膏板的品种主要是普通纸面石膏板、耐水纸面石膏板和耐火纸面石膏板三大类。而国外纸面石膏板的品种除了上述品种外，还有耐水气纸面石膏板、耐火耐潮纸面石膏板、耐冲击纸面石膏板、隔声纸面石膏板、高强度纸面石膏板、井道衬墙板和各种形状的纸面石膏角线等。随着纸面石膏板在国内应用领域的拓展，其他种类的产品将在国内得到应用。下面简介几种国外常用的纸面石膏板品种。

（1）耐水耐火纸面石膏板　这是一种既具有耐水功能又具有耐火性能的纸面石膏板。其耐水性能和耐水纸面石膏板一样，耐火性能与耐火纸面石膏板等同。

（2）高密度耐冲击纸面石膏板　该种纸面石膏板基本不进行发泡工艺，板芯密度显著增加，纸面也比普通型产品厚，适用于抗冲击性能要求较高的使用场所（如人流密度较高的公共场所的隔墙、医院的走道等）。由于密度较高，其隔声性能和防火性能都比一般纸面石膏板好。12.5mm厚的这类石膏板单位面积质量约为 $12kg/m^2$。

（3）隔声纸面石膏板　是针对隔声要求改进的一种纸面石膏板。双面单层 12mm 厚的隔墙，内部不需填充岩棉就可达到 40dB 的隔声（同样系统采用一般的纸面石膏板仅能达到 35～38dB）。

（4）防蒸汽纸面石膏板　这类纸面石膏板在背面贴了一层铝箔，因而具有防蒸汽性能，适用于石膏板背面会出现冷凝水的场所，如屋面、空调出风口处、外墙内保温的衬板等。

（5）井道石膏板　系用于电梯井道系统的纸面石膏板，厚度为25mm，是既具有耐火又具有耐水性能的石膏板，与耐水耐火纸面石膏板不同的是尺寸为600mm/610mm宽，在国内应用较少，但随着高层钢结构建筑增多，将会得到推广应用。

（6）穿孔纸面石膏板　具有良好的吸声功能，用在有吸声要求的场所。

（7）防火石膏板　这是一种表面为玻璃纤维布面的防火石膏板，用作钢结构防火外包和管道的防火外包。该产品在国外广泛应用。

（8）石膏板复合保温板　该类石膏板是将纸面石膏板和挤塑聚苯板、膨胀聚苯板或者酚醛泡沫用粘结复合在一起成多功能的板材，因为保温隔热性能好，多用于外墙内保温工程。

3. 纸面石膏板的应用

纸面石膏板广泛应用于工业和民用建筑，尤其是在高层建筑中作为非承重内隔墙材料和装饰装修材料被大量使用。普通纸面石膏板用于内墙、隔墙和吊顶。经过防水处理的耐水纸面石膏板可用于湿度较大的房间墙面，如卫生间、厨房、浴室等贴墙面砖、金属板、塑料面砖墙的衬板等。此外，一些具有特殊性能的纸面石膏板在某些特殊场合，例如用于钢结构的防火板、用于建筑节能的石膏复合保温板和隔声板等。

4. 纸面石膏板的发展

（1）生产企业　我国的纸面石膏板工业始于20世纪70年代后期，通过国内自主开发与引进技术装备、消化吸收相结合，发展至今已有近100家生产企业，年产能力超过5亿 $m^2$。目前，我国的纸面石膏板业已形成跨国公司、大型国有控股企业、民营企业的格局。近年来我国石膏板需求量以每年20％以上的增长率上升。

（2）生产线规模　石膏板生产企业的生产规模、产品质量及产品单耗直接决定盈利能力。单机年产2000万 $m^2$ 以上的生产线技术装备较好、自动化水平高、设备运转率及生产率都较高，产品质量也较好，能体现出规模效应，同时也符合国家的产业政策。因而，我国纸面石膏板产品市场上，大型生产线生产的产品将逐步占主导地位。

我国 1997 年就完成年产 2000 万 $m^2$ 纸面石膏板生产线的设计与建设；2004 年底又完成年产 3000 万 $m^2$ 纸面石膏板生产线的设计与建设。国内目前有数条年产 3000 万 $m^2$ 纸面石膏板生产线在正常运行。因而，国产化的年产 2000 万～3000 万 $m^2$ 纸面石膏板生产线技术及装备已基本成熟，我国已经具备设计、制造、建设大型纸面石膏板生产线的能力。我国纸面石膏板工业及建筑石膏行业经过近 30 年的发展，已经形成一个比较完整的产业。可以预见，未来几年，我国新建设的生产线将以年产 2000 万～3000 万 $m^2$ 为主，同时还将出现年产 5000 万～6000 万 $m^2$ 纸面石膏板生产线。

（3）原材料　我国纸面石膏板生产企业大多以天然石膏为原料，有些企业添加部分化学石膏（主要是火电厂的烟气脱硫石膏、磷肥厂的工业废渣磷石膏），而日本、美国等石膏板生产大国则主要以化学石膏为主。我国工业废渣石膏中，脱硫石膏、磷石膏排放量很大，在纸面石膏板的生产中有效利用这些工业废渣石膏对于环境和资源的保护具有重要意义。从成本、环境和资源以及国家有关激励政策等方面考虑，以工业废渣石膏生产的化学石膏在纸面石膏板生产中将得到一定程度的应用。

（4）产品标准　2008 年修订了国家标准《纸面石膏板》GB/T 9775—1999 和《纸面石膏板单位产量能源消耗定额》建材行业标准。新标准采用了国际标准《石膏板规范》ISO 6308—1980，并结合《纸面石膏板》GB/T 9775—1999 的技术内容，同时参照了美国、日本、德国、英国及欧洲标准内容。与 GB/T 9775—1999 版本标准相比，GB/T 9775—2008 版本标准有如下一些主要变化。

① 增加了引用执行国家强制性标准《建筑材料放射性核素限量》GB 6566—2001；

② 增加了剪切力、硬度、抗冲击性的技术要求和试验方法；

③ 增加了耐火耐水纸面石膏板的产品种类；

④ 增加了 600mm、1220mm 宽度和 1500mm、2400mm、3660mm 长度的纸面石膏板规格；

⑤ 修订提高了纸面石膏板各种规格断裂荷载的技术要求，其中增加了断裂荷载最小值的规定。

**五、装饰纸面石膏板种类和性能**

装饰纸面石膏板是以纸面石膏板为基板，在其正面经涂敷、压花、贴膜等加工制成的装饰性板材，是纸面石膏板的深加工产品。产品除了具有纸面石膏板的特点外，还具有质轻、耐火、保温性能良好、装饰性强的特点，目前广泛应用于商务楼、饭店、宾馆、医院、学校等公共场所的吊顶装饰装修工程中，少部分也用做墙面装饰工程。

国外自 20 世纪 80 年代初就有装饰纸面石膏板产品。美国制定了 ASTM C960/C960 M、日本制定了 JISA 6911 标准，欧洲最近也制定了《二次装饰的石膏板》prEN14190 标准。我国的产品标准为建材行业标准《装饰纸面石膏板》JC/T 997—2006，目前应用较多的是用于明架吊顶系统、规格为 600mm×600mm 的产品。

1. 装饰纸面石膏板产品种类和规格

（1）种类　根据使用环境的湿度不同，装饰纸面石膏板产品分为普通板和防潮板两类，防潮板适用于在相对湿度不小于 90％的环境中长期使用。

（2）规格　装饰纸面石膏板产品规格通过长度、宽度和厚度等进行描述。长度与宽度采用常规吊顶用顶棚板规格，分别为 600mm×600mm 和 600mm×1200mm；此外，具体规格由供需双方商定，并且要在合同中写明。作为顶棚板使用的产品，现有厚度有 6.5mm、7.0mm、9.5m 与 11.0mm 等多种。顶棚用基材厚度一般不小于 6.5mm，隔墙用基材厚度不小于 12.0mm。由于有一些特殊的用途，根据实际需要，厚度可以有多种规格。

产品规格不是指产品的实际尺寸，如规格为 600mm × 600mm，实际尺寸可以是 595mm×595mm，也可以是 605mm× 605mm 或 603mm×603mm。

2. 外观和尺寸允许偏差

装饰纸面石膏板的装饰性特别重要，因而要求产品不应有影响装饰效果的污痕、色彩不匀、图案不完整的缺陷。产品不得有裂纹、翘曲、扭曲，不得有妨碍使用及装饰效果的缺棱、缺角。由于经常与明架龙骨配合使用，因此对棱角不要求十分精确。

尺寸允许偏差是为了满足产品在施工时能够彼此顺利搭接。为此，长度、宽度的允许偏差为 ±2mm，厚度的允许偏差为 ±0.5mm。用对角线长度差来控制产品的直角垂直情况，对角线长度差小，说明产品两直角边相互垂直的情况好，一般 600mm×600mm 的产品对角线长度差控制为 2.0mm，长度大于 600mm 的产品多为 1200mm 或更长，其控制值为 4.0mm。

3. 装饰纸面石膏板的主要性能

装饰纸面石膏板的性能主要为外观质量、尺寸公差、平整度、对角线长度差、单位面积质量、断裂荷载、燃烧性能、受潮挠度等项目。

(1) 单位面积质量 单位面积质量为产品的主要性能指标，太大不能体现轻质的优越性，且对减轻建筑物质量和施工安装不利；对节约原材料、降低生产成本也没有意义。因此，单位面积质量一般为（厚度值减去 0.5）kg/m²，如：板厚为 7mm 的产品，指标为不大于 6.5kg/m²；板厚为 9.5mm 的产品，指标为不大于 9kg/m²。

(2) 断裂荷载 断裂荷载是一项产品安全性指标的主要性能指标。普通纸面石膏板在生产时，由于上下两面的护面纸分为横向和纵向，因此普通纸面石膏板的断裂荷载也有横向和纵向之分，横向的断裂荷载总是小于纵向的断裂荷载。但是装饰纸面石膏板由于在使用时一般不分横向、纵向，为了简便实用，产品以最低值（横向断裂荷载）为规定指标，要求用于顶棚的纸面石膏板的断裂荷载（横向）不小于110N，隔墙用纸面石膏板的断裂荷载（横向）不小于180N。

（3）含水率 产品的含水率对纸面石膏板产品强度、变形及发霉等有较大影响。同时，我国地域辽阔，四季湿度差别大，含水率指标一般不大于1%。

（4）受潮挠度 该指标是纸面石膏板产品的重要特性指标。纸面石膏板产品在高湿环境（相对湿度为90%）下作为顶棚使用后，常会出现弯曲下沉现象，严重影响装饰效果。GB/T 9775—2008标准规定对受潮挠度由供需双方商定。

（5）护面纸与石膏芯的粘结 护面纸与石膏芯的粘结是纸面石膏板的特性指标。因而，装饰纸面石膏板在深加工过程中护面纸与板芯的粘结性能不能下降。否则，会严重影响施工质量与装饰效果。护面纸与石膏芯的粘结情况应良好。

（6）放射性核素限量 有些纸面石膏板在生产时掺加了一部分电厂脱硫石膏、磷肥厂的磷石膏及其他化学石膏，而装饰纸面石膏板主要在室内使用，这种情况下应参照《建筑材料放射性核素限量》GB 6566—2001中的A类要求。对用纯天然石膏生产的装饰纸面石膏板，则可以不测该指标。

**六、纸面石膏板应用问题——纸面石膏板开裂的原因和预防**

建筑物采用纸面石膏板装饰装修后，在板材与板材的拼接处往往会产生裂缝，影响施工后的外观质量。下面从纸面石膏板本身的特性、生产控制、结构条件、配套材料、施工安装以及使用环境等几方面分析纸面石膏板开裂的原因，进而介绍防止纸面石膏板拼接开裂的措施。

1. 纸面石膏板的工艺过程

纸面石膏板是以建筑石膏为主要原料，掺入纤维和外加剂构成芯材，并与护面纸牢固地结合在一起的建筑板材。石膏的热膨胀系数比较小，温度变化所产生的应力不足以克服正常施工自攻螺钉及板缝间接缝带和嵌缝石膏对板材位移的限制，因而不会产生裂缝。但如果纸面石膏板在生产过程中的干燥工艺控制不当，使板材烘干过度，不仅除去了板材中建筑石膏的游离水，还发生了二水石膏转变为半水石膏，继而转变为无水石膏的情况，致使板材的物理力学性能变差、抗压强度变低、断裂荷载变小，导致施工安装后，板材强度不足以抵御收缩应力，在板材的拼接处容易开裂。反之，如果纸面石膏板在生产过程中干燥不透而残留较多游离水，也会导致安装后，由于板材干燥收缩较大而出现裂缝。

纸面石膏板系用上、下层护面纸包裹石膏芯而成，护面纸的温度膨胀系数较大，尤其受湿度影响而出现的湿膨胀系数更大（一般为 0.6%～0.9%，大的甚至可达 2%），尽管湿膨胀系数不是完全可逆的，但在环境温湿度变化较大时，若石膏芯材的强度较低，易产生裂缝。

纸面石膏板在生产过程中通常在芯材中掺加纸纤维或玻璃纤维，但有些生产企业在芯材中掺加大量的木质纤维，由于木质纤维的热膨胀率和湿膨胀率都比较大，而且木质纤维抗拉强度较石膏芯材大得多，因此，掺木质纤维的纸面石膏板的热膨胀和湿膨胀都远比掺纸纤维或玻璃纤维的纸面石膏板的大，造成即使在正常条件下施工，也易产生接缝开裂的现象。

为此，在纸面石膏板的生产过程中，应选用纯度不低于75%的石膏矿石，且建筑石膏在炒制时一般将结晶水控制在3.0%～4.5%，这样可使建筑石膏具有较大的抗压强度（大于2.9MPa）。同时，纸面石膏板的干燥工艺要控制得当，不能出现过烘或欠烘情况，在干燥机出口处的板材含水率应控制在0.1%～0.9%。此外，纸面石膏板用护面纸的纵向抗拉强度应控制在0.5MPa 左右，过低的纵向抗拉强度会使板材断裂荷载值降低，而过高的抗拉强度又会对板材的收缩产生影响。

纸面石膏板棱边形状一般为楔形。按照国家标准《纸面石膏板》GB/T 9775—1999 要求，楔形棱边深度为 0.6～1.9mm，楔形棱边宽度为 30～80mm，如果楔形棱边深度和宽度小于这一指标，纸面石膏板在施工时，板材与板材之间的缝隙就不易被嵌缝石膏和接缝带所充填，易导致裂缝的出现。

2. 建筑物的结构问题

不论纸面石膏板作为表面的装饰材料用作室内顶棚，还是被用于隔断或墙壁饰面，都只是饰面材料，而饰面材料必须依附于主体结构。有时由于主体结构在设计、施工和用材等方面未达到要求，常因地基沉降不均匀出现建筑物倾斜、开裂，导致建筑物中的梁、板、墙翘曲变形或出现贯通裂缝。一旦纸面石膏板用粘结石膏直接粘贴于其表面，或者用轻钢龙骨固定于其表面，在主体结构裂缝所产生的强大应力作用下，纸面石膏板就容易出现裂缝，尤其是在纸面石膏板板材之间拼接的薄弱处，因应力集中，极易开裂。为杜绝此类裂缝的出现，首先应确保主体结构不产生裂缝，同时，在纸面石膏板的施工中，应在胶粘剂选型上，在轻钢龙骨的布置以及装饰结构上尽量避免或减少应力集中所带来的装饰裂缝，如沿龙骨长度方向每 10m 设置一道膨胀连接缝等。

3. 安装纸面石膏板用龙骨的性能

纸面石膏板用龙骨分为木龙骨和轻钢龙骨两种，为节约木材并考虑到防火要求，工程中较少使用木龙骨，而主要使用轻钢龙骨。

纸面石膏板固定于轻钢龙骨之上，轻钢龙骨质量的优劣以及施工处理得好坏直接对纸面石膏板的开裂与否产生影响。在《建筑用轻钢龙骨》GB/T 11981—2001 中，对轻钢龙骨的外观质量、尺寸误差以及力学性能做了规定。

许多工程在施工中为了降低成本，使用了比国家标准规定厚度负偏差更薄的轻钢龙骨，且力学性能也达不到要求，致使纸面石膏板墙体刚度不够，在应力的作用下出现开裂。同样，顶棚用轻钢龙骨（包括覆面龙骨、承载龙骨等）厚度不达标，或力学性能未满足国标要求，则常常会出现整体顶棚挠度过大，板材拼接处产生裂缝。

另外，轻钢龙骨布置的间距要符合施工规范，即承载龙骨间距不大于 1200mm（一般为 900～1000mm），覆面龙骨间距为 400mm，在潮湿环境下为保证顶棚不出现开裂以及适用板材的建筑模数，间距最好为 300mm。墙体竖龙骨布置间距不大于 600mm，配套的吊挂件符合《建筑用轻钢龙骨配件》JC/T 558—94 的要求，只有这样才能确保施工后轻钢龙骨变形小，覆面的纸面石膏板不出现裂缝。

4. 施工用接缝材料

在轻钢龙骨表面固定了纸面石膏板后，板与板之间的缝隙按施工规范要求先抹上嵌缝石膏，然后再粘贴接缝带，最后刮平压实，因此，嵌缝石膏以及接缝带起着板与板之间连接的桥梁作用，它们的质量优劣，直接影响到板与板开裂与否。根据有关国外标准或企业标准要求，嵌缝石膏的抗折强度应大于 1.5MPa，抗拉强度应大于 0.4MPa，此外接缝带的横向抗拉强度应大于 16MPa。

在纸面石膏板施工时，往往不用接缝带粘贴板缝，接缝处也不用嵌缝石膏而只是用重质碳酸钙取而代之，即使采用了接缝带或嵌缝石膏，其物理力学性能也达不到上述要求，这无疑为纸面石膏板施工后板材间出现裂缝埋下了隐患。

为避免开裂还应注意纸面石膏板边部的楔形棱边进行二次嵌缝时，第二道嵌缝工序须在第一道嵌缝石膏凝固后方可进行，以便第二道嵌缝工序能填埋第一道嵌缝所留的裂缝，避免日后裂缝的扩展。

5. 设计原因

因设计造成纸面石膏板开裂的原因有：

（1）选用的轻钢龙骨厚度较薄时，龙骨受力后产生变形而导致石膏板发生变形开裂；

（2）墙体高度较高而龙骨刚度不足，龙骨颤动变形引起石膏板开裂；

（3）顶棚吊杆间距过大或主龙骨间距过大，使次龙骨变形而引发石膏板接缝开裂；

（4）使用环境温差较大，龙骨胀缩较大使石膏板接缝开裂；

（5）使用环境振动大，墙体龙骨随之振动，也易使石膏板接缝开裂。

6. 施工影响

施工质量是决定纸面石膏板之间是否开裂的关键之一，只有把好施工质量关，才能确保纸面石膏板日后不开裂。

（1）工艺环节差错。例如轻钢龙骨进场后个别龙骨产生翘曲变形，安装时变形的龙骨产生内应力，使石膏板受力开裂；轻钢龙骨安装不牢固，安装石膏板时使龙骨产生变形，随着应力释放使石膏板接缝开裂；龙骨的间距过大、主次龙骨连接不牢、墙体龙骨未设卡件，使主龙骨产生扭转造成龙骨变形等问题都会使石膏板接缝开裂。

（2）石膏板安装问题。例如石膏板与龙骨的连接处不平，石膏板固定不牢，使板产生内应力，板缝处受剪力开裂；板接头处是板受力的薄弱部位，若该处没有留缝或留缝宽度不合理，或接缝处理不当，填缝材料不符合要求等均会造成因板缝处强度不足而开裂。

（3）空调、通风、水、电等安装工程往往与轻钢龙骨的安装同步进行或交叉作业，作业时对轻钢龙骨的碰撞、撬压等都会使龙骨产生变形；若空调的风机和龙骨有硬性接触，风机振动会使石膏板接缝处开裂。

（4）纸面石膏板在运输和贮存时应防潮，在施工时必须是干燥的，并应避免在潮湿混凝土表面施工。如果纸面石膏板遇湿或遇水，则会使面纸皱胀，产生变形，在施工后自然干燥条件下，产生收缩，出现裂缝。

（5）施工时，往往可见到的情景是，把一张纸面石膏板覆盖于轻钢龙骨上，然后，为了方便固定，在多处同时用螺钉固定，这样多点同时作业，把板材的内应力留在了轻钢龙骨和纸面石膏板体系内部，随着时间的推移，必然出现开裂现象。正确的安装方式应该把纸面石膏板覆盖于轻钢龙骨上以后，必须从一个角散射形地、依次地往外用螺钉固定纸面石膏板，或从板材中间散射形地向外用螺钉固定纸面石膏板。用这种方法，可有效消除施工所带来的体系内部应力，杜绝此类裂缝的出现。

纸面石膏板固定于轻钢龙骨上大多采用自攻螺钉，以限制板材的位移，这其中包括轻钢龙骨与纸面石膏板间的位移，纸面石膏板相互之间的位移。这些位移受外力、自重、挠度、温度、湿度等的影响，一旦自攻螺钉不能较大程度地限制纸面石膏板因上述因素造成的缩胀，板材之间的裂缝就会出现。

纸面石膏板固定用自攻螺钉一般由碳钢制成，要求表面硬度不小于45HRC，且自攻螺钉头的选型应保证在螺钉旋入纸面石膏板过程中不使面纸起毛，用自攻螺钉枪一次就把螺钉旋入纸面石膏板和轻钢龙骨中。而现在有些施工用自攻螺钉表面硬度达不到 45 HRC 的要求，有些材质甚至只是 Q235 钢，材质很软，且螺钉头选型不佳，致使螺钉旋不进轻钢龙骨，产生打滑现象或出现螺钉弯曲变形，这相当于螺钉起了扩孔钻头的作用，把纸面石膏板的螺钉孔扩大，导致纸面石膏板可在一定范围内进行位移，使板与板之间产生开裂成为可能。因而，应保证自攻螺钉沉头在纸面石膏板的位置不至于太深，使螺钉具备较大的握裹力，同时也不能太浅，以免影响表面二次装修。一般自攻螺钉应深入纸面石膏板表面 0.5～1mm 为宜。

目前在施工现场往往能见到用电钻代替自攻螺钉枪进行旋拧自攻螺钉的情况，由于电钻转速高，且扭矩比自攻螺钉大，所以螺钉被埋得较深，大大减小了螺钉的握裹力，板材因而很容易出现位移和开裂。所以在纸面石膏板施工时，一定要注意使用自攻螺钉枪，若用电钻取而代之时，则应用专用限位头，以确保自攻螺钉沉头在距板面 0.5～1.0mm 的深度位置。

再则，在施工中自攻螺钉要垂直攻入纸面石膏板和轻钢龙骨，以使自攻螺钉处于最佳受力状况。自攻螺钉在施工时应布置在距纸面石膏板棱边 10～15mm，距端头 15～20mm。同时沿板边的自攻螺钉间距 150～120mm 为宜，板中自攻螺钉间距 200～

300mm 为宜，如果自攻螺钉间距过大，即自攻螺钉布置得过疏，自攻螺钉就很难限制板材位移，开裂也在所难免。

（6）吊杆的固定，吊杆与吊件的固定，以及连接承载龙骨与覆面龙骨的挂件的固定都是十分重要的环节。若吊杆两端的螺钉未用扳手紧固，留有可活动的空隙，在覆盖上纸面石膏板后，因重量原因吊杆或吊件发生位移，导致开裂，所以在施工时，一定要注意用扳手把吊杆两端的螺钉拧紧。此外，如果承载龙骨与覆面龙骨相连接的挂件未用工具扣紧，而只是随手一压，挂件与龙骨间就有很大间隙，一旦承受荷载，龙骨就会往下变形或扭曲变形，由此产生应力，致使覆面板材接缝处出现开裂。解决这一问题的方法，就是在施工时用一夹钳把连接承载龙骨与覆面龙骨的挂件夹紧于龙骨上，使之与龙骨紧密接触，以消除开裂的隐患。

需要注意的是在接缝施工中，室内温度应高于 5℃，且低于 35℃，否则，由于温差大，易导致日后板材收缩过大产生裂缝，也易导致嵌缝石膏性能发生变化，抗拉强度大为下降，抗收缩性变差而产生裂缝。

7. 环境因素

纸面石膏板被广泛应用于公共建筑及民用建筑中，但一般普通纸面石膏板应使用在干燥环境当中。在环境湿度经常保持于 90％以上的环境里，若只是采用普通纸面石膏板就会出现表面霉变、挠度过大和板缝开裂。因此在较高湿度环境中，可使用特制的耐水纸面石膏板，并在接缝与板材表面进行防水层处理，即便如此，纸面石膏板也不能在浸水场合中使用。由于纸面石膏板的芯材建筑石膏是含有结晶水的材料，在高温条件下将失去结晶水而变为无水石膏，使物理力学性能变差，在温度超过 50℃ 的环境中使用纸面石膏板将导致石膏板开裂等后果，因此，纸面石膏板不适宜在高温环境中使用。

8. 防止纸面石膏板接缝处开裂的技术措施

（1）设计措施

① 设计时应慎重考虑在使用面内龙骨的刚度，认真计算，

合理选用龙骨的规格、厚度、安装构造和接长作法，提出对主次龙骨的吊件、连接件、接长件的技术要求。吊杆和主次龙骨的间距须按荷载、龙骨的强度及刚度设计。

② 对其他专业提出技术要求，管线设备布置应远离龙骨及相关构件，不发生实质性的接触，各种风口与风机等设备应采用软连接。

③ 根据使用功能要求选择普通型或防水型纸面石膏板，还应考虑不同地区和不同施工季节。目前隔墙普遍采用 12mm 厚石膏板，顶棚一般采用 12mm 或 9.5mm 厚的石膏板，当采用 9.5mm 厚的石膏板时，次龙骨的间距应缩小。

（2）施工措施

① 按设计要求选择龙骨和纸面石膏板，材料进场时应开箱验收，主要应检查龙骨的厚度、几何尺寸、有无翘曲变形；纸面石膏板应选购强度高、韧性好、发泡均匀特别是边部成型饱满的。石膏板进场后应堆放在通风干燥的地方，且底部架空垫细木工板后方可堆放石膏板。应选择抗拉能力强、自粘结良好的网格带或纸带，以及强度高、粘结性好、有一定韧性和良好施工性能的嵌缝石膏。

② 安装墙体龙骨时应保证天地龙骨在同一平面内，其与顶棚地面连接应采用加垫细木工板用射钉固定，且在同一固定点不少于 2 根射钉。射钉应交错设置，保证天地龙骨安装牢固，两侧不能扭动。竖龙骨应平直，不得用外力强行就位。应保证龙骨无扭曲应力产生，竖龙骨与天地龙骨连接处应采用不少于 2 个铆钉连接固定。顶棚龙骨起拱时应保证次龙骨顺直，以免石膏板不能与龙骨紧密接触安装。龙骨应错开接长位置，接长处应平直牢固。墙体龙骨接长处应设横向龙骨加固。顶棚龙骨吊杆应保证垂直，吊杆和龙骨间的连接件应安装牢固。

③ 注意石膏板的铺设方向。纸面石膏板的强度性能与变形和板的方向有关，板纵向的各项性能比横向好，因此吊顶时不得将石膏板的纵向与次龙骨平行，而应与次龙骨垂直，以提高抗变

形能力。板的接长位置应错开一个龙骨间距。安装隔墙的石膏板时，板应按竖龙骨的方向纵向铺设，隔墙两侧的石膏板接缝应错开一个龙骨的间距。

④ 由于轻钢龙骨相接处多用连接件固定，难以避免应力集中。同理，纸面石膏板在拼接时，也有应力集中的现象，日后板材间极易出现开裂。为此，在施工中，要特意将同方向的轻钢龙骨接口错位，并在安装纸面石膏板时也进行端头错位，这是使应力分散、消除板材间开裂的有效措施。

⑤ 纸面石膏板应在平顺自然无应力的状态下安装，不能强行就位。安装石膏板时用木支撑协助就位，应使板与龙骨靠紧，待石膏板固定后撤去支撑。固定板时，自攻螺钉应从板中心向四周边安装，不可多点混乱安设。采用自攻枪垂直地一次将螺钉钻入紧固，不得先钻孔后固定，自攻螺钉头表面埋入石膏板0.5mm。石膏板固定应按顺序依次安装，且两侧对称固定。

⑥ 石膏板的接缝须设在龙骨上，板边不得悬空，板缝应错开设置。石膏板的四周要留出 3~5mm 缝隙。

嵌缝时，先用小刀将板边端部的纸面刮去，使缝隙宽 5~8mm，将板缝清理干净后用嵌缝石膏分两次将缝填平，缝干后粘网格带或牛皮纸带，纸带外侧刮两遍嵌缝石膏，待干燥后开始满刮大白。应待其他相关工序施工完工后开始嵌缝。作业面应避免穿堂风，以防干燥过快。

（3）改进龙骨设计

改进型龙骨（图 5-11）改变了龙骨的截面形式，将接缝处

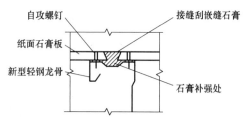

图 5-11 改进型轻钢龙骨石膏板接缝示意图

的龙骨做成凹槽状，嵌入石膏后加大了接缝处石膏的厚度，不仅增强了抗裂强度，对防止石膏板接缝裂缝也有一定的作用。

## 参 考 文 献

[1] 李波，朱希江，刘志勤. 粉刷石膏在室内抹灰工程中的应用. 新型建筑材料，2000，(6)：28.

[2] 安徽省地方标准.《无水型粉刷石膏应用技术规程》DB34/T 1504—2011.

[3] 建工行业标准.《石膏砌块砌体技术规程》JGJ/T 201—2010.

[4] 陶有生. 应用粉刷石膏解决加气混凝土墙面粉刷层空鼓和开裂. 新型建筑材料，2003，(5)：1～3.

[5] 王坚. 粉刷石膏在加气混凝土内墙抹灰中的应用. 建筑技术，2005，36 (9)：688～690.

[6] 施存有，丁建中，张羽飞. 我国纸面石膏板行业的发展趋势. 新型建筑材料，2005，(9)：24～26.

[7] 凌晓晖，欧跃海，施存有等. 我国纸面石膏板的发展历程及现状. 新型建筑材料，2006，(9)：1～5.

[8] 薛滔菁. 装饰纸面石膏板性能及其评价. 新型建筑材料，2006，(9)：7～8.

[9] 魏超平. 纸面石膏板的开裂成因及预防措施. 新型建筑材料，2004，(3)：18～20.

[10] 冷国阳，白文智，高维民. 纸面石膏板墙棚面接缝处开裂的防治措施. 建筑技术，2003，34 (9)：681～682.